Dreamweaver CS3 中文版 基础与实例教程

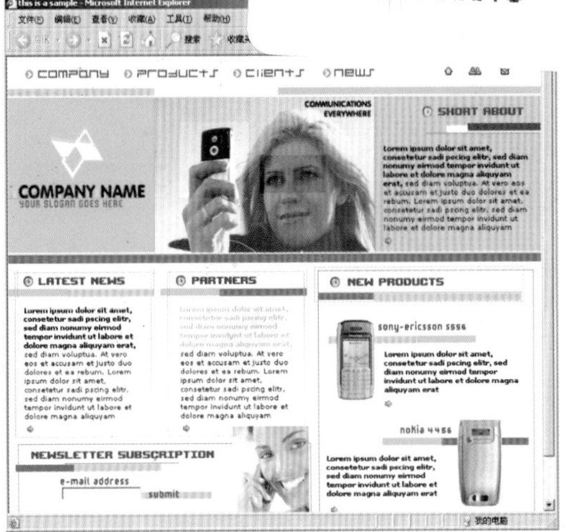

检测浏览器的兼容性

检测网页大小和下载时间

制作“亿诺网”网站主页

温馨的家—插入图片

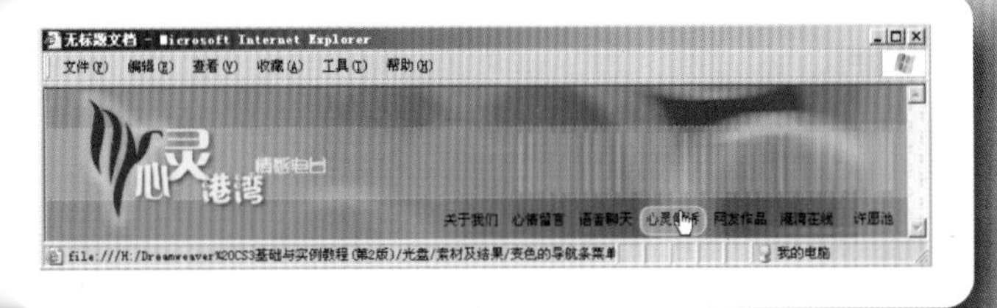

变色的导航条菜单效果——CSS链接和Div的应用

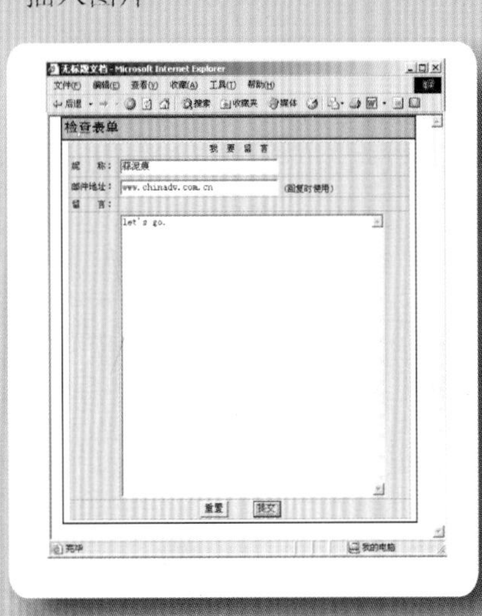

检查表单数据——检查表单

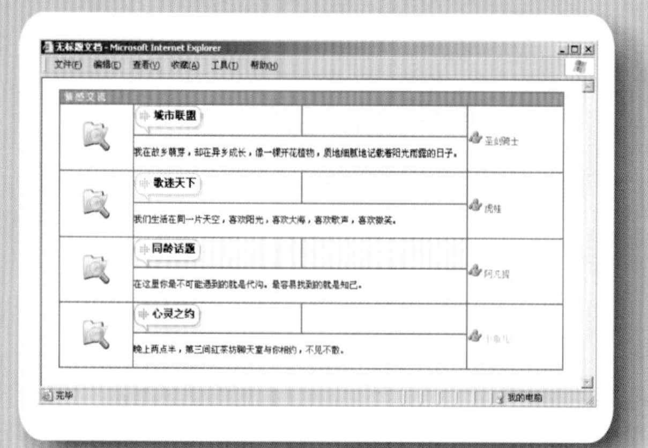

论坛界面——表格的应用

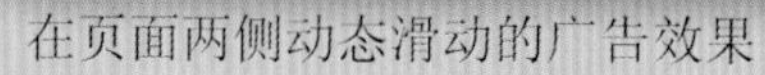

在页面两侧动态滑动的广告效果

动画播放器——控制Shockwave或Flash

弹出广告效果——弹出信息窗口

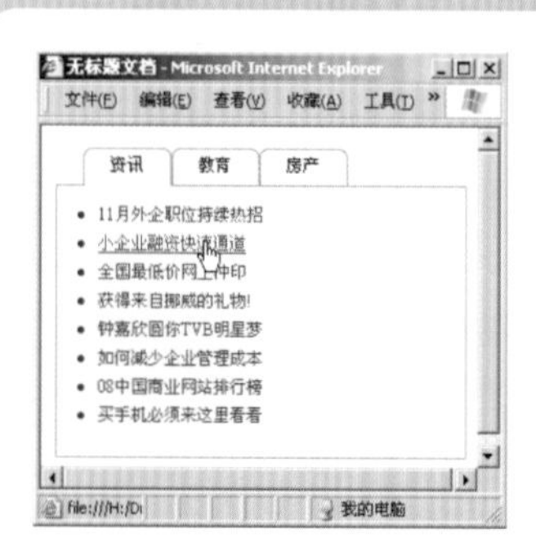

栏目切换效果

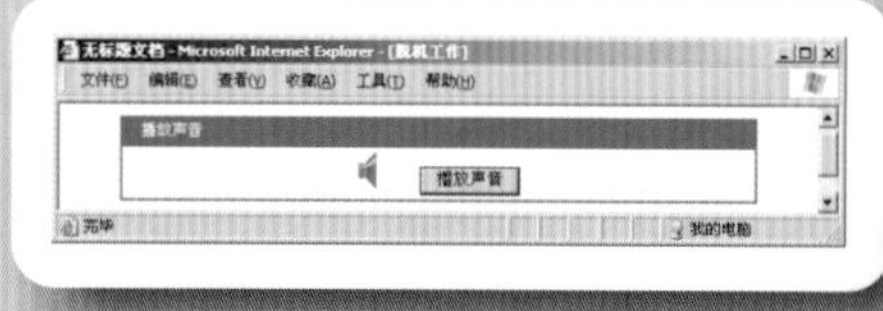

播放音乐——播放声音

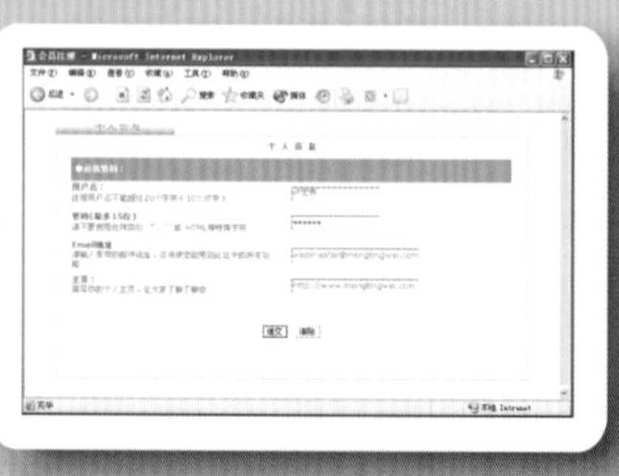

制作新会员注册表单

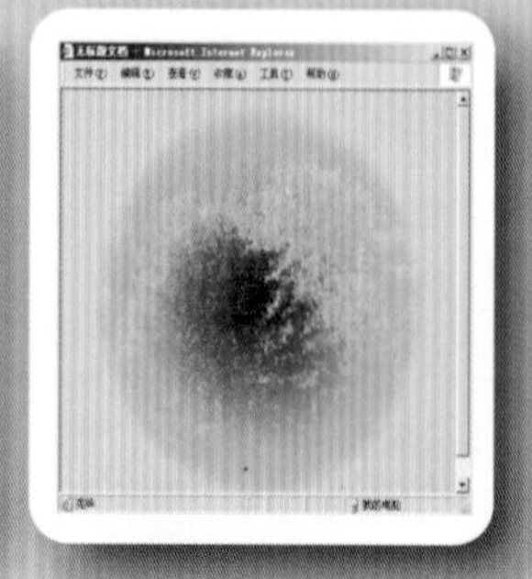

金秋九寨沟

版权信息——库的应用

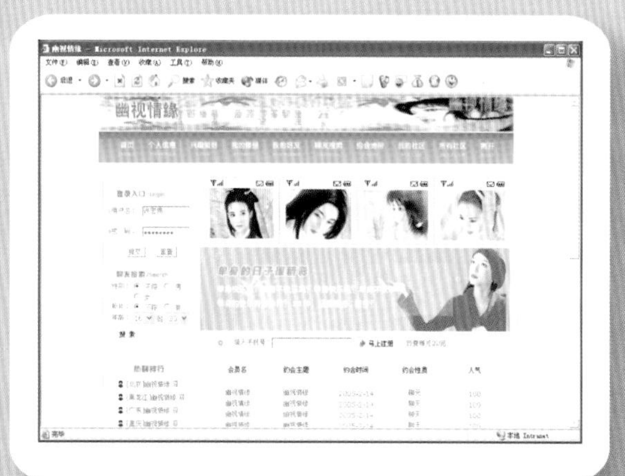

制作老会员登录表单

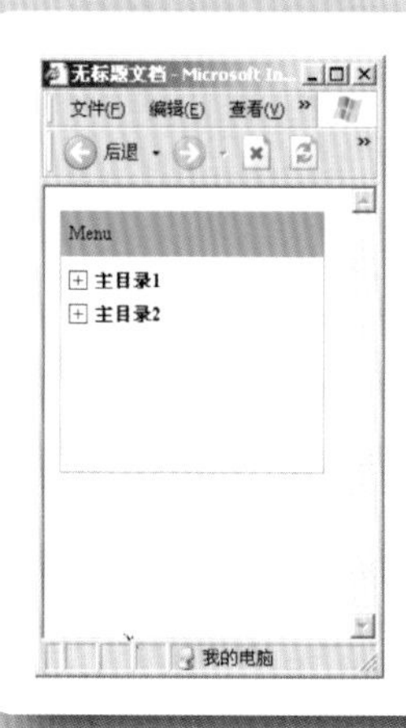

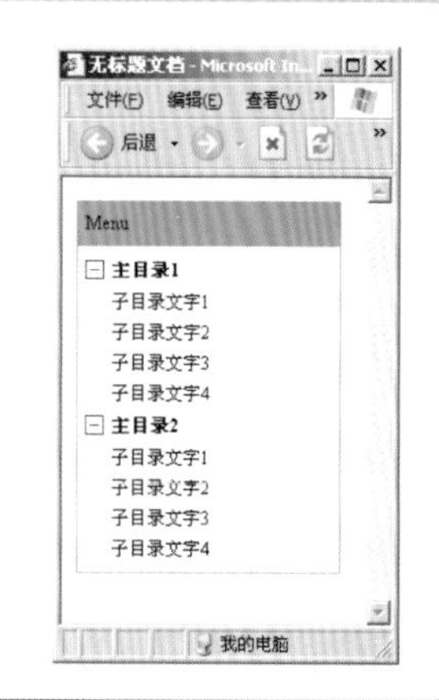

卷展菜单效果

热点——图片超链接

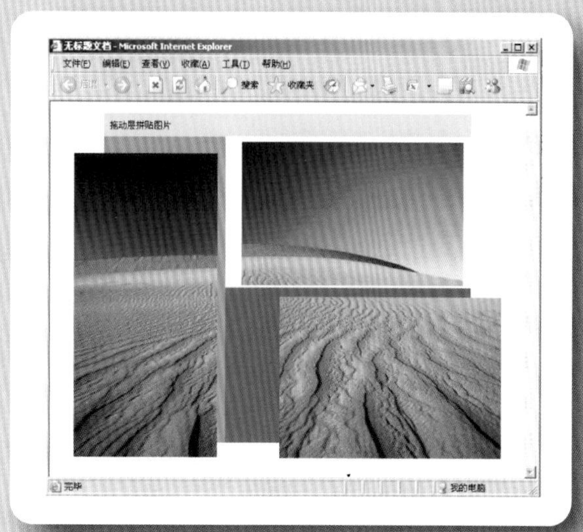

拼图游戏——拖动层

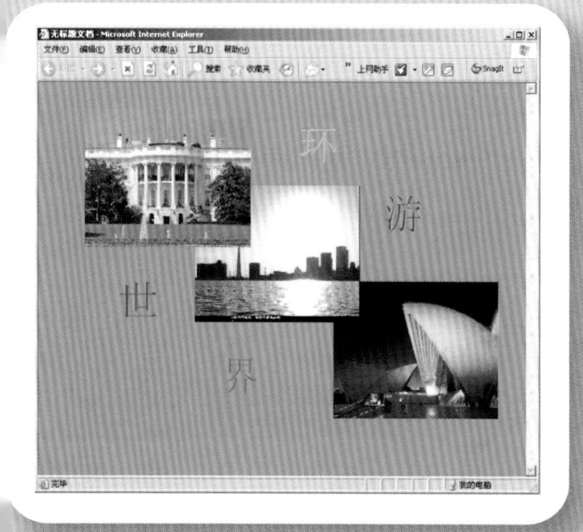

环游世界——AP Div层的应用

《卢旺达饭店》——图文混排

制作“教育网”网站主页

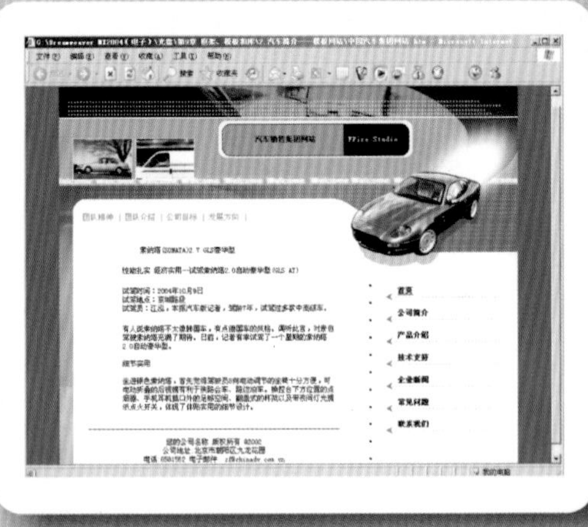

汽车简介——模板网页

新闻栏目内容——嵌套表格的应用

图像处理——CSS滤镜的应用2

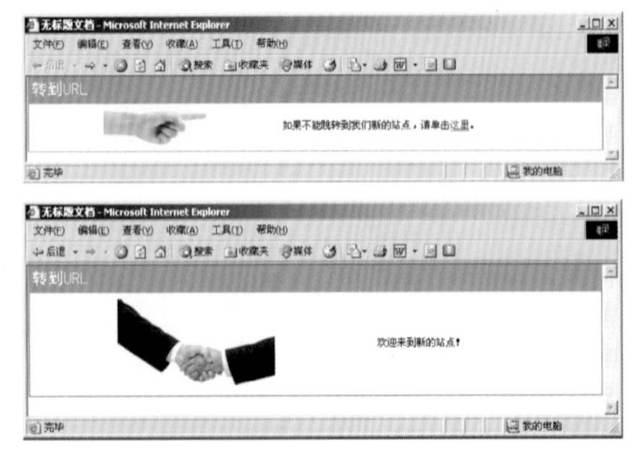

跳转页面——转到URL

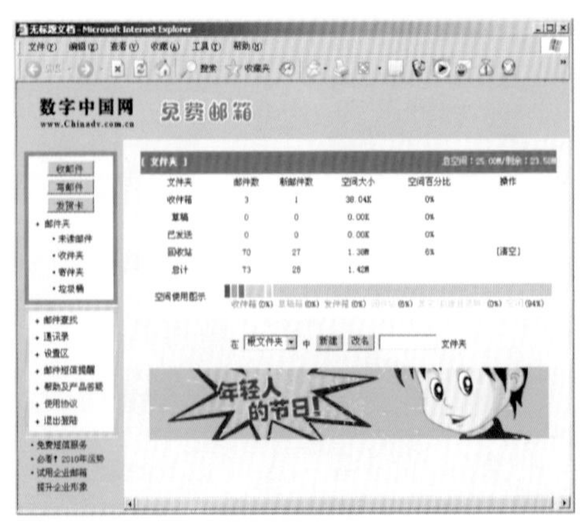

免费邮箱——框架网页

电脑艺术设计系列教材

Dreamweaver CS3 中文版基础与实例教程

第2版

张凡　　等编著

设计软件教师协会　审

机械工业出版社

本书属于实例教程类图书，全书分为3个部分共12章。内容包括网站设计概述，Dreamweaver CS3的基础知识，站点管理，文字处理和图像效果，表格、层、CSS样式表、表单、行为、框架、模板、库和网页代码的应用，以及网站主页的综合设计。

本书实例由易到难、重点突出、针对性强，通过这些实例能使读者快速、全面地掌握Dreamweaver CS3。

本书内容丰富、结构清晰、实例典型、讲解详尽、富于启发性。既可作为本专科院校相关专业和社会培训班的教材，也可作为平面设计爱好者的自学或参考用书。

图书在版编目（CIP）数据

Dreamweaver CS3 中文版基础与实例教程/ 张凡等编著. —2 版.
—北京：机械工业出版社，2010.6
（电脑艺术设计系列教材）
ISBN 978-7-111-30208-7

Ⅰ. ①D… Ⅱ. ①张… Ⅲ. ①主页制作—图形软件，Dreamweaver CS3—教材 Ⅳ. ①TP393.092

中国版本图书馆 CIP 数据核字（2010）第 052335 号

机械工业出版社（北京市百万庄大街 22 号 邮政编码 100037）
责任编辑：陈 皓
责任印制：杨 曦

北京市朝阳展望印刷厂印刷

2010 年 7 月第 2 版 · 第 1 次印刷
184mm×260mm · 19.5 印张 · 484 千字
0001-3500 册
标准书号：ISBN 978-7-111-30208-7
ISBN 978-7-89451-574-2（光盘）
定价：39.00 元（含 1CD）

凡购本书，如有缺页、倒页、脱页，由本社发行部调换

电话服务
社服务电话：（010）88361066
销 售 一 部：（010）68326294
销 售 二 部：（010）88379649
读者服务部：（010）68993821

网络服务
门户网：http://www.cmpbook.com
门户网：http://www. cmpedu.com
封面无防伪标均为盗版

电脑艺术设计系列教材

编审委员会

前　言

Dreamweaver CS3是由Adobe公司开发的十分普及的网页制作软件。

本书属于实例教程类图书，全书分为3个部分共12章。每章前面均有“本章重点”对该章进行介绍，后面均有课后练习，以便读者学习该章后进行相应的操作。本书的每个实例都包括要点和操作步骤两部分，以便于读者学习。

第1部分为基础入门，包括2章。第1章介绍了网站设计的相关知识；第2章讲解了Dreamweaver CS3的基础知识。

第2部分为基础实例演练，包括8章。第3章讲解了站点管理的相关知识；第4章讲解了文字处理和图像效果的相关知识；第5章讲解了表格和层的应用；第6章详细讲解了如何使用CSS美化网页；第7章具体讲解了表单的应用；第8章详细讲解了利用行为制作特效网页的方法；第9章具体讲解了使用框架、模板和库提高网站制作效率的方法；第10章详细讲解了网页代码的应用。

第3部分为综合实例演练，包括2章。第11章详细讲解了“教育网”网站主页的制作方法;第12章详细讲解了“亿诺网”网站主页的制作方法。

本书的全部实例是由中央美术学院、中国传媒大学、北京工商大学传播与艺术学院、首都师范大学、首都经贸大学、天津美术学院、天津师范大学艺术学院和山东理工大学美术学院等院校具有丰富教学经验的优秀教师和一线优秀制作人员从多年的教学和实际工作中总结出来的。

参与本书编写的人员有张凡、许宏伟、郭开鹤、孙立中、王上、张锦、王浩、关金国、王世旭、李波、冯贞、韩立凡、李营、田富源、李羿丹、李岭、于元青、许文开、宋兆锦、李建刚、肖立邦、宋毅、程大鹏。

本书可作为本专科院校相关专业或社会培训班的教材，也可作为平面设计爱好者的自学或参考用书。

由于作者水平有限，书中难免存在疏漏与不足之处，敬请广大读者批评指正。

编　者

目　录

第3部分 综合实例演练

第 1 部分　基础入门

■ 第 1 章　网站设计概述
■ 第 2 章　Dreamweaver CS3 的基础知识

第 1 章　网站设计概述

本章重点

Dreamweaver 是设计、开发和管理网页的工具。通过本章的学习，读者应掌握网页设计的基础知识、多媒体在网页设计中的应用及网页设计的基本流程。

1.1　网站设计基础知识

在进行网站设计之前，应对网站设计的相关基础知识有一个整体的了解。

1.1.1　网站与网页

网站是由多个网页构成的相互联系的页面集合。一个网站少则包含几个网页，多则包括上千个网页。当访问者在地址栏中输入网址后，按〈Enter〉键后首先进入的是网站首页。首页是一个网站的门面，也是访问量最大的一个页面。因此，网站首页的设计和制作是非常重要的。设计者一定要把握好网站的主题，从而使访问者一进入首页就能清楚地知道该网站所要传递的信息。

1.1.2　网页的基本特征

网页又被称为 HTML 文件，一个 HTML 文件包含了许多 HTML 标记符，这些标记符是一些嵌入式命令，提供了网页的结构、外观和内容等信息。Web 浏览器利用这些信息来决定如何显示网页。下面这段代码就是网页的基本构成。

```
<HTML>
<head>
 <title> 标题 </title>
</head>
<body>
正文
</body>
<HTML>
```

1.1.3　网页的构成元素

网页是由文本、图像、超链接、表格、表单、动画和框架等基本元素组成的。下面来介绍这些元素。

1. 文本

网页中的信息一般是以文本为主的。在网页中可以设置文字的字体、大小、颜色、底纹和边框等属性。这里指的文字是文本文字，而非图片中的文字。建议用于正文的文字一般不要太大，也不要使用过多的字体，因为过大的字在显示器中显示时，线条不够平滑。

其颜色也不要使用得过于斑驳，以免造成眼花缭乱的感觉。图 1-1 所示的是一个典型的文本页面。

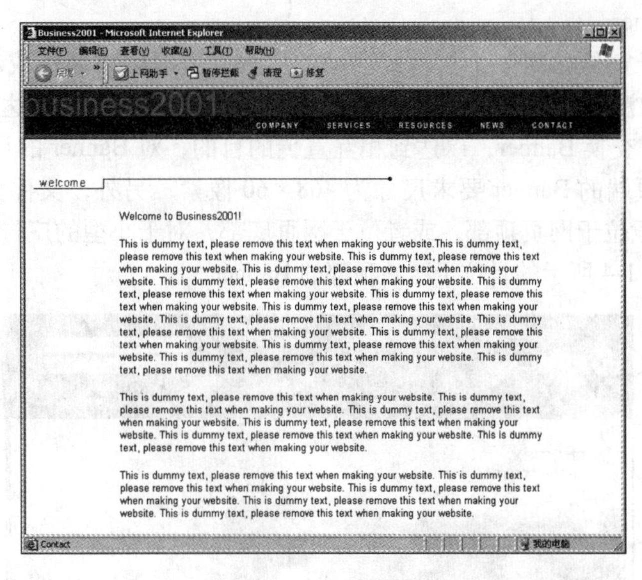

图 1-1　文本页面

2. 图像

图像在网页中是相当重要的。用于网页的图片一般有 JPEG、GIF 和 PNG 格式，即以 .jpg、.gif 和 .png 为后缀的文件。图 1-2 所示的是一个完全由图像构成的网页。

提示：由于图像的下载速度较慢，因此网页中图像的数量不能太多。如果在网页中插入了过多的图像，网页会很长时间打不开，从而会影响浏览者的浏览兴趣。而且网页上如果放置了过多的图片，会显得很乱，有喧宾夺主之势。

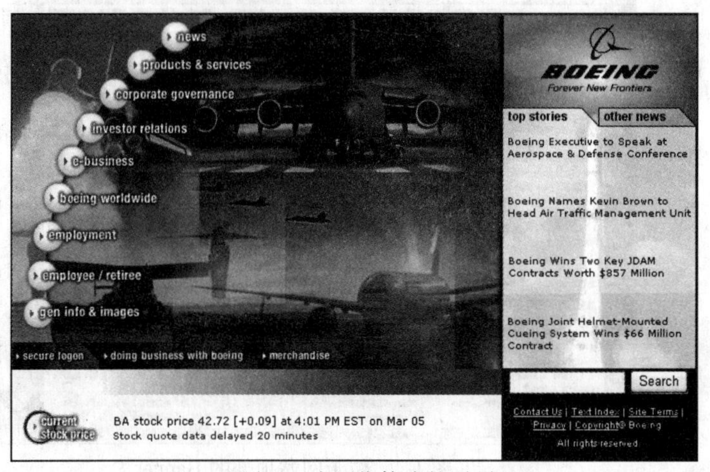

图 1-2　由图像构成的网页

除做网站插图外，图片一般还用在如下方面：

（1）网站 Logo

Logo 是代表企业形象或栏目内容的标志性图片，一般位于网页的左上角，其设计要求

形象鲜明、笔触简练。网站 Logo 一般使用公司已有的徽标，再做些简单处理，如图 1-3 所示。

（2）网站 Banner

Banner 是用于宣传站内某个栏目或活动的广告，一般要求制作成动画形式，因为动画能够吸引更多的注意力。然后将介绍性的内容简练地加在其中，能达到很好的效果。为便于各网站间相互交换 Banner，以达到相互宣传的目的，对 Banner 的尺寸有一定的要求。例如，位于网页顶端的 Banner 要求尺寸为 468×60 像素。另外，文件大小一般不要超过 12KB。Banner 一般位于网页顶部，或者位于网页底部，对于小型的广告，还会被适当地放在网页的两侧。图 1-4 所示的是位于网站顶部的 Banner。

图 1-3　网站 Logo

图 1-4　位于网站顶部的 Banner

（3）网站背景图

在页面中，图片还常用做背景图。尽管在很多网站上都可以看到背景图，但这些网站大多是比较小的或个人的，所以要慎用背景图。图 1-5 所示的是页面的背景。

图 1-5　页面背景

对于以文本为主的网页，图片对整体设计的影响并不大（例如在网页中用到的介绍性的照片以及用于点缀标题的小图片等），但是一定要安排好它们的位置，以免影响大局。当然，有时也会在网页中使用大幅图片，这时就要注意做好优化工作。

3. 超链接

超链接是网站的灵魂，是从一个网站指向另一个目的端的链接。这个目的端通常是另一个网页，也可以是一幅图片、一个电子邮件地址、一个文件、一个程序或者本页中的其他位置。超链接可以是文本或者图片。图 1-6 所示的是网页中栏目的超链接。超链接被广泛地应用于网页中的图片和文字中，提供与图片和文字相关内容的链接，在超链接上单击鼠标左键，即可链接到相应地址（URL）的网页。可以说，超链接是 Web 的主要特色之一。

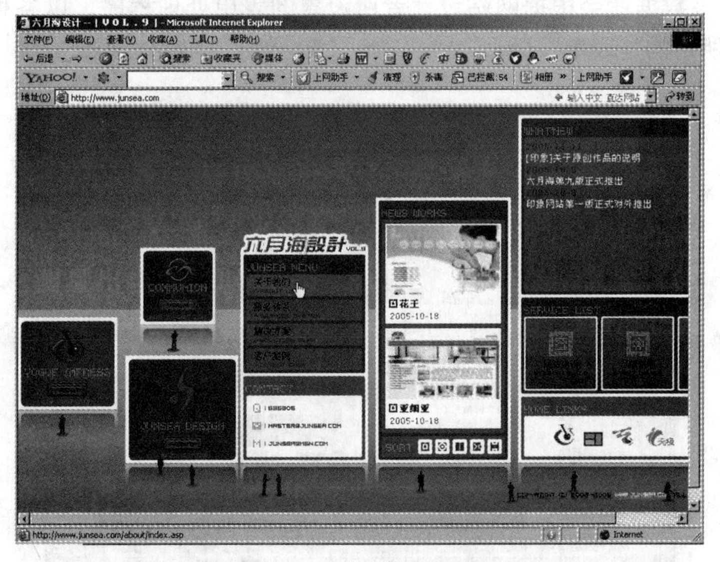

图 1-6　栏目的超链接

4. 表格

表格是网页排版的灵魂，使用表格进行排版是当今网页的主要制作形式。通过表格，可以精确地控制各网页元素在网页中的位置。表格是 HTML 语言中的一种元素，主要用于网页内容的排列和整个网页外观的组织，通过在表格中放置相应的图片或其他内容，可有效地组成符合设计效果的页面。使用表格，可以使网页中的元素很方便地固定在设计的位置上。一般情况下，表格的边线不在网页中显示。图 1-7 所示的是一个使用表格排版的页面。

图 1-7　使用表格排版的页面

5. 表单

表单是用来收集站点访问者信息的域集。站点访问者填写表单的方式是输入文本、单击单选按钮或复选框，以及从下拉菜单中选择选项。在填好表单之后，站点访问者便送出所输入的数据，该数据就会根据网站设计者所设置的表单处理程序，以各种不同的方式进行处理。图 1-8 所示的是表单页面。

图 1-8　表单页面

6. 导航栏

导航栏就是一组超链接，它用于方便地浏览站点。典型的导航栏有一些指向站点主页和主要网页的超级链接。导航栏可能是按钮或者文本超链接。图 1-9 中标记的就是页面中的导航栏。导航栏一般用于网站各部分内容间相互链接的指引，可以直接使用文本。但用图片做成的导航栏，表现力以及和整个画面的配合要更好一些。

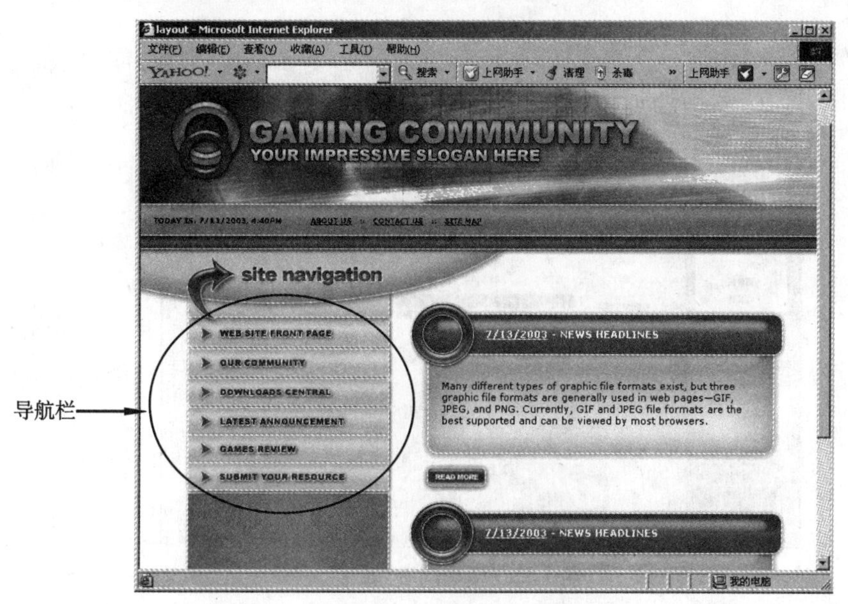

图 1-9　网页中的导航栏

7. 动画

网页动画主要分为 Flash 动画和 GIF 动画。目前在网页中，Flash 动画用得最为广泛，甚至有的网页全部是用 Flash 制作的，如图 1-10 所示。

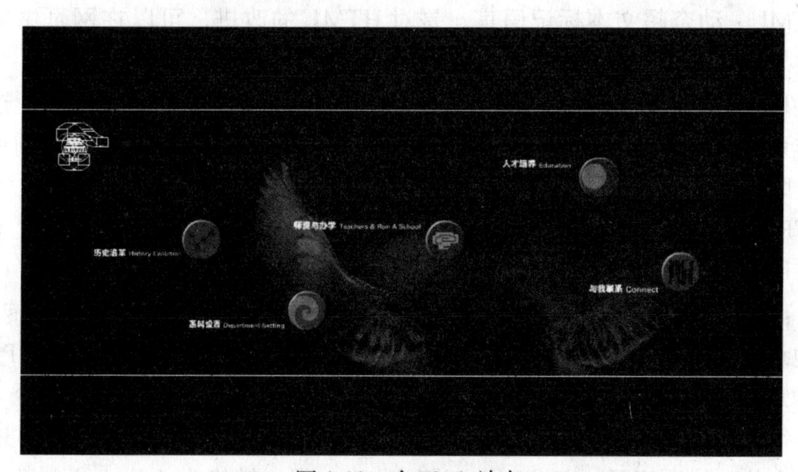

图 1-10　全 Flash 站点

8. 框架

框架是网页的一种组织形式，用于将相互关联的多个网页的内容组织在一个浏览器窗口中显示。例如可以在一个框架内放置导航栏，而另一个框架中的内容可以随着单击导航栏中的链接而改变。这样只需制作一个有导航栏的网页即可，而不必将导航栏的内容复制到各栏目的网页中去，如图 1-11 所示。

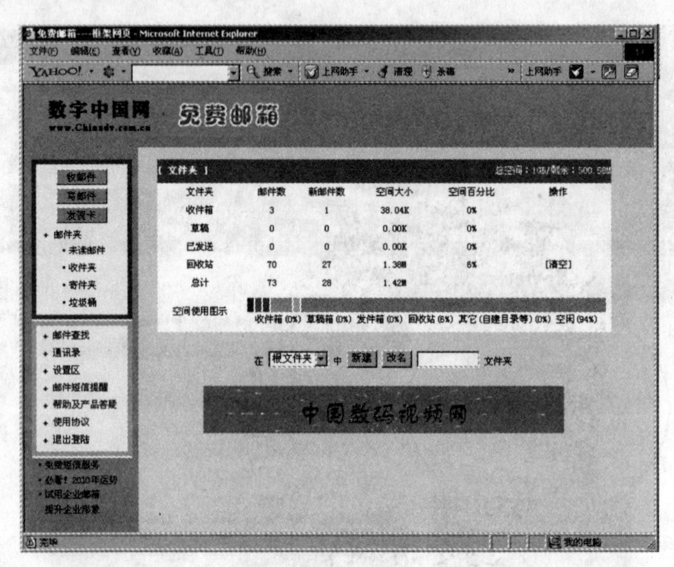

图 1-11　框架网页

1.1.4　常用的网络术语

在网页设计中有很多常用的网络术语，下面就来简单介绍一下。

- HTML：超文本标记语言，是英文 HyperText Mark-up Language 的缩写。了解基本的 HTML 语言，对于使用 Dreamweaver 制作网页很有帮助。
- DHTML：动态超文本标记语言，是对 HTML 的改进，可以在网页中实现漂亮的动态效果。
- TCP/IP：世界上有各种类型的计算机，也有不同的操作系统，要想让这些装有不同操作系统的计算机互相通信，就必须有统一的标准。TCP/IP 就是目前所要遵从的网际互联标准。
- HTTP：超文本传输协议，是英文 HyperText Transfer Protocol 的缩写，利用它可以将 Web 服务器上的网页代码提取出来，并编译成漂亮的网页。
- FTP：文件传输协议，是英文 File Transfer Protocol 的缩写，主要用来传输文件。
- IP 地址：用于唯一标记计算机在 Internet 中的地址。IP 地址有 IPv4 和 IPv6 两种格式。IPv4 地址是一组 32 位的二进制数，通常将其按照 8 个二进制数为一个字节段分成 4 段，每一段采用十进制直观表示。例如，192.168.123.233 就是一个 IP 地址。IPv6 使用 128 位二进制表示，每 16 位二进制数为一组，转换为 4 位十六制数，中间用冒号隔开，例如，2002:00D6:0B00:0000:0000:00AF:FA28:9A5A。
- 域名：是 Internet 上一个服务器或一个网络系统的名字，域名由若干个英文字母和数字组成，由“.”分隔成几个部分，如 sina.com。

- 中文域名：中文域名是以中文表现的域名形式，是我国积极推行的新一代互联网地址。中文域名与 .com 域名和 .cn 域名一样，是符合国际标准的域名体系。
- URL 地址：统一资源定位符，是英文 Uniform Resource Locator 的缩写，用于在 Internet 上唯一标记一台计算机的某一资源。有了 URL 地址，Internet 就可以定位到指定计算机的某个文件了。URL 地址与域名有联系但也有所区别，例如，http://www.cctv.com.cn，http 代表超文本传输协议，www 代表一个 Web 服务器，cctv.com.cn 代表该服务器的域名。
- Web 服务器：也称为 HTTP 服务器或 HTTPd 服务器，是在网络中为信息发布、资料查询和数据处理等诸多应用搭建基本平台的服务器。Web 服务器除了需配置高性能计算机硬件外，还需要安装和配置专门的软件。
- Web 浏览器：用于向服务器发送资源索取请求。Web 浏览器从 Web 服务器中获取 Web 网页，并根据 Web 网页的标记内容在客户机屏幕上显示信息内容。

1.2　网页中多媒体的应用

由于网络带宽的限制，在主页上放置过大的文件是不现实的，但是由于互联网的迅猛发展，枯燥无味的静态页面已很难再引起用户的兴趣，因此制作人员希望使用引人入胜的动态多媒体效果来吸引用户的注意，并激发其参与的热情。

网页多媒体文件包括多种类型，下面主要讲解图像、动画、视频和音频。

1.2.1　网页中的图像格式

在网页中放置图像，实质上是把设计完的图像通过技术处理，在用户的显示器上展示出来。

目前，互联网支持的图像格式有 GIF、JPEG 和 PNG。

1. JPEG 格式

JPEG 格式的英文全称是 Joint Photographic Experts Group，即联合图像专家组。它是一种网页格式，当存为此格式时会弹出对话框，在 Quality 中设置得数值越高，图像的品质越好，文件也就越大。JPEG 是一种有损压缩格式，不支持 Alpha 通道，也不支持透明，但支持 24 位真彩色的图像，因此，适用于色彩丰富的图像。

2. GIF 格式

GIF 格式的英文全称是 Graphics Interchange Format，即图像中间转换格式。它是一种无损压缩（采用的是 LZW 压缩）格式，支持 Alpha 通道，支持透明和动画格式，同时支持 256 色（8 位图像）。

3. PNG 格式

PNG 格式是 Netscape 公司开发的格式文件，是一种网页格式。它是将 GIF 和 JPEG 的最好特征结合起来，支持 24 位真彩色。同时它是一种无损压缩格式，支持透明和 Alpha 通道。目前，PNG 格式不完全支持所有的浏览器，所以在网页中要比 GIF 和 JPEG 格式使用得少，但随着网络的发展和因特网传输速度的改善，PNG 格式将是未来网页中使用的一种标准图像格式。

1.2.2 网页中的动画格式

网页动画是网页中最活跃的因素，也是“吸引眼球”的主要法宝，要做好一个网页动画，技术是基础，经验和想象力是关键。网页动画主要分为 GIF 动画和 Flash 动画。

1. GIF 动画

GIF 动画的效果是它广泛流行的重要原因。不可否认，在 Macromedia 公司（现已被 Adobe 公司收购）推出了品质优良的矢量动画制作工具 Flash 以后，现在真正大型、复杂的网上动画几乎都是用 Flash 制作的，但是，在某些方面 GIF 动画仍然保持着不可取代的地位。首先，GIF 动画的显示不需要特定的插件，而离开特定的插件，Flash 就不能播放；此外，在制作简单的、只有几帧图片（特别是位图）交替的动画时，GIF 也有着特定的优势。

2. Flash 动画

网页动画无疑是 Flash 应用最为广泛的一个领域。由于在网页中播放 Flash 动画需要插件的支持，所以 Flash 在这个领域的发展或多或少地受到了影响。但即使这样，Flash 在网页发布中也已经是一种较为主流的方式。目前，新浪、搜狐等国内的大型门户网站，都使用一定的 Flash 动画，而在国外，完全使用 Flash 开发的网站也已经是屡见不鲜了。

Flash 文件包括以下两种类型：

- Flash 文件（.fla）是所有项目的源文件，在 Flash 程序中创建。此类型的文件只能在 Flash 中打开。用户可以在 Flash 中打开这种文件，然后将它导出为 swf 文件在浏览器中使用。
- Flash SWF（.swf）文件是 Flash（.fla）文件的压缩版本，已进行了优化，所以便于在 Web 上查看。此类文件可以在浏览器中播放，但不能在 Flash 中编辑。

提示：实际上，通过Flash软件，Macromedia公司确立了一个新的网页动画标准。同时，它也给网页发布带来了一次变革，使用了Flash技术的页面，完全与传统网页的页面形成了鲜明的对比，更能够吸引浏览者的注意，也更能够赢得浏览者的赞叹，其效果是立竿见影的。

1.2.3 网页中的视频格式

随着网络带宽的增加，在网页制作中应用的视频和音频文件也越来越多，下面简单介绍几种网页中常见的视频格式。

- RM，RMVB：随着 Internet 的不断进步和完善，以及计算机速度的不断提高，在网上听音乐、看动画已经不再遥不可及。由于 Internet 带宽的限制和数据传输较慢的特点，所以 RM 及 RMVB 格式的声音和电影文件都有一个共同的特点，即数据一边传输，一边播放。而不是等到下载完后才可以播放，这就是人们通常所说的流式播放。目前，社会各个领域中数以千计的公司与组织，正在使用 Real 的企业网络解决方案来构架他们的网站。

- MOV：原是苹果电脑中的视频文件格式，自从有了 QuickTime 驱动程序后，也能在 PC 上播放 MOV 文件了。
- MPEG（MPG）：它是动态图像专家组 Moving Pictures Experts Group 的缩写。MPEG 实质上是电影文件的一种压缩格式。MPEG 的压缩率比 AVI 高，画面质量却比它好。

1.2.4 网页中的音频格式

从目前来看，网络上使用范围最广的音频格式主要有 MP3、MIDI 和 WAV 等。下面分别进行介绍。

- MP3：MP3 格式的最大优点是能够以较小的比特率和较大的压缩比达到近乎完美的 CD 音质，它常被用来制作网页的背景音乐。
- MIDI：MIDI 格式的声音品质比较好，且浏览者不需要安装任何插件就可以播放该格式的文件。同 MP3 格式的文件一样，MIDI 格式的文件也可以用来制作网页的背景音乐。
- WAV：WAV 格式具有较好的音质，且浏览器不需要安装任何插件就可以播放该格式的文件。

1.3 网站设计的流程

网站设计的整个流程分为 7 个阶段，下面就来具体讲解。

1. 客户提出需求

要设计一个网站，首先要基于客户的需求。

网站开发者在与客户交流时，首先要了解客户对网站的内容、功能、规模和使用对象等方面的要求，然后共同商讨各方面的可行性。接着在排除不可行因素后制定出一份网站开发的需求文档，作为开发的总体要求和标准，最后根据要求，确定开发周期和进度安排。

2. 注册域名与申请空间

在确定了网站开发计划后，需要为网站申请网络空间和域名。网络空间用于存放网站所包含的全部文件，包括各个网页文件、图像文件及其他相关的数据文件等。域名是该网站在网络上的唯一标识地址，通过在浏览器中输入该地址可以访问网站的全部内容。目前，有很多公司提供网络空间和域名的出售业务，只需支付年费，即可获得一定大小的网络空间以及网络域名。

3. 确定网站的内容和主题

基于客户的需求，网站开发者需要同客户进一步商定网站的主题、页面风格、具体内容，以及需要实现的功能等。如果前期没能确定好主题及风格等，就急于开始设计页面，一旦开发过程中需要对主题或页面风格进行更改，将涉及很多相关内容，很可能会造成网站开发成本的极大增加。因而这一步在网站开发过程中非常重要。

4. 提出方案

在网站的全部相关内容都确定无误之后，开发者需要进一步提出开发实施方案，例如开发环境、开发工具的选取等。目前，进行网站开发的语言很多，例如 ASP.NET、JSP 等，而且与之相对应的服务器也有所不同。因而必须基于网站的具体需求，确定一个与网站功能、性能要求等最匹配，开发效果最佳的方案。网站开发工具也有多种选择，例如 Dreamweaver、FrontPage 等，本书介绍的是 Dreamweaver。

5. 使用 Dreamweaver 进行设计

接下来就可以使用 Dreamweaver 进行网页设计了，其操作方法将在后面的章节中具体讲解。

6. 上传到服务器

当网站全部开发完毕并在本地通过测试之后，即可将网站设计的全部页面文件和数据文件上传到服务器中。在上传完毕后，就可在浏览器中输入网站的域名和首页地址打开站点进行浏览了。

7. 后期维护

网站上传完毕并不代表已经全部开发完毕，后期维护也是网站开发过程中非常重要的一步。在网站运行时出现的问题，页面中需要修改的小毛病，以及在网站运行时可能发现的需要增加、修改或删除的功能等，都是后期维护阶段需要解决的。

1.4 课后练习

（1）简述网站设计的流程。

（2）简述网页中的图像格式。

第 2 章　Dreamweaver CS3 的基础知识

本章重点

通过本章的学习，读者应掌握 Dreamweaver CS3 中的基本操作。

2.1　Dreamweaver CS3 的工作界面

Dreamweaver CS3 提供了众多功能强劲的可视化设计工具、应用开发环境及代码编辑功能，使开发人员和设计师能够快捷地创建代码规范的应用程序。Dreamweaver CS3 的集成程度非常高，开发环境精简而高效，本节介绍它的工作界面。

运行 Dreamweaver CS3 中文版，将进入启动界面，如图 2-1 所示。然后单击“新建”下的“HTML”，即可进入 Dreamweaver CS3 的操作界面，如图 2-2 所示。

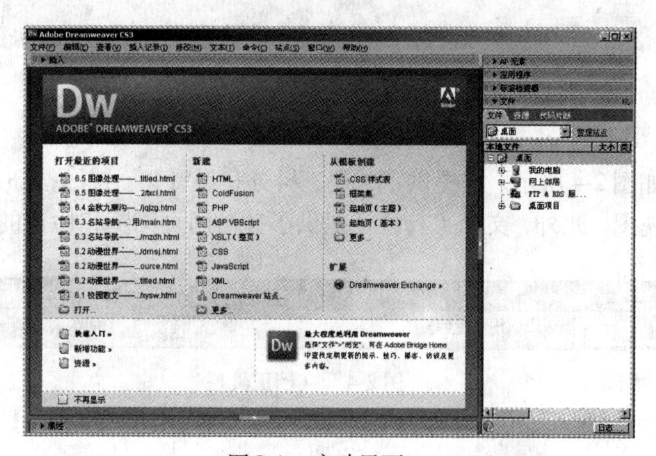

图 2-1　启动界面

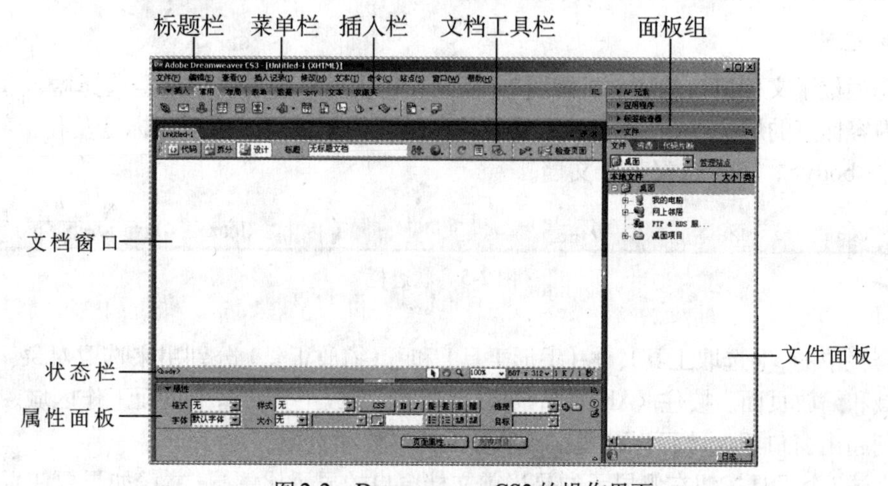

图 2-2　Dreamweaver CS3 的操作界面

1. 标题栏

在 Dreamweaver CS3 主窗口的顶部是标题栏，用于显示软件的版本、网页的标题及网页类型。

2. 菜单栏

菜单栏包含 10 个菜单项，即文件、编辑、查看、插入记录、修改、文本、命令、站点、窗口和帮助。它涵盖了几乎 Dreamweaver CS3 中的所有功能，通过菜单可以进行对象的任意操作与控制。菜单栏按功能的不同进行了相应的划分，使用户使用起来非常方便。

3. 插入栏

插入栏如图 2-3 所示。它包含常用、布局、表单、数据、Spry、文本和收藏夹 7 个选项卡，这些选项卡中包括了 Dreamweaver CS3 中常用的各种工具按钮。系统默认显示的是“常用”工具栏。

图 2-3　插入栏

4. 文档工具栏

文档工具栏如图 2-4 所示。它提供了代码、拆分和设计 3 个视图按钮，单击相应的按钮可以切换到相应的视图。此外，文档工具栏还提供了针对网页浏览和检查的一些常用工具按钮。

图 2-4　文档工具栏

5. 文档窗口

文档窗口是网页的设计区，所设计的网页或代码都将出现在该窗口。

6. 状态栏

状态栏位于文档窗口的底部，如图 2-5 所示。在状态栏最左侧是标签选择器，用于显示当前选定内容标签的层次结构。单击该层次结构中的任何标签可以选择该标签及其全部内容。例如，单击<body>，可以选择整个文档。

图 2-5　状态栏

状态栏中的（选取工具）、（手形工具）和（缩放工具）分别用来选取对象、移动页面工作区域和缩放页面。按住〈Alt〉键，可以使用（缩放工具）缩小页面工作区域。只有当页面放大到超出窗口后，才可以使用（手形工具）移动页面。

在上述3个工具按钮右侧显示的是当前文档窗口的显示比例。如果要使页面看起来效果最好，可以单击该下拉列表右边的按钮，从弹出的下拉列表中选择一个比例，然后将文档窗口调整到选定预定义窗口的大小。

在文档窗口显示比例的右侧显示的是浏览器窗口的内部尺寸（不包括边框），单击 650 x 462 右边的按钮，从弹出的下拉列表中可以选择显示器的大小。例如，如果用户的访问者按其默认配置在 640 × 480 像素的显示器上使用 Microsoft Internet Explorer 或 Netscape Navigator，则用户应选择“536 × 196（640 × 480，默认）”的大小。

状态栏最右边显示的是网页下载速度，即下载文件时的数据传输速率（以kbit/s为单位）。执行菜单中的“编辑|首选参数”命令，在“首选参数”对话框的“分类”列表框中选择“状态栏”选项，然后在右边即可定义“窗口大小”和“连接速度”的值，如图 2-6 所示。

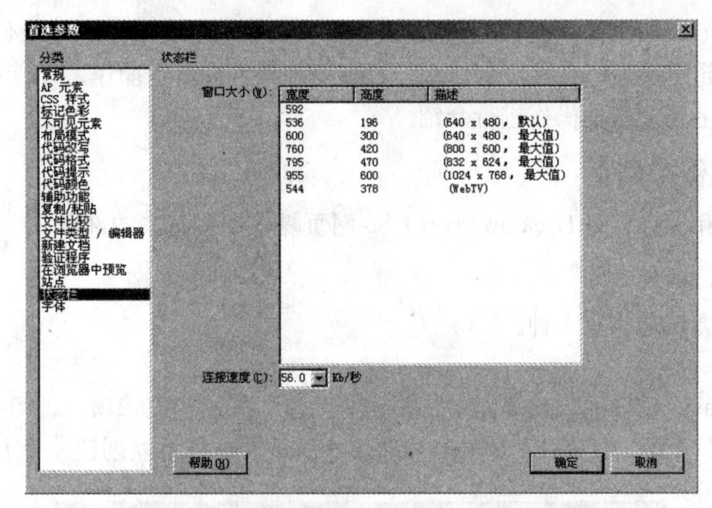

图 2-6　“分类”列表框中的“状态栏”选项

7. 属性面板

网页设计中的对象都有各自的属性，如文字有字体、字号、对齐方式等属性，图像有大小、链接、替换文字等属性。用户可以在属性面板中设置相关对象的属性，且属性面板的设置项目会根据对象的不同而不同。图 2-7 所示的是选择表格内文字对象后的属性面板。

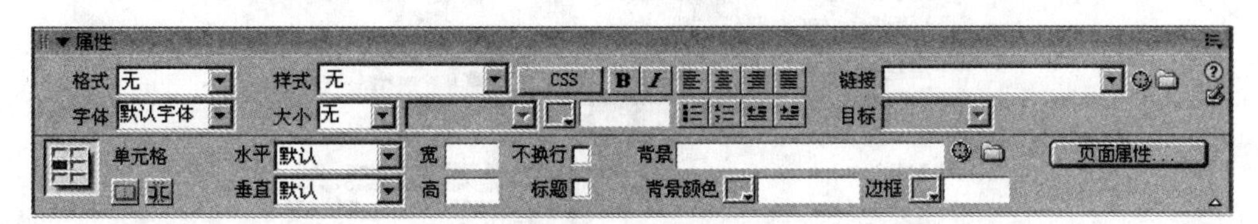

图 2-7　选择文字对象后的属性面板

8. 面板组

Dreamweaver CS3 的面板组非常简洁、便于设计，它将许多常用功能进行了适当的分类，以面板叠加的形式放置于窗口的右侧，如图 2-8 所示。单击按钮可展开相应的面板。

图 2-8　面板组

9. 文件面板

文件面板用于对网站中的网页、图像和程序等文件进行管理，非常类似于 Windows 资源管理器（Windows）或 Finder （Macintosh）。文件面板具有 3 个方面的功能。

- 管理本地站点，包括建立文件和文件夹、重命名文件和文件夹，以及管理本地站点的结构。
- 管理远程站点，包括文件上传和更新文件等。
- 连接网络应用服务器，预览使用了程序语言的网页，如 ASP、PHP、JSP 等网页。

2.2 网页制作基本操作

Dreamweaver CS3 的基本操作包括创建及保存网页、应用表格、编辑文本、插入图像、插入多媒体内容和超链接等，在网页制作中，只有熟练地掌握基本操作，才能制作出完美的网页。下面，对以上几个基本操作进行介绍。

2.2.1 创建和保存网页

网页的创建和保存，是 Dreamweaver CS3 网页操作中最基本的部分。

1. 创建网页

创建网页的方法通常有 3 种。

（1）方法一

在 Dreamweaver CS3 的启动界面中，单击“新建”下的相应选项，即可创建网页。在此单击的是“新建”下的“HTML”选项，如图 2-9 所示，这样可以创建一个 HTML 网页。

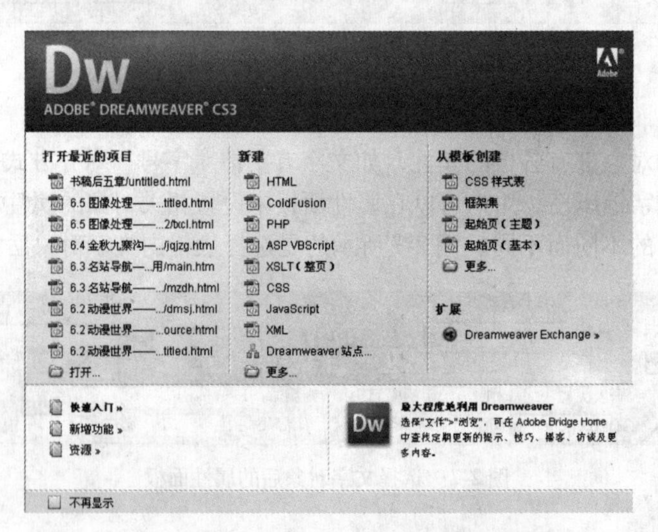

图 2-9　单击“新建”下的“HTML”选项

（2）方法二

执行菜单中的“文件 | 新建”命令，在弹出的如图 2-10 所示的“新建文档”对话框中选择“页面类型”下的相关选项，然后单击“创建”按钮，从而创建一个新的网页。

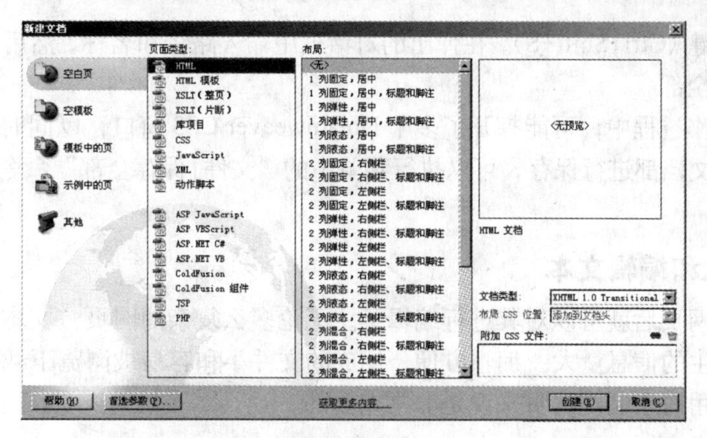

图 2-10　“新建文档”对话框

（3）方法三

在站点窗口直接创建网页。首先在文件面板中打开一个本地站点，如图 2-11 所示，然后单击右键，在弹出的快捷菜单中选择“新建文件”命令（或单击文件面板右上方的按钮，从弹出的菜单中选择“文件 | 新建文件”命令），此时在文件面板中便可以看到新建的网页，并且其处于可编辑状态，如图 2-12 所示。此时输入文件名按下回车键即可。

图 2-11　打开一个本地站点

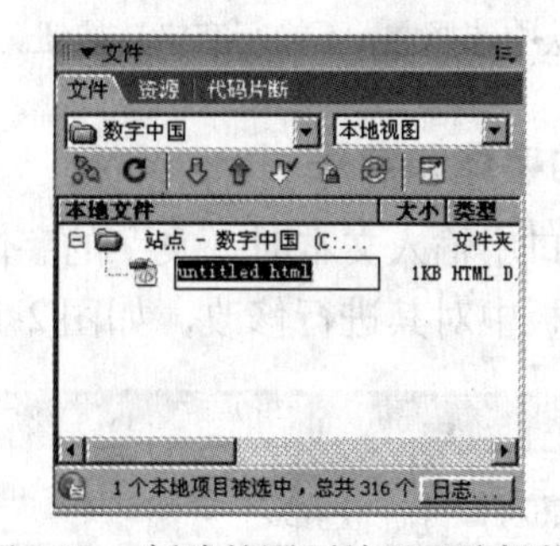

图 2-12　新建的网页处于可编辑状态

2. 保存网页

根据目的不同，保存的方法也不相同。

（1）保存

要保存文档，可以执行菜单中的“文件 | 保存”命令或按快捷键〈Ctrl+S〉，在弹出的如图 2-13 所示的“另存为”对话框中输入名称，然后单击“保存”按钮即可。

提示：如果该文档已经被命名保存过，则会直接存储文档，不会出现“另存为”对话框。

（2）另存为

如果当前文档已经保存过，现在需要以另外的名称保存，可以执行菜单中的“文件 | 另存为”

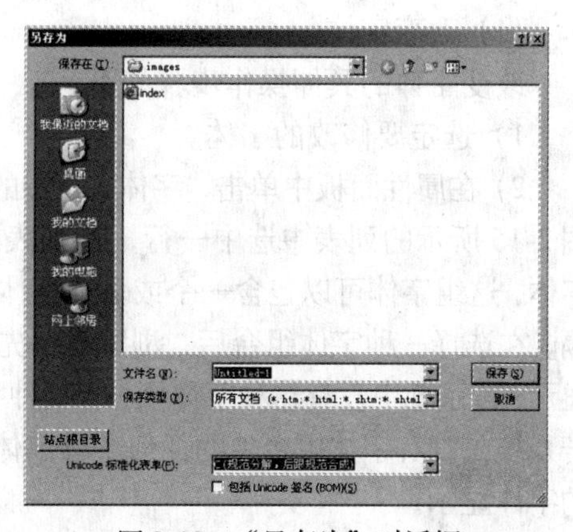

图 2-13　“另存为”对话框

命令或按快捷键〈Ctrl+Shift+S〉，在弹出的对话框中输入路径和名称，然后单击“保存”按钮。

(3) 保存全部

在实际创作过程中，可能打开了多个 Dreamweaver CS3 窗口，以同时编辑多个文档。如果希望将所有文档都进行保存，可以执行菜单中的“文件|保存全部”命令，将所有打开的文档进行保存。

2.2.2 输入和编辑文本

在创建好网页后就可以对其进行编辑了。无论多么复杂的网页，文本都是其最基本的元素。文本有产生的信息量大、编辑方便、生成的文件小和容易被浏览下载等特点，因此，掌握好文本的使用对于制作网页来说是非常重要的。

1. 输入文本

可以首先将光标定位于文档窗口中要添加文本的地方，然后直接输入文本。也可以将其他应用程序中的文本进行复制，然后在 Dreamweaver CS3 的文档窗口中，执行菜单中的“编辑|粘贴”命令进行粘贴。

提示：在默认情况下，Dreamweaver CS3 不允许输入连续的空格，如果要输入连续的空格，可以将输入法切换到中文全角的状态，然后按空格键。或将插入栏切换到“文本”状态，单击按钮不放，从中选择（不换行空格）按钮。

2. 文本的字体和字号

在文档窗口中输入文本时，文字的字体、大小和颜色等都是系统默认的，但用户可以在文本的属性面板中对其进行修改，如图 2-14 所示。

图 2-14　文本的属性面板

(1) 改变字体

改变字体的具体操作步骤如下：

1) 选定要修改的字体。

2) 在属性面板中单击“字体”右边的按钮，在弹出的如图 2-15 所示的列表中选中一行。该列表框中的一行就是一组字体，这组字体可以包含一个或多个字体组合，中间用逗号分隔。在选择一种字体组合后，浏览器将先按组合的第 1 种字体显示，若系统中没有这种字体则按第 2 种字体显示，依此类推。若系统中没有字体组合中的任何一种字体，则按照浏览器默认的字体显示。

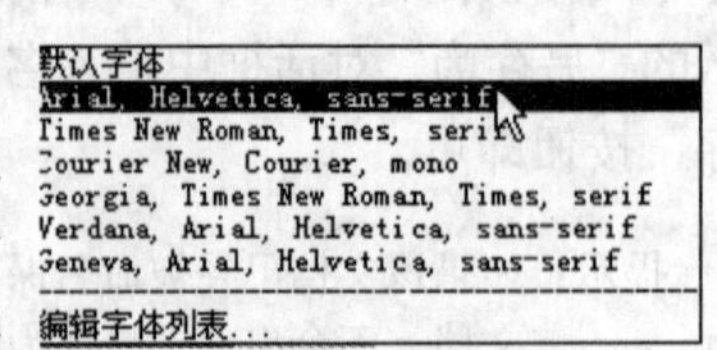

图 2-15　字体列表

(2) 设置字体大小

设置字体大小的具体操作步骤如下：

1) 选中要修改的文本。

2) 在属性面板中单击“大小”右边的按钮，在弹出的列表中选择一种字号。

(3) 设置字体颜色

设置字体颜色的具体操作步骤如下：

1) 选中要改变字体颜色的文本。

2) 在属性面板中单击按钮，在弹出的如图 2-16 所示的面板中选择一种颜色。

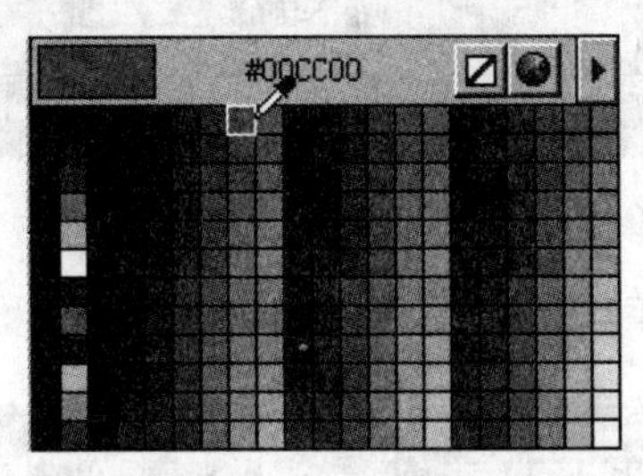

图 2-16　在面板中选择一种颜色

3. 搜索和替换文本

和其他的文本编辑程序一样，Dreamweaver CS3 也提供了查找与替换文本的功能，具体操作步骤如下：

1) 打开需要编辑的 HTML 文档。

2) 执行菜单中的“编辑 | 查找和编辑”命令。

3) 在弹出的“查找和替换”对话框的“查找范围”下拉列表中选择查找的文档范围（默认选择为当前编辑文档）；在“搜索”下拉列表中选择需要查找的类型；在“查找”文本框和“替换”文本框中分别输入要查找和替换的文本，如图 2-17 所示。

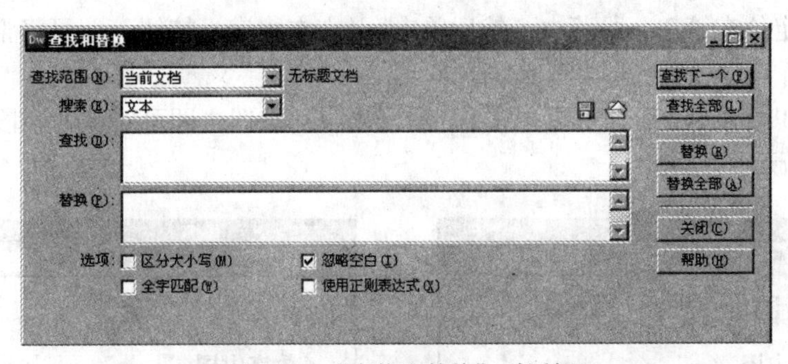

图 2-17　“查找和替换”对话框

4) 单击“替换”按钮即可替换文本，若要全部替换，需单击“替换全部”按钮。

5) 如果只查找某一段文本的位置，单击“查找下一个”按钮即可；如果要查找全部文本，则需单击“查找全部”按钮。

4. 段落的格式

Dreamweaver CS3 不仅可对简单的文本进行设置，还可对段落格式进行设置，具体步骤如下：

1）在属性面板中单击“格式”右边的▾按钮，可以看到列表中有 9 个选项，其中 6 个为标题样式选项，如图 2-18 所示。

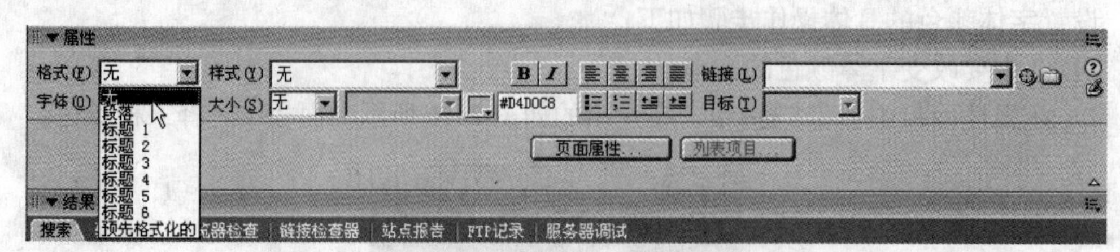

图 2-18　格式下拉列表

图 2-19 所示的是 6 种标题样式的比较。

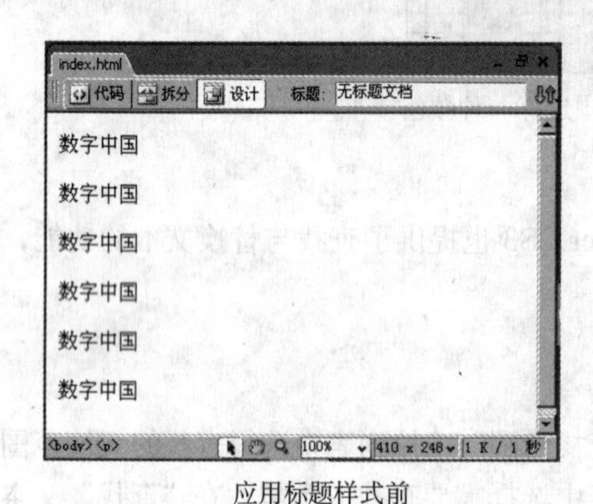

应用标题样式前

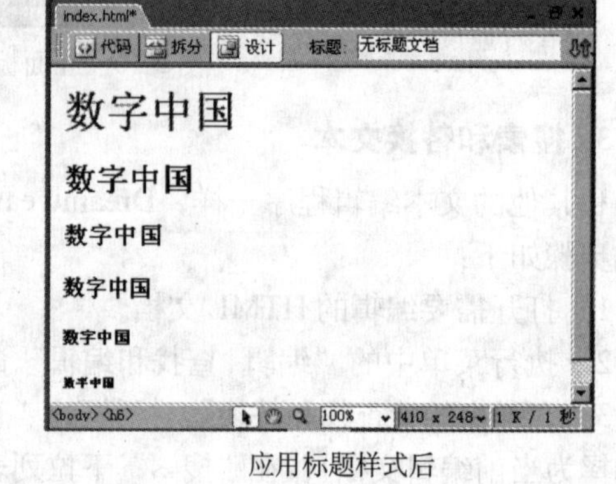

应用标题样式后

图 2-19　6 种标题样式的比较

2）将光标定位在第 2 个段落中，然后单击▤（文本缩进）按钮，即可将整个文本向右移动，如图 2-20 所示。

3）选中第 3 段和第 4 段，然后单击▤（项目列表）按钮，即可对这两个段落添加项目符号，如图 2-21 所示。

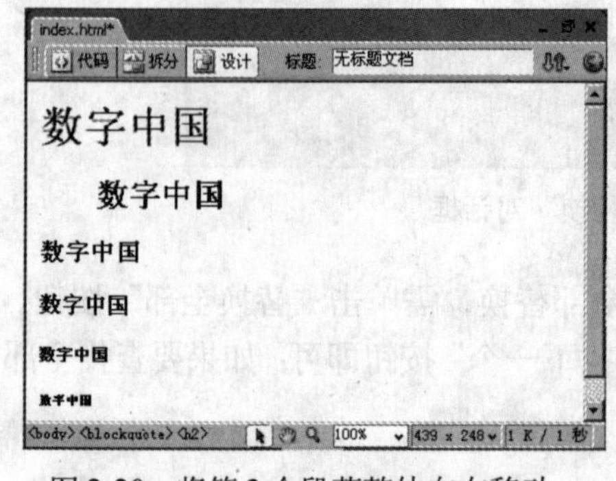

图 2-20　将第 2 个段落整体向右移动

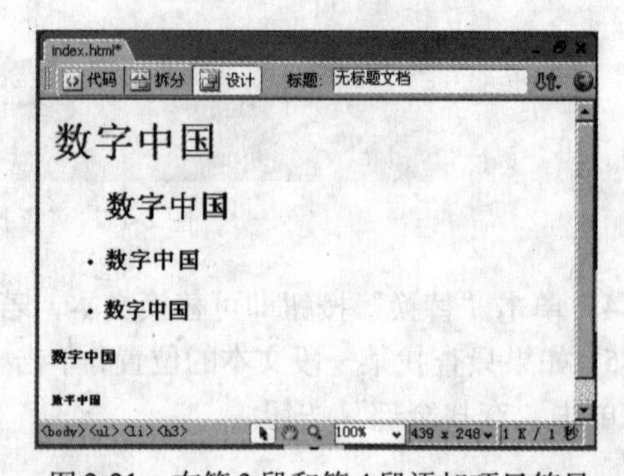

图 2-21　在第 3 段和第 4 段添加项目符号

4）选中第5段和第6段，然后单击☰（编号列表）按钮，即可对这两个段落添加编号，如图2-22所示。

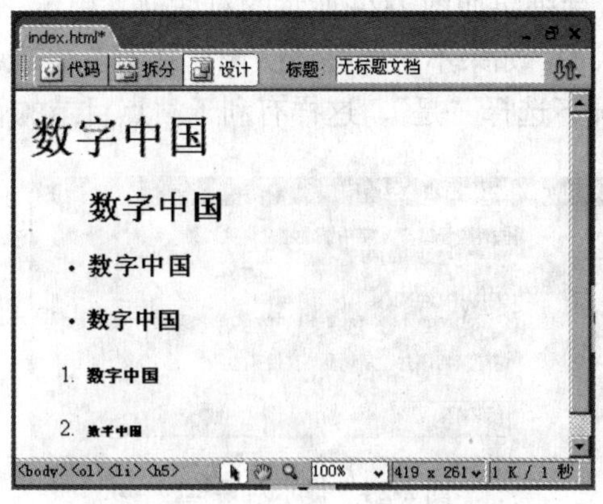

图2-22　在第5段和第6段添加编号

2.2.3　插入图像

在Dreamweaver CS3中可以直接插入图像，也可以将图像作为页面的背景。图像与文本相比，更能够直观地说明问题。网上的图像文件主要有GIF、JPEG和PNG三种格式。

插入图像的具体操作步骤如下：

1）将光标定位在文档中要插入图像的位置。

2）执行菜单中的“插入|图像”命令，或者单击插入栏的“常用”类别中的▣（图像）按钮，弹出如图2-23所示的对话框。

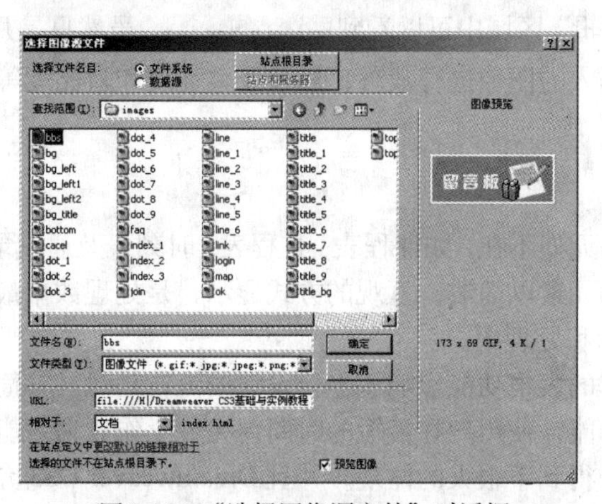

图2-23　“选择图像源文件”对话框

3）在该对话框中可以选择上面的“文件系统”单选按钮，直接从本地硬盘上选择图像文件，或者也可以选择上面的“数据源”，从数据库中选取图像文件。

4）选取图像文件后，在窗口右边会出现其预览图，而且在下面的URL文本框中，会显示当前选中文件的URL地址。还可以在“相对于”下拉列表中选择文件URL地址的类型。如果选择“文档”选项，则使用相对地址；如果选择“站点根目录”选项，则使用基于站点根目录的地址。

5）单击“确定”按钮，即可将该图像插入到文档中。如果所选择的图像不在本地站点文件夹中，Dreamweaver CS3 会弹出如图 2-24 所示的对话框。单击“是”按钮，则将选中的图像文件保存在本地站点目录中；如果不希望将该图像复制到本地站点目录，可以单击“否”按钮。不过，建议在通常情况下选择“是”，这样有利于站点目录的管理。

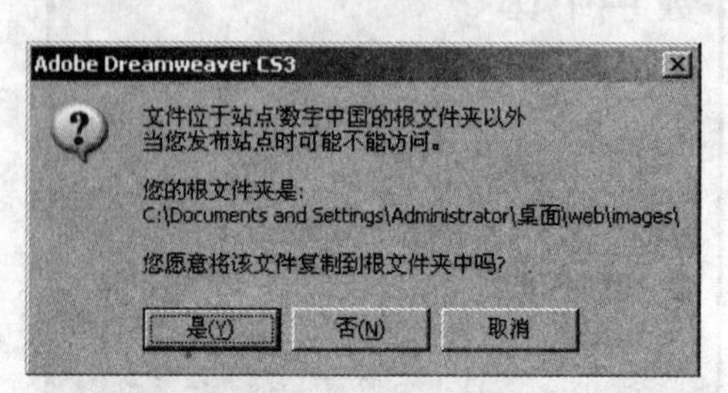

图 2-24　提示对话框

6）所插入的图像会以原始大小显示在页面中，此时属性面板中会显示该图像的尺寸以及图像的来源路径，如图 2-25 所示。

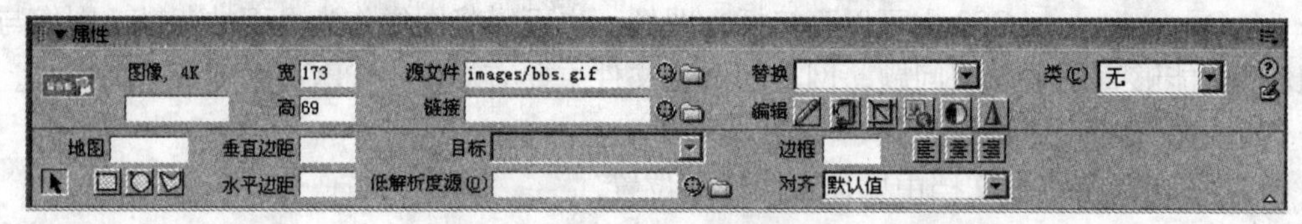

图 2-25　属性面板中显示图像的信息

在属性面板的“编辑”区域中可以看到，虽然只是几个小按钮，但却非常有用。可以使用它们对插入的图像进行裁剪，以及调整亮度和对比度等操作，从而大大提高工作效率。

2.2.4　应用表格

在现实生活中表格无处不在，如课程表、日程表、时刻表及通讯录等都是表格的应用。表格可以将一组有共性的元素以简洁、直观的方式显示，是处理数据最常用的形式，被广泛应用于数据、资料的显示和处理中。

Dreamweaver CS3 的表格功能影响了当今设计的流行趋势。其简便的拖放设置功能，以及迅速的表格格式化功能，使用户在最短的时间内完成工作成为可能。这些表格的编辑特性在 Dreamweaver CS3 中得到了很大的体现。并且 Dreamweaver CS3 允许用户对表格以不同的方式进行分类，或者对其进行再次完全格式化。

1. 表格元素

表格是一些用线条分开的小格，它有 4 个基本组成元素，如图 2-26 所示。

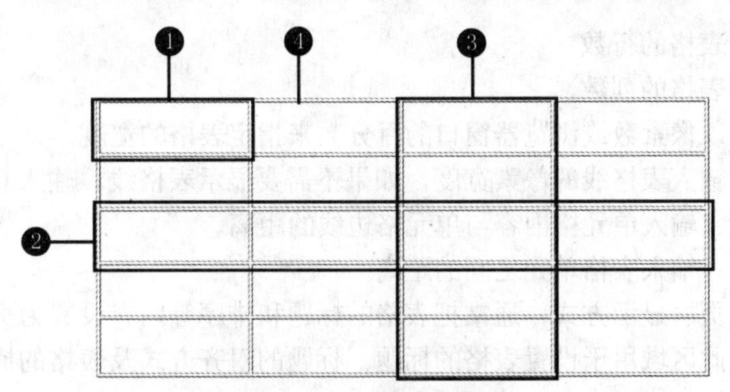

图 2-26 表格元素指示

❶ 单元格：图 2-26 中的每一个小格称为一个单元格。

❷ 行：水平方向上的一排单元格构成一行，图 2-26 中共有 5 行。

❸ 列：垂直方向上的一排单元格构成一列，图 2-26 中共有 4 列。

❹ 边框：组成表格的线条称为边框。

2. 插入表格

在页面中插入表格有“利用▦(表格）按钮”和“利用菜单命令”两种方法，下面进行具体介绍。

(1) 利用▦(表格）按钮插入表格

利用▦(表格）按钮插入表格的具体操作步骤如下：

1）单击插入栏“常用”类别中的▦(表格）按钮，如图 2-27 所示。

图 2-27 插入栏中的▦(表格）按钮

2）在弹出的对话框中设置参数如图 2-28 所示，单击“确定”按钮，即可创建出如图 2-26 所示的表格。

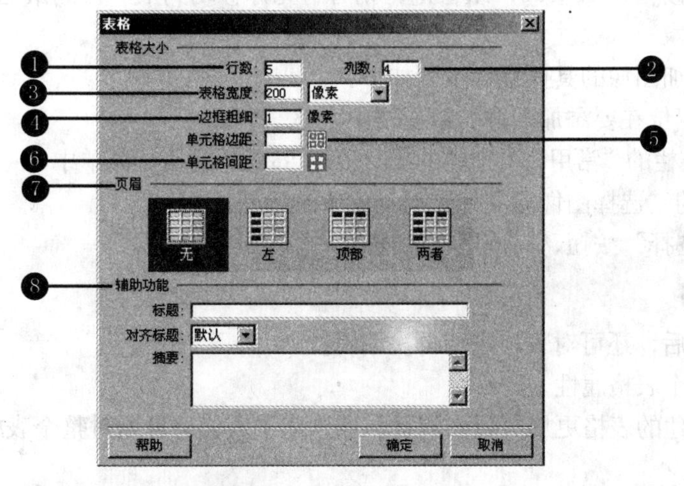

图 2-28 “表格”对话框

❶ 行数：输入表格的行数。

❷ 列数：输入表格的列数。

❸ 表格宽度：以像素数或浏览器窗口的百分数来指定表格的宽度。

❹ 边框粗细：输入表格线的像素宽度，如果不需要显示表格线，输入0即可。

❺ 单元格边距：输入单元格内容与单元格边线的距离。

❻ 单元格间距：输入表格单元之间的距离。

❼ 页眉：选择页眉显示方式，通常把表格的标题和排序等内容设置为页眉。

❽ 辅助功能：此区域用于设置表格的标题、标题的对齐方式及表格的摘要信息。

提示：“插入表格”对话框会保留上次输入的值，作为以后输入的默认值。

（2）利用菜单命令插入表格

利用菜单命令插入表格的具体操作步骤如下：

1）执行菜单中的“插入记录|表格”命令。

2）在弹出的如图2-28所示的对话框中设置参数，单击“确定”按钮，完成表格的创建。

3. 在单元格中添加内容

表格创建好以后，就可以向单元格中输入各种数据了，如文本、图像等，甚至可以是另一个表格。

（1）添加文本

在表格中添加文本的具体操作步骤如下：

1）将光标定位在要插入文本的单元格中。

2）直接输入文本或将复制的文本粘贴到单元格中。

3）按〈Tab〉键将光标移动到下一个单元格以便继续输入。如果在当前行的最后一个单元格中按〈Tab〉键，则可以将光标移动到下一行的第一个单元格中；如果在表格的最后一个单元格中按〈Tab〉键，表格就会自动添加一行，且该行所含单元格的数目与上一行相同。

4）如果要将光标移动到上一个单元格，则可以按〈Shift+Tab〉组合键；如果在当前行的第一个单元格中按〈Shift+Tab〉组合键，则可将光标移动到上一行的最后一个单元格中。

（2）添加图像

在表格中添加图像的具体操作步骤如下：

1）将光标定位在要添加图像的单元格中。

2）单击插入栏的“常用”类别中的▣（图像）按钮，或执行菜单中的“插入|图像”命令。

3）在打开的“选择图像源文件”对话框中选择图像文件。

4）单击“选择”按钮，完成图像的插入。

3. 编辑表格

在创建表格后，还可对表格进行再次编辑。

（1）设置整个表格属性

为了使所创建的表格更加美观、醒目，在创建了表格后可以对整个表格属性（如表格边框的颜色、整个表格或某些单元格的背景图像、颜色等）进行再次设置。方法：在整个表格的左上角单击，从而选中整个表格，然后在属性面板中进行设置，如图 2-29 所示。

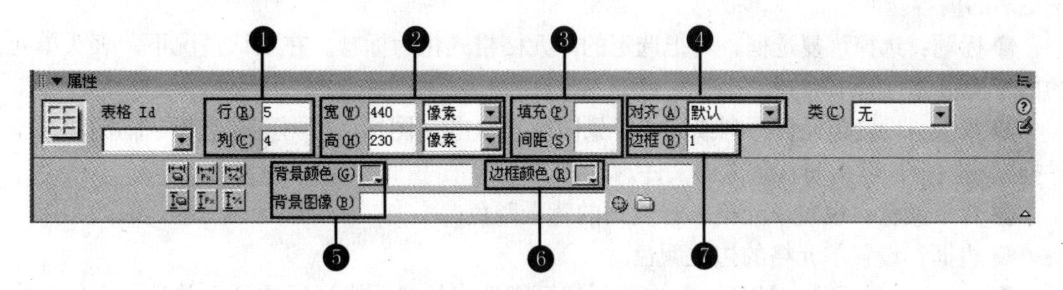

图 2-29　选中整个表格的属性面板

❶ 行和高：输入表格的行数和列数。

❷ 宽和高：输入以像素数或浏览器窗口的百分比（%）表示的表格宽度和高度。

❸ 填充：指定单元格内容与单元格边线之间的像素数。

间距：指定每个表格单元之间的像素数。

❹ 对齐：设置表格的对齐方式，有左对齐、右对齐、居中对齐 3 种方式可以选择。

❺ 背景颜色：用于设置表格的背景颜色。

背景图像：用于设置表格的背景图像。

❻ 边框颜色：用于设置整个表格的边框颜色。

❼ 边框：设置以像素表示的边框宽度，默认值为 1。

（2）设置行、列和单元格属性

除了可以设置整个表格的属性外，还可以在属性面板中单独设置某行、某列或某些单元格的属性。方法：选择表格中单元格的任意组合，然后在属性面板中进行设置，如图 2-30 所示。

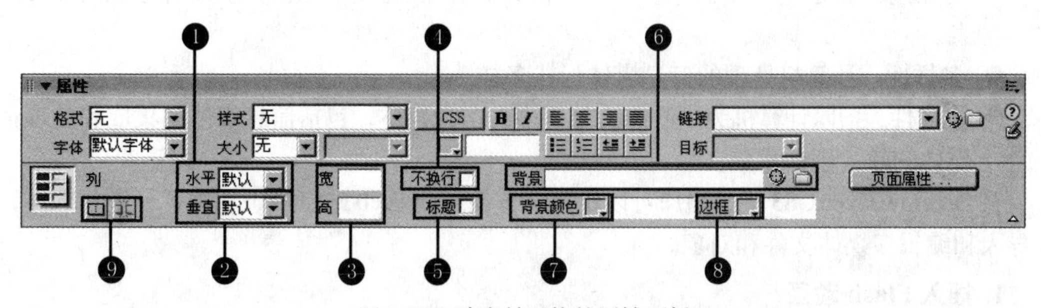

图 2-30　选中单元格的属性面板

❶ 水平：设置单元格、列或行的内容在水平方向上对齐，有左对齐、右对齐、居中对齐 3 种方式可以选择。

❷ 垂直：设置单元格、列或行的内容在垂直方向上对齐，有顶端、居中、底部、基线 4 种方式可以选择。

❸ 宽和高：为选定的单元格指定以像素表示的宽度和高度。如果要用百分数，可在输入

的数值后面加上百分号（%）。

❹ 不换行：选择该复选框，可防止单元格中的内容换行。此时，单元格会自动扩展以容纳更多的内容。

❺ 标题：选择该复选框，可把选定的单元格格式化为标题。在默认情况下，表头单元格的内容为粗体且居中对齐。

❻ 背景：设置单元格、列或行的背景图像。单击图标，可浏览并选择一幅图像；单击并拖曳图标，可指向背景图像文件。

❼ 背景颜色：设置单元格、行或列的背景颜色。

❽ 边框：设置单元格的边框颜色。

❾ （合并单元格）按钮：单击该按钮可把选定的单元格、行或列合并为一个单元格。

（拆分单元格）按钮：单击该按钮可把一个单元格分割成多个单元格。

（3）添加和删除行或列

执行菜单中的“修改|表格|插入行”命令，可添加行；执行菜单中的“修改|表格|插入列”命令，可添加列。

执行菜单中的“修改|表格|删除行”命令，可删除行；执行菜单中的“修改|表格|删除列”命令，可删除列。

2.2.5 插入多媒体对象

所谓“媒体”是指信息的载体，包括文字、图形、图像、动画、音频和视频等。所谓“多媒体”就是指有两种以上构成，共同表示、传播和存储同一信息的媒体。“多媒体技术”是指利用计算机来综合处理文字、图形、图像、动画、音频和视频等多种媒体信息，并且使这些信息建立逻辑连接的一种计算机技术。

多媒体具有以下特征：

- 数字化。是指媒体以数字形式进行存储和传播。
- 交互性。指用户可以与计算机的多种信息媒体进行交互操作，从而有效控制和使用信息。
- 多样性。计算机处理的信息媒体形式多样。
- 集成性。指以计算机为中心综合处理多种信息媒体，包括信息媒体的集成和处理信息媒体的软、硬件集成。

在 Dreamweaver CS3 中，用户可以迅速、方便地向 Web 站点中添加声音和影片媒体，可以导入和编辑多媒体文件和对象。

1. 插入 Flash 动画

在网页中除了可以使用文本和图像元素表达信息外，还可以向其中插入体积小、效果华丽的 Flash 动画以丰富网页。

在页面中插入 Flash 动画的具体操作步骤如下：

1）在文档窗口中将光标定位于要插入 Flah 动画的位置。

2）单击插入栏的“常用”类别中的右侧的小三角按钮，然后从弹出的菜单中选择 Flash 按钮，如图 2-31 所示。

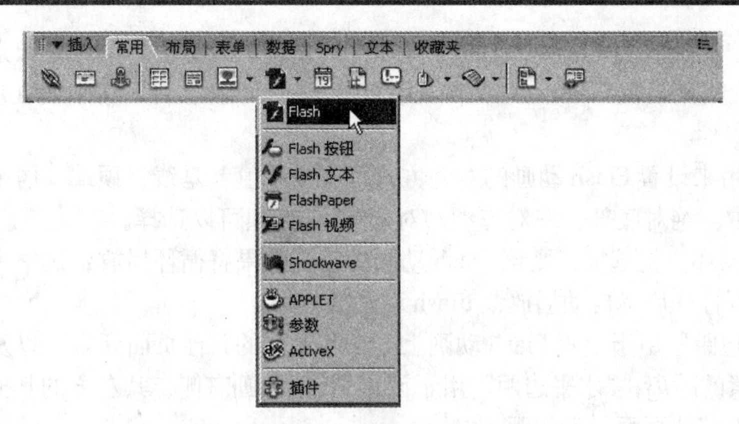

图 2-31　选择 Flash 按钮

3）在弹出的“选择文件”对话框中选择要打开的 Flash 动画所创建的 SWF 文件，如图 2-32 所示。

4）单击“确定”按钮，即可插入 Flash 动画。插入后的 Flash 动画并不会在文档窗口中显示内容，而是以一个带有字母 F 的灰色框显示，如图 2-33 所示。

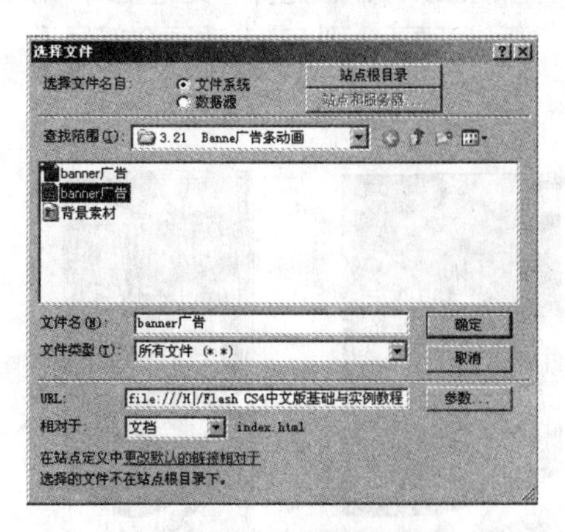

图 2-32　选择 SWF 文件

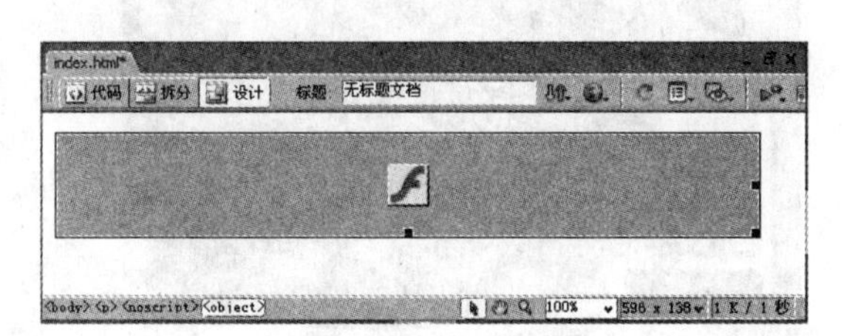

图 2-33　插入 SWF 文件后的效果

5）在属性面板中设置 Flash 动画的属性，如图 2-34 所示。

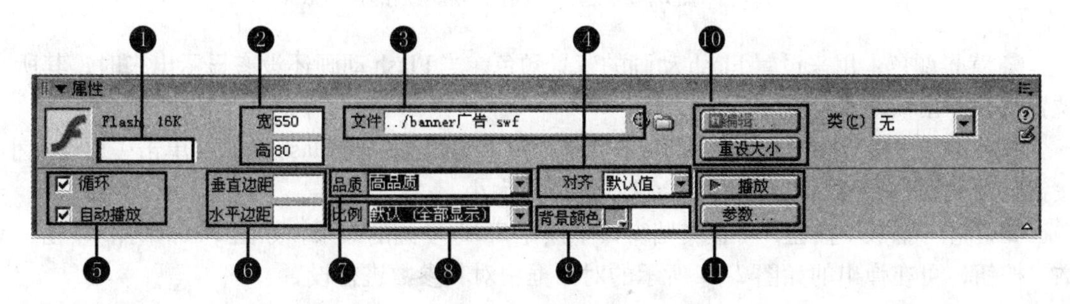

图 2-34　选中插入的 SWF 文件后的属性面板

❶ Flash 下面的文本框：用来设置 Flash 动画的名称。

❷ 宽和高：用来设置 Flash 动画的宽度和高度，可填入数值，单位是像素。

❸ “文件”用来设置 Flash 动画文件（swf）的路径；“源文件”用来设置 Flash 文件（fla）的路径。

❹ 对齐：用来设置 Flash 动画的对齐方式，有默认值、基线、顶端、居中、底部、文本上方、绝对居中、绝对底部、左对齐和右对齐 10 个选项可以选择。

❺ 选中“循环”复选框，则该 Flash 动画的动画效果将循环播放；选中“自动播放”复选框，则在网页打开后将自动播放该 Flash 动画的效果。

❻ “垂直边距”用于设置 Flash 动画上方与其上方的其他页面元素，以及下方与其下方的其他页面元素的距离；“水平边距”用于设置 Flash 动画左侧与其左方的其他页面元素，以及右侧与其右方其他页面元素的距离。

❼ 品质：用来设置 Flash 动画的品质，有低品质、自动低品质、自动高品质和高品质 4 个选项可以选择。

❽ 比例：用来设置 Flash 动画的显示比例，有“默认（全部显示）”、“无边框”和“严格匹配”3 个选项可以选择。

如果选择“默认（全部显示）”，则 Flash 动画将全部显示；如果选择“无边框”，则在必要时，会漏掉动画左右两边的一些内容；如果选择“严格匹配”，则 Flash 动画全部显示，但比例可能会有变化，如图 2-35 所示。

默认（全部显示）

无边框

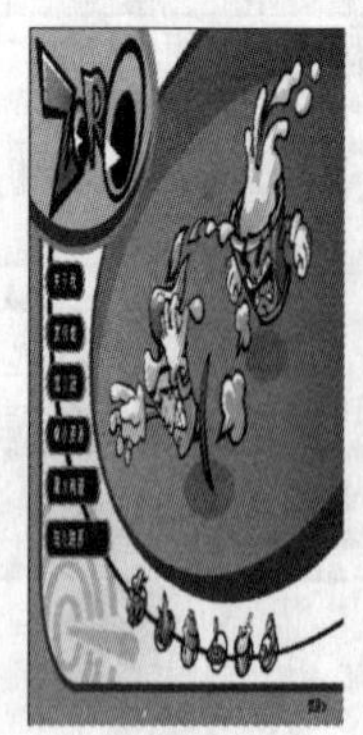
严格匹配

图 2-35　选择不同比例选项后的显示效果

❾ 背景颜色：用来设置 Flash 动画的背景颜色，当 Flash 动画还没有显示出来时，其所在位置将显示出该背景色。

❿ 单击“编辑”按钮，可启动 Flash 软件，重新编辑选中的 Flash 动画；单击“重设大小”按钮，则 Flash 动画的宽度和高度会恢复到原始大小。

⓫ 单击“播放”按钮，可在文档窗口中预览 Flash 动画的效果，如图 2-36 所示；单击“参数”按钮，可在弹出的如图 2-37 所示的对话框中对其参数进行设置。

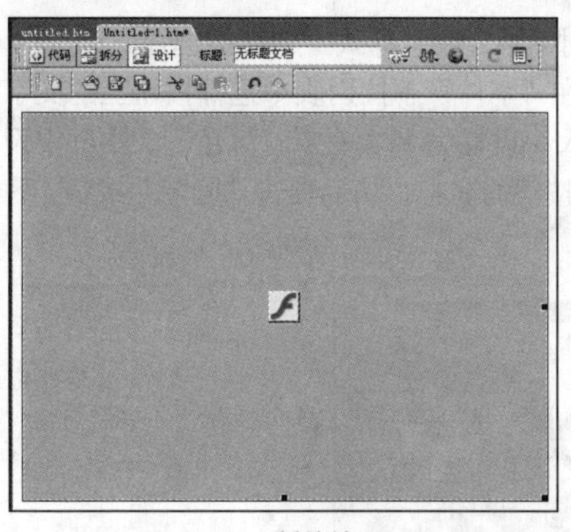

播放前

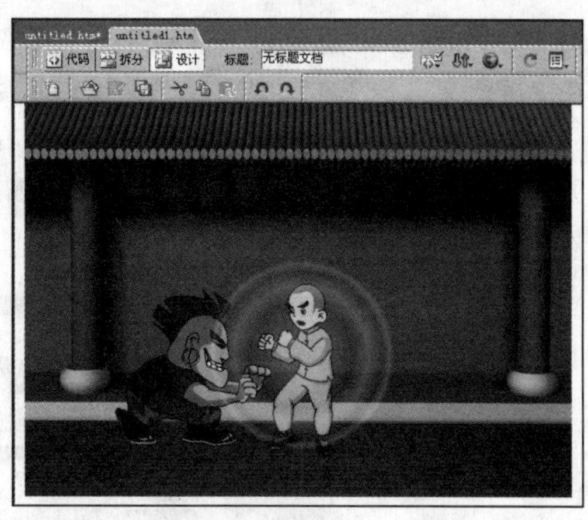

播放后

图 2-36 单击“播放”按钮前后的显示效果对比

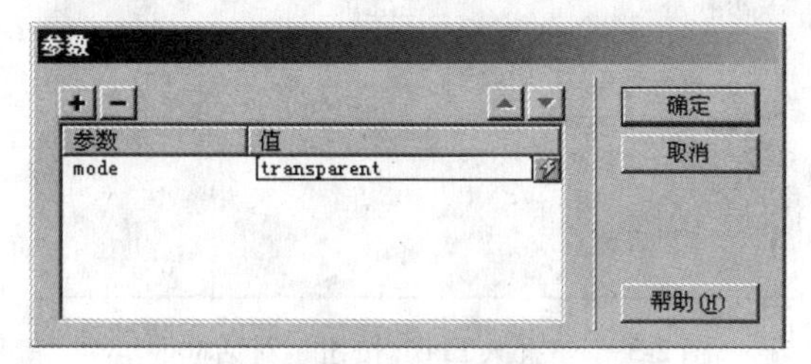

图 2-37 设置参数

6）按〈F12〉键即可进行预览。

2. 插入 Flash 按钮

使用 Dreamweaver CS3 中的 Flash 按钮对象，可以创建或者载入一组预设的 Flash 按钮，并为按钮添加文本、背景颜色，以及指向其他文件的链接。

在页面中插入 Flash 按钮的具体操作步骤如下：

1）在文档窗口中将光标定位于要插入 Flah 按钮的位置。

2）单击插入栏“常用”类别中的 右侧的小三角，然后从弹出的菜单中选择 Flash 按钮 按钮，如图 2-38 所示。

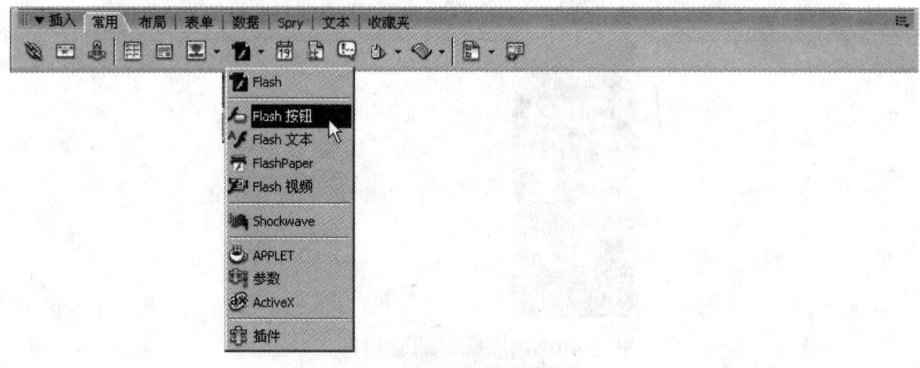

图 2-38 选择 Flash 按钮 按钮

3）弹出如图 2-39 所示的“插入 Flash 按钮”对话框，在“样式”列表中选择“Slider”样式；在“按钮文本”文本框中输入“返回文本”；在“字体”下拉列表中选择按钮上的文字字体为“华文行楷”；在“大小”文本框中将字体的大小设置为 12；在“背景色”文本框中设置颜色为“#CCFFCC”；在“另存为”文本框中输入按钮的名称。然后单击“确定”按钮，将按钮插入到文档中。

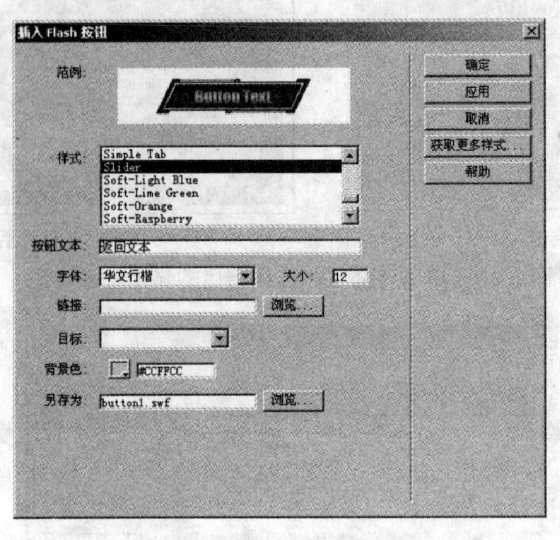

图 2-39　“插入 Flash 按钮”对话框

4）按〈F12〉键即可进行预览。

3. 插入 Flash 文本

Flash 文本对象允许用于创建和插入只包含文本的 Flash 影片。用户可以从设计器中选择字体和文本创建较小的矢量图形影片。

在页面中插入 Flash 文本的具体操作步骤如下：

1）在文档窗口中将光标定位于要插入 Flash 文本的位置。

2）单击插入栏“常用”类别中的右侧的小三角，然后从弹出的菜单中选择 Flash 文本 按钮，如图 2-40 所示。

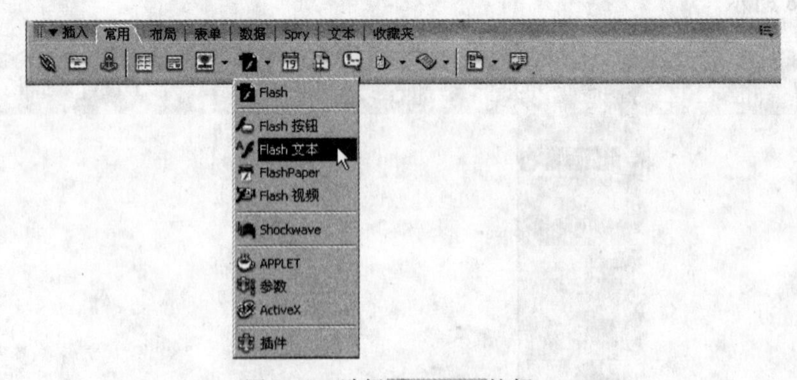

图 2-40　选择 Flash 文本 按钮

3）弹出如图 2-41 所示的“插入 Flash 文本”对话框，在“字体”下拉列表中选择一种字体样式；在“大小”文本框中输入字体的大小，它们是以像素点为单位的；在“颜色”文本框中设置文本的颜色；在“转滚颜色”文本框中设置当鼠标指针经过Flash文本时显示的颜色；在“链接”文本框中输入链接的地址；在“目标”下拉列表中选择打开的窗口；在“背景色”文本框中设置Flash文本的背景颜色；在“另存为”文本框中输入文件的名称。然后单击“确定”按钮，将Flash文本插入到文档中。

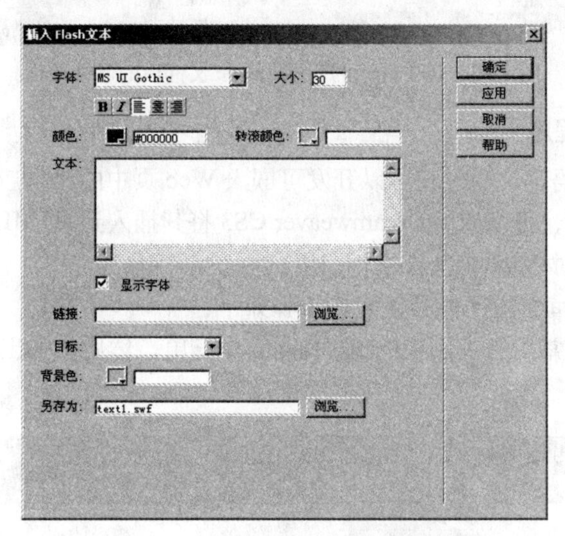

图 2-41　“插入 Flash 文本”对话框

4）按〈F12〉键即可进行预览。

4. 插入 Shockwave 影片

Shockwave 是一个很普及的浏览器插件，它能将由 Director、Authorware 和 Freehand 等软件制作的动画效果直接输出到网上。由于 Shockwave 作为 Web 上用于交互式多媒体的 Macromedia 标准是一种压缩格式，使得在 Macromedia Director 等软件中创建的多媒体文件能够被快速下载，并且可以在大多数常用的浏览器中进行播放。

在页面中插入 Shockwave 影片的具体操作步骤如下：

1）在文档窗口中将光标定位于要插入 Shockwave 影片的位置。

2）单击插入栏“常用”类别中的 右侧的小三角，然后从弹出的菜单中选择 Shockwave 按钮，如图 2-42 所示。

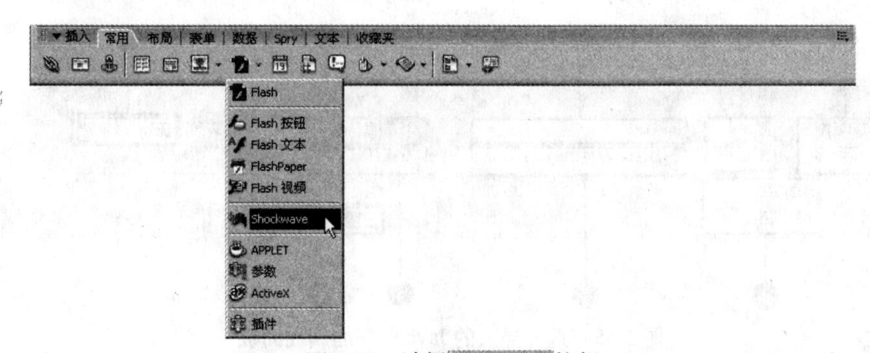

图 2-42　选择 Shockwave 按钮

3）在弹出的“选择文件”对话框中选择 Shockwave 影片文件，然后单击“确定”按钮。

4）在文档中插入了 Shockwave 影片后，可以在如图 2-43 所示的属性面板中进行设置。

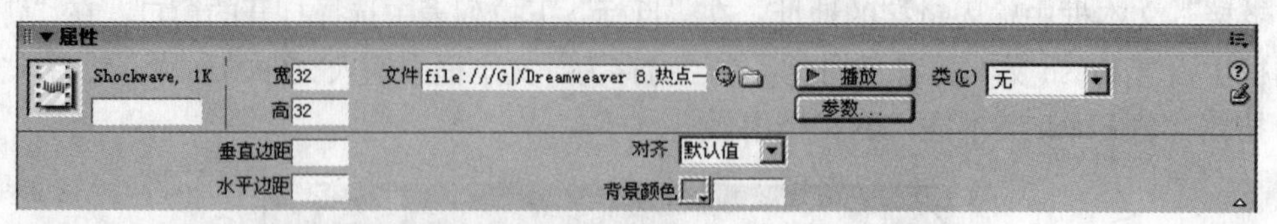

图 2-43　选中插入的 Shockwave 文件后的属性面板

5. 插入 Java 小程序

Java 是一种编程语言，通过它可以开发可嵌入 Web 页中的小型应用程序（Applets）。在创建了 Java Applets 后，可以使用 Dreamweaver CS3 将其插入到 HTML 文档中。Dreamweaver CS3 使用 Applet 标记对 Applets 文件进行引用。

在页面中插入 Java 小程序的具体操作步骤如下：

1）单击插入栏“常用”类别中的 右侧的小三角，然后从弹出的菜单中选择 APPLET 按钮，如图 2-44 所示。

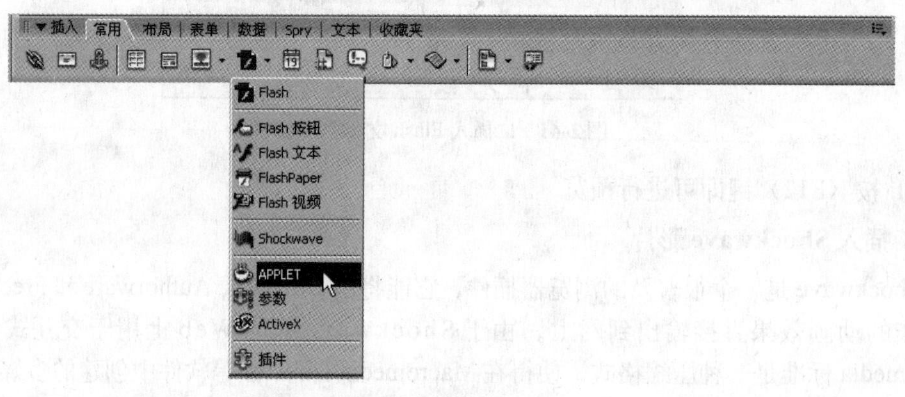

图 2-44　选择 APPLET 按钮

2）在弹出的“选择文件”对话框中选择相应的程序文件，然后单击“确定”按钮，即可将 Java 小程序插入到 Dreamweaver CS3 文档窗口中。

3）在文档中插入了 Java 程序后，可以在如图 2-45 所示的属性面板中进行设置。

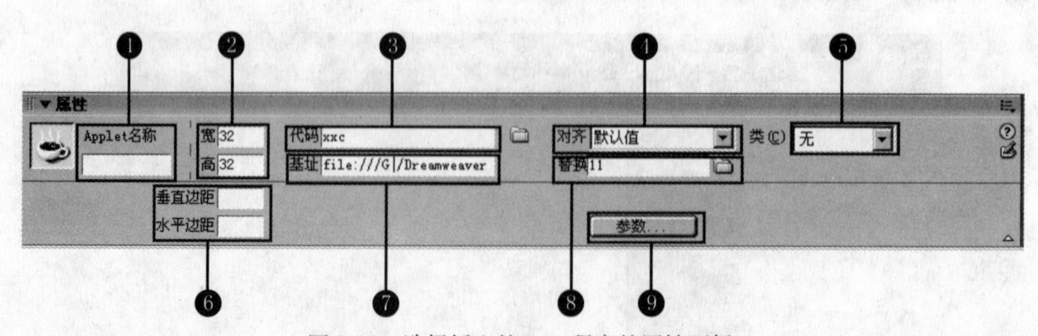

图 2-45　选择插入的 Java 程序的属性面板

❶ Applet名称：指定用来标识影片以进行脚本撰写的名称。

❷ 宽和高：以像素为单位指定影片的宽度和高度。还可以指定为pc（12点活字）、pt（点）、in（英寸）、mm（毫米）、cm（厘米）或%（相对于父对象的值的百分比）。单位必须紧跟在值之后，中间不留空格（例如3mm）。

❸ 代码：指定包含该Applets的Java代码的文件。可以直接输入路径，也可以单击文件夹选择相应的Applets文件。

❹ 对齐：确定对象在页面中的对齐方式。

❺ 类：在该下拉列表中可以选择一种应用类型。

❻ 垂直边距和水平边距：以像素为单位指定Applets上、下、左、右的空白量。

❼ 基址：标识包含选定Applets的文件夹。在用户选择了一个Applets后，此域将被自动填充。

❽ 替换：指定如果用户的浏览器不支持Java Applets或者已禁用Java，将要显示的替代内容（通常为一个图像）。如果用户输入文本，Dreamweaver CS3将用Applet标记的alt属性显示该文本；如果用户选择一个图像，Dreamweaver CS3将在开始和结束Applet标记之间插入img标记。

❾ 参数：单击该按钮会打开一个对话框，可在其中输入传递给Applets的附加参数。

6. 插入ActiveX控件

ActiveX控件（常被称做OLE控件）是可以充当浏览器插件的可重复使用组件，类似微型的应用程序。ActiveX控件可以在Windows系统上的Internet Explorer中运行，Dreamweaver CS3中的ActiveX对象，使用户可为访问者浏览器中的ActiveX控件提供属性和参数。Dreamweaver CS3使用Object标记在页面上标记Active控件将显示的位置，并且为ActiveX空间提供参数。

在页面中插入ActiveX控件的具体操作步骤如下：

1）单击插入栏“常用”类别中的右侧的小三角，然后从弹出的菜单中选择 ActiveX 按钮，如图2-46所示。

2）在弹出的如图2-47所示的“对象标签辅助功能属性”对话框中设置相应的参数，然后单击“确定”按钮。

图2-46 选择 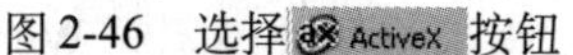 按钮

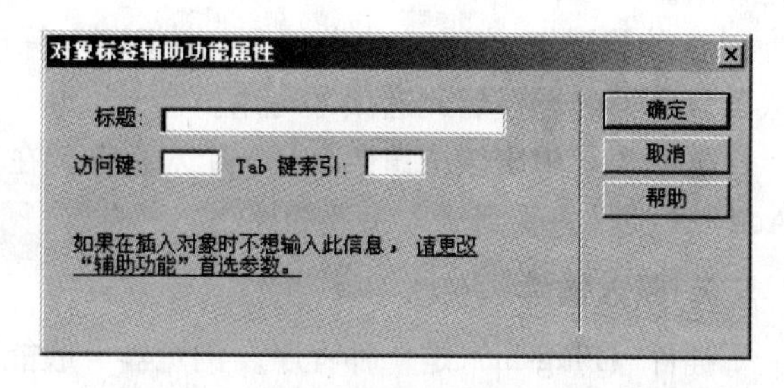

图2-47 “对象标签辅助功能属性”对话框

3）在文档中插入了ActiveX控件后，可以在如图2-48所示的属性面板中进行设置。

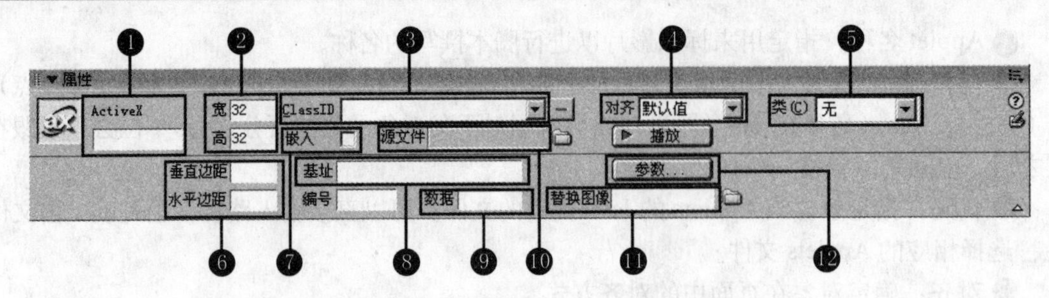

图 2-48 选择插入的 ActiveX 控件后的属性面板

❶ ActiveX 名称：指定用来标识 ActiveX 控件以进行脚本撰写的名称。在属性面板最左端的未标记域中输入名称即可。

❷ 宽和高：以像素为单位指定对象的宽度和高度。还可以指定为 pc（12 点活字）、pt（点）、in（英寸）、mm（毫米）、cm（厘米）或 %（相对于父对象宽度和高度的百分比）。单位必须紧跟在值之后，中间不留空格（例如 3mm）。

❸ ClassID：为浏览器标识 ActiveX 控件。可以在文本框中输入一个值，也可以在其下拉列表中选择一个值。在加载页面时，浏览器使用该类 ID 确定 ActiveX 控件的位置。如果浏览器未找到指定的 ActiveX 控件，则将自动尝试从"基址"项指定的位置中进行下载。

❹ 对齐：确定对象在页面上的对齐方式。

❺ 类：在该下拉列表中可以选择一种应用类型。

❻ 垂直边距和水平边距：以像素为单位指定对象上、下、左、右的空白量。

❼ 嵌入：为该 ActiveX 控件在 Object 标记内添加 embed 标记。如果 ActiveX 控件具有等效的 Netscape Navigator 插件，则 embed 标记将激活该插件。

❽ 基址：指定包含该 ActiveX 控件的 URL。如果在访问者的系统中尚未安装 ActiveX 控件，则 Internet Explorer 将从该位置下载它。如果用户没有指定"基址"参数，并且访问者尚未安装相应的 ActiveX 控件，则浏览器不能显示 ActiveX 对象。

❾ 数据：为要加载的 ActiveX 控件指定数据文件。许多 ActiveX 控件（例如 Shockwave 和 RealPlayer）不使用此参数。

❿ 源文件：定义如果启用了"嵌入"选项，将要用于 Netscape Navigator 插件的数据文件。如果该选项没有输入值，则 Dreamweaver CS3 将自动尝试根据已输入的 ActiveX 属性确定该值。

⓫ 替代图像：指定在浏览器不支持 Object 标记的情况下要显示的图像。只有在取消对"嵌入"复选框的选择后此选项才可用。

⓬ 参数：单击该按钮会打开一个对话框，在其中可输入传递给 ActiveX 对象的附加参数。ActiveX 控件将受到输入参数的控制。

7. 插入插件

插件（Plug-in）是一种程序。浏览器一般能够直接调用插件程序，在插件安装后就成为了浏览器的一部分，可以处理特定的文件。插件的使用可增强浏览器处理不同 Web 文件的能力。外接插件是用来扩充软件功能的一种重要手段和工具。在 Dreamweaver CS3 中，插件大致分 Objects、Behaviors、Inspectors 和 Commands 等类型。

在页面中插入插件的具体操作步骤如下：

1）在文档窗口中将光标定位于要插入插件的位置。

2）单击插入栏“常用”类别中的 右侧的小三角，然后从弹出的菜单中选择 插件 按钮，如图 2-49 所示。

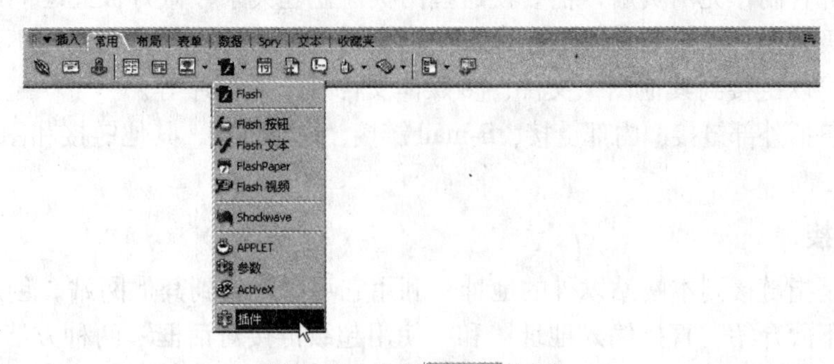

图 2-49　选择 插件 按钮

3）在弹出的“选择文件”对话框中选择插件文件，然后单击“确定”按钮，即可完成操作。

4）在文档中插入了插件文件后，可以在如图 2-50 所示的属性面板中进行设置。

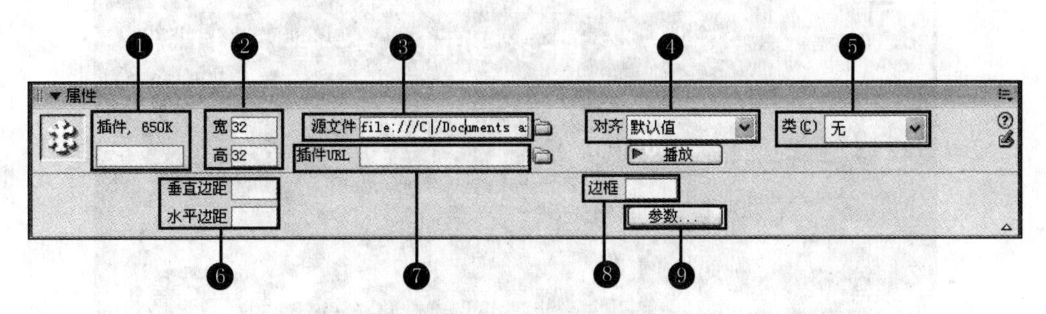

图 2-50　选择插入的插件后的属性面板

❶ 插件名称：指定用来标识插件以进行脚本撰写的名称。

❷ 宽和高：以像素为单位指定在页面上分配给对象的宽度和高度。还可以指定为 pc（12 点活字）、pt（点）、in（英寸）、mm（毫米）、cm（厘米）或 %（相对于父对象宽度和高度的百分比）。单位必须紧跟在值之后，中间不留空格（例如 3mm）。

❸ 源文件：指定源数据文件。可以直接输入路径，也可以单击文件夹图标 选择相应的源数据文件。

❹ 对齐：确定对象在页面上的对齐方式。

❺ 类：在该下拉列表中可以选择一种应用样式。

❻ 垂直边距和水平边距：以像素为单位指定插件上、下、左、右的空白量。

❼ 插件 URL：指定 pluginspace 属性的 URL。输入用户可以从中下载插件的站点的完整 URL。如果正在查看该页面的用户不具有该插件，则浏览器会尝试从该 URL 中进行下载。

❽ 边框：指定环绕插件周围的边框的宽度。

❾ 参数：单击该按钮会打开一个对话框，从中可以输入传递给 Netscape Navigator 插件的附加参数。

2.2.6 设置超级链接

当网页设计者制作完网页后，需要使这些网页建立起关系，做好彼此之间的链接，这种链接就称为超级链接。在 Dreamweaver CS3 中链接的范围十分广泛，利用它不仅可以链接到其他网页，还可以链接到其他图像文件、多媒体文件及下载程序等。

超级链接包括外部链接、内部链接、E-mail 链接、锚点链接、其他链接和图像映射 6 种类型。

1. 外部链接

外部链接是指链接到本网站以外的地址，利用它可以跳转到其他网站。创建外部链接的方法有很多，下面介绍“直接输入地址”和“使用超级链接对话框”两种方法。

（1）直接输入地址

通过直接输入地址创建外部链接的具体操作步骤如下：

1）在 Dreamweaver CS3 文档窗口中选中图像或文字，此处选中了一个写有“设计软件教师协会全力打造”的图片，如图 2-51 所示。

图 2-51　选中图片

2）使用属性面板输入外部地址，如 http://www.sina.com，如图 2-52 所示。

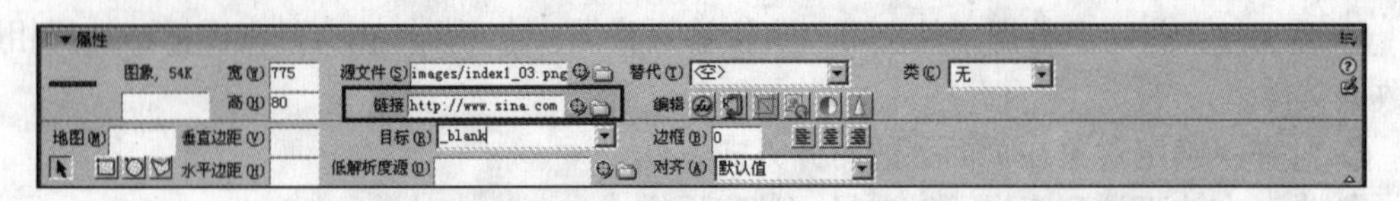

图 2-52　输入链接为“http://www.sina.com”

3）在填写完链接后，属性面板的“目标”项变为可选项目，此时共有 _blank、_parent、_top、_self 四个选项可以选择。

_blank：在一个新的未命名的浏览器窗口中打开链接网页。

_parent：如果是嵌套的框架，链接会在父框架或窗口中打开；如果不是嵌套的框架，则相当于 _top，在整个浏览器中显示。

_self：是浏览器的默认值，会在当前网页所在的窗口或框架中打开链接网页。

_top：在完整的浏览器窗口中打开网页。

（2）使用“超级链接”对话框

选中要链接的对象，单击插入栏“常用”类别中的按钮，如图2-53所示，在弹出的如图2-54所示的对话框中进行设置。然后单击“确定”按钮，插入超链接。

图2-53 单击插入栏“常用”类别中的按钮

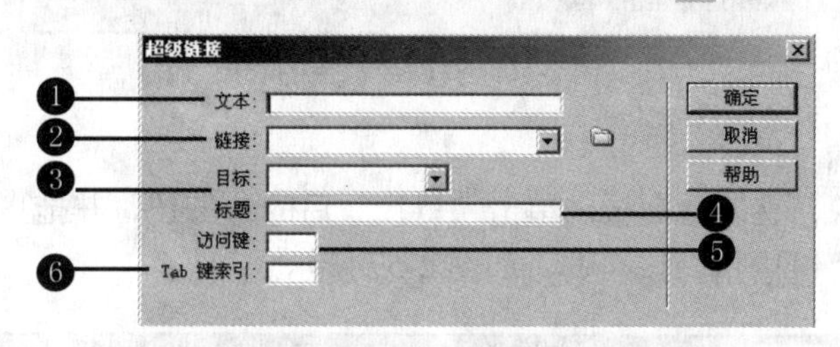

图2-54 “超级链接”对话框

❶ 文本：用于设置超链接显示的文本。

❷ 链接：设置链接到的路径。

❸ 目标：用来设置超链接的打开方式，有 _blank、_parent、_top、_self四个选项可以选择。

❹ 标题：用来设置超链接的标题。

❺ 访问键：用来设置键盘等价键，可输入一个字母。在浏览器中打开网页后，单击键盘上的这个字母即会选中超链接。

❻ Tab 键索引：用于设置在网页中用〈Tab〉键选中该超链接的顺序。

2. 内部链接

内部链接是指跳转到本网站内部的其他页面。创建内部链接除了和创建外部链接相同的两种方法外，还有很多其他方法。下面介绍利用“浏览链接页面”和“指向链接页面”创建内部链接的方法。

（1）浏览链接页面

1）选中要链接的对象，在属性面板中单击“链接”后的按钮，如图2-55所示。

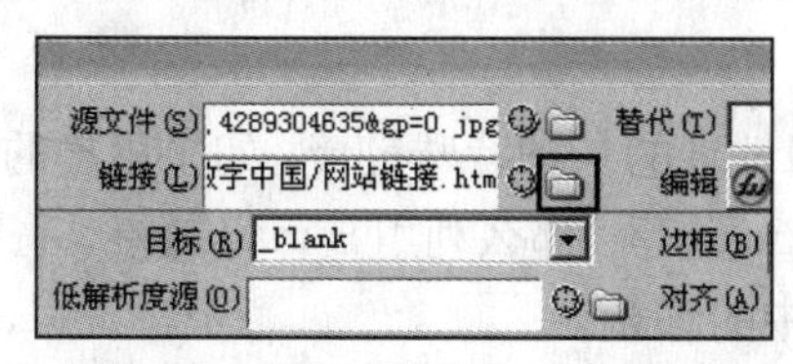

图2-55 单击“链接”后的按钮

2）在弹出的如图 2-56 所示的对话框中找到要链接的对象，单击“确定”按钮。

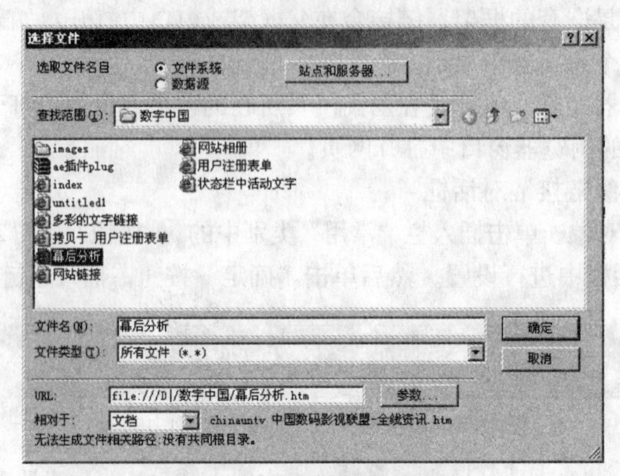

图 2-56　找到要链接的对象

（2）指向链接页面

选中要链接的对象，在属性面板中单击“链接”后的按钮，并拖曳到站点面板中的相应网页文件上，即可将链接指向该网页，如图 2-57 所示。

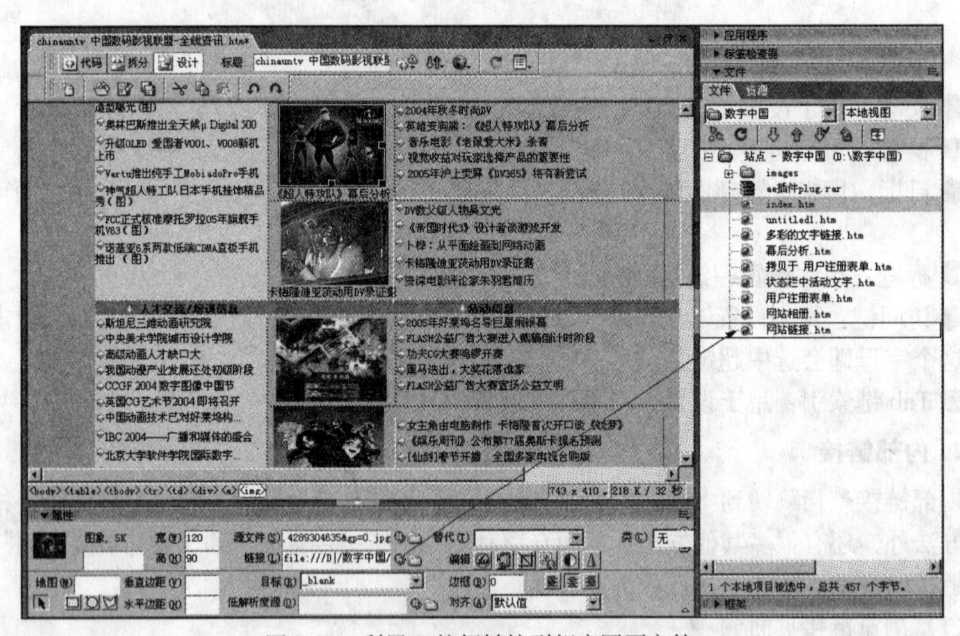

图 2-57　利用按钮链接到相应网页文件

3. E-mail 链接

E-mail 链接是连接到 E-mail 地址的一种特殊链接。如果用户的系统中设置了邮件软件，如 Outlook、Outlook Express 和 Foxmail 等，那么利用 E-mail 链接，将会自动打开新邮件窗口，并在地址栏自动添加 E-mail 链接中的邮箱。

创建E-mail链接的方法有“使用属性面板直接填写”和“使用‘电子邮件链接’对话框”两种，下面进行具体介绍。

（1）使用属性面板直接填写

使用属性面板直接填写方式创建E-mail链接的具体操作步骤如下：

1）选中要链接的图片或文字，在此选择的是图2-67中右上角的“联系站长”4个字。

2）在属性面板的“链接”文本框中输入要链接的E-mail地址。其填写的一般形式为“mailto：name@server.com”，在此输入的是“mailto：website@youren.com ”，如图2-58所示。

图2-58 创建E-mail链接

（2）使用“电子邮件链接”对话框

使用“电子邮件链接”对话框创建E-mail链接的具体操作步骤如下：

1）选中要链接的图片或文字。

2）单击插入栏“常用”类别中的 （电子邮件链接）按钮，然后在弹出的如图2-59所示的对话框中输入电子邮件地址，接着单击“确定”按钮即可。

图2-59 输入要链接的电子邮件的地址

4. 锚点链接

当一个网页的内容很长，但又不愿上下拖动滚动条来查看网页的内容时，可以使用锚点链接。锚点有些类似于word中的书签，使用锚点可以跳转到其他文档的指定位置，也可以跳转到当前文档的指定位置。

在使用锚点链接前，首先应该定义一个锚点，具体操作步骤如下：

1）将光标定位在要插入锚点的位置，或者选中要指定锚点的文本。

2）单击插入栏“常用”类别中的（命名锚记）按钮，在弹出的对话框中输入锚记的名称，如图2-60所示，然后单击“确定”按钮。

图2-60　输入锚记的名称

3）通过鼠标拖动来改变锚点的位置。选中锚点后，还可以在属性面板中修改锚点的名称，如图2-61所示。

图2-61　在属性面板中修改锚点的名称

在创建了锚点后，就可以在文档中实现与锚点的链接了，具体操作步骤如下：

1）选中要链接的文字。

2）单击插入栏“常用”类别中的按钮，在弹出的对话框中输入链接的锚记名称，如图2-62所示，然后单击“确定”按钮。或者在属性面板的“链接”文本框直接输入“#数字中国介绍”。

图2-62　输入链接的锚记名称

提示：如果目标锚点位于当前文档，则在“链接”文本框中先输入“#”号，再输入锚点的名称；如果目标锚点位于其他文档中，则需在“#”号前添加该文档的URL地址和名称。

5. 其他链接

除了以上各种类型的链接外，还有一些其他类型的链接方式，下面就来介绍一下。

（1）链接到图像或多媒体文件

链接到图像或多媒体的方法和链接到网页的方法完全一样，首先是选中要链接的对象，然后在属性面板中将“链接”后的⊕按钮指向站点面板中的图像文件即可，如图 2-63 所示。

图 2-63　将“链接”后的⊕按钮指向站点面板中的图像文件

（2）下载文件的链接

链接到下载文件的方法和链接到网页的方法一样，当被链接的是.exe 文件或.zip 文件等浏览器不支持的类型时，这些文件就会被下载。

图 2-64 所示的是将文字“泡泡龙 III”链接到.zip 文件的过程，图 2-65 所示的是按快捷键〈F12〉测试链接时，单击文字出现的下载对话框。

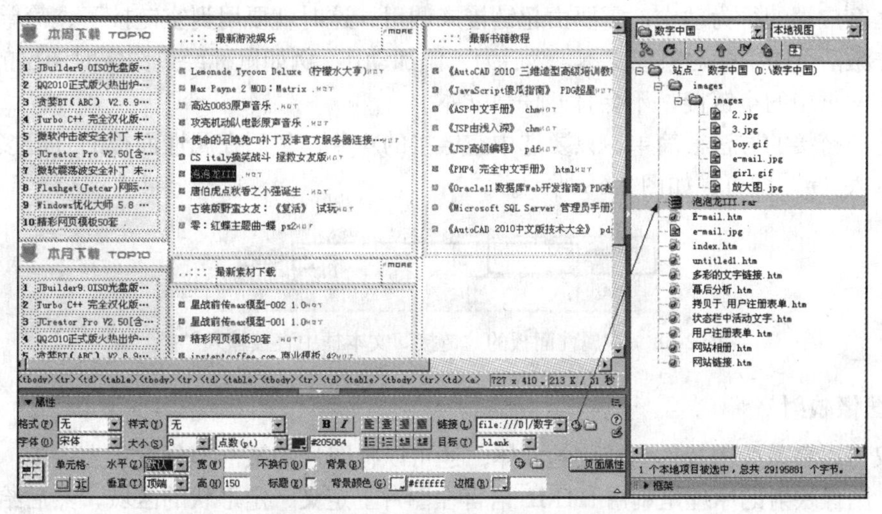

图 2-64　将文字“泡泡龙 III”链接到.zip 文件

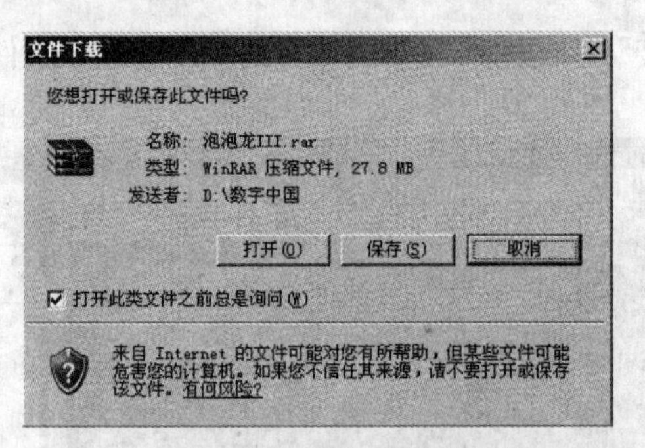

图 2-65　单击文字后出现的下载对话框

(3) 脚本链接

脚本链接对于大多数人来说是比较陌生的词汇。脚本链接一般用于给浏览者有关某个方面的额外信息，而不用打开新的页面。脚本链接执行的是 JavaScript 代码。制作脚本链接的具体操作步骤如下：

1）选中要制作脚本链接的对象。

2）在属性面板的“链接”文本框中输入 Javascript 脚本的函数名称，例如：

javascript:alert ('您好，欢迎您成为数字中国的正式会员！')

如图 2-66 所示，按快捷键〈F12〉测试链接会出现如图 2-67 所示的对话框。

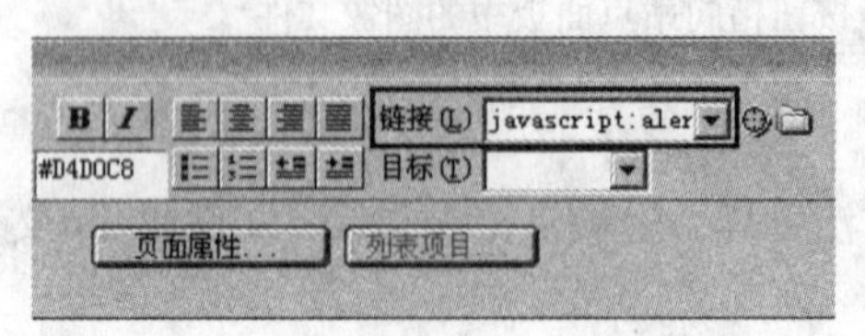

图 2-66　输入 JavaScript 脚本的函数名称

图 2-67　测试链接时出现的对话框

(4) 空链接

有些客户端的行为动作，需要由超链接来调用，这时就要用到空链接了。简单的说，空链接首先激活页面中的对象或文本，然后为之添加动作，例如鼠标经过图像时图层的显示。访问者单击网页中的空链接，不会打开任何文本。

创建空链接的方法很简单，只要选中空链接的对象，然后在属性面板的“链接”文本框中直接输入“#”即可，如图 2-68 所示。

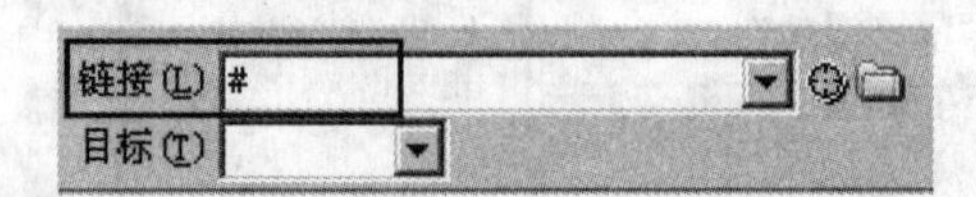

图 2-68　在属性面板的“链接”文本框中直接输入“#”

6. 图像映射

不仅可以将整张图片作为链接的载体，还可以将图片的某一部分设置为链接，这就是图像映射。图像映射的原理是利用 HTML 语言在图片上定义一定形状的区域，然后给这些区域加上链接，这些区域被称为热点。图像映射就是在一张图片的多个不同区域创建不同的链接地址。

给图像创建图像映射的具体操作步骤如下：

1）在 Dreamweaver CS3 文档窗口中选中图像，然后单击属性面板中不同形状的热点按钮。在此选择的是□（矩形热点工具），如图2-69所示。

2）在图像上需要创建热点区域的位置拖动鼠标，即可创建热点区。此处创建的书的封面热点区域，如图2-70所示。

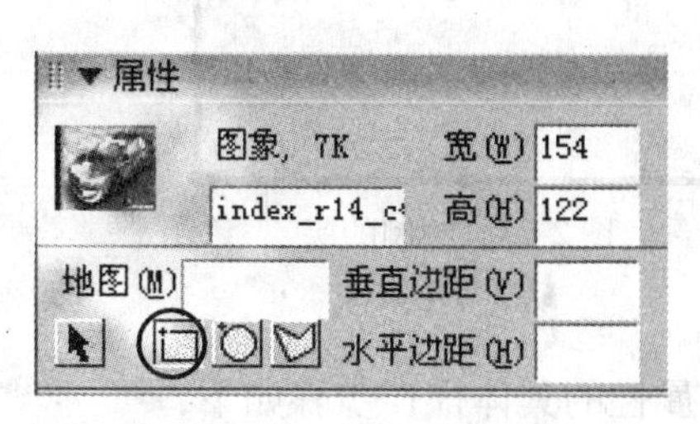

图2-69 选择□（矩形热点工具）

图2-70 创建的书的封面热点区域

3）选中图像的热点，然后在属性面板的“链接”文本框中输入该图像热点的链接地址，如图2-71所示。

图2-71 在属性面板的“链接”文本框中输入图像热点的链接地址

2.3 网页制作高级操作

在建立好基本网页后，如果想让网页具备与浏览者相互交流或产生动态效果等功能，必须嵌入动作对象，如层、表单、行为等。同时可以还利用 CSS 制作各种文字效果，利用模板和库省去不必要的重复劳动，节省宝贵的时间和精力。下面就来进行具体介绍。

2.3.1 层

层体现了网页技术从二维空间向三维空间的一种延伸，是一种新的发展方向。有了层可以实现下拉菜单、图片动态移动，以及文本的各种运动效果。另外，使用层也可以实现页面的简单排版。

1. 创建层

在 Dreamweaver CS3 中有多种建立层的方法，为此，Dreamweaver 专门设立了一个“AP元素”面板。在该面板中可以方便地处理层的操作、设定层的属性。可以执行菜单中的“窗口|AP元素”命令（快捷键为〈F11〉），调出“AP元素”面板，如图2-72所示。

"AP元素"面板分为3部分。最左面的是显示、隐藏层的图标；中间为层的名称；最右面是Z轴的排列情况。在编辑页面时，为了保持页面的完整性，可以随时将层隐藏。只要单击AP元素面板中的眼睛标记，即可实现当前层的隐藏与显示。

单击插入栏"布局"类别中的 (绘制AP Div) 按钮，然后单击鼠标左键，并且按住不放，拖动图标到页面的指定位置，接着释放鼠标左键，即可绘制一个层，如图2-73所示。

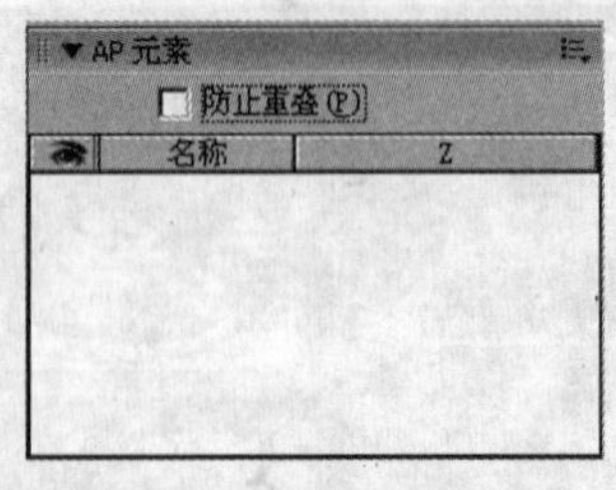

图2-72 "AP元素"面板

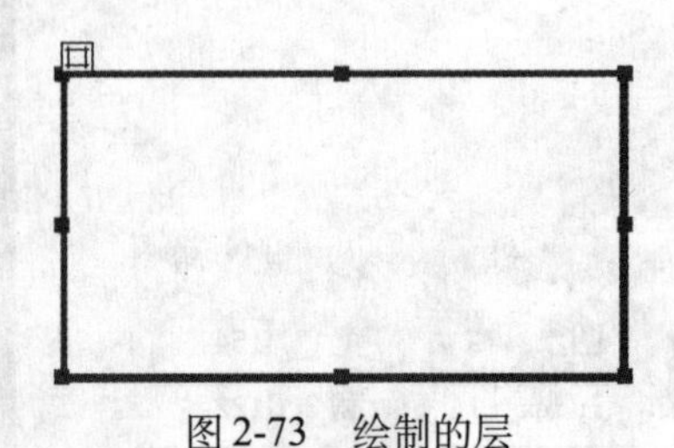

图2-73 绘制的层

2. 设置层属性

在插入层之后，可以对层进行属性的设置，设置层属性的具体操作步骤如下：

1）选中要设置属性的层。

提示： 选择层的方法有很多种，这里介绍常用的两种。一种是将鼠标移动到层边框上，此时鼠标变为✥形状，单击即可选择该层；另一种是在"AP元素"面板中单击相应层的名称直接选择层。

2）此时属性面板中会显示出层的相关属性，如图2-74所示。

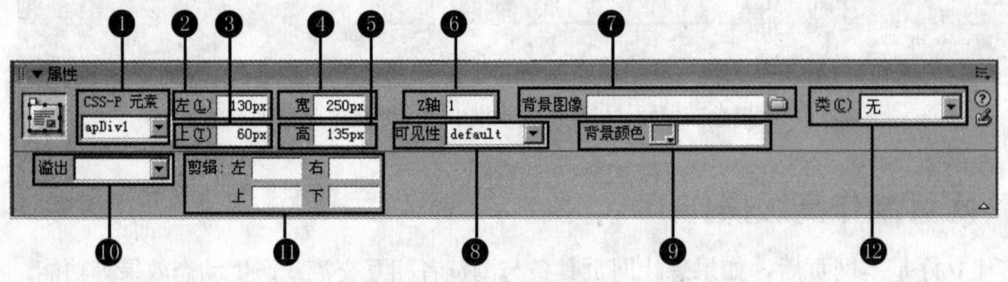

图2-74 层的属性面板

❶ CSS-P元素：用于设置层的名称。

❷ 左：用于设置层的左边界到浏览器左边框的距离，可输入数值，单位是像素。

❸ 上：用于设置层的上边界到浏览器上边框的距离，可输入数值，单位是像素。

❹ 宽：用于设置层的宽度，可输入数值，单位是像素。

❺ 高：用于设置层的高度，可输入数值，单位是像素。

❻ Z轴：用于设置层的Z轴，可输入数值，该数值可以是负值。当层重叠时，Z值大的层将在最表面显示，覆盖或部分覆盖Z值小的层。

❼ 背景图像：用于设置层的背景图像。可手动输入背景图像的路径，也可以单击其后的按钮，从弹出的"选择图像源"对话框中选择作为背景的图像。

❽ 可见性：用于设置层的可视属性。

❾ 背景颜色：用于设置背景颜色。

❿ 溢出：用于设置当层的内容超过层的指定大小时，对层内容的显示方法，有 visible、hidden、scroll 和 auto 四个选项可以选择。如果选择 visible，则当层的内容超过指定大小时，层的边界会自动延伸以容纳这些内容；如果选择 hidden，则当层的内容超过指定大小时，将隐藏超出部分的内容；如果选择 scroll，则浏览器将在层上添加滚动条；如果选择 auto，则对层的内容指定大小时，浏览器才显示层的滚动条。

⓫ 剪辑：用于设置层的可见区域。层经过“剪辑”后，只有指定的矩形区域才是可见的。其后有左、右、上和下 4 个文本框可以选择。

⓬ 类：可以用定义好的 CSS 样式控制该层。

3. 层与表格的转换

层与表格都可用来在页面中定位其他对象，例如定位图片、文本等。虽然在定位对象方面它们有时可以相互取代，但是两者并不完全相同，有时就必须使用其中的一种。例如，层是后来定义的 HTML 元素，并且标准不一，导致了早期版本的浏览器都不支持，在这种情况下就必须使用表格定义元素。

（1）将层转换为表格

层的使用会受到一定的局限，因此表格的设计就显得非常重要。用户可以利用层的易操作性先将各个对象进行定位，然后将层转换为表格，从而保证在低版本浏览器中能够正常地浏览页面。

将层转换为表格的具体操作步骤如下：

1）执行菜单中的“窗口 |AP 元素”，调出“AP 元素”面板，然后勾选“防止重叠”复选框，以防止再绘制层时有叠加和嵌套的现象。

2）选择要转换为表格的层。

3）执行菜单中的“修改 | 转换 | 将 AP Div 转换为表格”命令，弹出如图 2-75 所示的“将 AP Div 转换为表格”对话框。

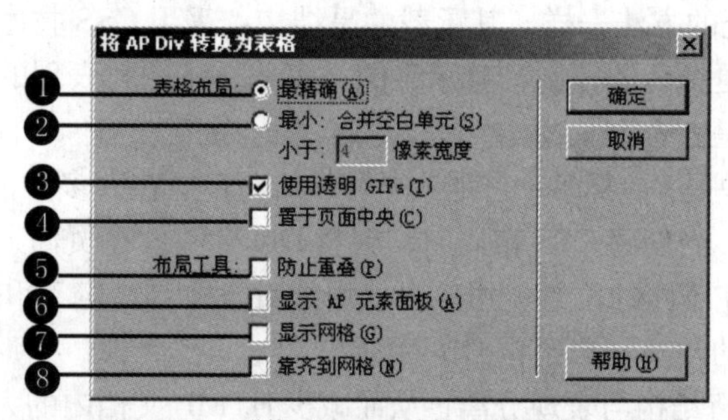

图 2-75　“将 AP Div 转换为表格”对话框

❶ 最精确：单击该单选按钮，会严格按照层的排版生成表格，但表格结构会很复杂。

❷ 最小：单击该单选按钮，可以设定删除宽度小于一定像素的单元格，具体数值在“小于”后面的文本框中设定。

❸ 使用透明 GIFs：勾选该复选框，可以在表格中插入透明图像使图像背景透明。

❹ 置于页面中央：勾选该复选框，可以让表格在页面居中。

❺ 防止重叠：勾选该复选框，可以防止层重叠。

❻ 显示 AP 元素面板：勾选该复选框，会自动显示 AP 元素面板。

❼ 显示网格：勾选该复选框，会自动显示网格。

❽ 靠齐到网格：勾选该复选框，可以启用吸附到网格功能。

4）设置完毕后，单击“确定”按钮，即可将层转换为表格。

（2）将表格转换为层

将层转换为表格后，如果希望调整层在页面中的位置，可以在将其转换为层。具体操作步骤如下：

1）选择要转换为层的表格。

2）执行菜单中的“修改|转换|将表格转换为 AP Div”命令，弹出如图 2-76 所示的“将表格转换为 AP Div”对话框。

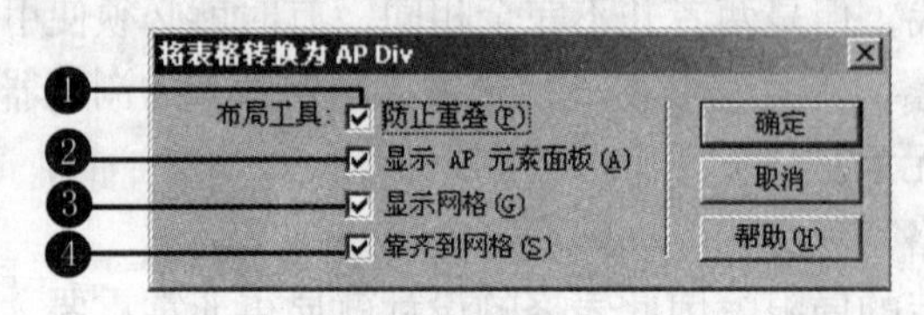

图 2-76 “将表格转换为 AP Div”对话框

❶ 防止重叠：勾选该复选框，可以防止层重叠。

❷ 显示 AP 元素面板：勾选该复选框，会自动显示 AP 元素面板。

❸ 显示网格：勾选该复选框，会自动显示网格。

❹ 靠齐到网格：勾选该复选框，可以启用吸附到网格功能。

3）设置完毕后，单击“确定”按钮，即可将表格转换为层。

4. 使用 Div 布局页面

使用 Div 布局页面主要通过 Div+CSS 技术实现。Div 全称为 Division，意为“区分”。使用 Div 的方法与使用其他标记的方法一样，其承载的是结构；采用 CSS 技术可以有效地对页面的布局、文字等方面实现更精确的控制，其承载的是表现。结构和表现的分离，对于所见即所得的传统表格编辑方式是一个很大冲击。

CSS 布局的基本构造块是 Div 标签，它是一个 HTML 标签，在大多数情况下用做文本、图像或其他页面元素的容器。当创建 CSS 布局时，会将 Div 标签放在页面上，并向这些标签中添加内容，然后将它们放在不同的位置。用户可以用绝对方式（指定 X 和 Y 坐标）或相对方式（指定于其他页面元素的距离）来定位 Div 标签。

使用 Div+CSS 布局可将结构与表现分离，从而减少 HTML 文档内的大量代码，只留下了页面结构的代码，便于进行阅读，并且还提高网页的下载速度。

2.3.2 CSS 样式表

经常上网的人一般会有这样的体验：将浏览器的字体变大或变小时，网页中的文本也会随之发生变化，这样可以带来很多方便，这就是 CSS 的作用。使用 CSS 样式能够简化网页的格式代码，加快网页下载显示的速度，也减少了需要上传的代码数量，避免了大量无谓的重复劳动。

1. 创建CSS样式

创建CSS样式的具体操作步骤如下：

1）单击CSS样式面板中的按钮，如图2-77所示，弹出如图2-78所示的“新建CSS规则”对话框。

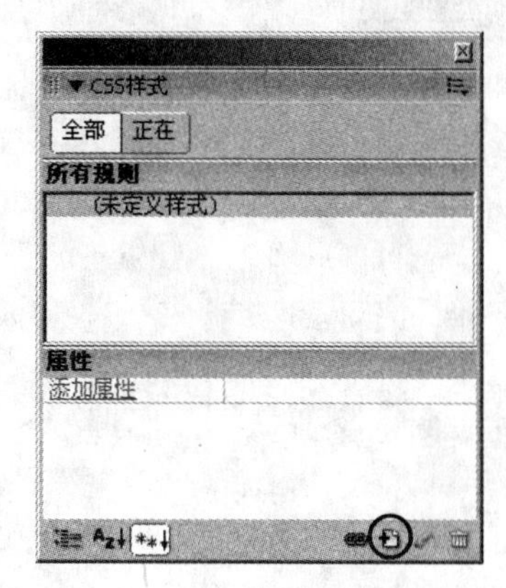

图2-77　单击按钮

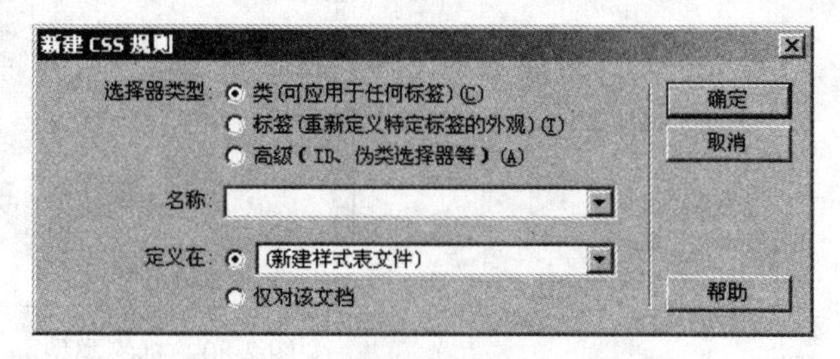

图2-78　“新建CSS规则”对话框

2）在“选择器类型”中有3种CSS类型。

类（可应用于任何标签）：用户可以在文件的任何区域或文本中应用自定义的CSS。

标签（重新定义特定标签的外观）：可以针对某一个标签来定义CSS，也就是说CSS只应用于选择的标签。

高级（ID、伪类选择器等）：为特定的组合标签定义CSS，使用“ID”作为属性，以保证文件具有唯一可用的值。它是一种特定类型的样式，常用的有a:link，a:active、a:visited和a:hover四种，如图2-79所示。其中，a:link用于设置正常状态下链接文字的样式；a:active用于设置鼠标单击时链接的外观 ；a:visited用于设置访问过的链接外观 ；a:hover于设置鼠标置于链接文字时文字的外观。

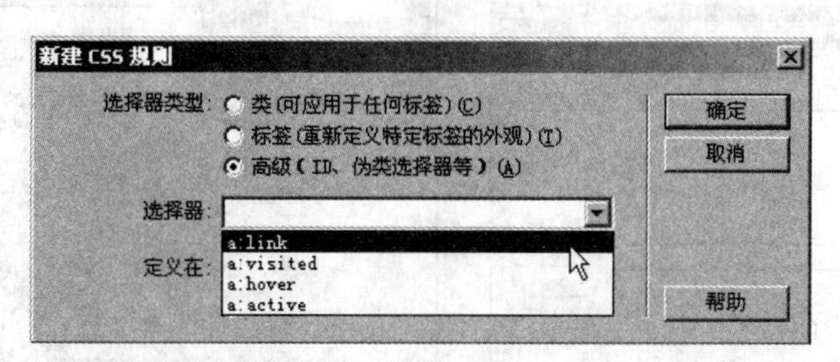

图2-79　高级类型

3）为新建的CSS样式输入或选择名称、标记或选择器。其中，对于“类（可应用于任何标签）”，其名称必须以点（.）开始，如果没有输入该点，则Dreamweaver会自动添加；对于“标签（重新定义特定标签的外观）”，可在“标签”中输入或选择重新定义的标记，如图2-80所示；对于“高级（ID、伪类选择器等）”，可在“选择器”下拉列表中输入或选择需要的选择器。

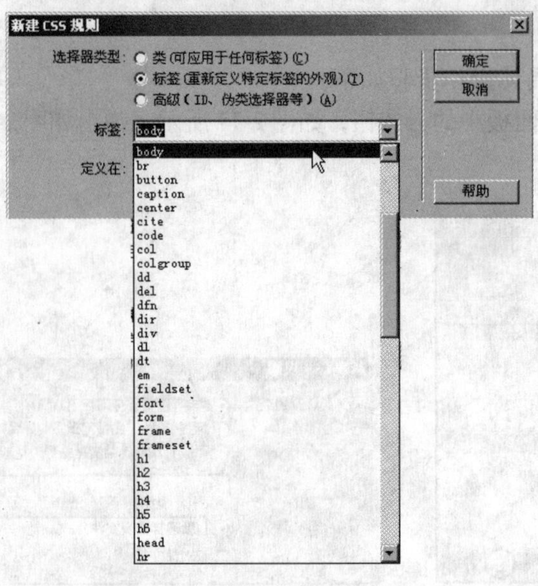

图2-80　标签类型

4）在“定义在”选区中选择定义的样式位置，可以是“新建样式表文件”或“仅对该文档”。

5）单击“确定”按钮。

如果选择了“新建样式表文件”选项，单击“确定”按钮，会弹出“保存样式表文件为”对话框，如图2-81所示，给样式表命名后单击“确定”按钮，会弹出“CSS规则定义”对话框；如果选择了“仅对该文档”选项，则单击“确定”按钮后，会直接弹出“CSS规则定义”对话框，如图2-82所示。

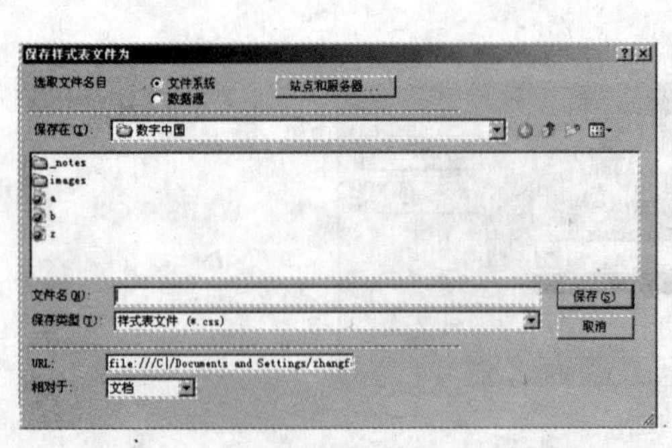

图2-81　“保存样式表文件为”对话框

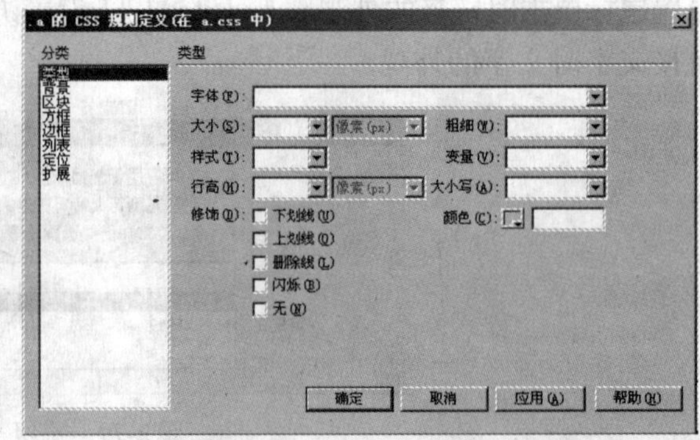

图2-82　“CSS规则定义”对话框

6）在“CSS规则定义”对话框中对类型、背景、区块、方框、列表、定位和扩展等参数进行设置。

7）单击“确定”按钮，完成CSS样式的定义。

2. 编辑 CSS 样式

创建好 CSS 后，在 CSS 样式面板中会显示所添加的所有样式。用户可对创建的CSS样式进行修改，具体操作步骤如下：

1）选中需要编辑的样式类型，单击（编辑样式）按钮，如图 2-83 所示。

2）在弹出的“CSS 规则定义”对话框中进行相应的修改，然后单击“确定”按钮。

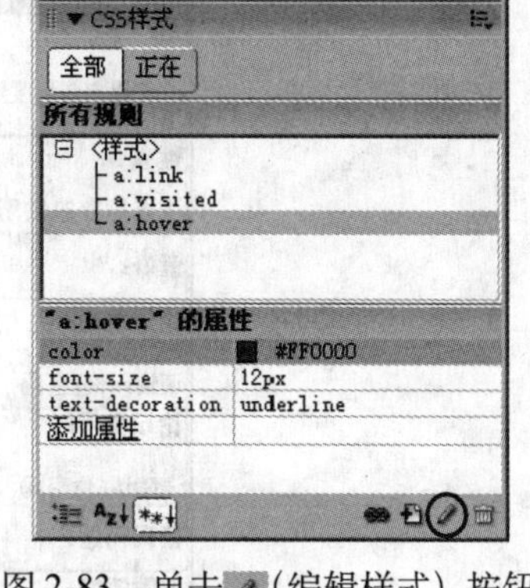

图 2-83　单击（编辑样式）按钮

3. 应用 CSS 样式

在前面讲解了创建和编辑CSS样式的方法，下面就将CSS样式应用到网页中，具体操作步骤如下：

1）选中要应用样式的文本。

2）在 CSS 样式面板中，右击要应用的 CSS 选项，在弹出的快捷菜单中选择“套用”命令，如图 2-84 所示。另外，通过在文本窗口中右击，在弹出的快捷菜单中选择“CSS 样式”，然后在其子菜单中选择相应的样式也可以应用样式，如图 2-85 所示。

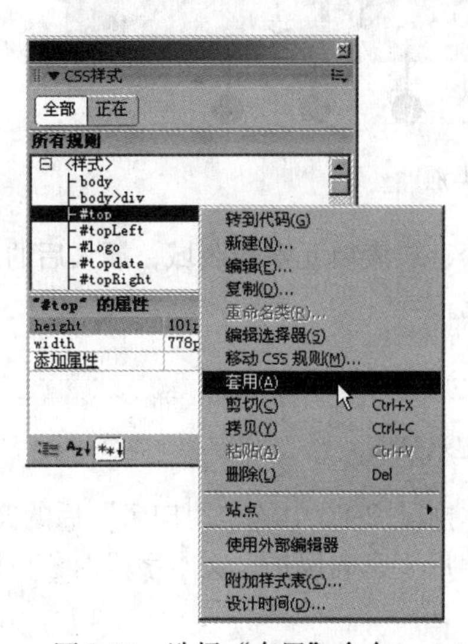

图 2-84　选择“套用”命令

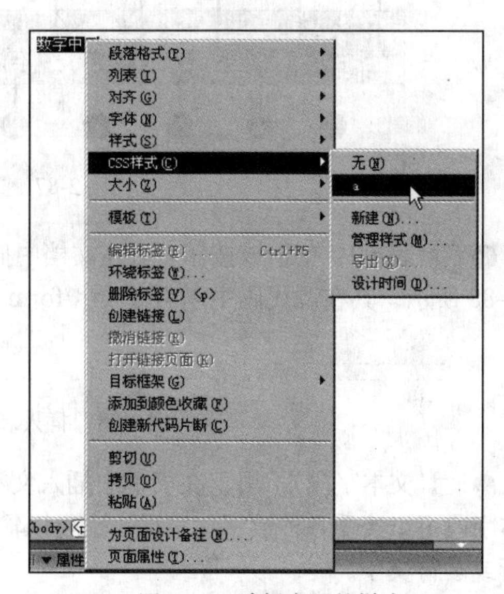

图 2-85　选择应用的样式

2.3.3　插入表单

表单提供了从用户那里收集信息的方法，可用于调查、定购和搜索信息。在Dreamweaver CS3 中可以创建各种各样的表单，表单中可以包含各种对象，如文本域、图像域、按钮等，图 2-86 所示的是利用表单制作的用户注册表单。

在 Dreamweaver CS3 中，插入栏的“表单”类别中有 18 个元素，如图 2-87 所示。

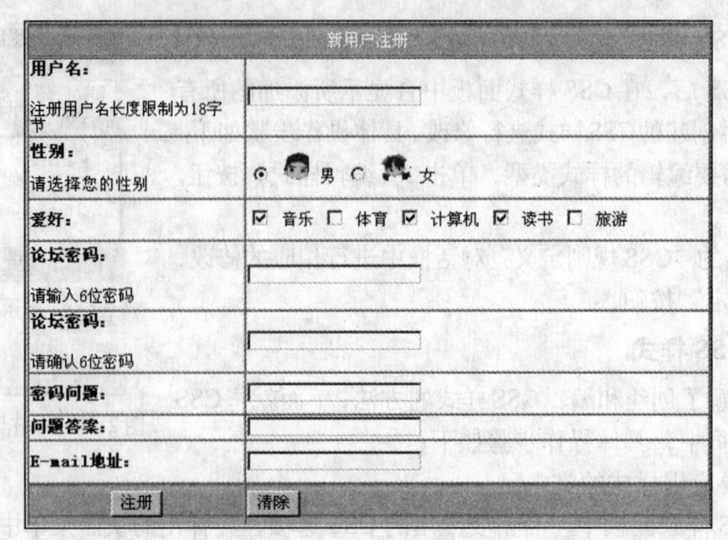

图 2-86　用户注册表单

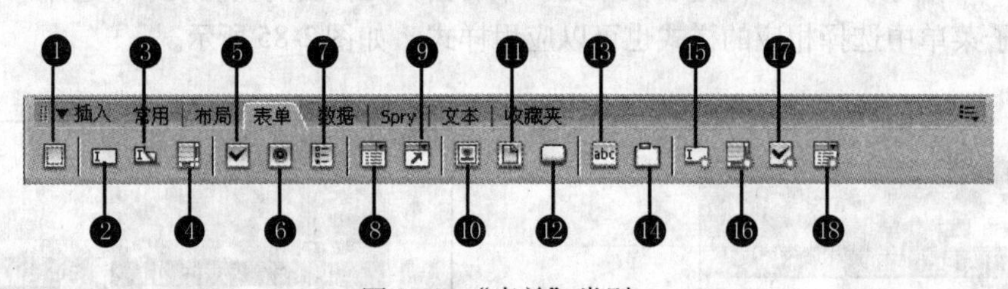

图 2-87　“表单”类别

❶ (表单)：单击该按钮，可在文档中插入一个存放表单元素的区域，插入后的效果如图 2-88 所示，其在源代码中以<form></form>为标记。

图 2-88　插入表单后的显示效果

❷ (文本字段)：用于在表单中插入文本字段，如图 2-86 中的“用户名”后的文本框。文本字段可以接受各种数字和字母，也可以输入“*”用于密码保护。文本字段对象可以接受单行或多行文字。

❸ (隐藏域)：用于在表单中插入一个可以存储相关信息的域。因为有时候某些信息与用户无关，不需要在表单上显示。但这些信息与处理表单的应用程序有关，需要传送给服务器，此时这些信息就需要放到隐藏域中。也就是说，隐藏域的内容不显示在表单上，但是要传送给服务器。

❹ (文本区域)：用于在表单中插入一个文本区域，可以接受多行文字。

❺ (复选框)：用于在表单中插入一个复选框，如图 2-86 中所示的“爱好”后的按钮。

❻ (单选框)：用于在表单中插入一个单选框，如图 2-86 中所示的“性别”后的按钮。

❼ (单选按钮组)：用于在表单中插入一组共享名称的单选按钮集合。

❽ (列表 / 菜单)：用于在表单中插入列表 / 菜单。用户可以在列表中添加浏览者可以选择的选项，如图 2-89 所示。

❾ (跳转菜单)：用于在表单中插入可导航的跳转菜单。跳转菜单中的每个选项连接到不同的文档或文件，如图 2-90 所示。

❿ (图像域)：用于在表单中插入图像域。使用图像域，可以用图像替换“提交”和“重置”等按钮，从而使按钮图像化。

⓫ (文件域)：用于在表单中插入“文本域”和“浏览”按钮的组合，如图 2-91 所示。使用该按钮可以让浏览者浏览自己硬盘上的文件，并将这些文件上传到服务器中。

图 2-89　列表

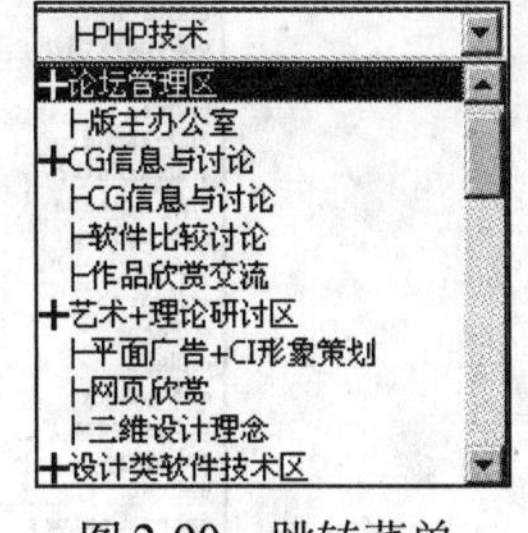

图 2-90　跳转菜单

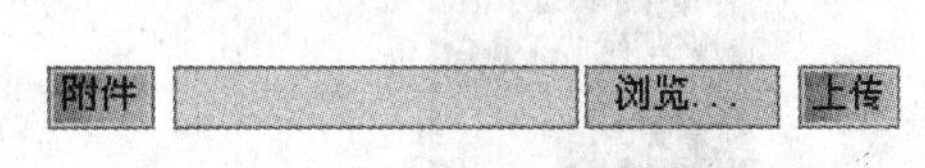

图 2-91　“文本域”和“浏览”按钮的组合

⓬ (按钮)：用于在表单中插入按钮，如图 2-86 中所示的“注册”和“清除”按钮。

⓭ (标签)：提供了一种在结构上将域的文本标签和该域关联起来的方法。

⓮ (字段集)：是表单元素逻辑组的容器标签。

⓯ (Spry 验证文本框)：用于在用户输入文字信息时，判断文本框的合法或非法状态。

⓰ (Spry 验证文本区域)：用于在用户输入文字信息时，判断文本区域的合法或非法状态。

⓱ (Spry 验证复选框)：用于在用户选择或没有选择复选框时，显示合法或非法状态的复选框组的检查。

⓲ (Spry 验证选择)：用于在用户选择下拉菜单项目时，判断合法或不合法状态。

2.3.4　行为

行为是 Dreamweaver CS3 的功能面板，行为的主要功能是在网页中插入 JavaScript 程序，而无须动手编写代码，就可以生成所需的效果。使用行为面板可以轻松地做出许许多多的网页特效。

执行菜单中的“窗口 | 行为”命令，可打开行为面板，如图 2-92 所示。

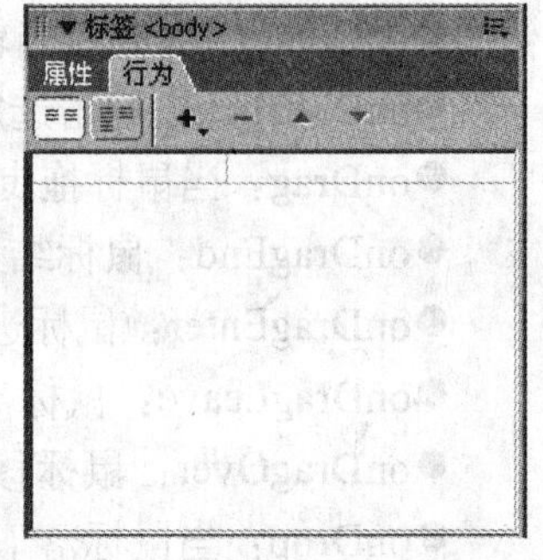

图 2-92　“行为”面板

客户端行为由“事件”和“动作”两部分组成。

1. 事件

事件由浏览器定义、产生与执行。各类型的浏览器所支持的事件数量和种类并不相同，目前浏览器的主流是 Internet Explorer

6.0 以上版本，因此应该在 Dreamweaver CS3 中进行相应的设置，具体设置方法如下：

1）单击行为面板中的“+”号。

2）从弹出菜单中选择“显示事件 |IE 6.0”命令，如图 2-93 所示。

不同页面元素所能发生的事件不尽相同，图 2-94 所示的是 Dreamweaver CS3 中 IE 6.0 的事件。

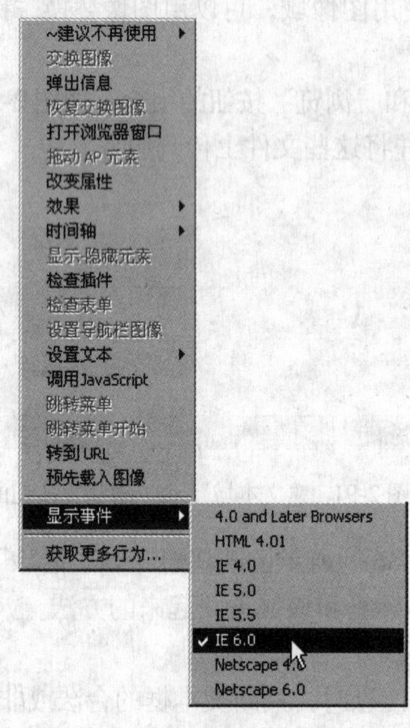

图 2-93 选择“IE 6.0”命令

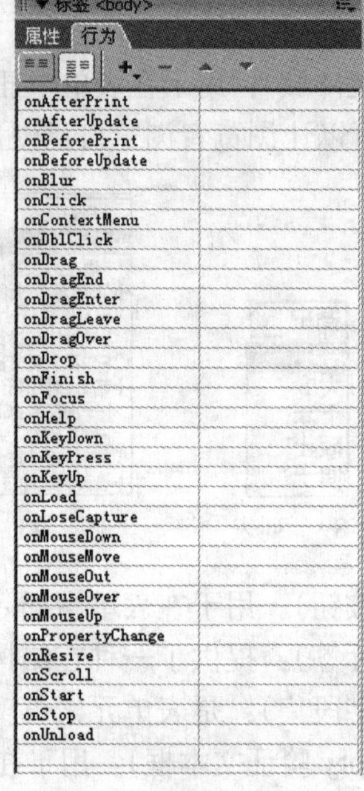

图 2-94 Dreamweaver CS3 中 IE 6.0 的事件

- onAfterPrint：当更新表单文档内容时，触发该事件。
- onAfterUpdate：当页面中捆绑的数据元素完成了数据源更新后，触发该事件。
- onBeforeUpdate：当改变表单文档的项目时，触发该事件。
- onBeforeUpdate：在页面中捆绑的数据元素完成数据源更新前，触发该事件。
- onBlur：当特定元素停止作为用户交互的焦点时，触发该事件。
- onClick：单击选定元素（如超链接、图片、按钮等）触发该事件。
- onContextMenu：当输入文字内容时触发该事件。
- onDblClick：双击选定元素将触发该事件。
- onDrag：当鼠标拖曳元素时触发该事件。
- onDragEnd：鼠标结束拖曳元素时触发该事件。
- onDragEnter：鼠标进入拖曳元素时触发该事件。
- onDragLeave：鼠标离开拖曳元素时触发该事件。
- onDragOver：鼠标移上来拖曳元素时触发该事件。
- onDrop：当鼠标落下时，触发该事件。
- onFinish：当选取框内容已经完成了一个循环后，触发该事件。

- onFocus：当指定元素成为焦点时，触发该事件。
- onHelp：当用户单击浏览器的帮助按钮或从菜单中选择帮助时，触发该事件。
- onKeyDown：当键盘按下不放时，触发该事件。
- onKeyPress：当键盘按下并打开时，触发该事件。
- onKeyUp：当键盘松开时，触发该事件。
- onLoad：当图片或页面完成装载后触发该事件。
- onLoseCapture：当图片或文字不被选中时触发该事件。
- onMouseDown：当用户按下鼠标按钮时触发该事件。
- onMouseMove：当鼠标指针停留在对象边界内时触发该事件。
- onMouseOut：当鼠标指针离开对象边界时触发该事件。
- onMouseOver：当鼠标首次移动指向特定对象时触发该事件。
- onMouseUp：当按下的鼠标按钮被释放时触发该事件。
- onPropertyChange：当改变对象属性时触发该事件。
- onScroll：当上、下滚动时触发该事件。
- onStart：当文本框中的内容开始循环时触发该事件。
- onStop：当文本框中的内容停止循环时触发该事件。
- onUnload：当离开页面时触发该事件。

2. 动作

动作只有在某个事件发生时，才被执行。例如可设置鼠标移动到某超链接上时，执行一个动作，使浏览器状态栏出现一行文字。

- 交换图像：通过改变 IMG 标记的 SRC 属性，改变图像。利用该动作可创建活动按钮或其他图像效果。
- 弹出信息：显示带指定信息的 JavaScript 警告。用户可在文本中嵌入任何有效的 JavaScript 功能，如调用、属性、全局变量或表达式（需用“{}”括起来）等。例如，“本页面的 URL 为 {window.location},今天是 {new Date()}.”。
- 恢复交换图像：恢复交换图像回原图。
- 打开浏览器窗口：在新窗口中打开 URL，并可设置新窗口的尺寸等属性。
- 拖动 AP 元素：利用该动作可允许用户拖动层。
- 控制 Shockwave 或 Flash：利用该动作可播放、停止、重播或转到 Shockwave 或 Flash 电影的指定帧。
- 播放声音：播放插入的声音。
- 改变属性：改变对象的属性值。
- 显示 - 隐藏元素：显示、隐藏一个或多个层窗口，或者恢复其默认属性。
- 显示弹出式菜单：可以显示 POP 菜单。
- 检查插件：利用该动作可根据访问者所安装的插件，发送给其不同的网页。
- 检查浏览器：利用该动作可根据访问者所使用的浏览器版本，发送给其不同的页面。

- 检查表单：检查文本框内容，以确保用户所输入的数据格式无误。
- 设置层文本：包括“设置层文本”、“设置文本域文字”、“设置框架文本”、“设置状态栏文本”4 个子菜单。其中，“设置层文本”可动态设置框架文本，以指定内容替换框架内容及格式；“设置文本域文字”可利用指定内容取代表单文本框中的内容；“设置框架文本”可利用指定内容取代现有层的内容及格式；“设置状态栏文本”可在浏览器左下角的状态条中显示信息。
- 调用 JavaScript：执行 JavaScript 脚本。
- 跳转菜单：当用户创建了一个跳转菜单时，Dreamweaver 将创建一个菜单对象，并为其附加行为。在行为面板中双击跳转菜单动作可编辑跳转菜单。
- 跳转菜单开始：当用户设置了一个跳转菜单时，在其后面加一个行为动作 Go 按钮。
- 隐藏弹出式菜单：可以隐藏 POP 菜单。
- 预先载入图像：使该图片在页面进入浏览器缓冲区后不立即显示。主要用于时间线、行为等，从而防止因下载引起的延迟。
- 显示事件：显示所适合的浏览器版本。
- 获取更多行为：从网站上获得更多的动作功能。

2.3.5 框架

在网页中经常会有一些内容是不需要改变的，例如网页的导航栏、网页标题等。如果在每个网页中都重复插入这些元素会很浪费时间，在这种情况下就可以使用框架对页面进行布局。

对于框架，简单的说就是将显示窗口划分为许多子窗口，在每个子窗口内显示独立的内容，如图 2-95 所示。当单击左侧不同的栏目，右侧会显示出相应的信息。

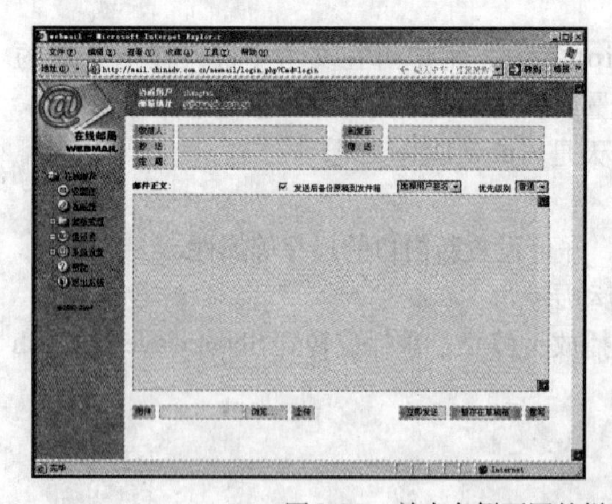
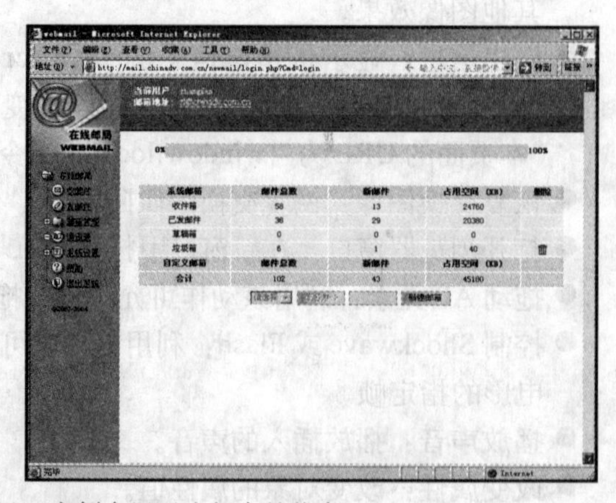

图 2-95　单击左侧不同的栏目，右侧会显示出相应的信息

1. 创建框架结构

创建框架结构的方法有“使用预置框架集”和“自定义框架集”两种。

(1) 使用预置框架集

使用预置框架集的具体操作步骤如下：

1）执行菜单中的“修改|框架集”命令，可以选择多个分割框架的子命令，如图2-96所示。

2）另外，执行菜单中的“插入记录|HTML|框架”命令，可以选择更多的框架集结构，如图 2-97 所示。

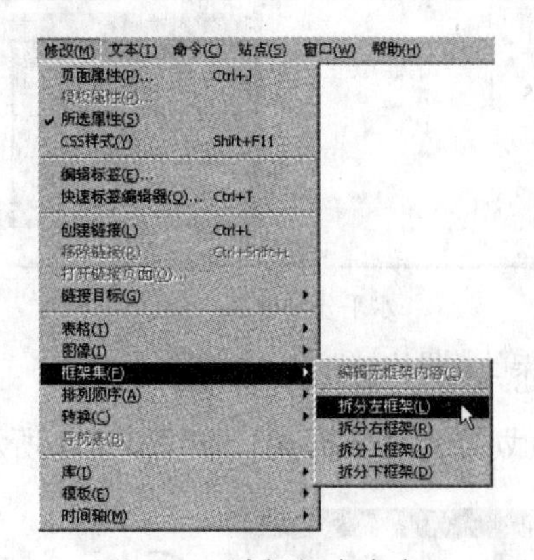

图 2-96　选择相应命令

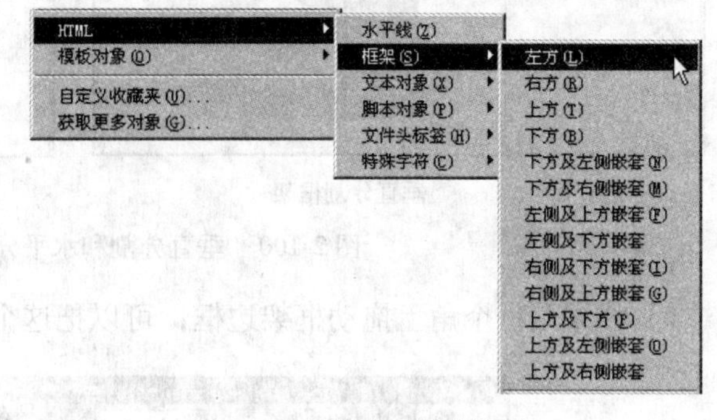

图 2-97　选择框架集的结构

（2）自定义框架集

创建自定义框架集的具体操作步骤如下：

1）执行菜单中的“窗口|框架”命令，打开如图 2-98 所示的面板。

图 2-98　“框架”面板

2）为了便于查看框架边框，可以执行菜单中的“查看|可视化助理|框架边框”命令，结果如图 2-99 所示。

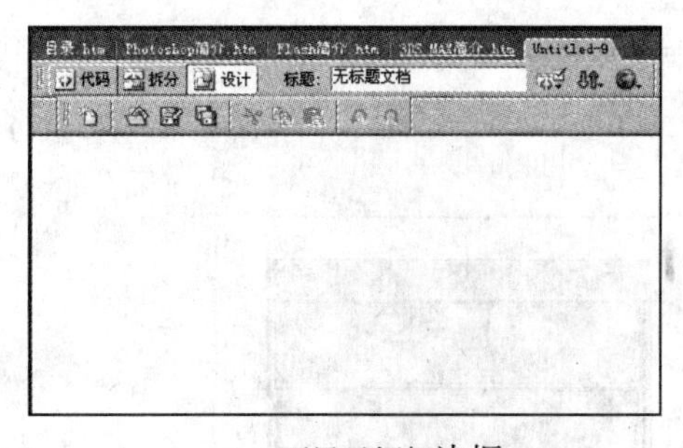

不显示框架边框

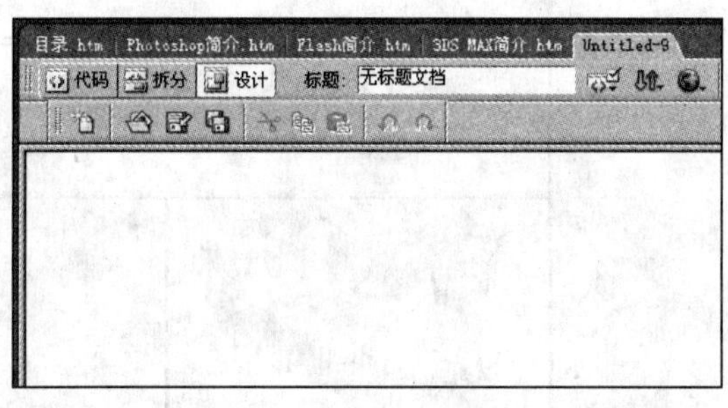

显示框架边框

图 2-99　不显示和显示边框的效果比较

3）拖动任意一条边框，可以垂直或水平分割文件或已有的框架，如图 2-100 所示。

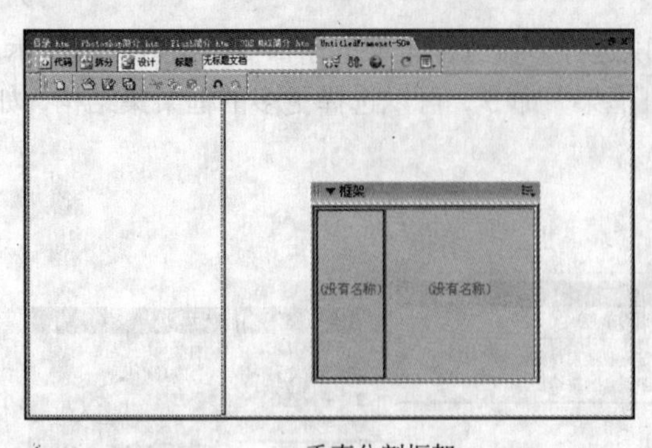

垂直分割框架

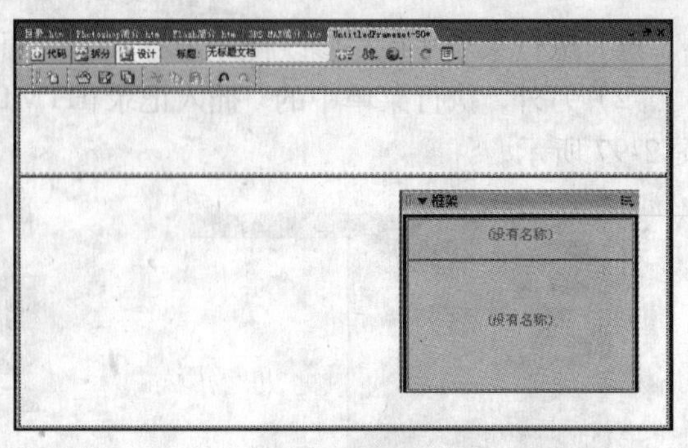

水平分割框架

图 2-100　垂直分割和水平分割框架的效果比较

4）如果从一个角上拖动框架边框，可以把这个网页划分为 4 个框架，如图 2-101 所示。

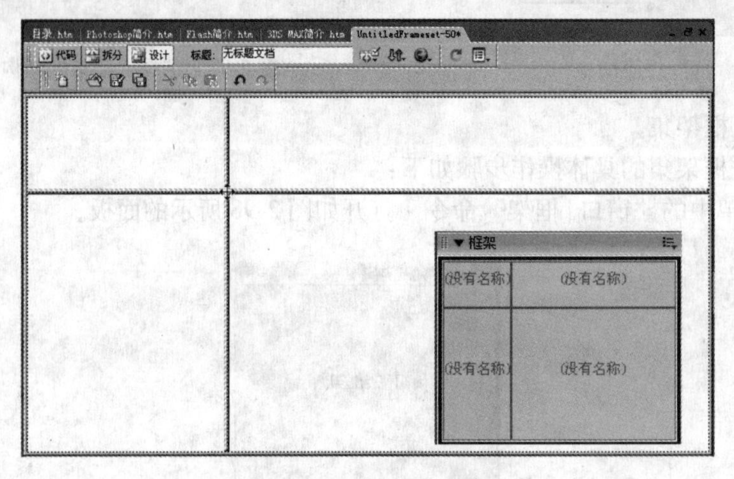

图 2-101　将网页划分为 4 个框架

5）如果在划分左右或上下框架后，单击“框架”面板内部的某个框架，或在文档窗口中按住〈Alt〉键，单击要划分的框架，再次拖动这个框架的边界，即可以创建嵌套框架，如图 2-102 所示。

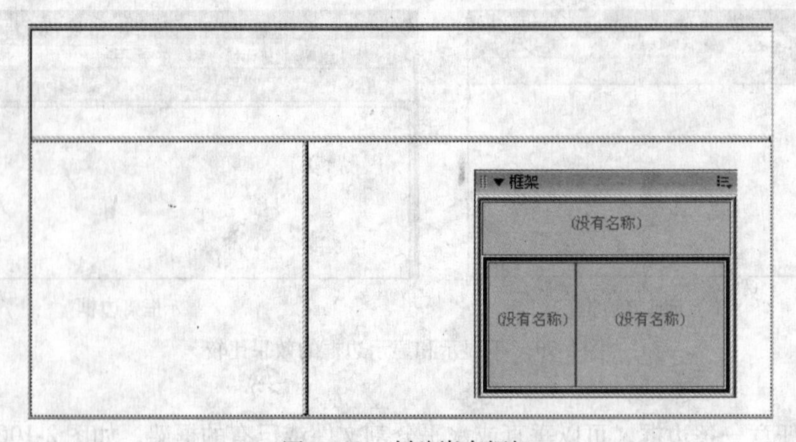

图 2-102　创建嵌套框架

6）如果要删除框架，将其拖动到父框架的边界上即可。

2. 保存框架

在“文件”菜单中有3个与框架有关的保存命令，分别是“保存框架页”、“框架集另存为”和“保存全部”。其中，前两个命令用于保存框架集文件，“框架集另存为”在保存文件时可以对文件重命名，最后一个命令是将页面中包括的所有框架集、框架一起保存。

如果只希望保存单独的框架页面，可以将鼠标定位于某框架后，执行菜单中的“文件|保存”命令。

3. 设置框架的内容和样式

框架和框架集都有自己的属性面板，从中可以非常方便地控制两者的属性。框架的属性包括框架名称、源文件、边距、尺寸和滚动条等。框架集的属性包括框架面积、框架边界颜色和距离等。

（1）框架集属性

在框架边框上单击即可选中框架集，此时在属性面板中将显示框架集属性，如图2-103所示。

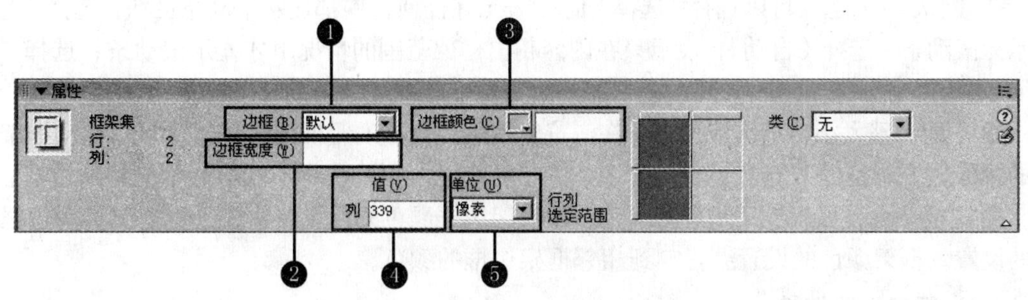

图2-103　框架集的属性面板

❶ 边框：设置框架是否有边框。有“是”、“否”、“默认”3个选项可以选择。选择“是”，表示有边框；选择“否”，表示无边框；选择“默认”，表示由浏览器决定是否有边框。

❷ 边框宽度：设置框架结构中边框的宽度，单位是像素。

❸ 边框颜色：设置边框的颜色，可以单击颜色框，打开取色面板进行选择。

❹ 值：对于“行”来说是指高度，对于“列”来说是指宽度。

❺ 单位：有“像素”、“百分比”和“相对”3个选项可以选择。“像素”是指给框架的高或宽设置绝对值；“百分比”是指框架占它所在框架结构的总高或总宽的百分比；“相对”是在其他框架设置了以像素或百分比为单位的宽高之后，剩余的宽高会分配给单位为“相对”的框架。在使用“相对”作为单位时，通常不需要设置值。有时为了保证跨浏览器的兼容性，可以设置“值”为1。

（2）框架属性

在框架面板中选中某个框架，或在文档窗口中按〈Alt〉键，单击该框架，此时在属性面板中将显示该框架的属性，如图2-104所示。

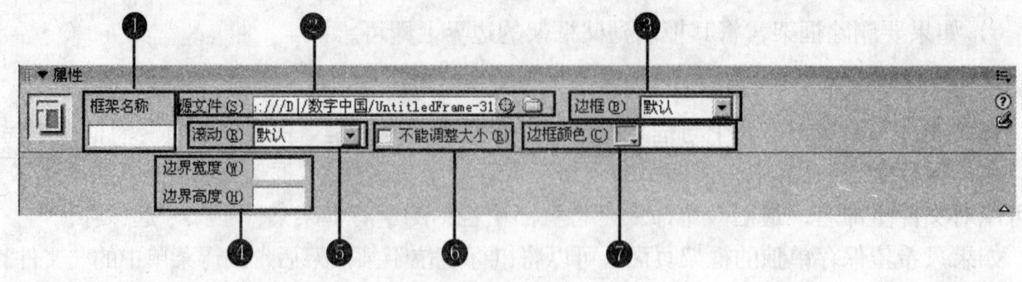

图2-104 框架的属性面板

❶ 框架名称：给当前选中的框架命名。

❷ 源文件：指在当前框架中插入的框架网页的路径。

❸ 边框：设置框架是否有边框。可选择“是”、“否”、“默认”3个选项。

❹“边界宽度”和“边界高度”：设置框架边框和框架内容之间的空白区域。“边界宽度”设置的是框架左侧和右侧边框与内容之间的空白区域；“边界高度”设置的是上方和下方的边框与内容之间的空白区域。

❺ 滚动：设置当框架中的内容超出框架范围时，是否出现滚动条，有“是”、“否”、“自动”和“默认”4个选项可以选择。选择“是”，表示在任何时候都显示滚动条区域；选择“否”，表示无滚动条；选择“自动”，表示只在内容超出框架范围的情况下才显示滚动条；选择“默认”，表示使用浏览器的默认值，在大部分浏览器中等同于“自动”。

❻ 不能调整大小：默认情况下，在浏览者使用浏览器观看框架网页时，可以拖动框架网页的拆分边框调整框架的大小。如果选择了此复选框，浏览者将不能够调整框架的边框。

❼ 边框颜色：设置框架边框的颜色。对框架边框颜色的设置要优先于对框架结构边框颜色的设置。框架颜色的设置会影响到相邻框架边框的颜色。

4. 为框架设置链接

使用框架的一个重要目的就是在不同的框架中显示不同的页面，下面就来介绍通过链接为框架指定显示页面的方法。

每个链接都有一个Target属性，设置不同的Target属性可以使链接页面在不同的框架或窗口中进行显示。具体操作步骤如下：

1）首先选择一个对象，然后为该对象建立超链接。

2）选择链接后的页面，单击属性面板中的“目标”下拉列表，如图2-105所示。

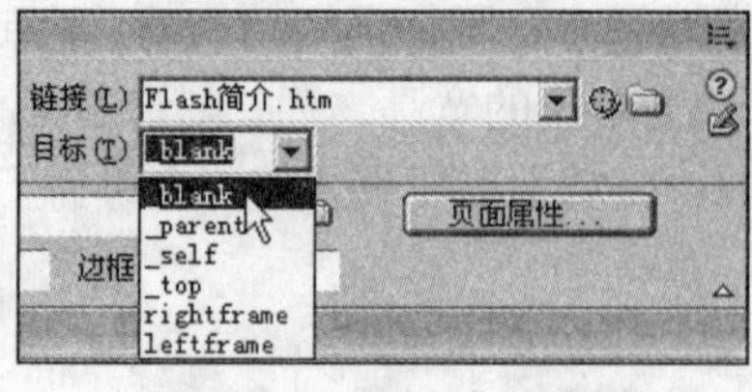

图2-105 “目标”下拉表

其中，_blank表示链接页面在不同的框架中打开；_parent表示链接页面在父框架集中打开；_self表示链接页面在当前框架中打开，取代当前框架中的内容；_top表示链接页面在最外层的框架集中打开，取代其中的所有框架。

提示：在制作含有框架的页面时，特别要注意超链接“目标”属性的正确设置，一旦设置错误，浏览器将可能无法正常浏览网页，或者会失去站点的导航。

2.3.6　模板

模板是在 Dreamweaver CS3 中提供的一种机制，它能够帮助设计者快速制作出一系列具有相同风格的网页。制作模板和制作普通网页相同，只是不把网页的所有部分都制作完成，而是只把导航栏和标题栏等各个网页的共有部分制作出来作为模板中的不可编辑区域，把中间部分作为可编辑区域来放置网页的具体内容。

图 2-106 所示的是一个非常适合采用模板创建的网站页面。

图 2-106　模板创建的网站页面

1. 创建模板

创建模板的方法有两种：一种是以现有文档创建模板；另一种是在资源面板中创建模板。

（1）以现有文档创建模板

以现有文档创建模板的具体操作步骤如下：

1）在文档窗口中打开要存为模板的文档。

2）执行菜单中的“文件 | 另存为模板”命令，在弹出的如图 2-107 所示的对话框中输入模板的名称。

3）单击“保存”按钮，会弹出的如图 2-108 所示的警告框，单击“是”按钮，即可在站点的 Template 文件夹中创建一个扩展名为.dwt 的模板文件。

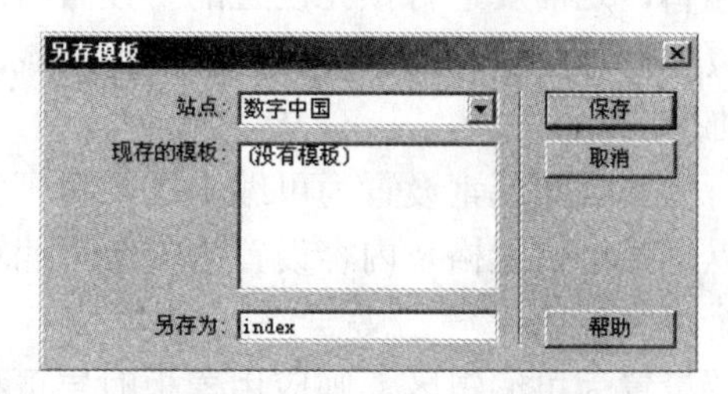

图 2-107　输入模板的名称

图 2-108　警告框

(2) 在资源面板中创建模板

使用资源面板中创建模板的具体操作步骤如下：

1）在资源面板中单击（模板）按钮，显示出模板类别，如图 2-109 所示。

2）单击（新建模板）按钮，则会在名称列表中添加一个新模板，并且使文档名称高亮显示处于可编辑状态，如图 2-110 所示。

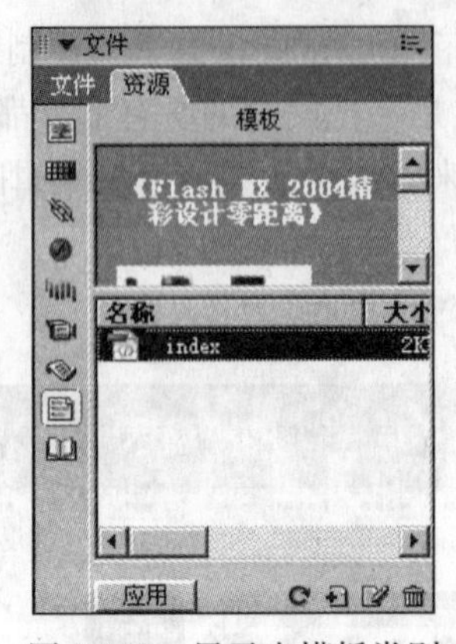

图 2-109　显示出模板类别

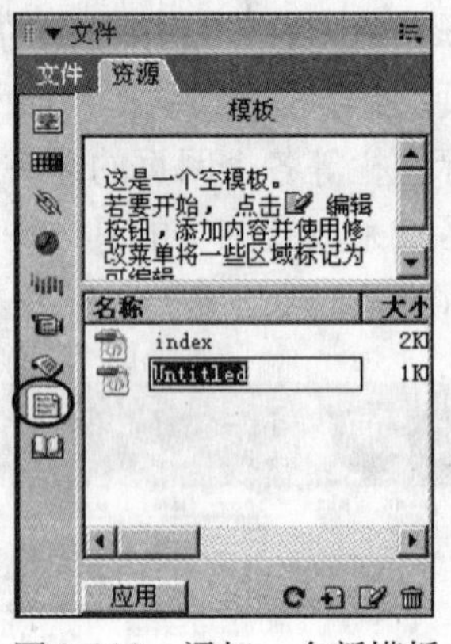

图 2-110　添加一个新模板

3）为新文档输入一个名称后按回车键即可。

提示：无论使用以上哪种方法创建模板文件，如未定义可编辑区域就在文档窗口中关闭，将会弹出如图 2–111 所示的对话框。若此时还不想创建可编辑区域，可以单击“确定”按钮直接将模板文件关闭；如此时单击“取消”按钮，将弹出如图 2–112 所示的提示对话框，单击“确定”按钮，将返回模板文档中，且不会关闭模板文档。

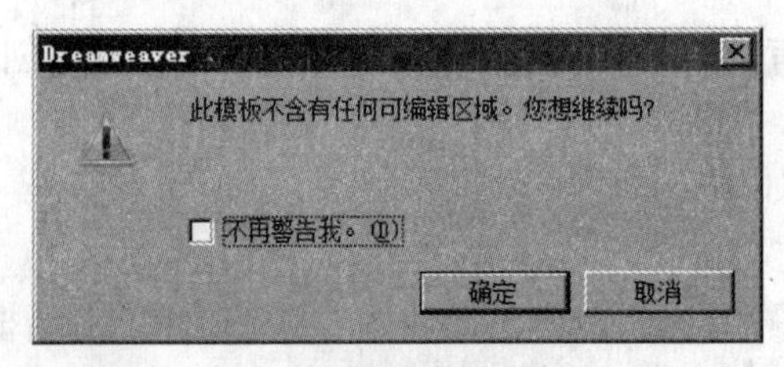

图 2-111　弹出对话框

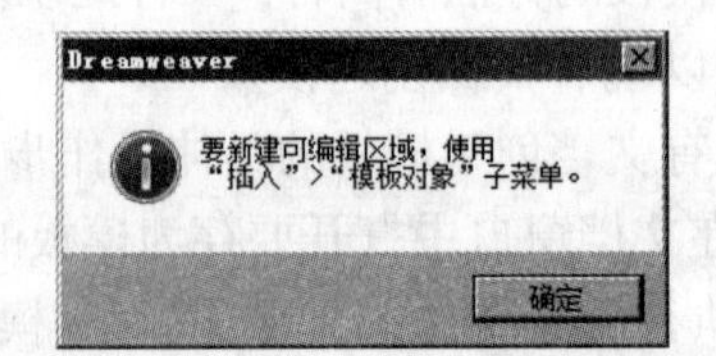

图 2-112　提示对话框

2．在模板中定义可编辑区域

在由模板生成的网页上，哪些部分可以编辑，是需要进行预先设置的。设置可编辑区域需要在制作模板的时候完成。用户可以将网页上任意选中的区域设置为可编辑区域，但是最好是基于 HTML 代码的，这样在制作时会更加清晰。

可以把图像、文本、表格、层和客户端行为等页面元素设置为可编辑区，可把整个表格及表格中的内容设置为一个可编辑区，也可以把某个单元格及内容设置为一个可编辑区，但不能把几个不同的单元格及内容设置为同一个可编辑区。

层和层中的内容是分开的页面元素，把层设置为可编辑区，则应用模板时层可移动；把层中的内容设置为可编辑区，则应用模板时层中的内容可以被编辑。

定义可编辑区域的具体操作步骤如下：

1）选中要设置为可编辑区域的文本或内容，或者将光标定位于要插入可编辑区域的位置。

2）执行菜单中的“插入记录|模板对象|可编辑区域”命令，或单击插入栏“常用”类别中的按钮右侧的小三角，从中选择（可编辑区域）按钮，此时会弹出如图2-113所示的对话框。

图2-113 “新建可编辑区域”对话框

3）在“名称”文本框中输入可编辑区域的名称，单击“确定”按钮。

3. 在模板中定义可选区域

使用可选区域可以控制不一定在基于模板的文件中显示的内容。可选区域对象有“使用可选区域”和“使用可编辑可选区域”两种。

“使用可选区域”可以显示和隐藏特别标记的区域，在这些区域中用户无法编辑内容，但可以定义该区域在所创建的页面中是否可见。

“使用可编辑可选区域”可以设置是否显示或隐藏该区域，并使用户可以编辑该区域中的内容。例如，如果可选区域包括图像或文本，模板用户即可设置该内容是否显示，并根据需要对该内容进行编辑。

（1）定义可选区域

定义可选区域的具体步骤如下：

1）在文档窗口中选择想要设置为可选区域的元素。

2）执行菜单中的“插入|模板对象|可选区域”命令，或在插入栏“常用”类别中单击（模板）按钮右侧的小三角，从中选择（可选区域）按钮，如图2-114所示。然后在弹出的如图2-115所示的对话框中进行相应设置，再单击“确定”按钮。

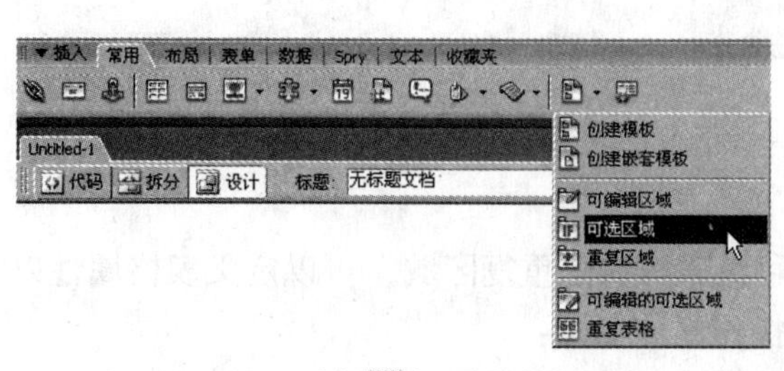

图2-114 选择（可选区域）按钮

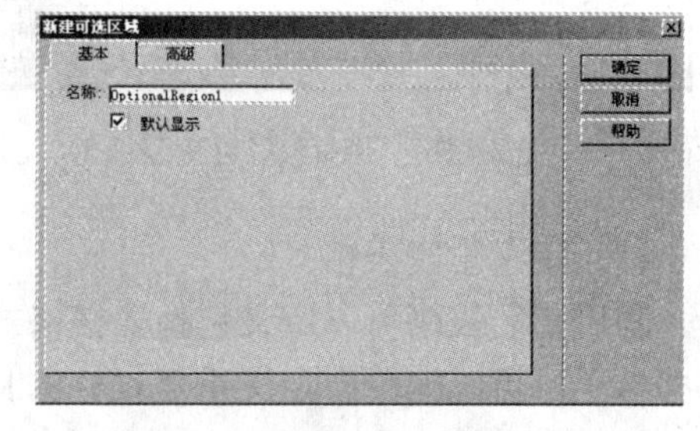

图2-115 “新建可选区域”对话框

（2）定义可编辑可选区域

定义可编辑可选区域的具体操作步骤如下：

1）在文档窗口中将光标定位于要插入可编辑可选区域的位置。

2）执行菜单中的“插入|模板对象|可编辑的可选区域”命令，或在插入栏“常用”类别中单击(模板）按钮右侧的小三角，从中选择(可编辑的可选区域）按钮，如图2-116所示。然后在弹出的如图2-117所示的对话框中进行相应设置，再单击“确定”按钮。

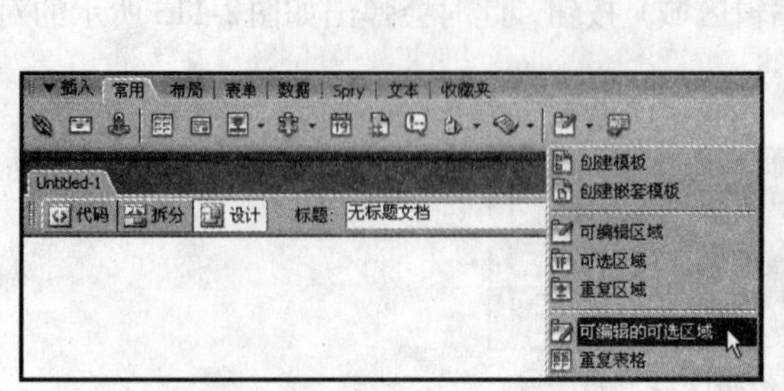

图2-116　选择(可编辑的可选区域）按钮

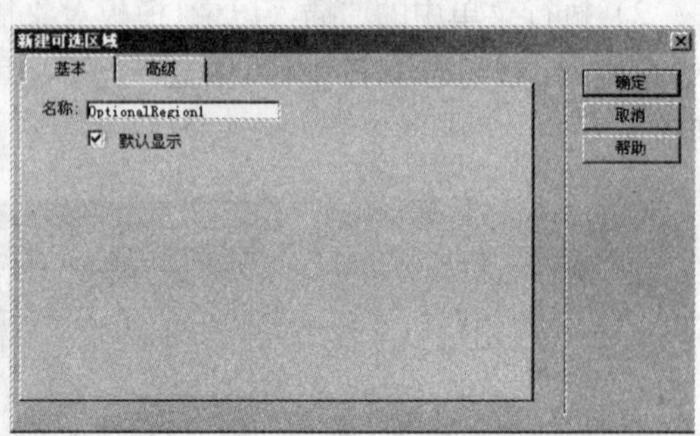

图2-117　“新建可选区域”对话框

4. 在模板中定义重复区域

模板中的重复区域是指文档中重复显示的区域，例如表单的行可以重复显示多次。在模板中定义重复区域，可以让模板用户在网页中创建可扩展的列表，并可保持模板中表格的设计不变。在模板中可以插入两种重复区域，即重复区和重复表格。

(1) 定义重复区

定义重复区的具体操作步骤如下：

1）将光标定位于要插入重复区的位置。

2）执行菜单中“插入|模板对象|重复区域”命令，或在插入栏“常用”类别中单击(模板）按钮右侧的小三角，从中选择(可重复区域)，如图2-118所示。然后在弹出的如图2-119所示的对话框中给重复区域命名，再单击“确定”按钮。

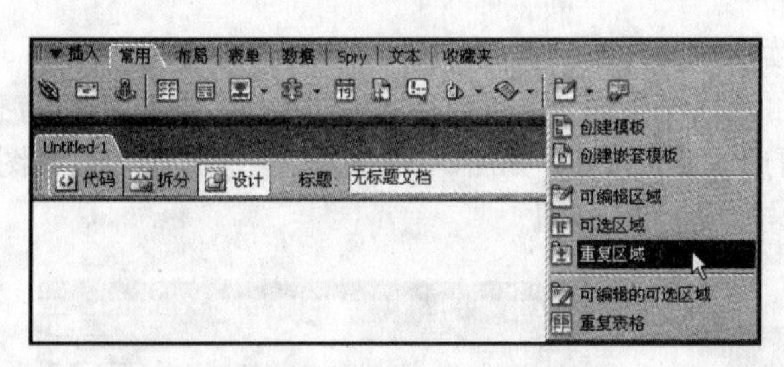

图2-118　选择(可重复区域）按钮

图2-119　输入重复区域的名称

(2) 定义重复表格

利用重复表格可以定义包括表格格式的可编辑区域的重复区域，可以定义表格属性以及哪些单元格可以编辑。定义重复表格的具体操作步骤如下：

1）在文档窗口中将插入点定位于要插入重复表格的位置。

2）执行菜单中的“插入|模板对象|重复表格”命令，或在插入栏“常用”类别中单击(模板）按钮右侧的小三角，从中选择(重复表格）按钮，如图2-120所示。

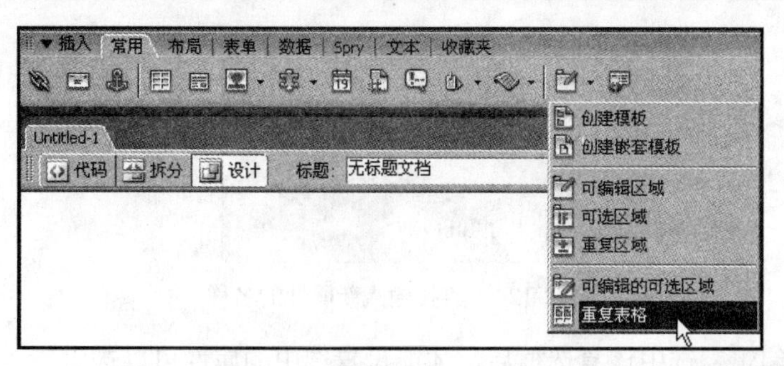

图 2-120　选择 (重复表格) 按钮

3）在弹出的如图 2-121 所示的对话框中进行相应设置，然后单击“确定”按钮，结果如图 2-122 所示。

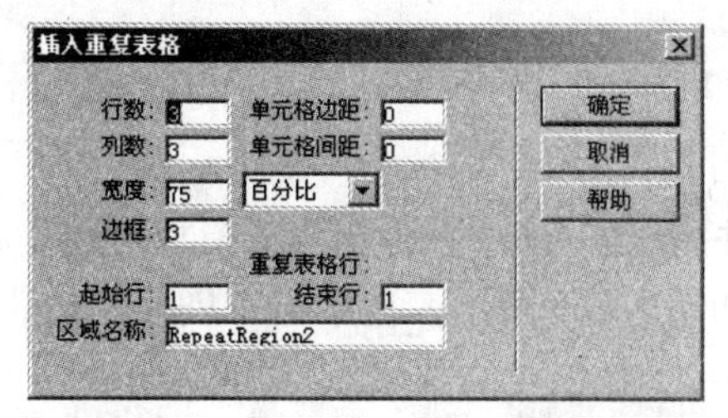

图 2-121　“插入重复表格”对话框

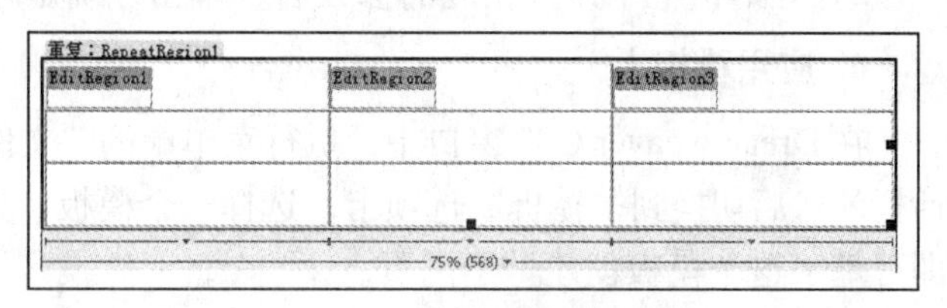

图 2-122　插入重复表格的效果

5．在模板中设置可编辑标签属性

使用“令属性可编辑”命令，可以使用户能够在由模板创建的文档中修改指定的标记属性。例如可以在模板文档中设置背景颜色，但仍允许模板用户为自己创建的页面设置不同的背景颜色。但用户只能更改被定义为可编辑的属性。

创建可编辑标签属性的具体操作步骤如下：

1）选择一个页面元素，执行菜单中的“修改|模板|令属性可编辑”命令，弹出如图 2-123 所示的对话框。

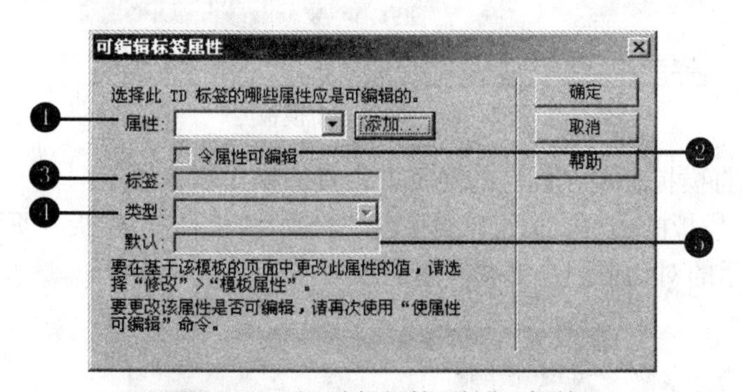

图 2-123　“可编辑标签属性”对话框

❶ 属性：在该下拉列表中列出了选中页面元素的所有已设置属性，任意选中一项即可对其进行编辑。如果要把选中的页面元素未设置的属性设置为可编辑，需要单击后面的“添加”按钮，在弹出的如图 2-124 所示的对话框中直接输入该属性。

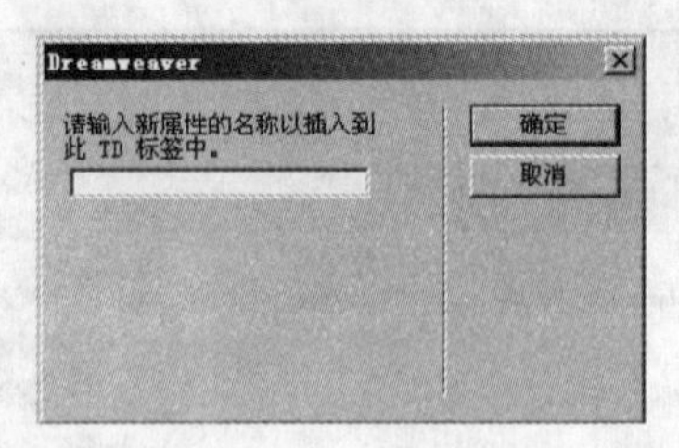

图 2-124　直接输入新属性的名称

❷ 令属性可编辑：选中该复选框后，才能设置选中的属性可以被编辑。

❸ 标签：该文本框显示了这个属性对应的标签。

❹ 类型：在该下拉列表中显示了这个属性的类型。可编辑属性的类型包括“文本”、“URL”、“颜色”、“真/假”和“数字”5种。

❺ 默认：用于设置这个属性的默认值。

2）在对话框中设置相应的参数后，单击“确定”按钮，完成设置。

6. 应用模板

在 Dreamweaver CS3 窗口中，执行菜单中的“文件|新建”命令，弹出“从模板新建”对话框，然后切换到“模板”选项卡，选择一个模板，如图 2-125 所示，再单击“创建”按钮，即可基于这个模板创建一个网页。

图 2-125　选择一个模板

另外，也可以将模板套用在已有的网页上，具体操作步骤如下：

1）打开要套用模板的网页，执行菜单中的“修改|模板|应用模板到页”命令，然后在弹出的如图 2-126 所示的对话框中选择要套用的模板。

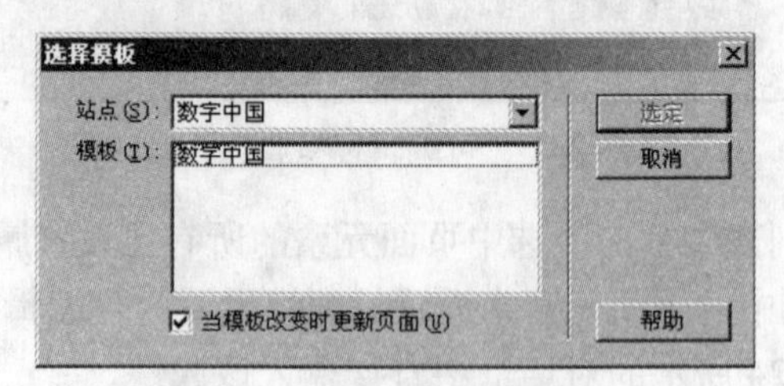

图 2-126　选择要套用的模板

2）单击“选定”按钮，弹出如图2-127所示的对话框。

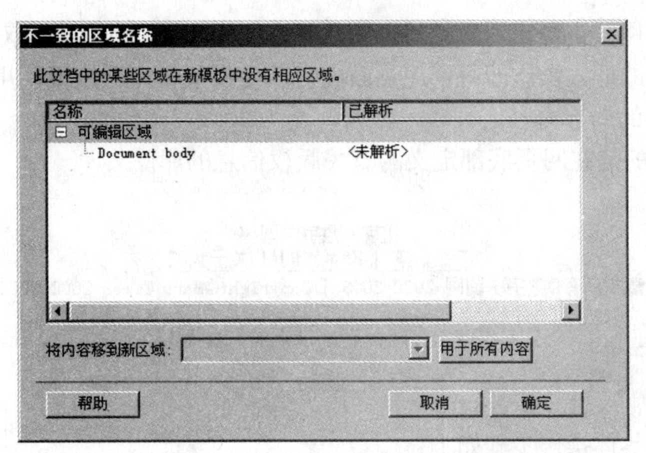

图2-127　“不一致的区域名称”对话框

3）该对话框主要用于为网页上的内容分配可编辑区域。通常给网页套用模板，只需要定义网页内容插入到模板的哪个可编辑区域即可。方法：在窗口中选中尚未分配可编辑区域的内容，在“将内容移到新区域”列表中选择相应的可编辑区域，然后单击“确定”按钮，此时网页就套用了已有的模板。

7. 调整模板

有时需要对模板的不可编辑区域进行编辑，这时需要使模板生成的网页脱离原来的模板，具体操作步骤如下：

1）打开模板生成的网页。

2）执行菜单中的“修改|模板|从模板中分离”命令，则由模板生成的网页脱离模板，成为普通的网页。

3）对模板修改并保存后，将弹出“更新模板文件”对话框，列出所有基于该模板创建的网页，如图2-128所示。单击“更新”按钮，将根据模板的改动，自动更新这些网页。在更新完毕后将显示出更新结果，如图2-129所示。

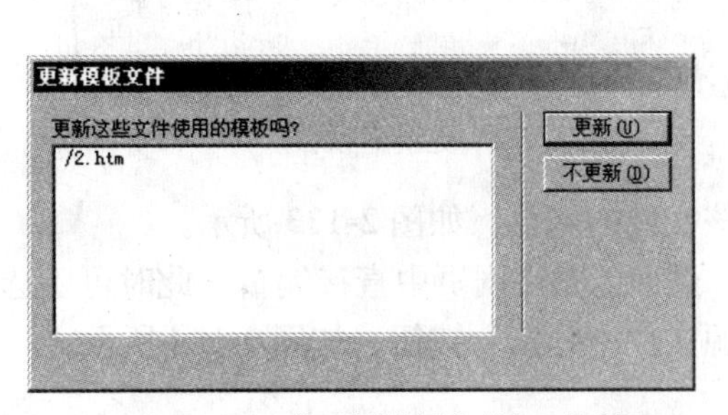

图2-128　“更新模板文件”对话框

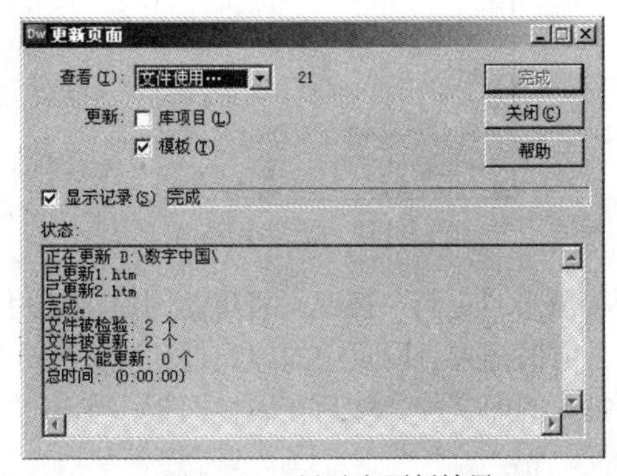

图2-129　显示出更新结果

2.3.7 库

通过库可以将网页中经常用到的对象转化为库文件，然后作为一个对象插入到其他网页中，从而通过简单的插入操作即可创建页面内容。与模板相比，模板使用的是整个网页，而库使用的是网页上的局部内容。

图 2-130 所示的是在网页底部定义的有关版权信息的库。

北京·数字中国™
广告服务 | 联系我们 | 关于我们
版权所有©数字中国网 2002-2005 | Copyright©Mars Times 2002-2005

图 2-130 在网页底部定义的有关版权信息的库

1. 创建库

创建库文件的具体操作步骤如下：

1）在文档窗口中选择文档的一部分。

2）执行菜单中的“修改|库|增加对象到库”命令，或在资源面板中单击按钮。

3）此时，在资源面板的库项目列表中即可看到新建立的库项目，并且库项目的名称处于可编辑状态。输入库项目的名称，然后按回车键即可，如图 2-131 所示。

2. 调整库

如果修改了库文件，执行菜单中的“文件|保存”命令，会弹出如图 2-132 所示的对话框，询问是否更新网站中使用了该库文件的网页。

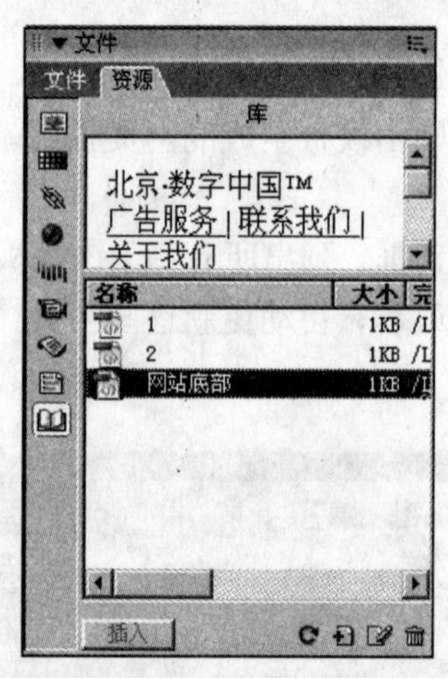

图 2-131 新建库

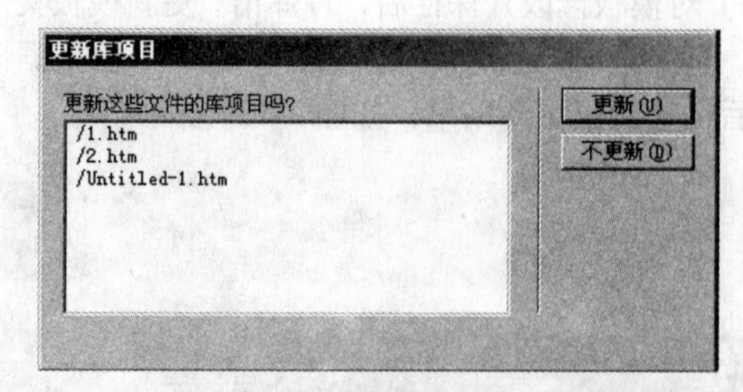

图 2-132 更新库项目

单击“更新”按钮，将更新网站内使用了该文件的网页，如图 2-133 所示。

有时需要将网页中的库文件和源文件分离，进而能够在网页中直接编辑。此时可以选中所插入的库文件，然后在属性面板中单击“从源文件中分离”按钮，如图 2-134 所示。

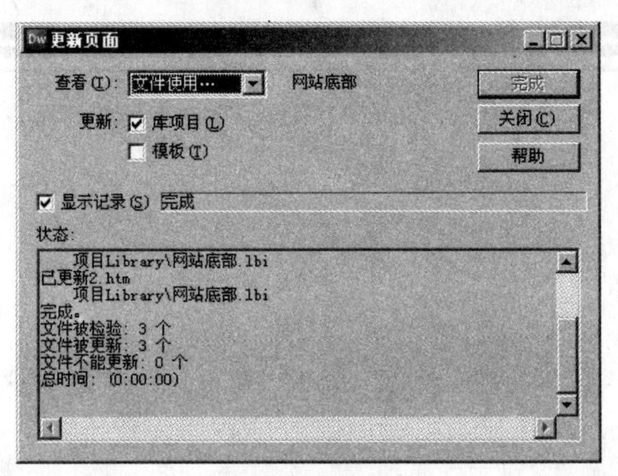

图 2-133 更新显示

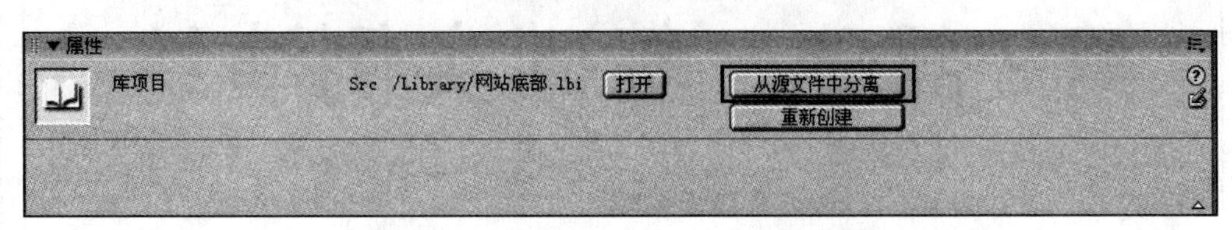

图 2-134 单击“从源文件中分离”按钮

2.4 课后练习

1. 填空题

(1) 超级链接包括__________、__________、__________、__________、__________和__________6 种类型。

(2) 在网页中利用________可以快速制作出一系列具有相同风格的网页。在网页中经常会有一些内容是不需要改变的，例如网页的导航栏、网页标题等。在这种情况下就可以使用________对页面进行布局。

(3) 创建框架结构的方法有____________和____________两种。

2. 选择题

(1) 下列哪些属于 Dreamweaver CS3 中可以插入的多媒体动画类型？（ ）

A. B. C. D.

(2) 创建 CSS 样式时，在“选择器类型”中有 3 种 CSS 类型，它们是（ ）。

A. 类（可应用于任何标签） B.标签（重新定义特定标签的外观）

C. 高级（ID、伪类选择器等） D.仅对当前文档

(3) 下列哪些属于为框架设置链接的类型？（ ）

A._blank B._parent C._self D._top

3. 问答题

(1) 简述利用层来制作表格的方法？

(2) 简述创建模板的方法？

第2部分　基础实例演练

■ 第3章　站点管理
■ 第4章　文字处理和图像效果
■ 第5章　表格和层的应用
■ 第6章　利用CSS美化网页
■ 第7章　表单的应用
■ 第8章　利用行为制作特效网页
■ 第9章　使用框架、模板和库
■ 第10章　网页代码的应用

第3章　站点管理

本章重点

通过本章的学习，读者应掌握快捷键的定义、查找与替换、网页大小和下载时间的检测、以及站点上传的方法。

3.1　定义站点

要点：

本例将制作一个建立本地站点的实例，如图3-1所示。通过本例的学习，读者应掌握本地站点的定义方法。

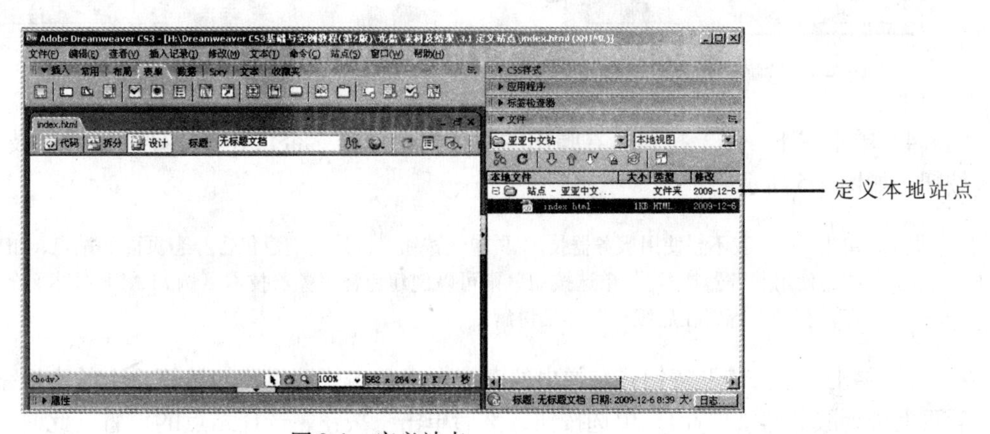

图3-1　定义站点

操作步骤：

1）在本地计算机的硬盘上创建一个名为“web”的文件夹，如图3-2所示。

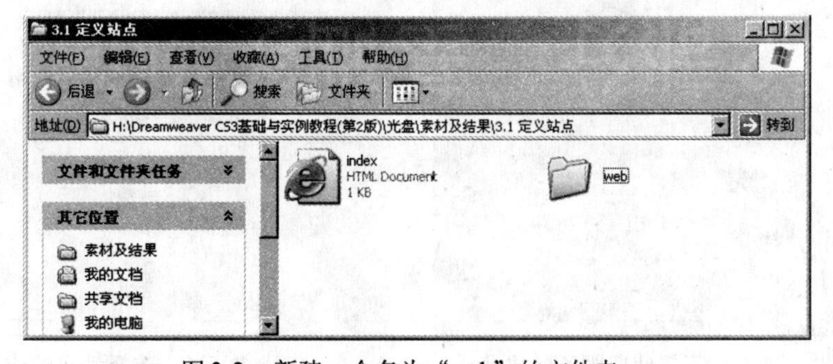

图3-2　新建一个名为“web”的文件夹

2）打开 Dreamweaver CS3，执行菜单中的“站点 | 管理站点”命令，在弹出的“管理站点”对话框中单击“新建”按钮，然后在下拉菜单中选择“站点”选项，如图 3-3 所示。

3）在弹出的对话框中输入站点的名称。在此输入“亚亚中文站”为例，如图 3-4 所示。

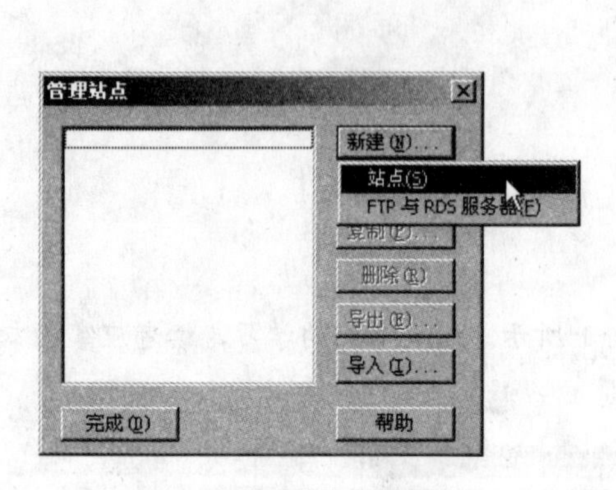

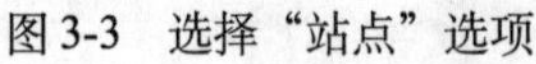

图 3-3　选择“站点”选项

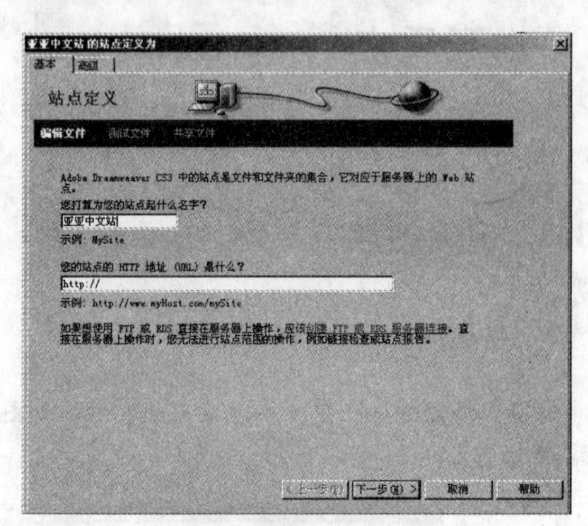

图 3-4　输入站点名称

4）单击“下一步”按钮，在弹出的对话框中单击“否，我不想使用服务器技术。”单选按钮，如图 3-5 所示。

提示：单击“否，我不想使用服务器技术。”单选按钮，将只能创建包含静态页面的站点，如果单击“是，我想使用服务器技术。”单选按钮，则可以创建包含服务器技术（例如 ASP 技术）的动态页面站点，有关内容将在后续章节详细讲解。

5）单击“下一步”按钮，在弹出的对话框中单击“编辑我的计算机上的本地副本，完成后再上传到服务器（推荐）”单选按钮，然后单击按钮，选择站点的位置（此时，选择的是前面新建的 web 文件夹），如图 3-6 所示。

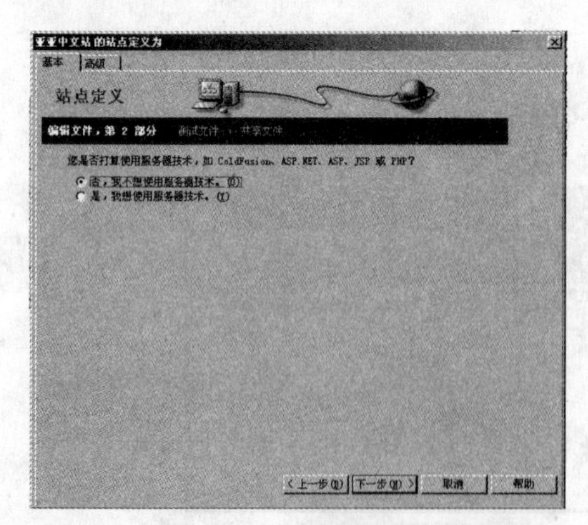

图 3-5　单击“否，我不想使用服务器技术。”

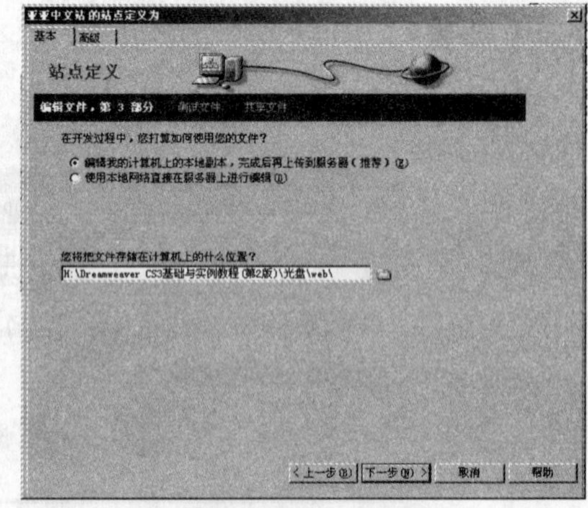

图 3-6　选择站点的位置

6）单击“下一步”按钮，在弹出对话框的“您如何连接到远程服务器？”下拉列表中选择“无”（表示目前不连接到远程服务器）选项，如图3-7所示。

7）单击“下一步”按钮，在弹出的对话框中会显示出站点的所有相关信息，如图3-8所示。单击“完成”按钮，完成站点的设置。

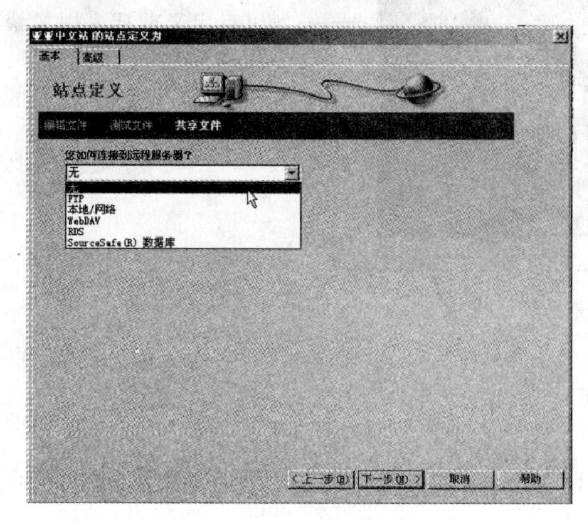

图3-7　选择“无”

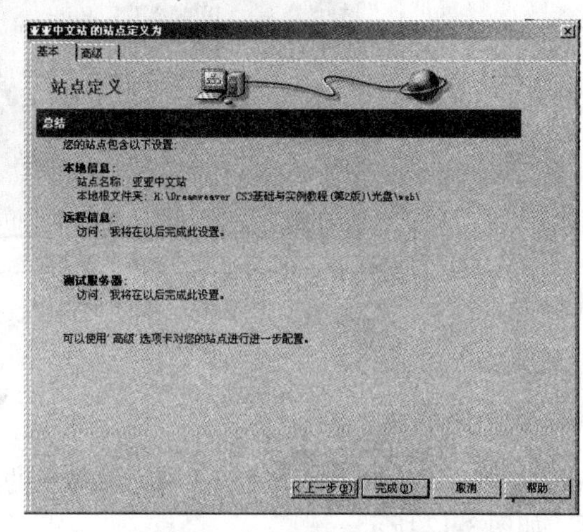

图3-8　站点的所有相关信息

8）设置完成后，在“管理站点”对话框中将出现“亚亚中文站”记录，如图3-9所示，单击“完成”按钮，即可完成站点的创建。

9）此时将在“文件”面板中出现站点文件夹及所有文件，如图3-10所示。

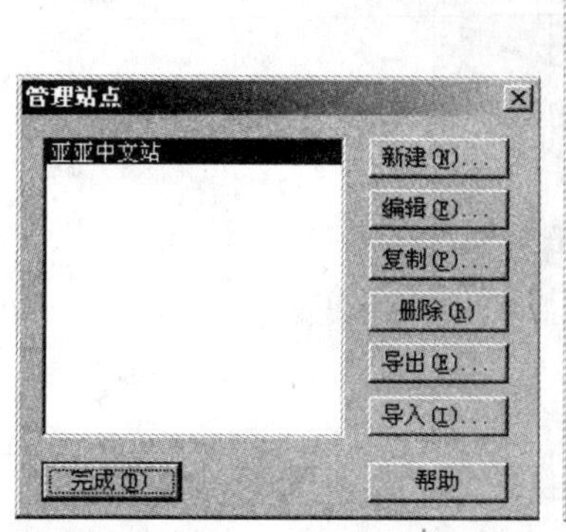

图3-9　建好的“亚亚中文站”记录

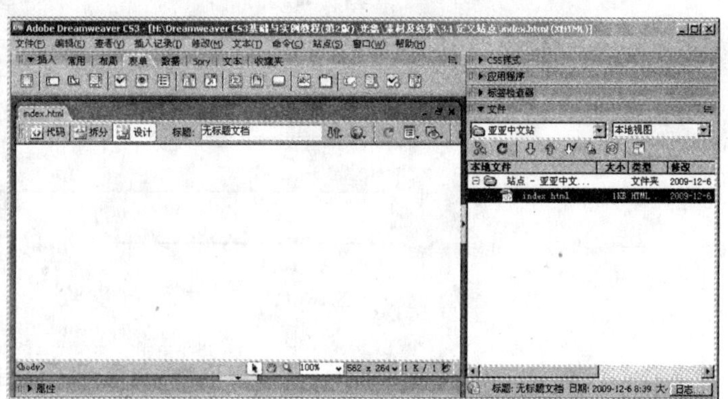

图3-10　定义好的站点状态

3.2　自定义快捷键

要点：

本例将制作一个通过自定义的快捷键来插入图像的实例，如图3-11所示。通过本例的学习，读者应掌握利用自定义的快捷键方便快捷地建设网站的方法。

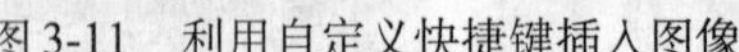

图 3-11　利用自定义快捷键插入图像

操作步骤：

1）打开 Dreamweaver CS3，执行菜单中的“编辑 | 快捷键”命令，弹出“快捷键”对话框，如图 3-12 所示。

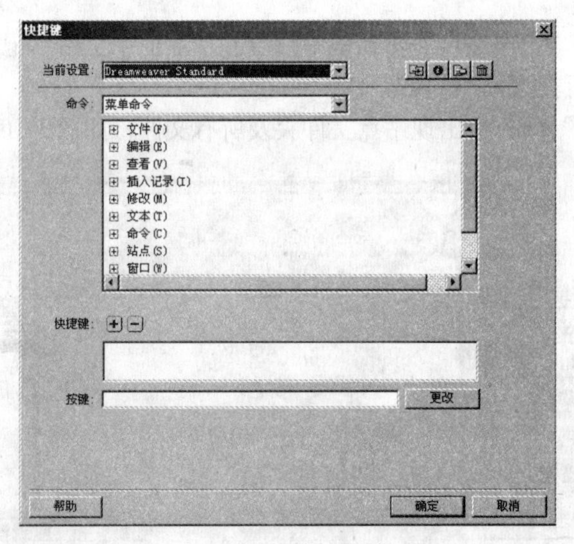

图 3-12　“快捷键”对话框

2）单击（复制副本）按钮，在弹出的“复制副本”对话框中输入“我的快捷键”，如图 3-13 所示。然后单击“确定”按钮，弹出“快捷键”对话框，如图 3-14 所示。

3）在“命令”下拉列表中选择“菜单命令”，然后单击“插入记录”命令前面的“+”号，展开“插入记录”命令，从中选择“图像”选项，此时会在“快捷键”列表栏中显示出插入图像的默认快捷键〈Ctrl+Alt+I〉。接着将光标放到“按键”的输入框中，按〈Ctrl+8〉组合键，然后单击“更改”按钮，如图 3-15 所示。最后单击“确定”按钮，则插入图像的快捷键就更改为了〈Ctrl+8〉。

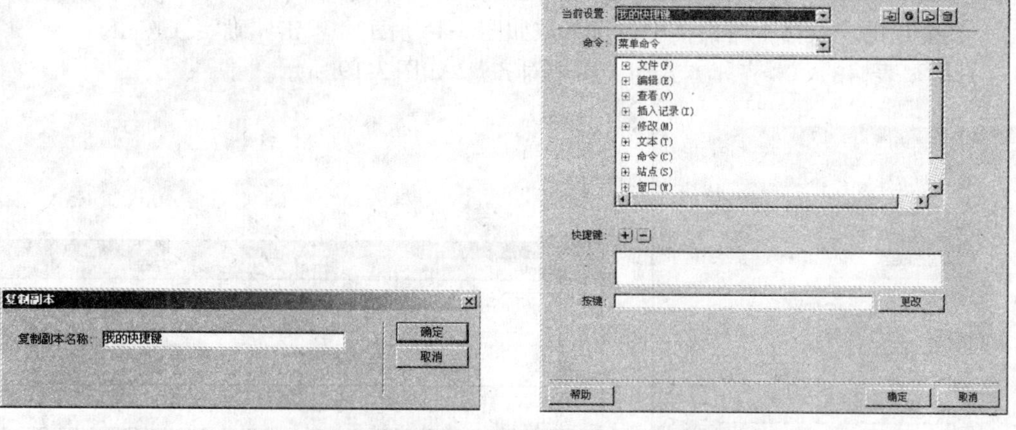

图3-13　输入“我的快捷键”　　　　图3-14　“我的快捷键”的“快捷键”对话框

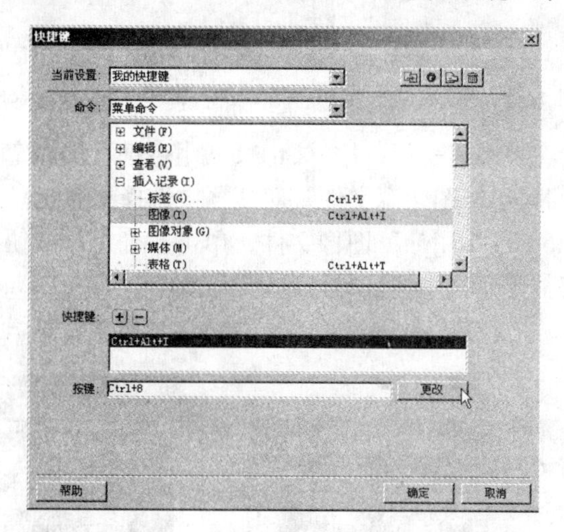

图3-15　设置新的插入图像快捷键

4）单击“文件”面板，右击站点根目录，在弹出的快捷菜单中选择“新建文件”命令（此时将在站点根目录下创建新文件），如图3-16所示。然后将其重命名为“main.html”，如图3-17所示。

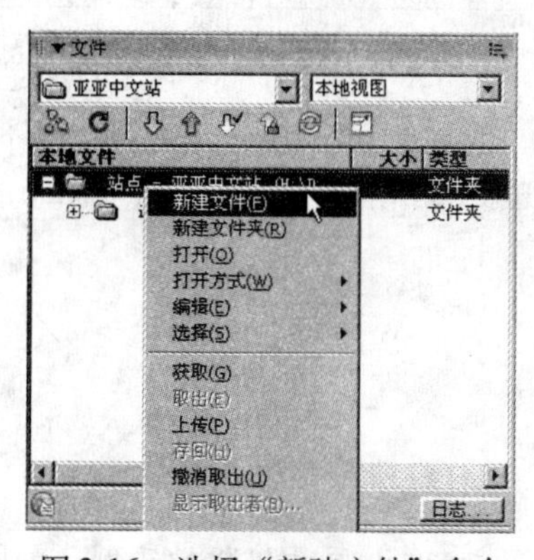

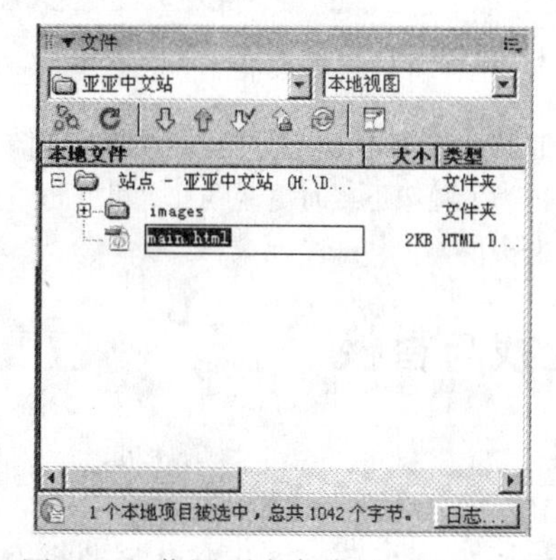

图3-16　选择“新建文件”命令　　　　图3-17　将网页命名为“main.html”

5）双击“main.html”文件进入编辑状态，然后单击插入栏“常用”类别中的(表格)按钮，在弹出的“表格”对话框中设置参数如图 3-18 所示，单击“确定”按钮。

6）调整表格的“对齐”方式为“居中对齐”，如图 3-19 所示。

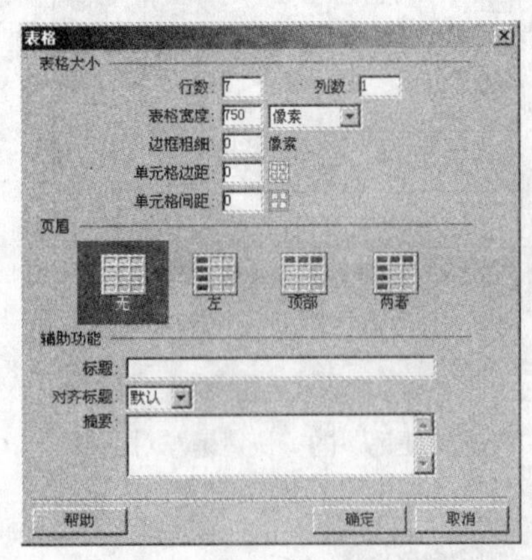

图 3-18　设置“表格”参数

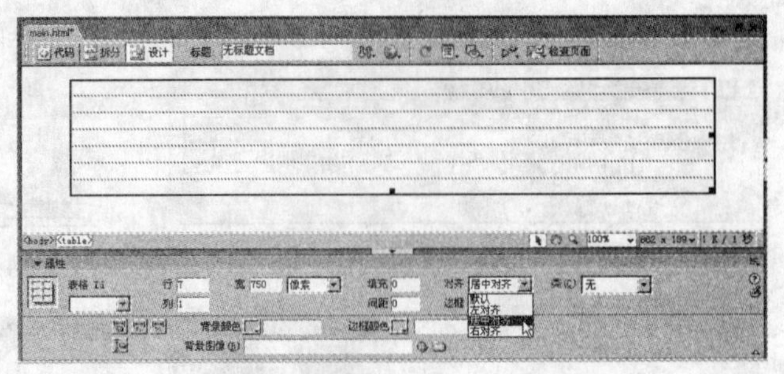

图 3-19　设置表格为“居中对齐”

7）将光标放置在表格第一行，按〈Ctrl+8〉组合键（前面定义的插入图像快捷键）插入图像，然后在弹出的“选择图像源文件”对话框中选择配套光盘中的“素材及结果\3.2 自定义快捷键\ images\ top_r1_c1.jpg”图像文件，单击“确定”按钮，结果 4-20 所示。

8）同理，在其他单元格中插入另外 6 张图片（top_r2_c1.jpg～top_r7_c1.jpg），最终结果如图 3-21 所示。

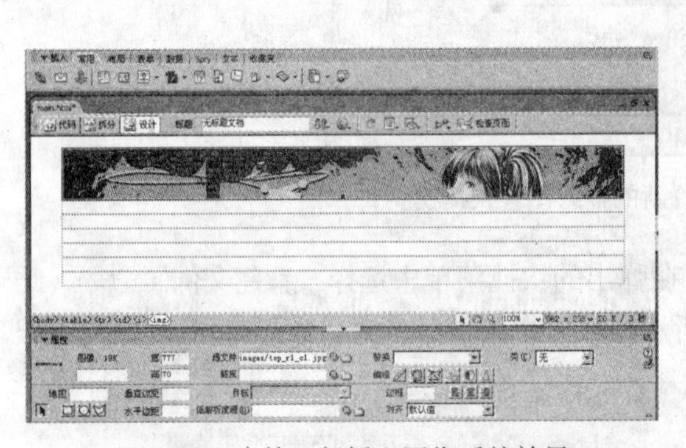

图 3-20　在第 1 行插入图像后的效果

图 3-21　利用自定义快捷键插入图像

提示：也可直接单击工具栏中的(插入图像)按钮来插入图像。本例将一张大图分割为 7 个部分的目的是为了图像下载时更流畅，增加页面的视觉下载速度。切割图片可以通过 Photoshop 或 Fireworks 来实现。

3.3　查找与替换

 **要点：**

本例将制作一个通过查找与替换的命令，来改变背景色和页面边距的实例，如图 3-22 所

示。通过本例的学习，读者应掌握查找与替换的用法，并初步了解源代码。

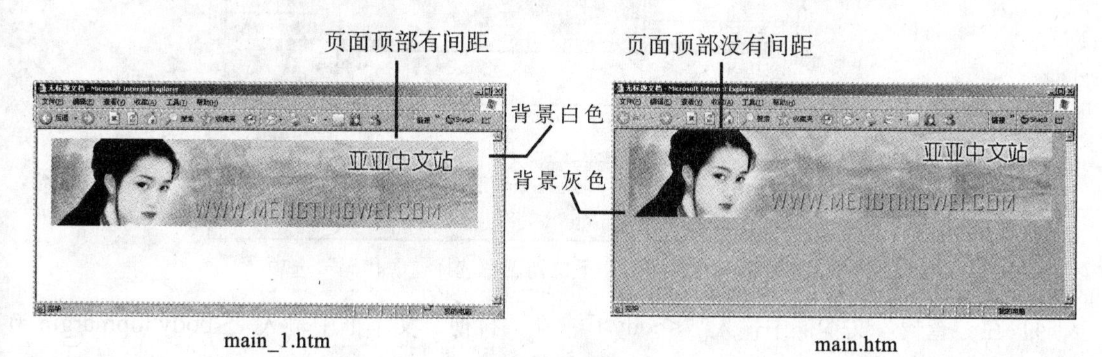

图 3-22 查找与替换前后的对比效果

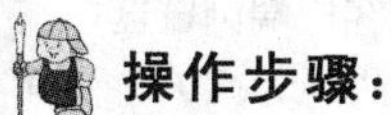

操作步骤：

1）打开 Dreamweaver CS3，双击“文件”面板中的“main_1.htm”文件，进入其编辑状态，如图 3-23 所示。

图 3-23 进入“main_1.htm”的编辑状态

2）执行菜单中的“编辑｜查找与替换”命令（快捷键为〈Ctrl+F〉）。

3）在弹出对话框的“查找范围”下拉列表中选择“当前文档”选项，如图 3-24 所示，使查找范围只局限在当前文档中。然后在“搜索”下拉列表中选择“源代码”选项，将源代码作为搜索类型，如图 3-25 所示。

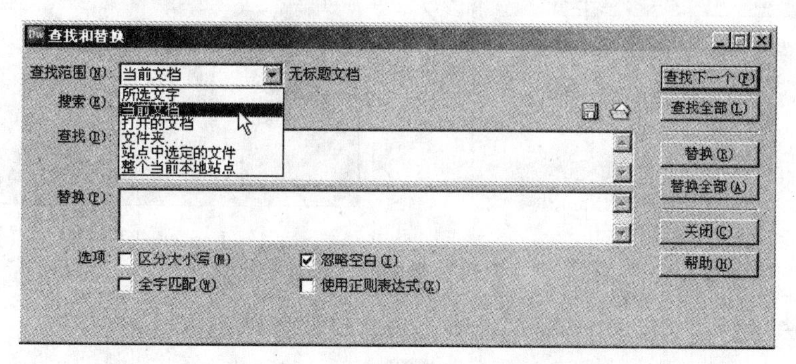

图 3-24 在“查找范围”下拉列表中选择“当前文档”选项

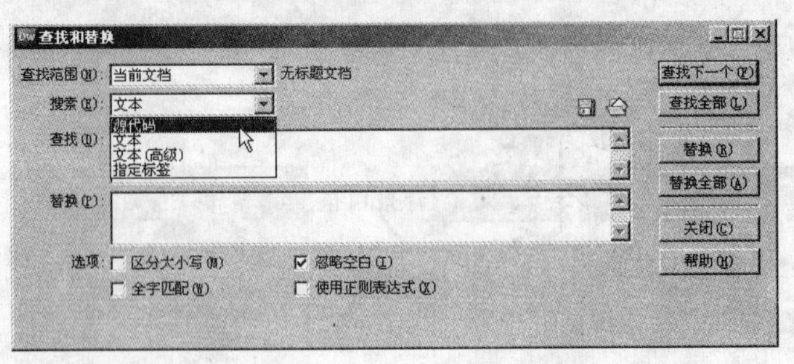

图3-25　在“搜索”下拉列表中选择“源代码”选项

4）在“查找”文本框中输入“<body>”，在“替换”文本框中输入“<body topmargin=0 leftmargin=0 bgcolor=#cccccc>”，如图3-26所示。

提示：<body></body>标签所包含的内容为网页主体的源代码，其中的源代码将在客户端浏览器中被翻译成页面效果，“topmargin=0 leftmargin=0”表示页面的上边框和左边框边距为“0”，页面背景色的代码为“#cccccc”。

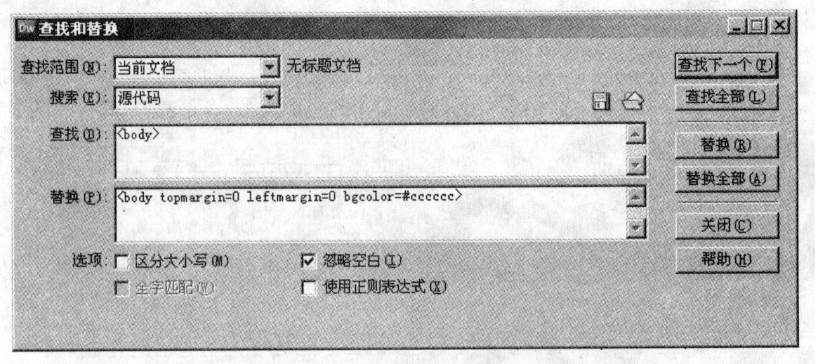

图3-26　输入要查找和替换的代码

5）单击▣(保存查询)按钮，保存当前查询，以便以后调用。

6）单击“替换全部”按钮，完成查找与替换操作。图3-27为查找与替换前后的对比效果。

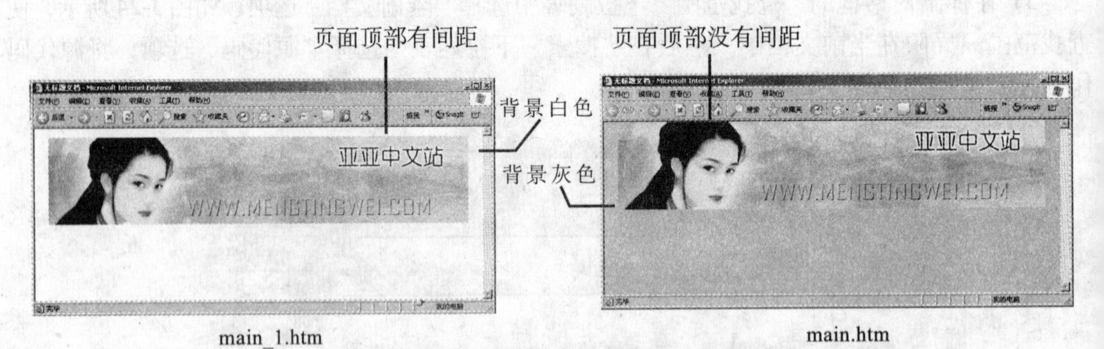

图3-27　查找与替换前后的对比效果

7）执行菜单中的“文件|另存为”命令，将其保存为“main.htm”文件。

3.4 检测浏览器的兼容性

要点：

本例将制作一个检查浏览器兼容性的实例，通过对浏览器兼容性的检查，查找不被浏览器支持的源代码，并将这些源代码修改或删除，从而达到优化网页的作用，如图 3-28 所示。通过本例的学习，读者应掌握浏览器兼容性的检查方法。

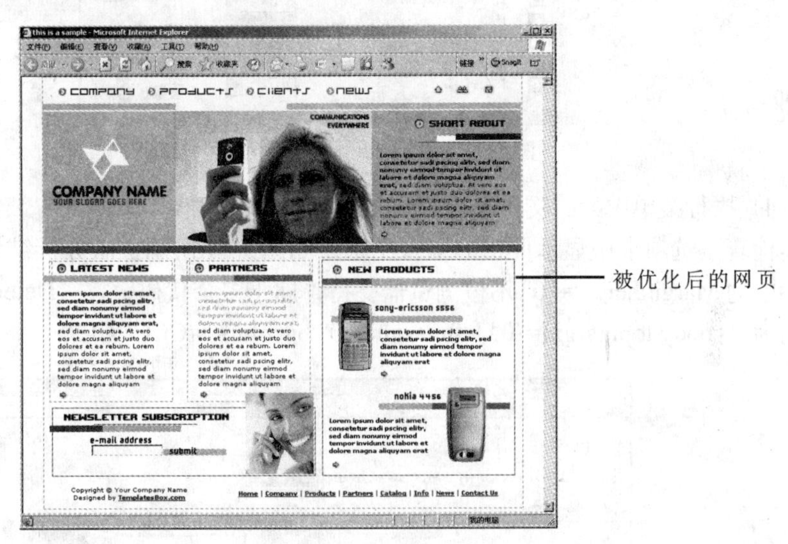

图 3-28 检测浏览器的兼容性

操作步骤：

1）打开 Dreamweaver CS3，双击“文件”面板中的“main.htm”文件，进入编辑状态。

2）执行菜单中的“文件 | 在浏览器中预览 | 编辑浏览器列表”命令，在弹出的对话框中设置参数，如图 3-29 所示，然后单击“确定”按钮。

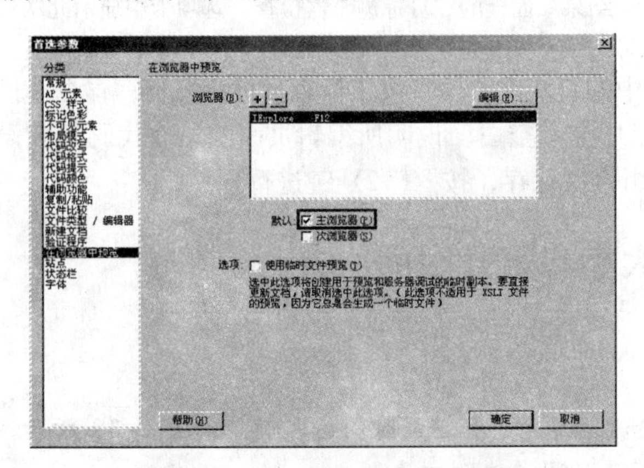

图 3-29 勾选“主浏览器”复选框

3）单击工具栏中的按钮，在下拉列表中选择“设置”命令，然后在弹出的目标浏览器对话框中只勾选“Internet Explorer”复选框，并在其后的下拉列表中选择“5.0”（浏览器的最低版本为5.0），如图3-30所示，单击“确定”按钮。

提示：可以根据网站访问者情况设定浏览器版本。

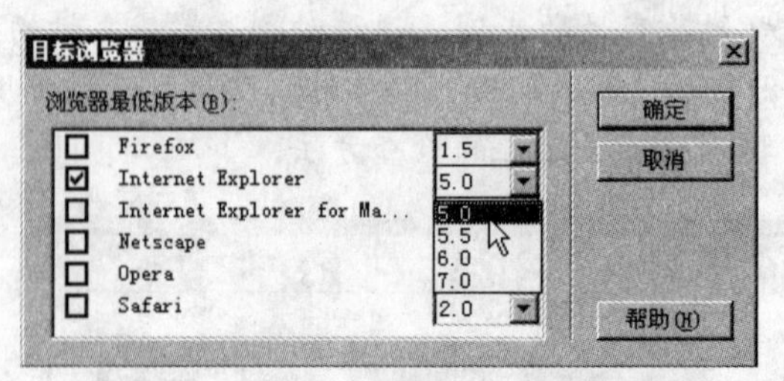

图3-30　勾选“Internet Exploer”复选框

4）执行菜单中的“文件｜检查页｜检查目标浏览器”命令，在“结果”面板的“目标浏览器检查”选项卡中显示此次的检查结果，如图3-31所示。从分析结果中可以看出，<body>标签中的Marginheight="0"不被浏览器支持，属于多余代码，按〈Delete〉键将其删除，最终代码为“<body topmargin="0" leftmargin="0" bgcolor="#CCCCCC">”。

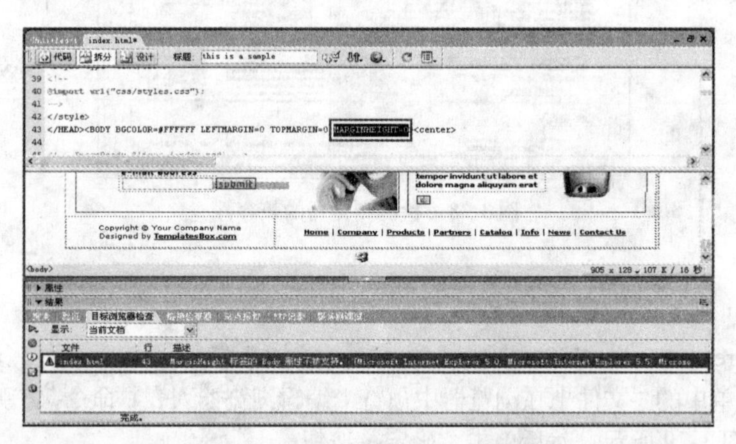

图3-31　“结果”面板的“目标浏览器检查”选项卡中显示此次检查结果

5）再次执行菜单中的“文件｜检查页｜检查目标浏览器”命令，则“结果”面板的“目标浏览器检查”选项卡中显示空白，说明所编辑页面的所有代码都被设定的浏览器所支持。

6）按〈Ctrl+S〉组合键保存，按〈F12〉键进行预览。

3.5　检测网页大小和下载时间

要点：

本例将制作一个检测网页大小和下载时间的实例，如图3-32所示。通过本例的学习，读者应掌握网页大小和下载时间的检测方法。

图 3-32　检测网页大小和下载时间

操作步骤：

1）打开 Dreamweaver CS3，双击"文件"面板中的"main.htm"文件，进入编辑状态。

2）执行菜单中的"编辑 | 首选参数"命令（快捷键为〈Ctrl+U〉），在弹出的对话框中设置参数，如图 3-33 所示，然后单击"确定"按钮。

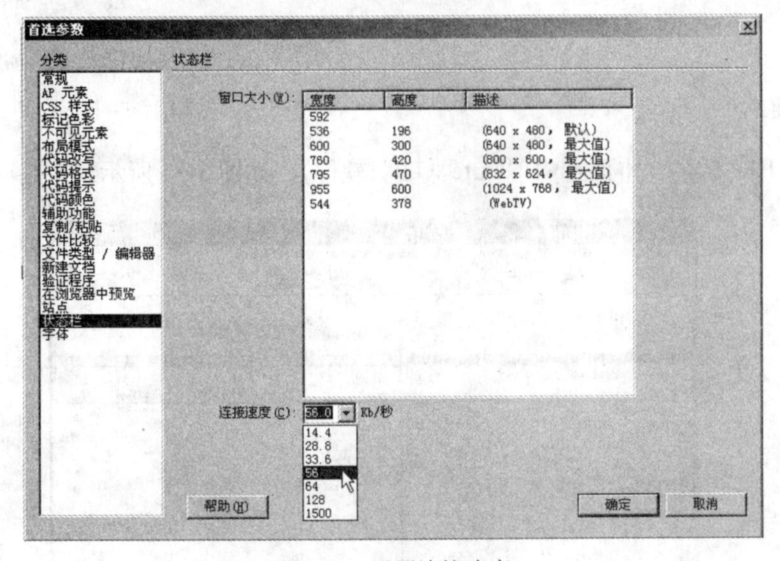

图 3-33　设置连接速度

3）此时在状态栏中将显示出网页文件的大小及下载时间，如图 3-34 所示。

4）按〈Ctrl+S〉组合键保存，按〈F12〉键进行预览。

图 3-34　检测网页大小和下载时间

3.6　站点上传

要点：

本例将利用 FTP 软件进行站点的测试和发布。通过本例的学习，读者应掌握 FTP 软件的用法。

操作步骤：

1）打开 FTP 软件（本例选用“Cute FTP”软件），如图 3-35 所示。

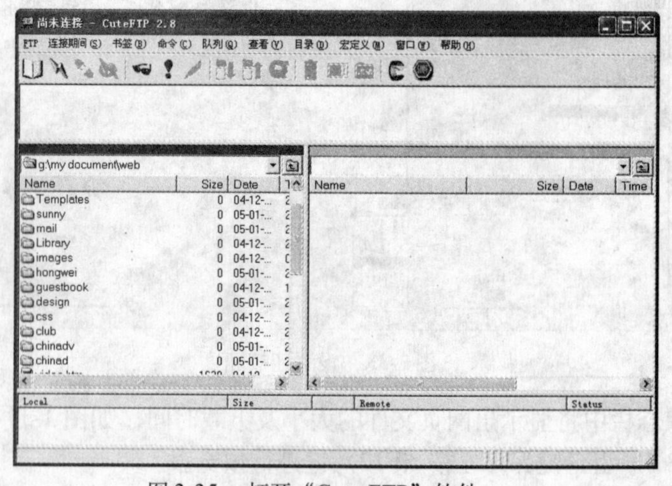

图 3-35　打开“Cute FTP”软件

2）执行菜单中的“FTP ｜网站管理”命令，如图3-36所示。

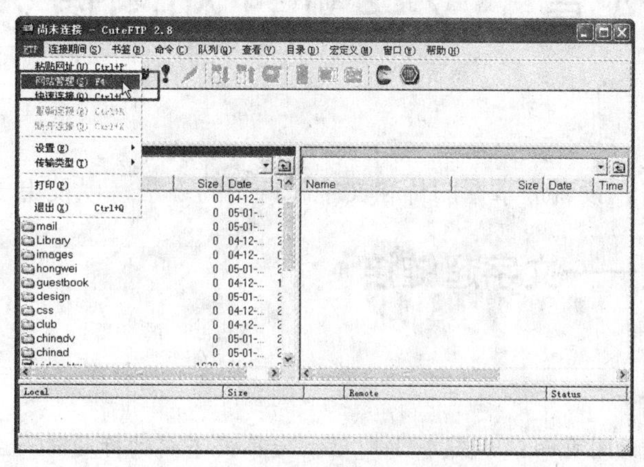

图3-36　执行“网站管理”命令

3）在弹出的对话框中单击“添加网站”按钮，输入站点信息。在站点标签中输入网站的名字“幽视设计网”，然后在“主机地”中输入网站的IP地址或FTP地址（申请网站虚拟空间后，服务商会给相应的连接地址），接着在“用户ID”和“密码”栏中分别输入网站空间的用户名和密码（申请网站虚拟空间后，服务商会给相应的用户名和密码），最后设置“初始本地目录”，如图3-37所示，单击“确定”按钮。

4）单击“连接”按钮后，软件将通过FTP协议连接服务器，从而可以在本地和服务器之间实现上传和下载，如图3-38所示。

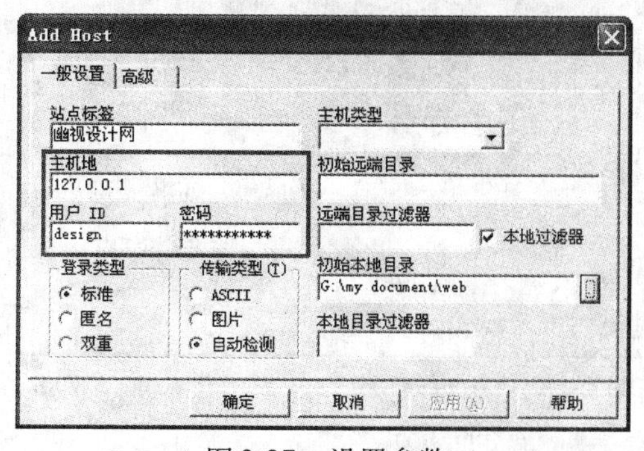

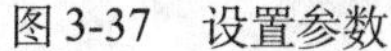

图3-37　设置参数

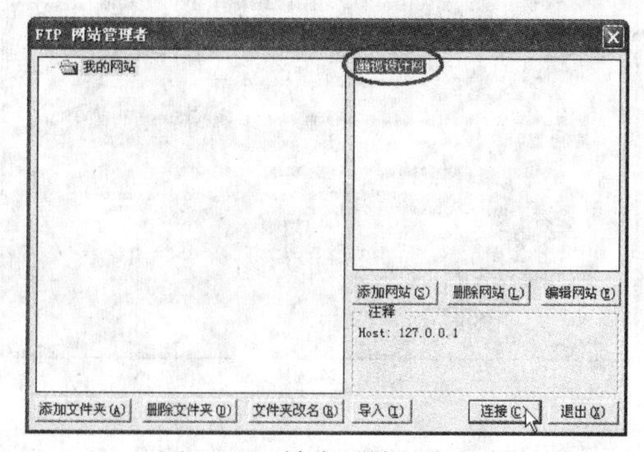

图3-38　单击“连接”按钮

5）打开IE浏览器，输入网址“http://design.chinadv.com.cn”，便可以看到网站在互联网上运行的结果了。

3.7　课后练习

（1）利用自定义快捷键的方法，将插入图像的快捷键定义为〈Ctrl+1〉。

（2）检测配套光盘中的“课后练习\3.7课后练习\练习2\index.htm”的网页大小和下载时间。

（3）测试配套光盘中的“课后练习\3.7课后练习\练习3\index.htm”网页，并发布站点。

第 4 章　文字处理和图像效果

本章重点

通过本章的学习，读者应掌握图片和文字超链接的方法，以及电子相册的制作。

4.1　新闻快递——文字超链接

要点：

本例将制作一个新闻页面，如图 4-1 所示。当单击不同的标题时，会跳转到相关的定义锚点链接的位置；当单击不同的消息来源的网站名称时，会跳转到相应的网站；当单击文字“新闻热线：zfsucceed@sina.com”时，会跳转到 outlook 中进行邮件的发送。通过本例的学习，读者应掌握对文字进行锚点链接、外部链接和 E-mail 链接的方法。

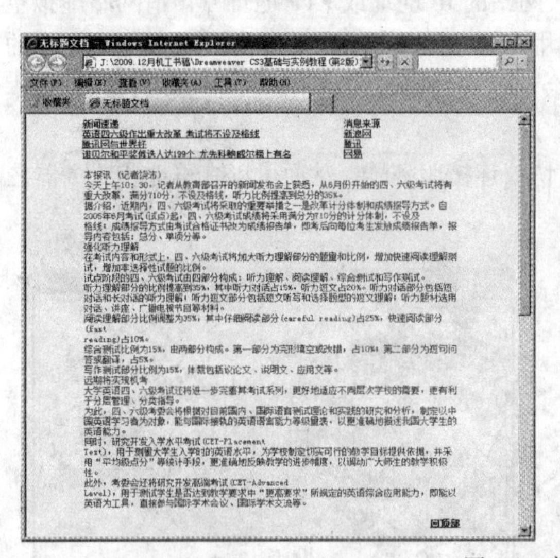

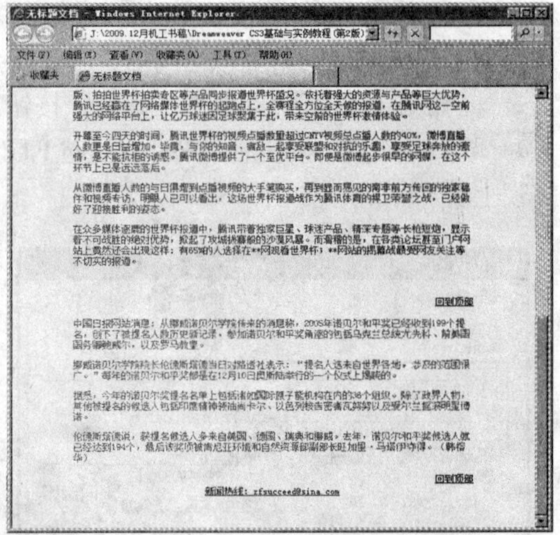

图 4-1　新闻页面

操作步骤：

1. 创建锚点链接

1）在硬盘上创建一个名为“新闻快递—文字超链接”的文件夹。

2）打开 Dreamweaver CS3，在“新闻快递——文字超链接”文件夹下建立一个名为 index.htm 的文件，然后双击它进入编辑状态。

3）单击插入栏“常用”类别中的 (表格）按钮，在弹出的“表格”对话框中设置参数，如图 4-2 所示，然后单击“确定”按钮，插入一个 4 行 2 列、宽度为 500 像素、单元格间距为 2、其他设置均为 0 的表格。

4）在表格的左上角单击，选中整个表格，如图4-3所示。然后在属性面板中将其居中对齐，如图4-4所示。

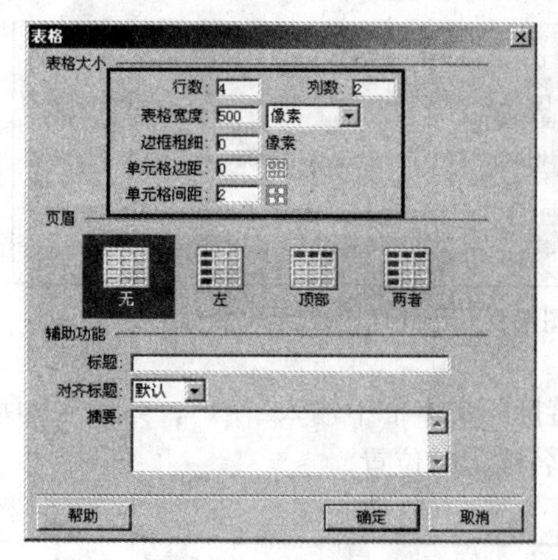

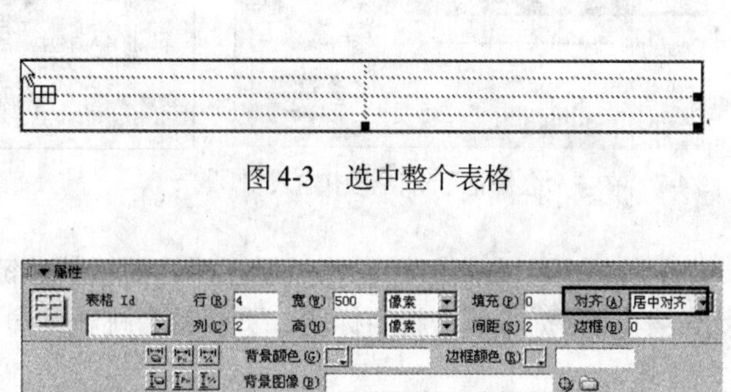

图4-3 选中整个表格

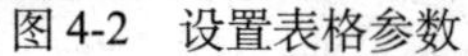

图4-2 设置表格参数

图4-4 将表格居中对齐

5）将新闻的标题内容和来源网站输入到相应的单元格中，并将“新闻速递”和“消息来源”的字号大小设置为14像素，将相关内容的字号大小设置为12像素，结果如图4-5所示。

6）将光标定位在插入的表格后面，单击插入栏“常用”类别中的▦(表格）按钮，再次插入一个7行1列、宽度为500像素、单元格间距为2、其他设置均为0的表格。然后在属性面板中将其居中对齐。

7）在单元格中分别添加新闻内容和“回顶部”文字，然后将新闻内容的字号大小设置为14像素，并将不同新闻内容的文字设置为不同的颜色，接着将文字“回顶部”的字号大小设置为12像素，结果如图4-6所示。

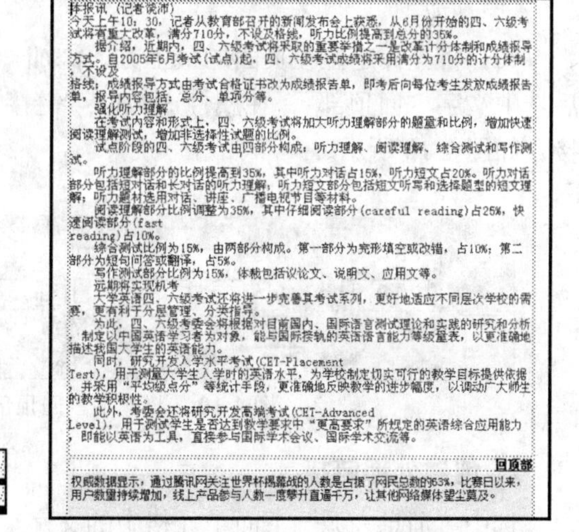
本报讯（记者谈沛）
今天上午10：30，记者从教育部召开的新闻发布会上获悉，从6月份开始的四、六级考试将有重大改革，满分710分，不设及格线，听力比例提高到总分的35%。
据介绍，近期内，四、六级考试将采取的重要举措之一是改革计分体制和成绩报导方式。自2005年6月考试(试点)起，四、六级考试成绩将采用满分为710分的计分体制，不设及格线；成绩报导方式由考试合格证书改为成绩报告单，即考后向每位考生发放成绩报告单，报导内容包括：总分、单项分等。
强化听力理解
在考试内容和形式上，四、六级考试将加大听力理解部分的题量和比例，增加快速阅读理解测试，增加非选择性试题的比例。
试点阶段的四、六级考试由四部分构成：听力理解、阅读理解、综合测试和写作测试。
听力理解部分的比例提高到35%，其中听力对话占15%，听力短文占20%。听力对话部分包括短对话和长对话的听力理解；听力短文部分包括短文听写和选择题型的短文理解；听力题材选用对话、讲座、广播电视节目等材料。
阅读理解部分比例调整为35%，其中仔细阅读部分(careful reading)占25%，快速阅读部分(fast reading)占10%。
综合测试比例为15%，由两部分构成。第一部分为完形填空或改错，占10%；第二部分为短句问答或翻译，占5%。
写作测试部分比例为15%，体裁包括议论文、说明文、应用文等。
远期将实现机考
大学英语四、六级考试还将进一步完善其考试系列，更好地适应不同层次学校的需要，更有利于分层管理、分类指导。
为此，四、六级考委会将根据对目前国内、国际语言测试理论和实践的研究和分析，制定以中国英语学习者为对象，能与国际接轨的英语语言能力等级量表，以更准确地描述我国大学生的英语能力。
同时，研究开发入学水平考试(CET-Placement Test)，用于测量大学生入学时的英语水平，为学校制定切实可行的教学目标提供依据，并采用“平均级点分”等统计手段，更准确地反映教学的进步幅度，以调动广大师生的教学积极性。
此外，考委会还将研究开发高端考试(CET-Advanced Level)，用于测试学生是否达到教学要求中“更高要求”所规定的英语综合应用能力，即能以英语为工具，直接参与国际学术会议、国际学术交流等。
回顶部
权威数据显示，通过腾讯网关注世界杯揭幕战的人数是占据了网民总数的63%，比赛日以来，用户数量持续增加，线上产品参与人数一度攀升直逼千万，让其他网络媒体望尘莫及。

新闻速递	消息来源
英语四六级作出重大改革 考试将不设及格线	新浪网
腾讯网与世界杯	腾讯
诺贝尔和平奖候选人达199个 尤先科鲍威尔榜上有名	网易

图4-5 输入信息

图4-6 添加新闻内容和“回顶部”文字

8）将光标定位在第1条新闻内容“本报讯”的前面，单击插入栏“常用”类别中的(命名锚记）按钮，在弹出的“命名锚记”对话框中输入“1”，如图 4-7 所示。然后单击“确定”按钮，则在文档窗口中会显示锚点标记，如图 4-8 所示。

图 4-7　在“命名锚记”对话框中输入“1”

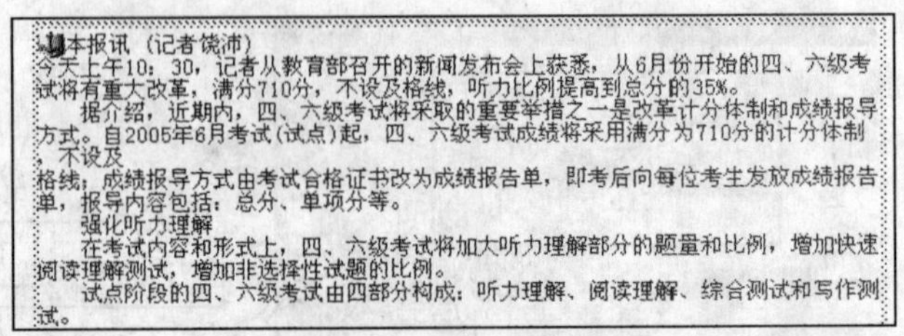

本报讯（记者饶沛）
今天上午10：30，记者从教育部召开的新闻发布会上获悉，从6月份开始的四、六级考试将有重大改革，满分710分，不设及格线，听力比例提高到总分的35%。
据介绍，近期内，四、六级考试将采取的重要举措之一是改革计分体制和成绩报导方式。自2005年6月考试（试点）起，四、六级考试成绩将采用满分为710分的计分体制，不设及格线；成绩报导方式由考试合格证书改为成绩报告单，即考后向每位考生发放成绩报告单，报导内容包括：总分、单项分等。
强化听力理解
在考试内容和形式上，四、六级考试将加大听力理解部分的题量和比例，增加快速阅读理解测试，增加非选择性试题的比例。
试点阶段的四、六级考试由四部分构成：听力理解、阅读理解、综合测试和写作测试。

图 4-8　文档窗口中显示锚点标记

9）全选第 1 条新闻标题，然后在属性面板的“链接”文本框中输入“#1”，如图 4-9 所示。这样在预览时单击新闻标题，页面就会跳转到命名锚记的位置。

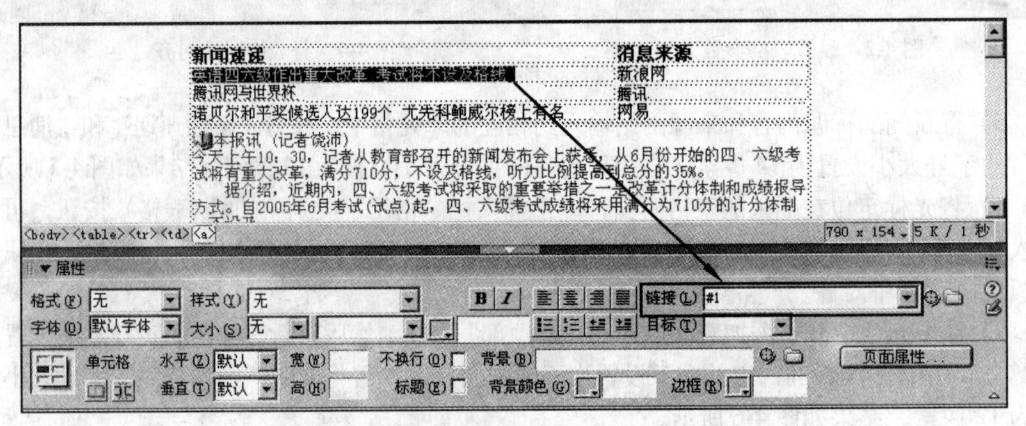

图 4-9　第 1 条新闻标题的锚记链接设为“#1”

10）将光标定位在页面的最上方，添加一个命名锚记，并将“锚记名称”设置为 top。然后选中文字“回顶部”，在属性面板的“链接”文本框中输入“#top”，添加一个回顶部的链接，如图 4-10 所示。

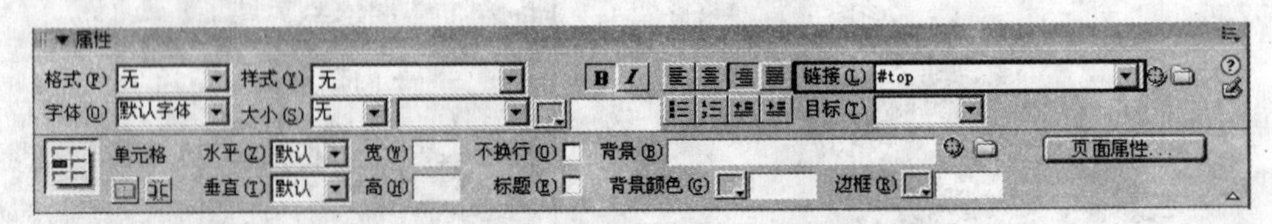

图 4-10　将文字“回顶部”的锚记链接设为“#top”

2. 创建外部链接

选中“消息来源”下面单元格中的文字“新浪网”，在属性面板的“链接”文本框中输入“http://www.sina.com”，如图 4-11 所示。然后按〈Ctrl+S〉组合键保存，按〈F12〉键进行预览。此时在浏览窗口中单击“新浪网”，即可跳转到相应的网站。

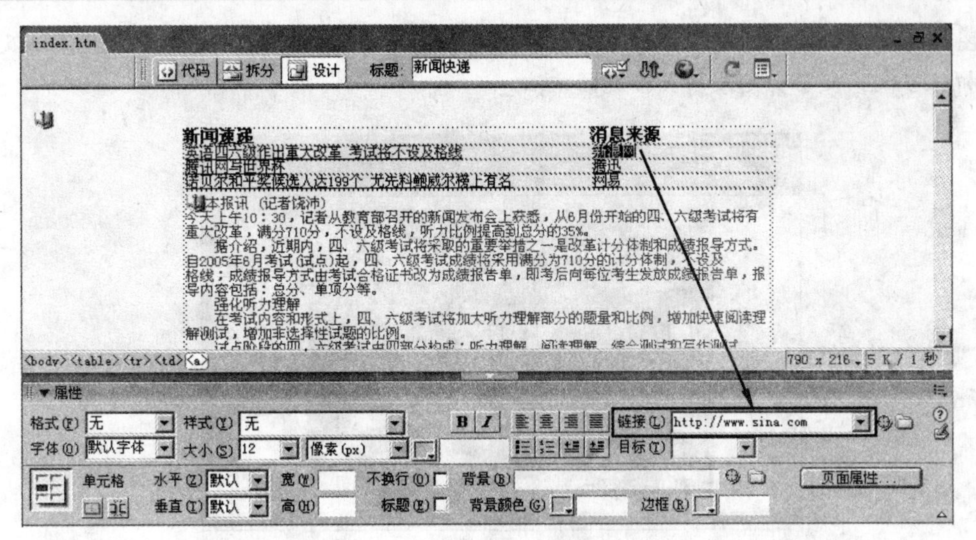

图 4-11　将文字“新浪网”的“链接”地址设为“http://www.sina.com”

3. 创建 E-mail 链接

1）在第 7 行单元格中输入文字“新闻热线：zfsucceed@sina.com”，然后选中文字，单击插入栏“常用”类别中的 (电子邮件链接）按钮，在弹出的“电子邮件链接”对话框中设置参数，如图 4-12 所示，单击“确定”按钮。

2) 按〈Ctrl+S〉组合键保存，按〈F12〉键进行预览，当单击文字“新闻热线: zfsucceed@sina.com”时，会跳转到 Outlook 中进行邮件的发送，如图 4-13 所示。

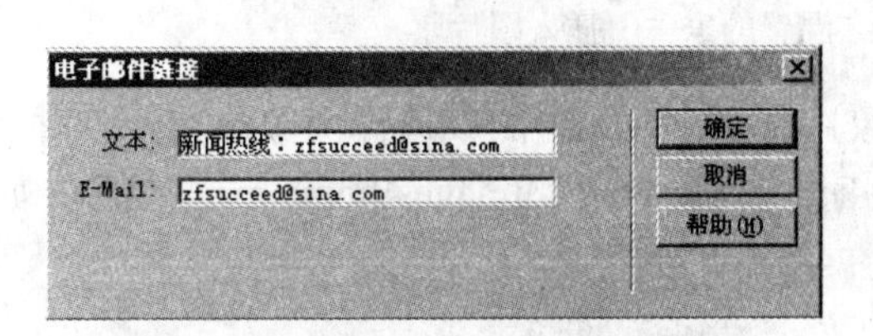

图 4-12　设置电子邮件链接的地址

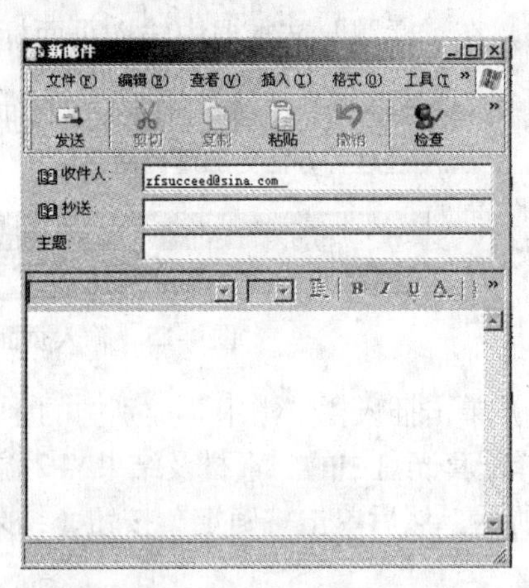

图 4-13　“新邮件”对话框

4.2　温馨的家——插入图片

要点：

本例将制作一个带有温馨图片的网页，如图 4-14 所示。当鼠标放置到图片上时会显示出相关图片的说明文字。通过本例的学习，读者应掌握图片的插入方法、对齐方式，以及为图片添加“替代”文字和定义网页标题的方法。

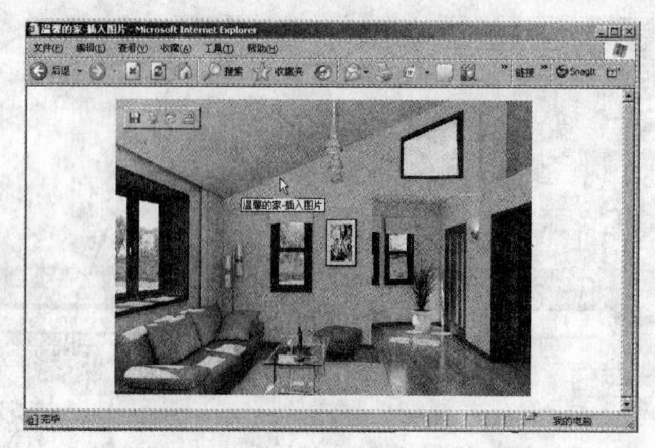

图 4-14　插入图片并设置“替代”文字

操作步骤：

1）在硬盘上创建一个名为“温馨的家——插入图片”的文件夹，然后在该文件夹中新建一个名为 images 的文件夹，并将所需图片复制到该文件夹中。

2）打开 Dreamweaver CS3，然后在“文件”面板中新建一个名为“crtp.html”的文件，然后双击“crtp.html”文件，进入编辑状态。

3）在“标题”文本框中输入页面标题“温馨的家——插入图片”，如图 4-15 所示。

提示：在“标题”文本框输入的页面标题和执行菜单中的“修改|页面属性”命令设置页面标题是等价的，只不过这种方法更加迅捷而已。

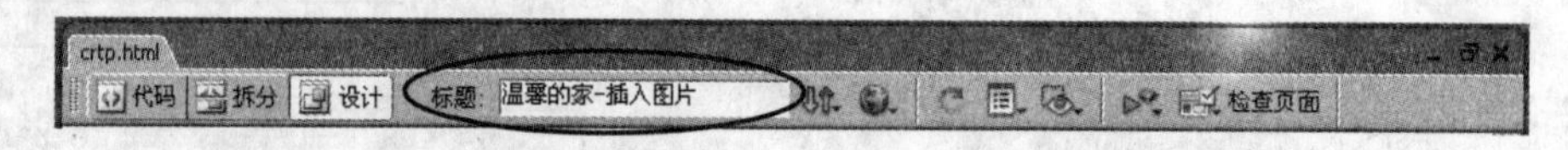

图 4-15　输入页面标题“温馨的家——插入图片”

4）单击插入栏“常用”类别中的（图像）按钮，在弹出的“选择图像源文件”对话框中选择配套光盘中的“素材及结果\4.2 温馨的家——插入图片\images\home.jpg”图片，如图 4-16 所示。然后单击“确定”按钮，结果如图 4-17 所示。

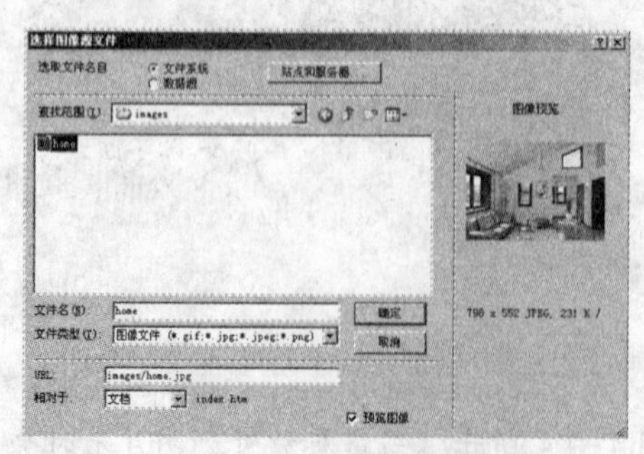

图 4-16　选择要插入的图片

图 4-17　插入图片后的效果

5）此时插入的图片过大，下面对图片进行缩小处理。方法：在文档窗口中选中图片，用鼠标按住图片的右下角，拖曳到合适位置，结果如图 4-18 所示。

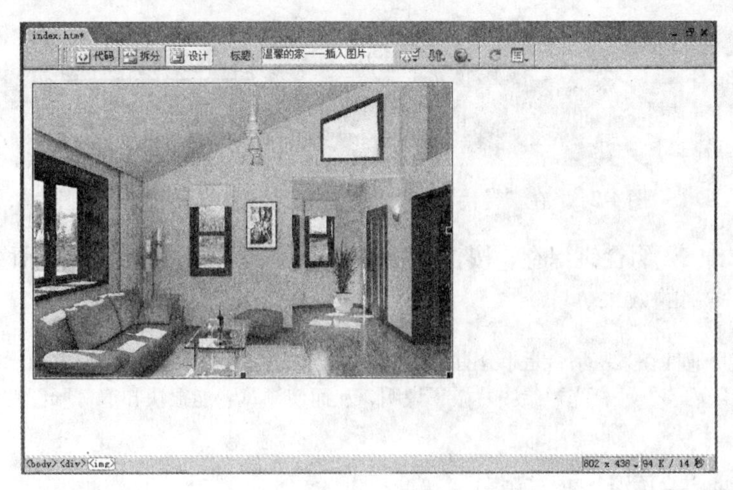

图 4-18　缩放图片

提示：在拖曳时按住〈Shift〉键可以进行等比例缩放。另外，在属性面板中可以精确查看图像的宽度和高度，如图 4−19 所示。

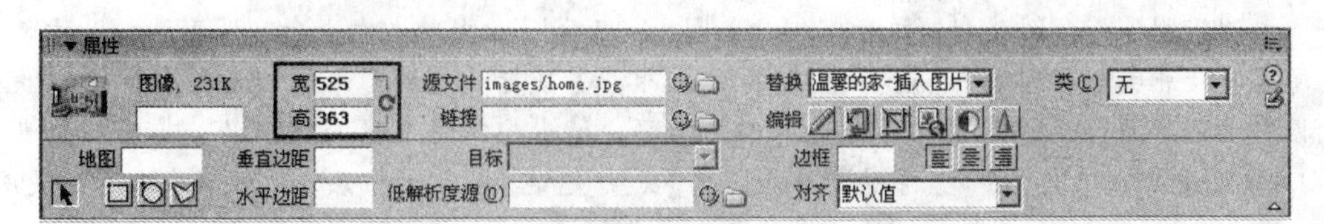

图 4-19　在属性面板中查看图像的宽度和高度

6）在属性面板中单击（居中对齐）按钮，将图片居中对齐，结果如图 4-20 所示。

图 4-20　将图片居中对齐

7）设置图片替代文字。方法：在文档窗口中选中图片，在属性面板的“替代”文本框中输入“温馨的家——插入图片”，如图 4-21 所示。

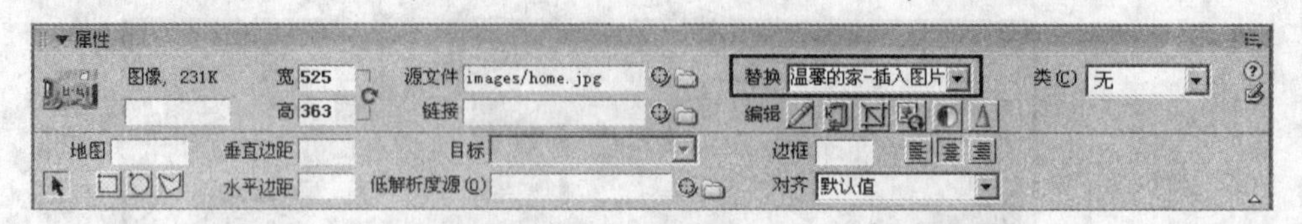

图 4-21　在“替代”文本框中输入“温馨的家——插入图片”

8）按〈Ctrl+S〉组合键保存，按〈F12〉键进行预览，即可看到当鼠标移到图片上时，会显示相应替代文字的效果。

提示：“替代”属性在某些场合是十分有用的，例如一个拥有大量图片的专业网站，如果为每张图片加上“替代”内容，就相当于给图片做了说明，从而使浏览者能很快知道每张图片的内容。

4.3　热点——图片超链接

要点：

本例将制作一个图片超链接的实例，如图 4-22 所示。当单击左上角的圆形图标、右侧的房屋区域及相关按钮时会跳转到相关网页。此外，当鼠标放置到圆形图标上时会弹出“欢迎光临周庄旅游网”的替代文字。通过本例的学习，读者应掌握属性面板中的(矩形热点工具)、(圆形热点工具)和(多边形热点工具)创建超链接区域的方法，以及替代文字的使用。

创建的热点区域

预览效果

图 4-22　图片超链接

操作步骤：

1）在硬盘上创建一个名为“热点——图片超链接”的文件夹，然后在该文件夹中新建一个名为 images 的文件夹，并将所需图片复制到该文件夹中。

2）打开 Dreamweaver CS3，在“热点——图片超链接”文件夹下建立 index.html、forum.html、chat.html、show.html 和 main.html 五个网页文件，如图 4-23 所示。然后双击 index.htm，进入编辑状态。接着在“标题”文本框中输入“周庄旅游网”，如图 4-24 所示。

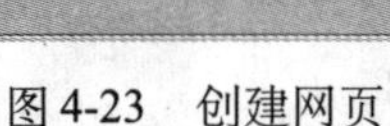

图 4-23　创建网页　　　图 4-24　在“标题”文本框中输入“周庄旅游网”

3）单击插入栏“常用”类别中的（表格）按钮，在弹出的“表格”对话框中设置参数，如图 4-25 所示。然后单击“确定”按钮，插入 1 行 1 列、宽度为 750 像素、其他设置均为 0 的表格。

4）选择插入的表格，在属性面板中设置“对齐”方式为“居中对齐”，然后将光标定位在表格内，单击插入栏“常用”类别中的（图像）按钮，插入配套光盘中的“素材及结果\4.3 热点——图片超链接 \images\pic.jpg”图片，如图 4-26 所示。

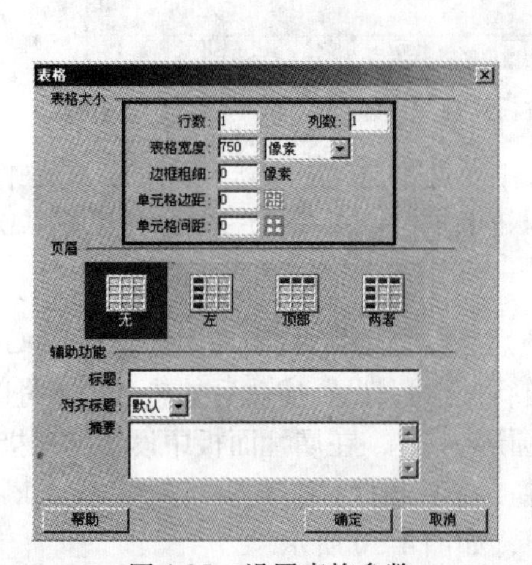

图 4-25　设置表格参数　　　图 4-26　将表格居中对齐并插入图片

5）单击插入的图片，在属性面板中单击（矩形热点工具），然后按照“网站”大小拖动设置热点区域，设置成功后的热点区域将以绿色网点效果显示。

6）在文档窗口中选择创建的“矩形热点”，然后在属性面板中单击按钮，在弹出的“选择文件”对话框中选择 main.html，如图 4-27 所示。此时，在“链接”文本框中将显示链接地址“main.html”，如图 4-28 所示。

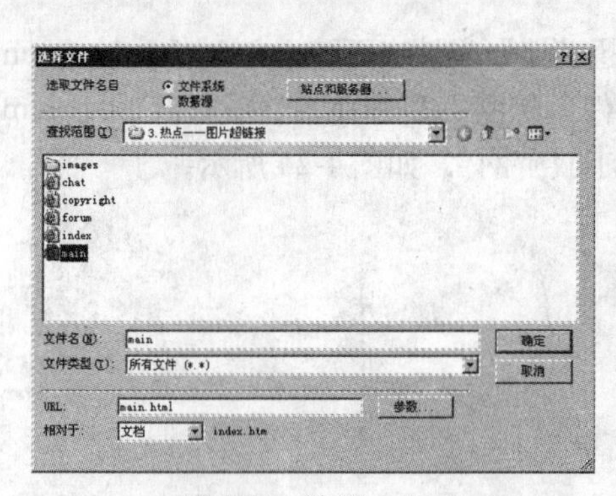

图 4-27 选择 main.html

图 4-28 将“网站”热点链接到的 main.html

7）同理，创建“社区”和“聊天”按钮的热点区域，如图 4-29 所示。然后设置链接区域分别为“forum.html”和“chat.html”。

图 4-29 创建“社区”和“聊天”按钮的热点区域

提示：如果热点区域位置不合适，可单击属性面板中的 （指针热点工具）按钮，然后拖动热点区域到合适的位置；如果热点区域大小不合适，可单击属性面板的 （指针热点工具）按钮，然后拖动热点区域的 4 个节点到合适的大小。

8）单击插入的图片，在属性面板中单击 （圆形热点工具），然后按照左上角圆形 LOGO 的大小拖动设置热点区域（如大小、位置不合适，可自行调节），设置成功后的热点区域将以绿色网点效果显示。接着在文档窗口中选择创建的“圆形热点”，在属性面板中设置“链接”地址为“show.html”。再单击“目标”右边的小三角形按钮，在弹出的下拉菜单中选择“_blank”，最后在“替代”文本框中输入“欢迎光临周庄旅游网”，如图 4-30 所示。

提示：目标中有 _blank、_parent、_self 和 _top 四个选项可供选择。_blank 指在一个新的未命名的浏览器窗口中打开链接的网页；_parent 指如果是嵌套的框架，链接会在父框架或窗口中打开，如果不是嵌套的框架，则等同于 _top，在整个浏览器窗口中显示；_self 是浏览器的默认值，会在当前网页所在的窗口或框架中打开链接的网页；_top 会在完整的浏览器窗口中打开网页。

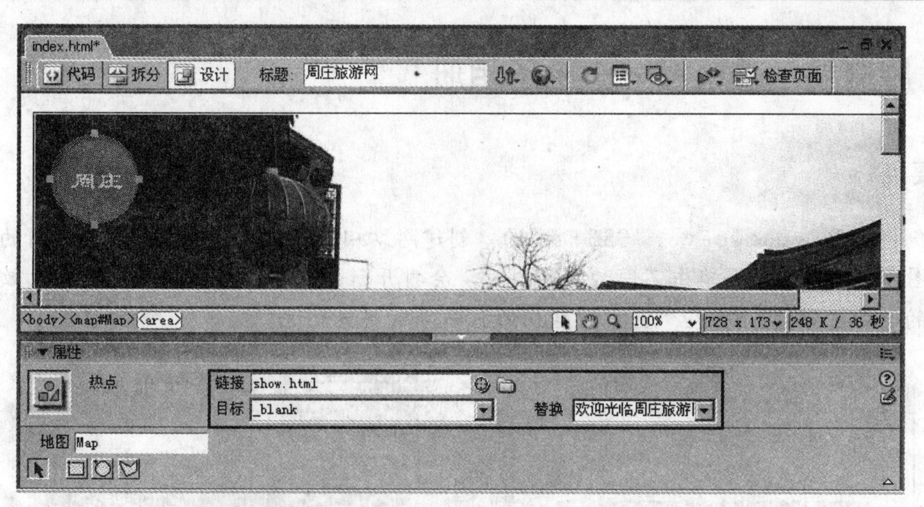

图 4-30　创建圆形热点区域及其链接，并制作替代文字

9）单击插入的图片，在属性面板中单击（多边形热点工具），然后沿着人物的边缘点选设置热点区域（如果热点区域范围不合适，可以单击属性面板中的该按钮，然后拖动热点区域的相关节点到合适位置），设置成功后的热点区域将以绿色网点效果显示。接着在文档窗口中选择创建的“多边形热点”，在属性面板中设置“链接”地址为“house.html”，如图 4-31 所示。

图 4-31　创建多边形热点及其链接

10）按〈Ctrl+S〉组合键保存，按〈F12〉键进行预览。

4.4 展览展示效果图——电子相册

要点：

本例将利用 Dreamweaver CS3 新增的“创建网站相册”命令制作一个网页相册的浏览效果，如图 4-32 所示。当单击不同的缩略图时，会打开新的网页，显示该图像的放大效果。通过本例的学习，读者应掌握“创建网站相册”命令的灵活运用。

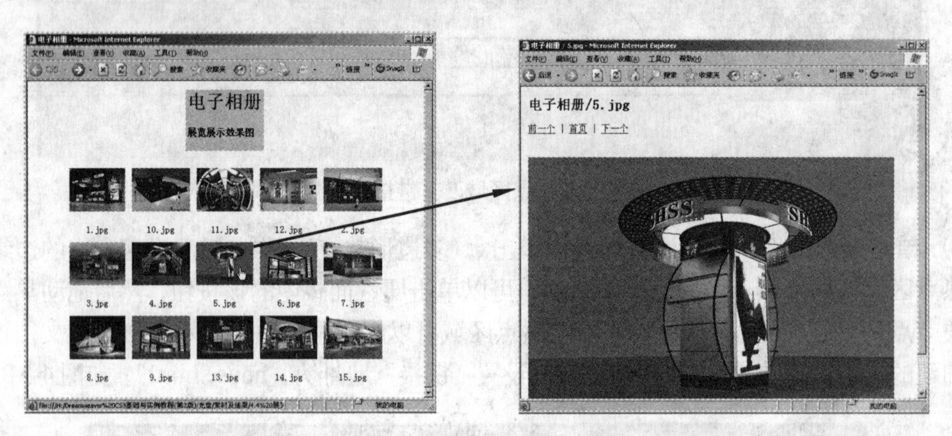

图 4-32 电子相册

操作步骤：

1）在硬盘上创建一个名为“展览展示效果图——电子相册”的文件夹，然后在该文件夹中新建一个名为photo的文件夹，并将所需图片复制到该文件夹中。接着创建一个名为images的文件夹，以便放置电子相册文件。

2）打开 Dreamweaver CS3，执行菜单中的“文件|新建”命令，新建一个 HTML 网页。

3）执行菜单中的“命令 创建网站相册”命令，在弹出的“创建网站相册”对话框中设置参数，如图4-33 所示。单击“确定”按钮，则将自动执行 Fireworks CS3 优化图像，并同时生成网页。

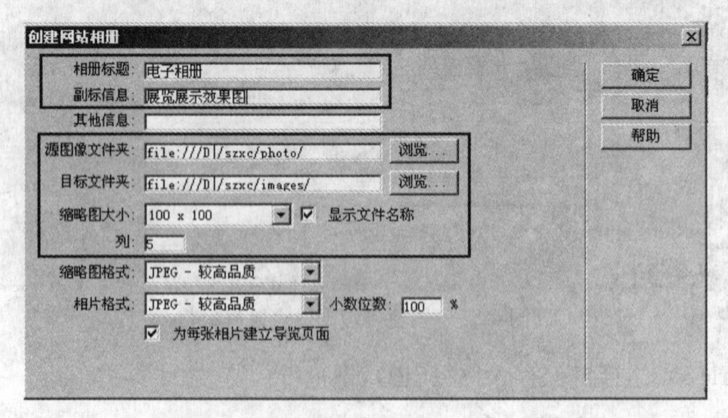

图 4-33 设置电子相册的参数

提示：Fireworks 软件和 Dreamweaver 软件同属于 Adobe 公司，本例必须安装 Fireworks 软件，才能做出效果。另外需要注意的是文件夹名必须为英文，否则无法生成电子相册。

4）图像优化完毕后，屏幕上将弹出如图 4-34 所示的提示框，提示相册已经建立，单击“确定”按钮，结果如图 4-35 所示。

图 4-34　提示对话框

图 4-35　创建好的电子相册

5）按〈Ctrl+S〉组合键保存，按〈F12〉键进行预览。当单击不同的缩略图时，会打开新的网页，显示该图像的放大效果。

4.5　课后练习

制作一个图文混排的网页，如图 4-36 所示。参数可参考配套光盘中的“课后练习\4.5 课后练习\movie.htm”文件。

图 4-36　movie 首页

第 5 章　表格和层的应用

本章重点

通过本章的学习，读者应掌握表格、层和图文混排的应用。

5.1　论坛界面——表格的应用

要点：

本例将制作一个“情感交流”论坛的界面，如图 5-1 所示。通过本例的学习，读者应掌握设定网页文字的字体和字号、插入表格、选取行和列、设定表格的边框宽度、拆分单元格，以及设定表格背景颜色的方法。

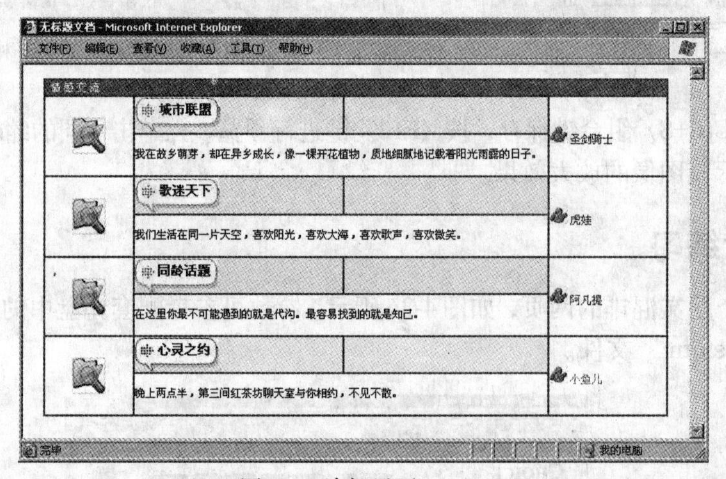

图 5-1　论坛界面

操作步骤：

1）在硬盘上创建一个名为“论坛界面——表格的应用”的文件夹。

2）打开 Dreamweaver CS3，在“论坛界面——表格的应用”文件夹下建立一个名为 ltjm.htm 的文件，然后双击它，进入编辑状态。

3）单击属性面板中的 页面属性... 按钮，在弹出的“页面属性”对话框中设置文字的“大小”为 12 像素，如图 5-2 所示，然后单击“确定”按钮。

4）单击插入栏“常用”类别中的（表格）按钮，在弹出的“表格”对话框中设置参数，如图 5-3 所示。单击“确定”按钮，插入一个 5 行 3 列、宽度为 700 像素、边框粗细为 1、其他设置均为 0 的表格。

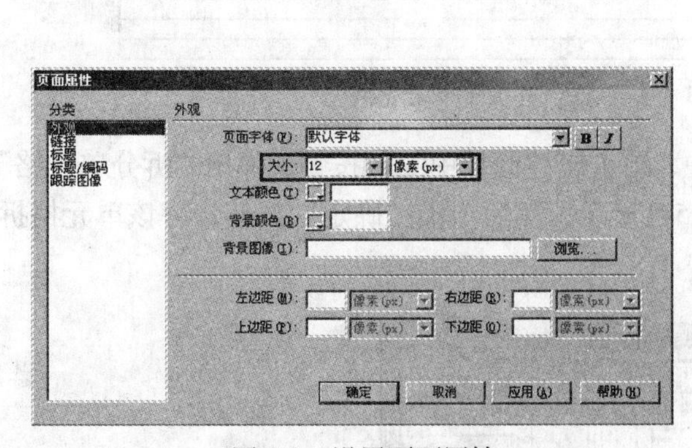

图 5-2　设置页面属性

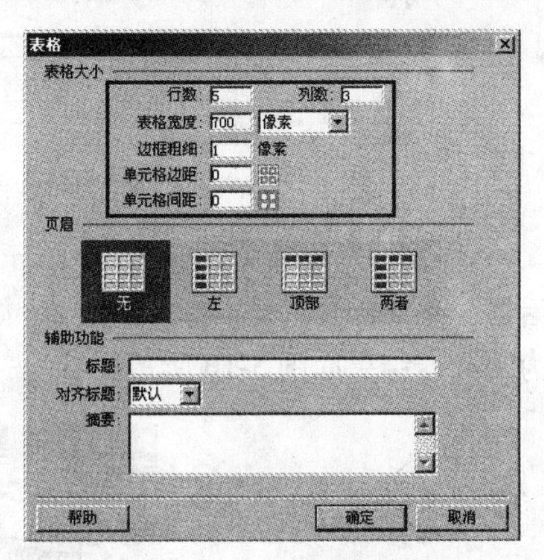

图 5-3　设置表格参数

5）将鼠标定位在第 1 列单元格的上方，然后单击，选中第 1 列所有单元格，如图 5-4 所示。接着在属性面板中设置其宽度为 100，如图 5-5 所示。

图 5-4　选中第 1 列的所有单元格

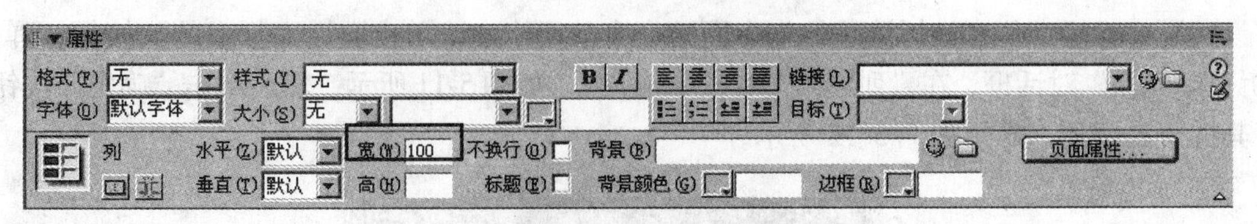

图 5-5　在属性面板中设置单元格宽度为 100

6）同理，将第 3 列的宽度设定为 150，结果如图 5-6 所示。

图 5-6　将第 3 列的宽度定为 150

7）将鼠标定位在第 1 行单元格的左侧，然后单击，选中第 1 行的所有单元格，如图 5-7 所示。

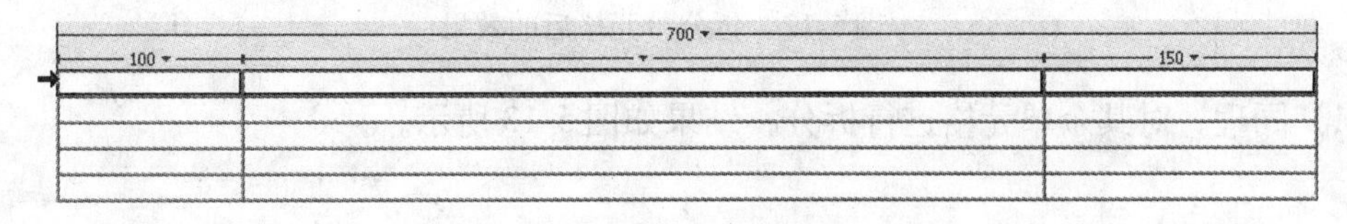

图 5-7　选中第 1 行的所有单元格

8）单击属性面板中的按钮，将第 1 行的 3 个单元格合并为 1 个单元格，结果如图 5-8 所示。

图 5-8　将第 1 行的 3 个单元格合并为 1 个单元格

9）将光标定位在第 2 行第 2 个单元格中，单击属性面板中的按钮，弹出“拆分单元格”对话框，在“行数”文本框中输入 2，如图 5-9 所示。然后单击“确定”按钮，将该单元格拆分为两行，结果如图 5-10 所示。

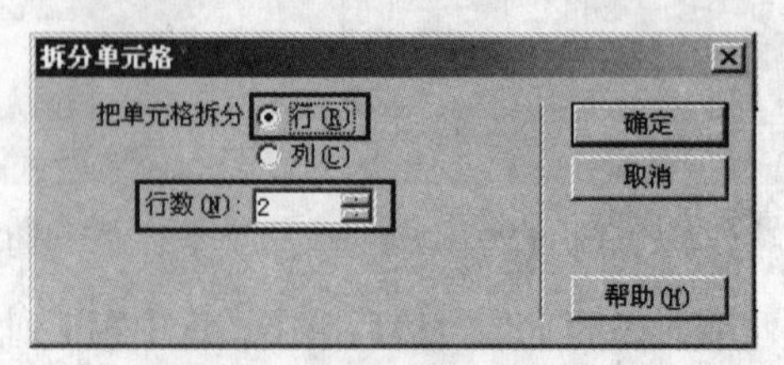

图 5-9　设置拆分单元格参数

图 5-10　拆分单元格后的效果

10）将光标定位在被拆分后的靠上面的一个单元格中，单击属性面板中的按钮，弹出“拆分单元格”对话框，在“列数”文本框中输入 2，如图 5-11 所示。然后单击“确定”按钮，将其拆分为两列，结果如图 5-12 所示。

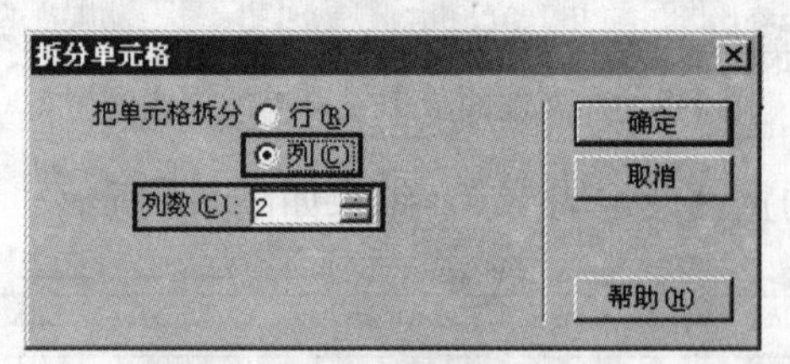

图 5-11　设置拆分单元格参数

图 5-12　拆分单元格后的效果

11）同理，对其余单元格进行拆分，结果如图 5-13 所示。

图 5-13　对其余单元格进行拆分的效果

12）将光标定位在第 1 行单元格中，在属性面板中设置其高度为 20、背景颜色为蓝色（#698CC3），如图 5-14 所示。

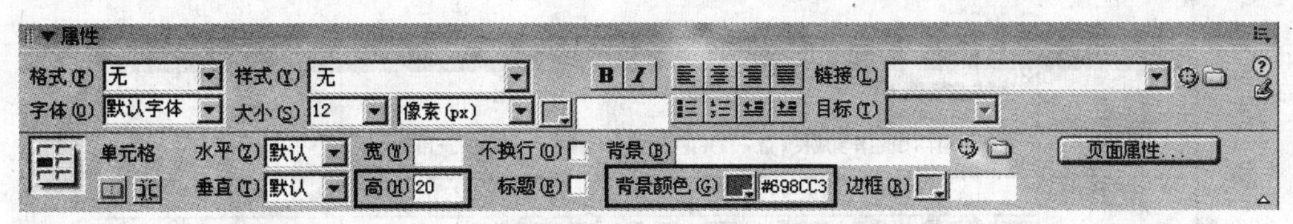

图 5-14　设置单元格高度为 20、背景颜色为蓝色（#698CC3）

13）选中整个表格，在属性面板中将"边框颜色"改为蓝色（#698CC3），结果如图 5-15 所示。

提示：表格被全选后，其四周会出现一个黑色的边框。

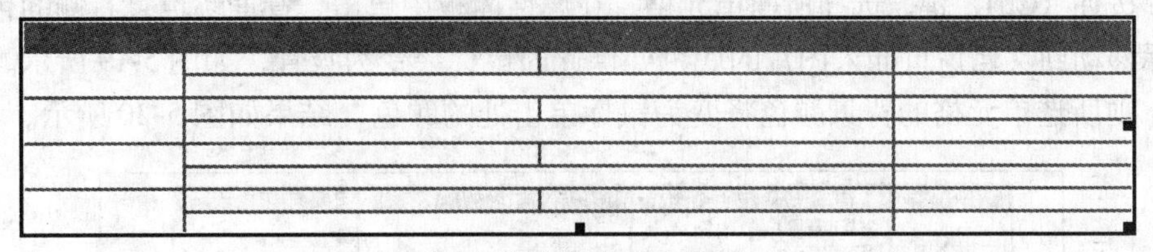

图 5-15　将"边框颜色"也改为蓝色（#698CC3）

14）在第 1 列的 4 个单元格中分别插入配套光盘中的"素材及结果\5.1 论坛界面——表格的应用\images\folder.jpg"图片；在第 3 列的单元格中分别插入配套光盘中的"素材及结果\ 5.1 论坛界面——表格的应用 \images\1.jpg"图片，结果如图 5-16 所示。

图 5-16　插入相关图片后的效果

15）在单元格中输入相应的文字，结果如图 5-17 所示。

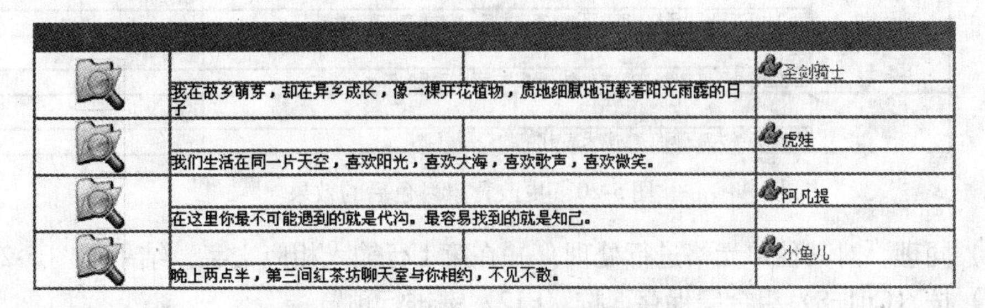

图 5-17　在单元格中输入相应的文字

16）在拆分后的最上端左侧单元格中插入配套光盘中的“素材及结果\5.1 论坛界面——表格的应用\images\cslm.jpg”图片，结果如图 5-18 所示。

	城市联盟		圣剑骑士
	我在故乡萌芽，却在异乡成长，像一棵开花植物，质地细腻地记载着阳光雨露的日子		
			虎娃
	我们生活在同一片天空，喜欢阳光，喜欢大海，喜欢歌声，喜欢微笑。		
			阿凡提
	在这里你最不可能遇到的就是代沟。最容易找到的就是知己。		
			小鱼儿
	晚上两点半，第三间红茶坊聊天室与你相约，不见不散。		

图 5-18　在拆分后的最上端左侧单元格中插入“cslm.jpg”图片

17）按住〈Ctrl〉键，选择所需单元格，在属性面板中单击“背景颜色”右侧的色块，然后将光标移动到文档窗口插入图片的底色处，此时鼠标会变为吸管，如图 5-19 所示。接着单击鼠标，则所选单元格的背景颜色将变为鼠标单击处的颜色，结果如图 5-20 所示。

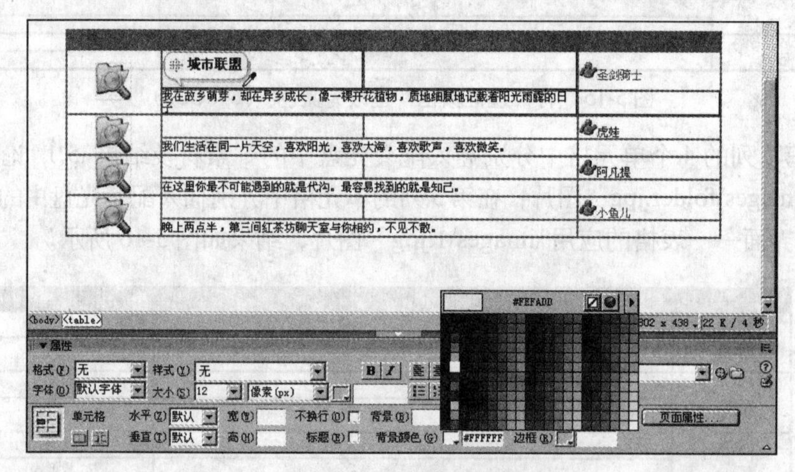

图 5-19　鼠标变为吸管

	城市联盟		圣剑骑士
	我在故乡萌芽，却在异乡成长，像一棵开花植物，质地细腻地记载着阳光雨露的日子		
			虎娃
	我们生活在同一片天空，喜欢阳光，喜欢大海，喜欢歌声，喜欢微笑。		
			阿凡提
	在这里你最不可能遇到的就是代沟。最容易找到的就是知己。		
			小鱼儿
	晚上两点半，第三间红茶坊聊天室与你相约，不见不散。		

图 5-20　更改背景颜色后的效果

18）同理，对其他单元格进行处理，并在第 1 行输入相应文字，结果如图 5-21 所示。

19）按〈Ctrl+S〉组合键保存，按〈F12〉键进行预览。

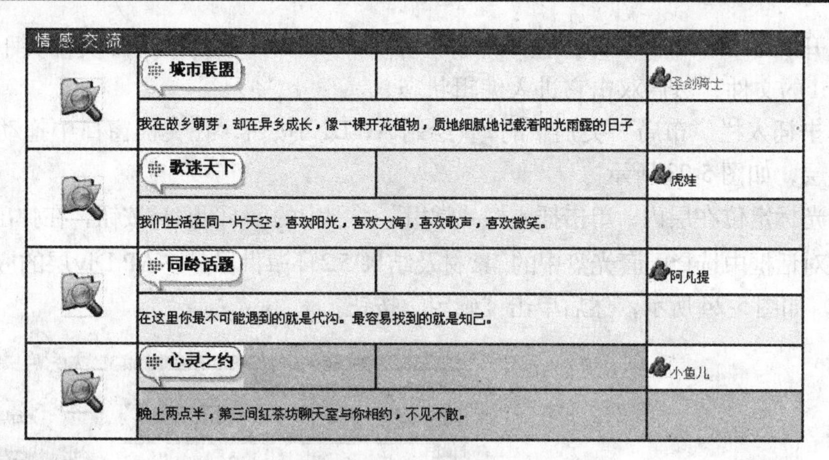

图 5-21　在第 1 行输入相应文字

5.2　环游世界—— AP Div 层的应用

要点：

与表格相比，层具有一定的优势，例如可以任意指定其在网页中的位置。本例将利用层的定位功能，制作一个“环游世界”的网页，来领略世界各地的美好风光，如图 5-22 所示。通过本例的学习，读者应掌握绘制 AP Div 层和控制层的 Z 轴参数来精确定位层的方法。

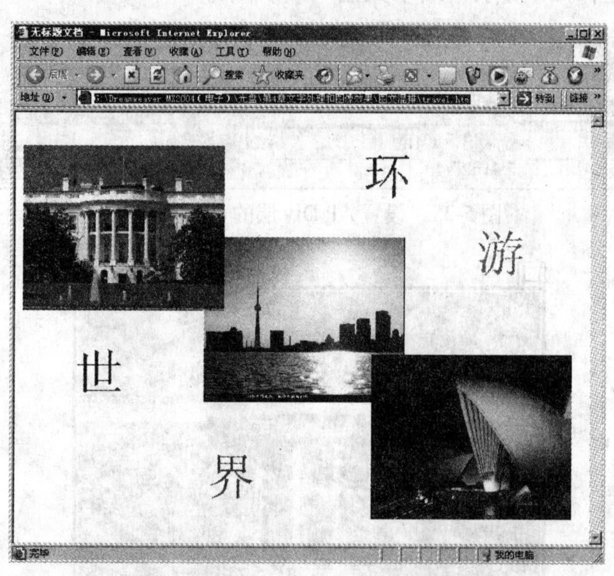

图 5-22　环游世界

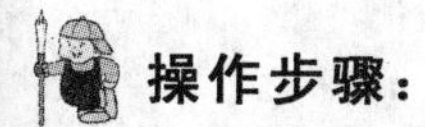

操作步骤：

1）在硬盘上创建一个名为“环游世界— AP Div 层的应用”的文件夹，然后在该文件夹中新建一个名为 images 的文件夹，并将所需图片复制到该文件夹中。

2）打开 Dreamweaver CS3，在“环游世界——AP Div 层的应用”文件夹下建立一个名为 hysj.html 的文件，然后双击它进入编辑状态。

3）单击插入栏“布局”类别中的 (绘制 AP Div)按钮，在文档窗口中拖动鼠标绘制一个 AP Div 层，如图 5-23 所示。

4）将光标定位在层内，单击插入栏“常用”类别中的 (图像）按钮，在弹出的“选择图像源文件”对话框中选择配套光盘中的“素材及结果\5.2环游世界——AP Div层的应用\images\1.jpg”图片，如图 5-24 所示，然后单击“确定”按钮。

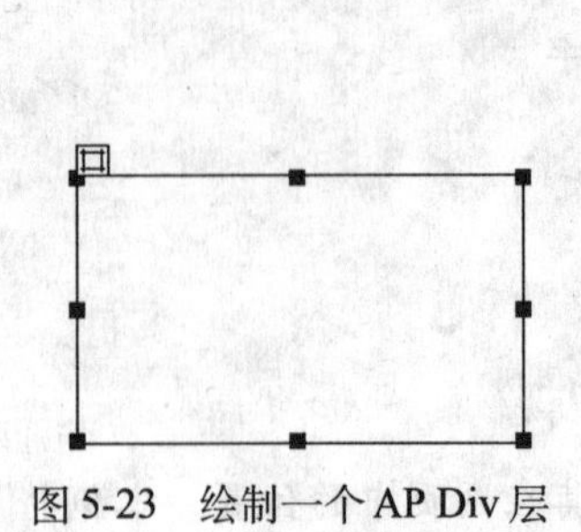

图 5-23　绘制一个 AP Div 层

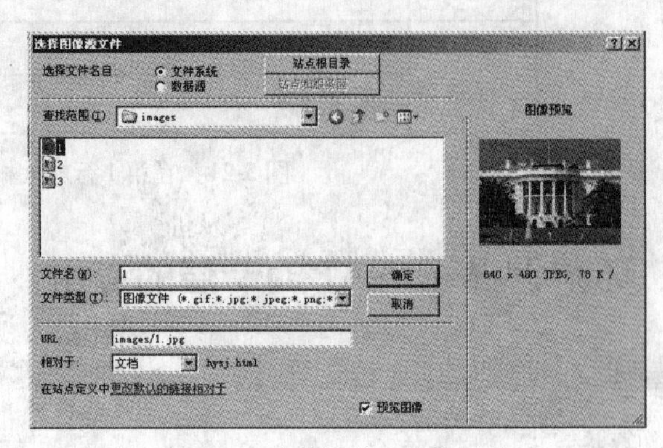

图 5-24　选择“1.jpg”图片

5）此时插入的图片很大，下面选中图层中的图片，在属性面板中将其宽度设置为 250、高度设置为 150，如图 5-25 所示，结果如图 5-26 所示。

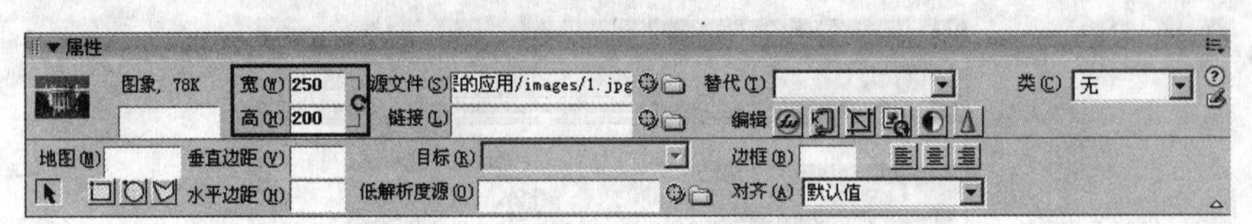

图 5-25　设置 AP Div 层的宽度和高度

图 5-26　设置 AP Div 层的宽度和高度后的效果

6）定位 AP Div 层的位置。方法：单击层的边框选中 AP Div 层，然后在属性面板中设置其精确位置，如图 5-27 所示。

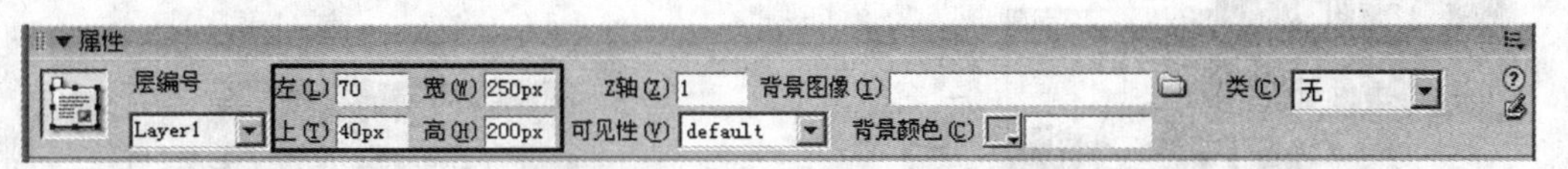

图 5-27　设置 AP Div 层的位置

7）继续插入一个 AP Div 层“Layer2”，在层内插入配套光盘中的“素材及结果\5.2 环游世界—— AP Div 层的应用\images\2.jpg”图片，然后在属性面板中设置层的位置，如图 5-28 所示。

图 5-28　在属性面板中设置“Layer2”层的位置

8）继续插入一个 AP Div 层“Layer3”，在层内插入配套光盘中的“素材及结果\5.2 环游世界—— AP Div 层的应用\images\3.jpg”图片，然后在属性面板中设置层的位置，如图 5-29 所示。

图 5-29　在属性面板中设置“Layer3”层的位置

9）结果如图 5-30 所示。下面执行菜单中的“窗口|AP 元素”命令，打开 AP 元素面板，如图 5-31 所示。

图 5-30　显示结果

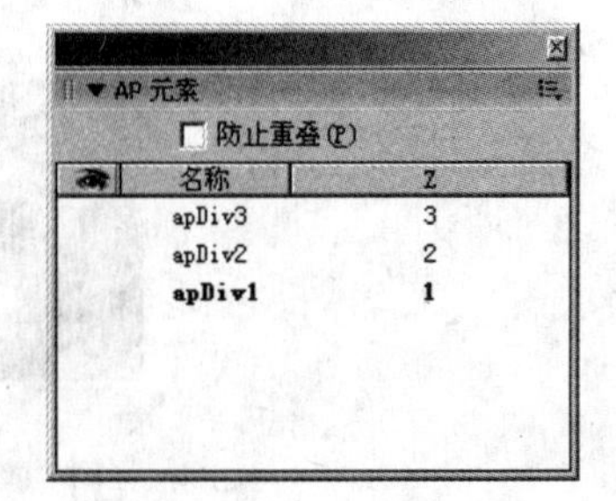

图 5-31　打开 AP 元素面板

10）改变层的叠放顺序。方法：在层面板中，单击层“Layer2”的编号，将其改为 1，同样将“Layer1”的编号改为 2，保持“Layer3”的编号不变，结果如图 5-32 所示，此时 AP 元素面板如图 5-33 所示。

图 5-32　更改 AP 元素编号后的效果

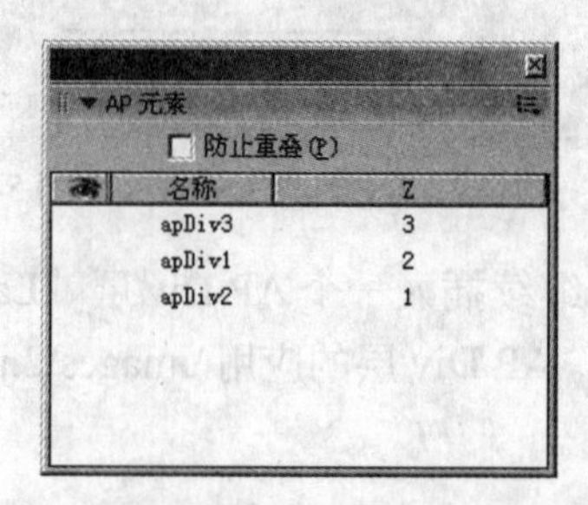

图 5-33　更改 AP 元素编号后的 AP 元素面板

11）单击插入栏“布局”类别中的（绘制 AP Div）按钮，在文档窗口中拖动鼠标绘制一个 AP Div 层，并将其宽度和高度均设为 70，如图 5-34 所示。然后在 AP Div 层内输入文字“环”，并将其大小设为 60 像素，将其颜色设为红色（#FF0000），结果如图 5-35 所示。

图 5-34　绘制一个宽度和高度均设为 7 0 的 AP Div 层　　　图 5-35　在 AP Div 层内输入文字“环”

12）继续插入其他 AP Div 层，并分别输入文字，如图 5-36 所示。

图 5-36　插入其他 AP Div 层并分别输入文字

13）按〈Ctrl+S〉组合键保存，按〈F12〉键进行预览。

5.3　新闻栏目内容——嵌套表格的应用

要点：

本例将制作一个新闻网站栏目的更新网页，如图5-37所示。通过本例的学习，读者应掌握复杂嵌套表格的应用。

图5-37　新闻栏目内容

操作步骤：

1）在硬盘上创建一个名为“新闻栏目内容——嵌套表格的应用”的文件夹，然后在该文件夹中新建一个名为images的文件夹，并将所需图片复制到该文件夹中。

2）打开Dreamweaver CS3，在“新闻栏目内容——嵌套表格的应用”文件夹下建立一个名为xwlmnr.htm的文件，然后双击它，进入编辑状态。

3）单击插入栏“常用”类别中的（表格）按钮，插入1个3行1列、宽度为750像素、其余参数均为0的表格。然后选中表格，在属性面板中将其对齐方式设置为居中对齐，如图5-38所示。

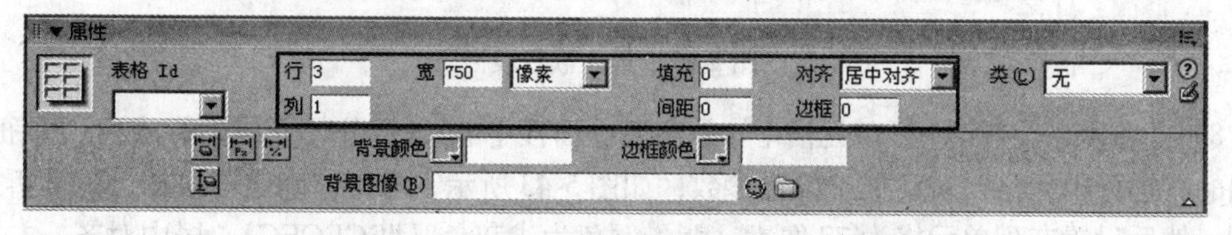

图5-38　在属性面板中将其对齐方式设置为居中对齐

4）将鼠标定位在表格外，在属性面板中单击 页面属性... 按钮。然后在弹出的对话框中设置字体大小为 12 像素，如图 5-39 所示，单击“确定”按钮。

5）将光标定位在第 1 行，单击插入栏“常用”类别中的（图像）按钮，在弹出的“选择图像源文件”对话框中选择配套光盘中的“素材及结果\5.3 新闻栏目内容——嵌套表格的应用\images\xuanchuan.gif”图片，结果如图 5-40 所示。

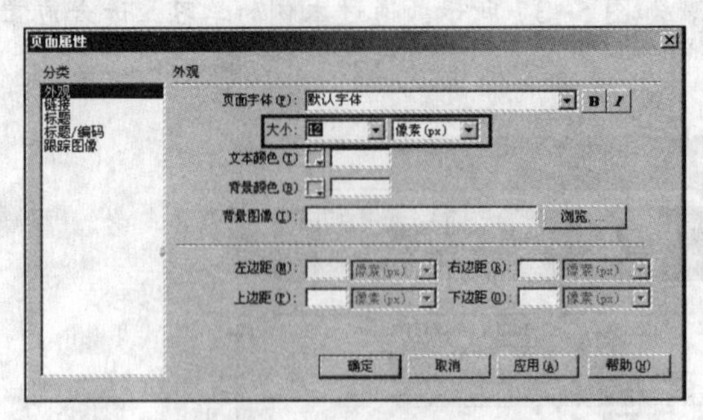

图 5-39　设置页面字体

图 5-40　在第 1 行插入图片效果

6）将光标定位在第 3 行，单击插入栏“常用”类别中的（表格）按钮，插入一个 9 行 3 列、宽度为 100% 的嵌套表格。然后设置第 1 列和第 3 列的宽度为 370 像素，第 2 列的宽度为 10 像素，结果如图 5-41 所示。

图 5-41　设置各列的宽度

7）将光标定位在嵌套表格的第 1 行左侧单元格中，单击插入栏“常用”类别中的（表格）按钮，插入一个 3 行 1 列、宽度为 100%、其他设置均为 0 的嵌套表格，如图 5-42 所示。

图 5-42　插入嵌套表格

8）将光标定位在第 1 行单元格中，单击属性面板中的（拆分单元格为行或列）按钮，在弹出的“拆分单元格”对话框中设置参数，如图 5-43 所示，单击“确定”按钮，将其拆分为两列。然后设置左列单元格为 77 像素，背景颜色为浅灰色（#ECECEC），居中对齐，并输入文字“国内”，设置其颜色为红色（#CC0000）。接着在右列单元格中，插入配套光盘中的“素材及结果\5.3 新闻栏目内容——嵌套表格的应用 \images\s7.gif”图片，结果如图 5-44 所示。从而使左右两侧单元格可以很好地结合起来，组合成标题效果。

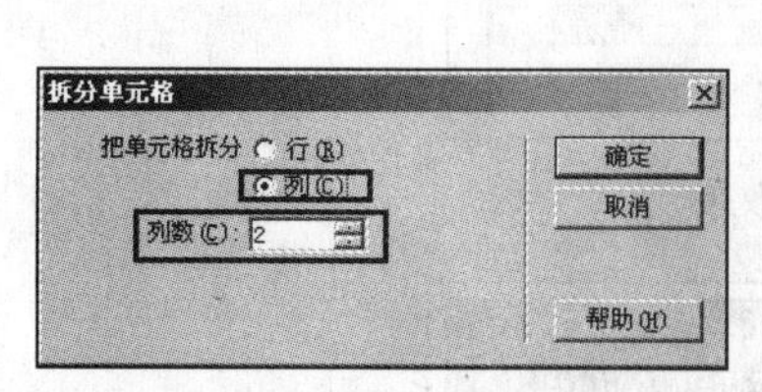

图 5-43　设置“拆分单元格”参数

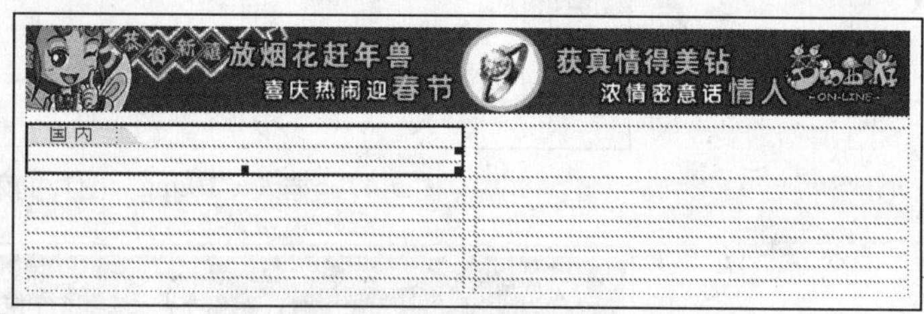

图 5-44　插入“s7.gif”的图片

9）设置左侧第 2 行和第 3 行单元格的高度为 1 像素和 2 像素，并设置第 3 行背景颜色为绿色（#438C9E），结果如图 5-45 所示。

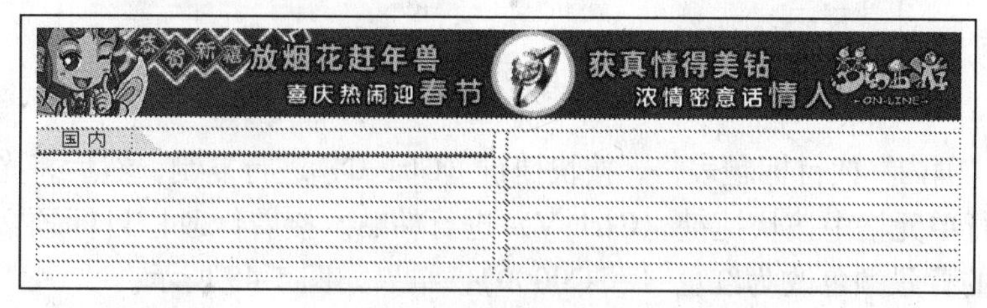

图 5-45　设置第 3 行背景颜色为绿色（#438C9E）

提示：将单元格高度设置为 1 像素和 2 像素时，表格没有变化，这是因为表格高度小于文字的高度。此时如果要将单元格高度改变为设置高度，可将光标定位在单元格，然后单击拆分按钮，进入拆分视图，找到“ ”代码，如图 5–46 所示，然后按〈Delete〉键删除。

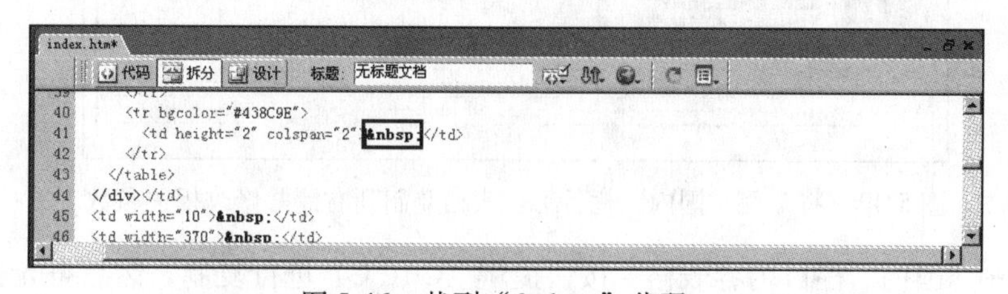

图 5-46　找到“ ”代码

10）将光标定位在嵌套表格第 2 行的左侧单元格中，单击插入栏“常用”类别中的(表格）按钮，插入一个 1 行 2 列、宽度为 100%、其他设置均为 0 的嵌套表格。然后设置左侧单元格的宽度为 85 像素，并插入一个 1 行 1 列、宽度为 100%、单元格边距和间距均为 2 像素的表格。接着单击插入栏“常用”类别中的(图像）按钮，插入配套光盘中的“素材及结果\5.3 新闻栏目内容——嵌套表格的应用 \images\10.jpg”图片，结果如图 5-47 所示。

11）将光标定位在右侧单元格，插入一个 4 行 1 列、宽度为 100%、单元格边距和间距均为 2 像素的表格，并输入国内新闻的标题，结果如图 5-48 所示。

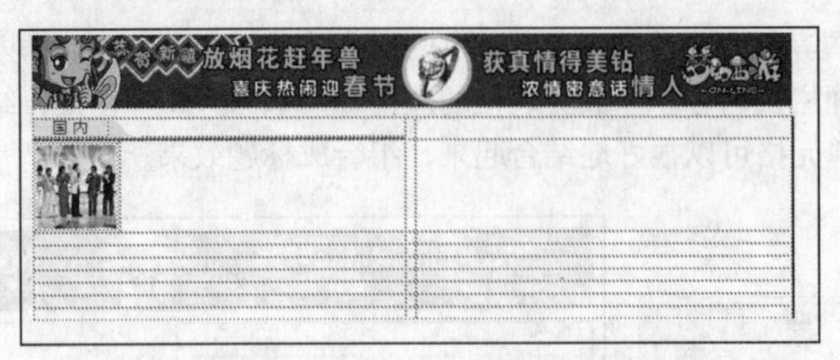

图 5-47　插入“10.jpg”图片的效果

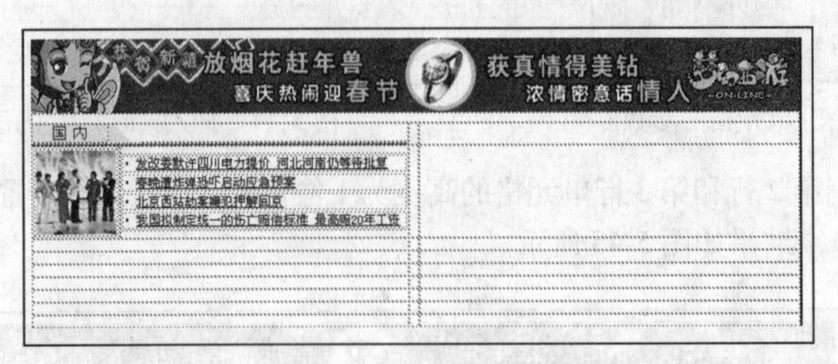

图 5-48　在右侧插入 4 行 1 列的表格并输入文字

12）选中“国内”栏目标题表格，按快捷键〈Ctrl+C〉进行复制，然后将光标定位在嵌套表格右侧第 1 行单元格中按快捷键〈Ctrl+V〉进行粘贴。接着修改栏目标题文字为“体育”，将绿色单元格的背景颜色改为红色（#CC0000），结果如图 5-49 所示。

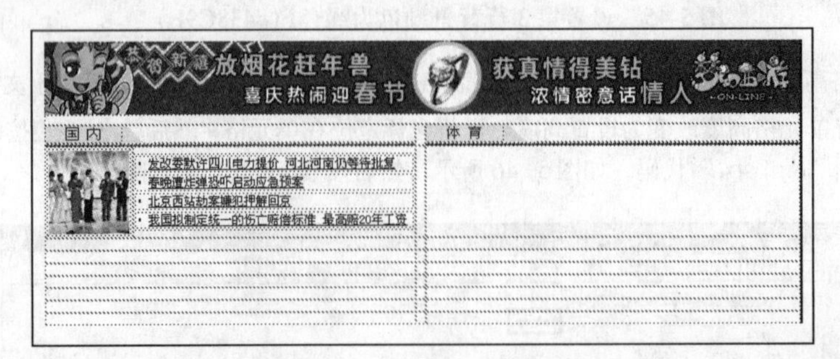

图 5-49　将左侧“国内”栏目标题表格复制到右侧并修改相关参数

13）选中“国内”栏目内容表格，按快捷键〈Ctrl+C〉进行复制，然后将光标定位在嵌套表格右侧第 2 行单元格中按快捷键〈Ctrl+V〉进行粘贴。接着重新插入图像和输入文字，结果如图 5-50 所示。

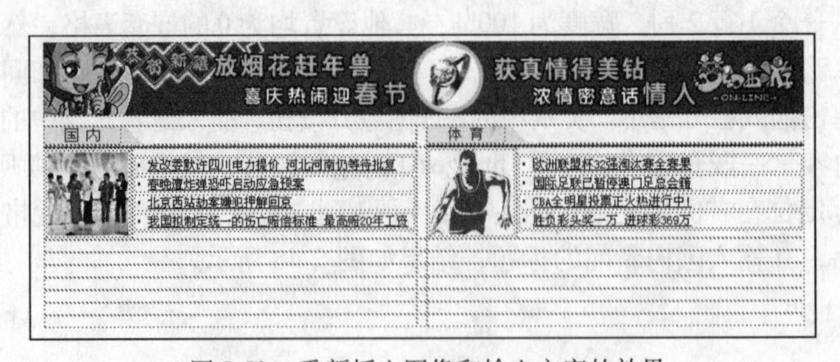

图 5-50　重新插入图像和输入文字的效果

14）同理，继续制作其他栏目的标题和内容。然后按〈Ctrl+S〉组合键保存，按〈F12〉键进行预览，结果如图5-51所示。

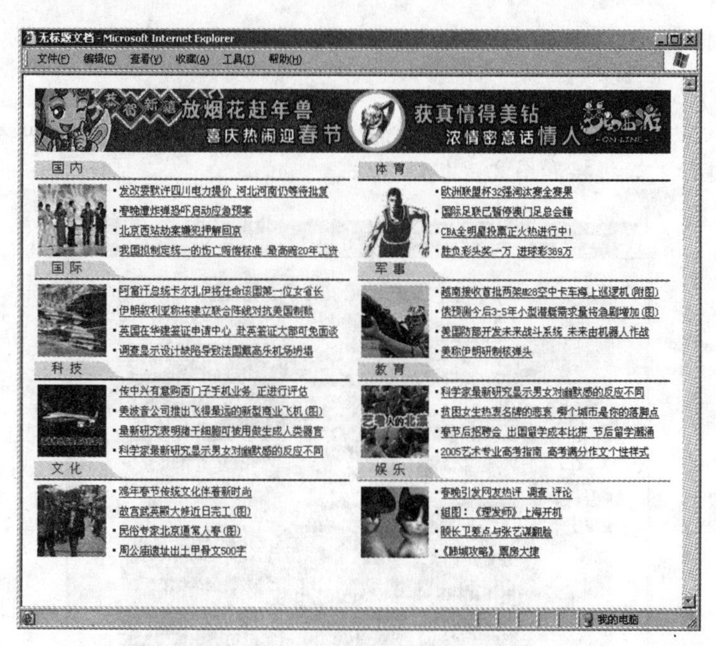

图5-51　制作其他栏目的效果

15）制作版权信息。方法：选中嵌套表格第9行的3个单元格，单击▭（合并所选单元格）按钮，进行合并。然后设置单元格高度为30，背景颜色为“#003073”，并输入相应文字信息。最后按〈Ctrl+S〉组合键保存，按〈F12〉键进行预览，结果如图5-52所示。

图5-52　最终效果

5.4 《卢旺达饭店》——图文混排

要点：

本例将为电影《卢旺达饭店》制作一个介绍界面，如图 5-53 所示。通过本例的学习，读者应掌握对图片进行无缝拼接和图文混排的方法。

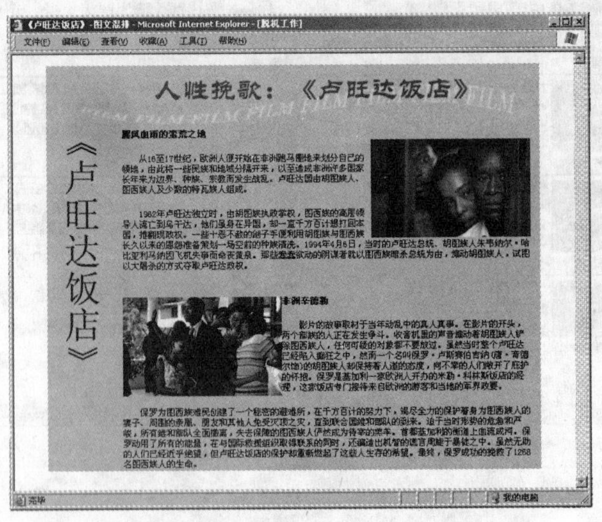

图 5-53　图文混排

操作步骤：

1）在硬盘上创建一个名为“《卢旺达饭店》——图文混排”的文件夹，然后在该文件夹中新建一个名为 images 的文件夹，并将所需图片复制到该文件夹中。

2）打开 Dreamweaver CS3，在“《卢旺达饭店》——图文混排”文件夹下建立一个名为 twhp.htm 的文件，然后双击，进入编辑状态。

3）单击属性面板中的 页面属性... 按钮，在弹出的“页面属性”对话框中设置文字的“大小”为 12 像素，如图 5-54 所示，单击“确定”按钮。

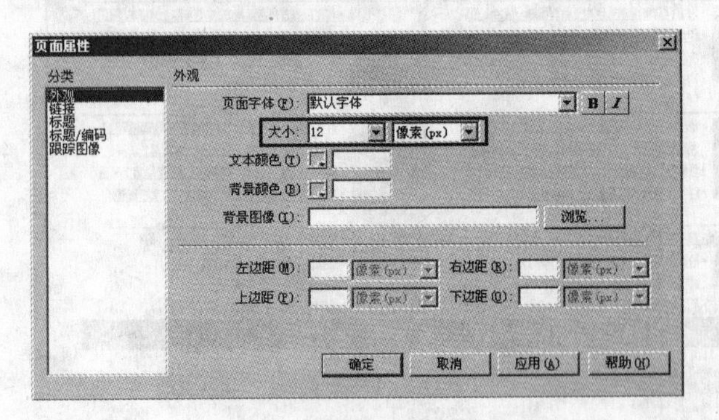

图 5-54　设置页面文字

4）单击插入栏“常用”类别中的（表格）按钮，插入一个2行2列、宽度为683像素、其他参数均为0的表格。然后在属性面板中将其居中对齐。

5）选择第1列的两个单元格，在属性面板中单击（合并所选单元格）按钮，将它们进行合并，结果如图5-55所示。

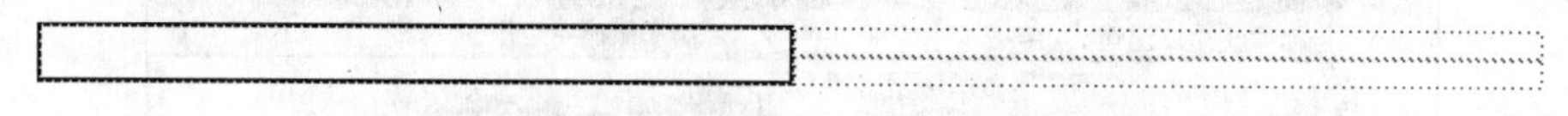

图5-55 合并单元格的效果

6）将光标定位在左侧单元格中，在属性面板中将该单元格的背景颜色设为“#FFC2CD”，然后将“垂直”设为“顶端”。接着单击插入栏“常用”类别中的（图像）按钮，插入配套光盘中的“素材及结果\5.4《卢旺达饭店》——图文混排\images\1.jpg”图片。然后将光标定位在右上角单元格中，插入配套光盘中的“素材及结果\5.4《卢旺达饭店》——图文混排\images\2.jpg”图片，结果如图5-56所示。

7）按〈Ctrl+S〉组合键保存，按〈F12〉键进行预览，结果如图5-57所示。

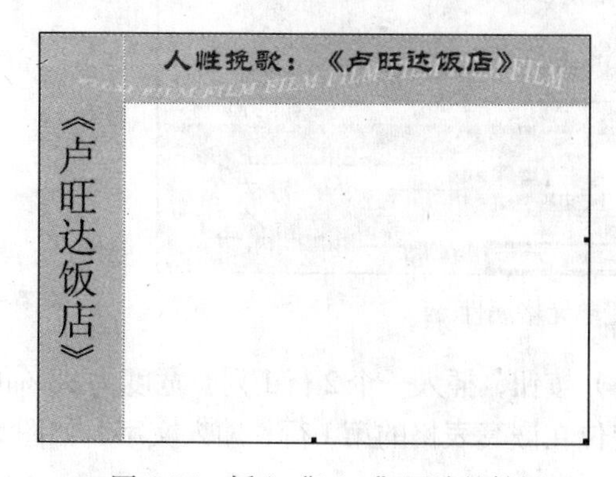

图5-56 插入“2.jpg”图片的效果

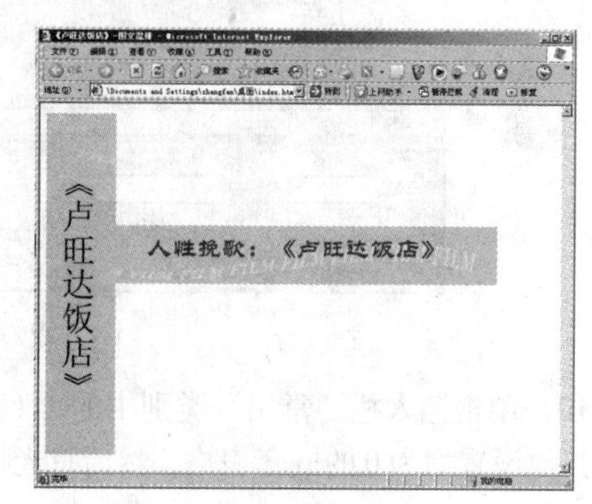

图5-57 预览效果

8）在文档窗口中，这两幅图片的位置拼接得很好，但是在浏览器中却不是这样。这是因为没有设置单元格大小所造成的图片移位。下面就来解决这个问题，方法：将光标定位在右侧空白单元格中，在属性面板中将单元格的高度设为414像素，然后按〈Ctrl+S〉组合键保存，按〈F12〉键进行预览，结果如图5-58所示，此时两幅图片拼接就正常了。

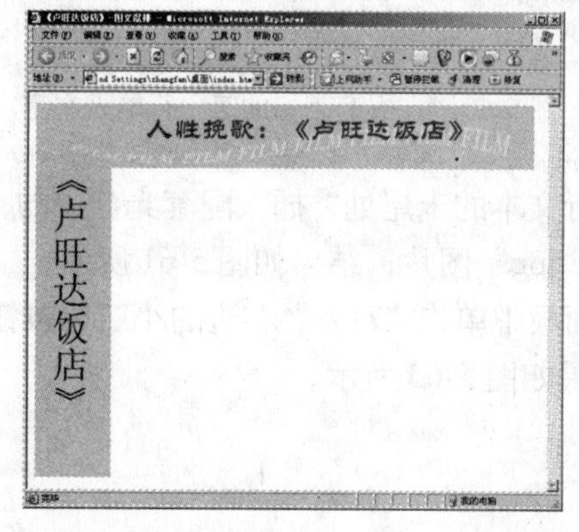

图5-58 将右下方单元格的高度设为414像素的预览效果

提示：两张图片的高度分别为 500 和 86，二者相减得到 414，就是下面单元格的高度。

9）将光标定位在右侧空白单元格中，在属性面板中设置背景颜色为粉红色（#FFC2CD），然后将其“垂直”设为“顶端”，如图 5-59 所示。

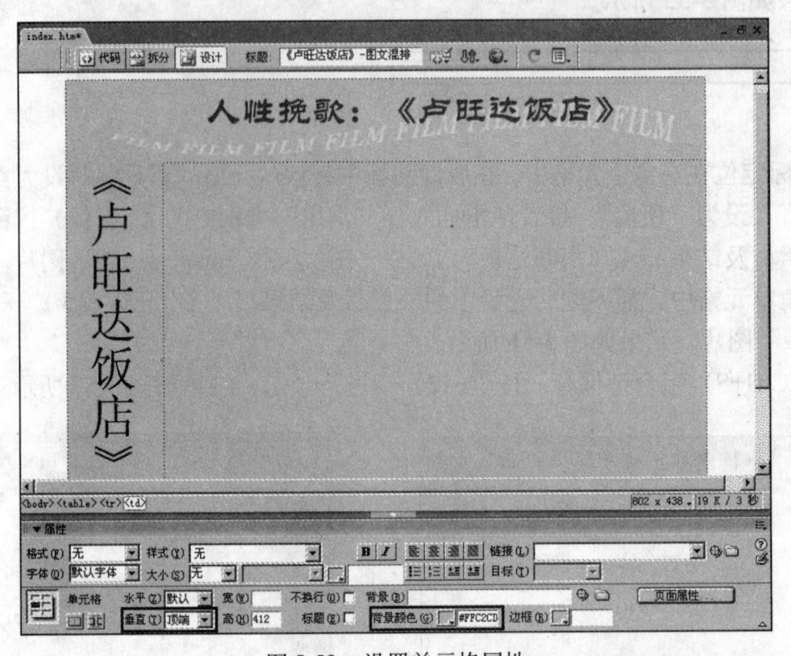

图 5-59　设置单元格属性

10）单击插入栏“常用”类别中的▦（表格）按钮，插入一个 2 行 1 列、宽度为 98% 的表格、其他设置均为 0 的嵌套表格。然后将光标定位在嵌套表格的第 1 行，输入文字，如图 5-60 所示。

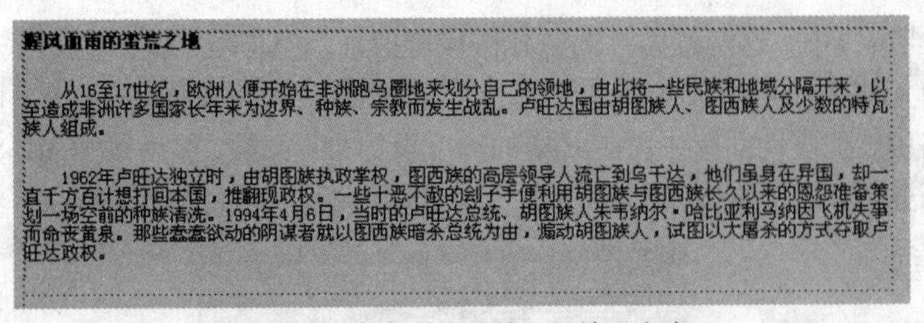

图 5-60　在嵌套表格的第 1 行输入文字

11）将光标定位在第 1 行文本的末尾处，插入配套光盘中的“素材及结果\5.4《卢旺达饭店》——图文混排\images\3.jpg”图片，结果如图 5-61 所示。

12）选中图片，在属性面板中单击“对齐”右边的小三角按钮，在弹出的菜单中选择“右对齐”，如图 5-62 所示，结果如图 5-63 所示。

图5-61　在第1行文本的末尾插入“3.jpg”图片

图5-62　设置图片对齐为“右对齐”

图5-63　右对齐图片的效果

13）将光标定位在嵌套表格的第2行，输入文字，结果如图5-64所示。

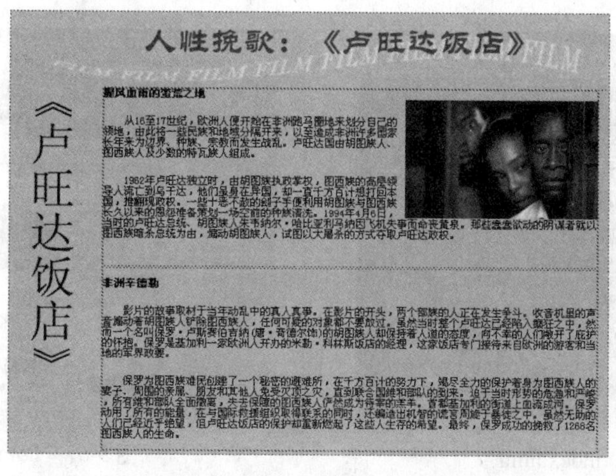

图5-64　在嵌套表格的第2行输入文字

14）将光标定位在第 2 行文本的开头处，插入配套光盘中的“素材及结果\5.4《卢旺达饭店》——图文混排\images\4.jpg”图片，并将其左对齐，结果如图 5-65 所示。

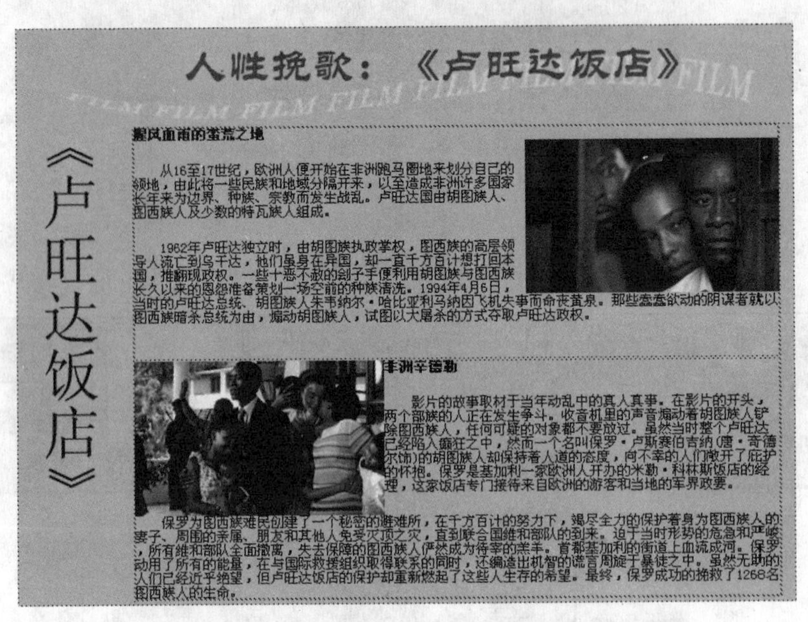

图 5-65　将图片左对齐的效果

15）按〈Ctrl+S〉组合键保存，按〈F12〉键进行预览。

5.5　课后练习

（1）利用表格和图层制作网站，如图 5-66 所示。参数可参考配套光盘中的“课后练习\5.5 课后练习\练习 1\index.htm”文件。

（2）利用表格和图层制作网站，如图 5-67 所示。参数可参考配套光盘中的“课后练习\5.5 课后练习\练习 2\home.htm”文件。

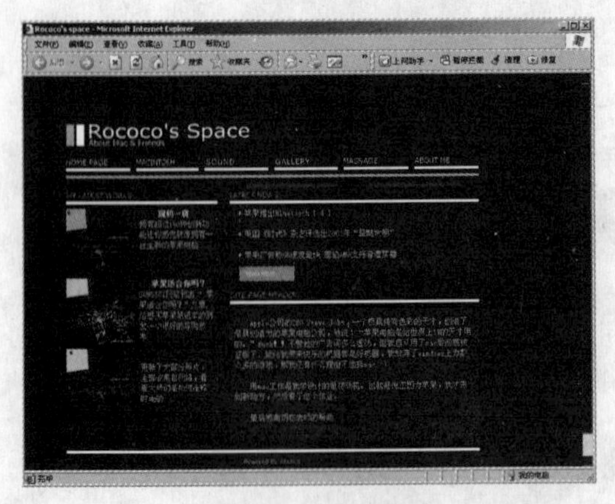

图 5-66　index.html

图 5-67　home.html

第6章　利用CSS美化网页

本章重点

通过本章的学习，读者应掌握CSS样式表、样式属性和链接等内容。

6.1　校园散文——CSS样式表

要点：

本例将制作一个校园散文的网页，如图6-1所示。通过本例的学习，读者应理解CSS的概念，掌握“选择器类型”中“标签”类的定义和在对象上应用的方法。

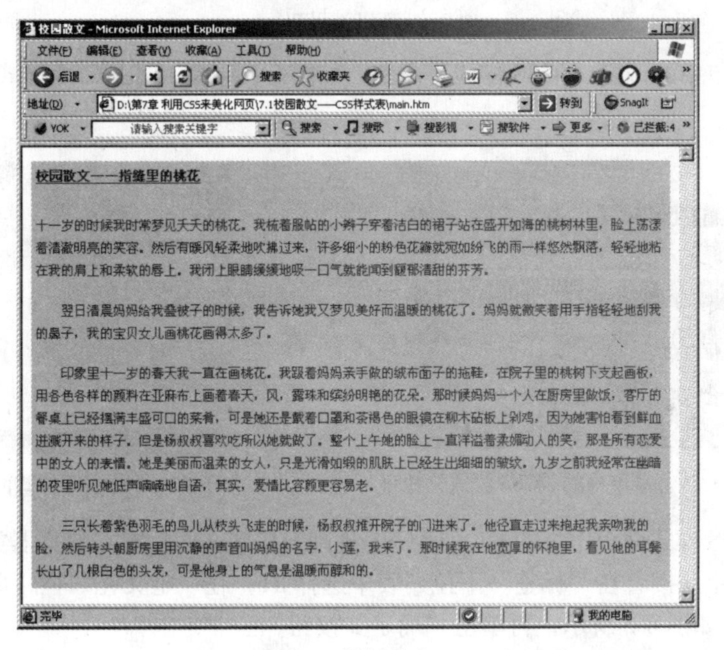

图6-1　校园散文

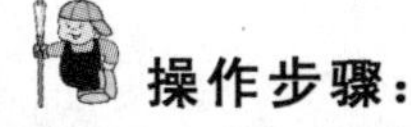

操作步骤：

1）在硬盘中创建一个名为“校园散文——CSS样式表”的文件夹，然后将配套光盘中的“素材及结果\6.1 校园散文——CSS样式表\source.html”复制到指定的站点文件夹目录下。

2）打开Dreamweaver CS3，在“文件”面板中双击source.html的文件，进入编辑状态，如图6-2所示。

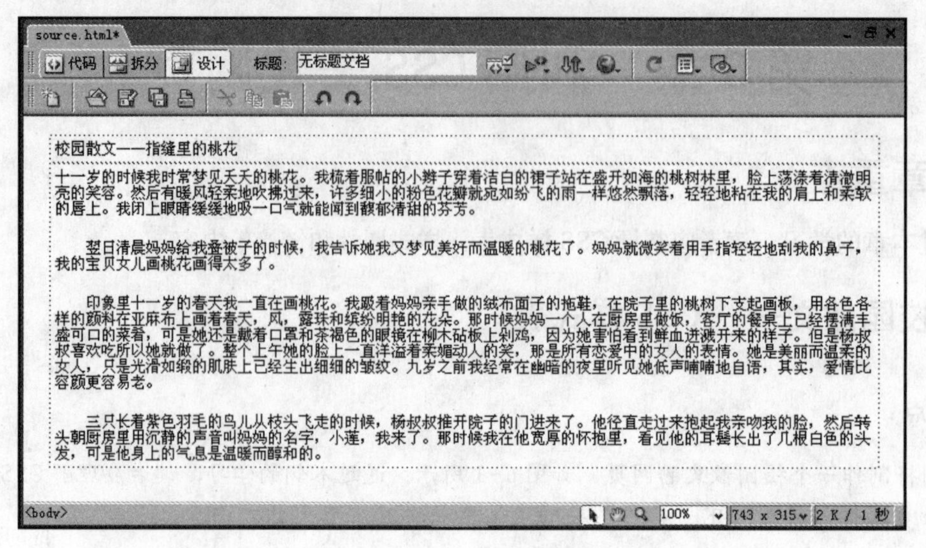

图 6-2　source.html

3）执行菜单中的“窗口 |CSS 样式”命令，如图 6-3 所示，调出 CSS 样式面板，如图 6-4 所示。

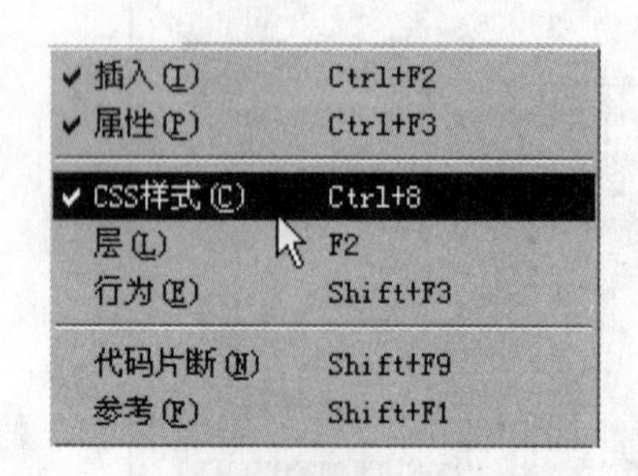

图 6-3　执行菜单中的“CSS 样式”命令

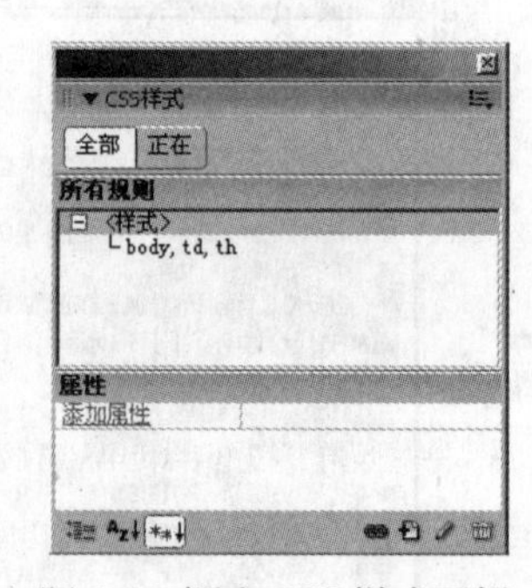

图 6-4　调出 CSS 样式面板

4）单击 CSS 样式面板下方的 （新建 CSS 规则）按钮，然后在“选择器类型”栏中选择“标签”单选按钮，接着在“标签”下拉列表中选择 h1，在“定义在”栏中单击“仅对该文档”单选按钮，如图 6-5 所示，再单击“确定”按钮。

提示：h1 表示第一级标题的标签。

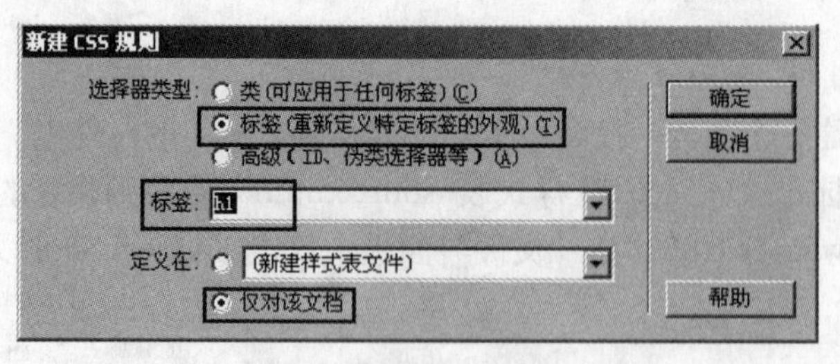

图 6-5　新建 h1 标签样式

5）单击“确定”按钮，在弹出的“h1的CSS规则定义”对话框中设置“类型”参数，如图6-6所示，设置“背景”参数，如图6-7所示，单击“确定”按钮。

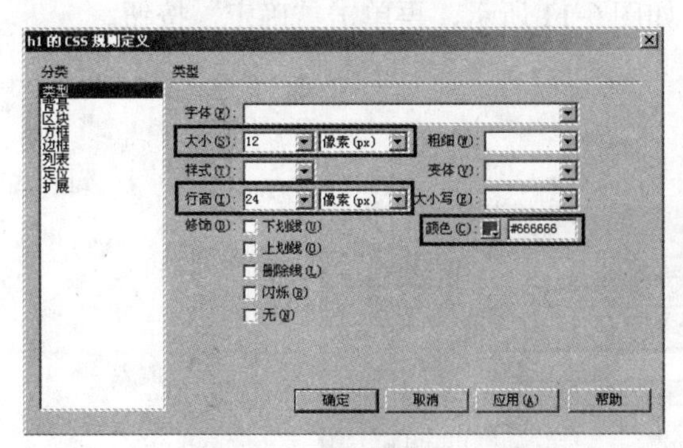

图6-6 设置“类型”参数

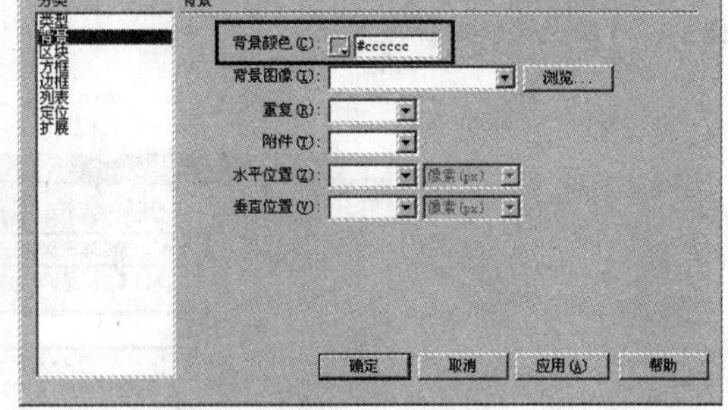

图6-7 设置“背景”参数

提示：如果要再次对h1的样式规则进行修改，可以单击CSS样式表面板下的（编辑样式）按钮，如图6-8所示，再次打开“h1的CSS规则定义”对话框进行设置。

6）在文档窗口中选中第1行文本，然后在属性面板的“格式”中选择“标题1”，如图6-9所示，结果如图6-10所示。

提示：上面我们对h1标签进行了重新定义，则所有应用了h1标签格式的文本都将立即更新。

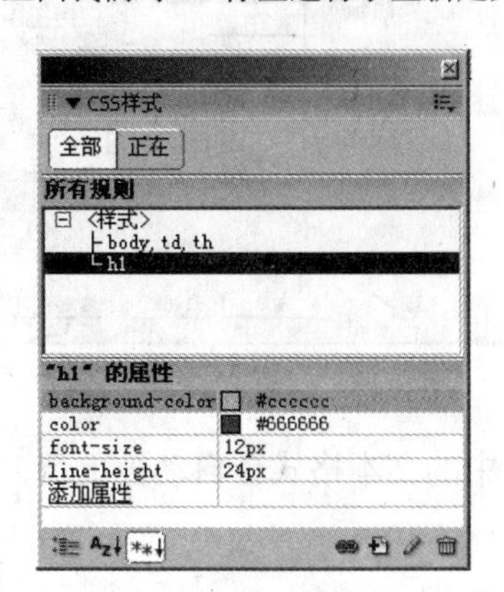

图6-8 新建h1样式后的CSS样式面板

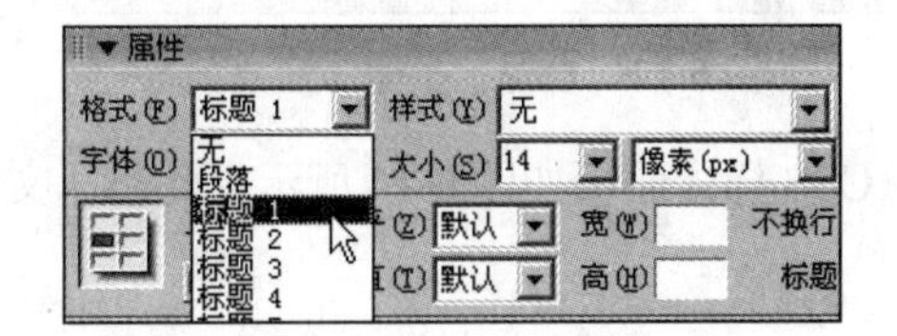

图6-9 在属性面板的“格式”中选择“标题1”

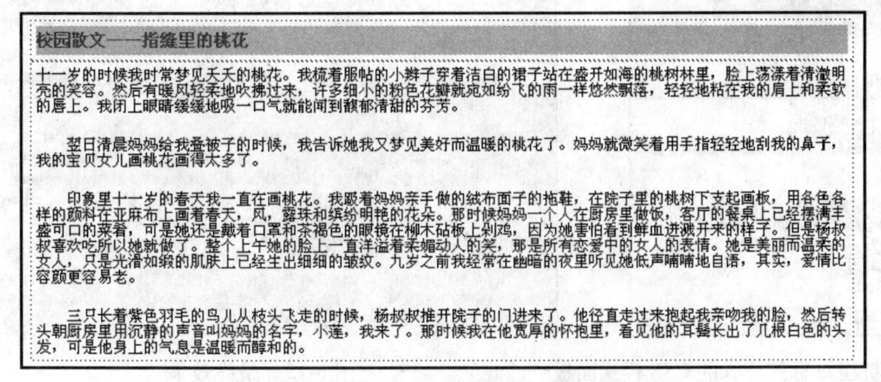

校园散文——指缝里的桃花

十一岁的时候我时常梦见夭夭的桃花。我梳着服帖的小辫子穿着洁白的裙子站在盛开如海的桃树林里，脸上荡漾着清澈明亮的笑容。然后有暖风轻柔地吹拂过来，许多细小的粉色花瓣就宛如纷飞的雨一样悠然飘落，轻轻地粘在我的肩上和柔软的唇上。我闭上眼睛缓缓地吸一口气就能闻到馥郁清甜的芬芳。

翌日清晨妈妈给我叠被子的时候，我告诉她我又梦见美好而温暖的桃花了。妈妈就微笑着用手指轻轻地刮我的鼻子，我的宝贝女儿画桃花画得太多了。

印象里十一岁的春天我一直在画桃花。我趿着妈妈亲手做的绒布面子的拖鞋，在院子里的桃树下支起画板，用各色各样的颜料在亚麻布上画着春天，风，露珠和缤纷明艳的花朵。那时候妈妈一个人在厨房里做饭，客厅的餐桌上已经摆满丰盛可口的菜肴，可是她还是戴着口罩和茶褐色的眼镜在柳木砧板上剁鸡，因为她害怕看到鲜血迸溅开来的样子。但是杨叔叔喜欢吃所以她就做了。整个上午她的脸上一直洋溢着柔媚动人的笑，那是所有恋爱中的女人的表情。她是美丽而温柔的女人，只是光滑如缎的肌肤上已经生出细细的皱纹。九岁之前我经常在幽暗的夜里听见她低声喃喃地自语，其实，爱情比容颜更容易老。

三只长着紫色羽毛的鸟儿从枝头飞走的时候，杨叔叔推开院子的门进来了。他径直走过来抱起我亲吻我的脸，然后转头朝厨房里用沉静的声音叫妈妈的名字，小莲，我来了。那时候我在他宽厚的怀抱里，看见他的耳鬓长出了几根白色的头发，可是他身上的气息是温暖而醇和的。

图6-10 将第1行文字应用“标题1”的效果

7）再次单击CSS样式面板下方的 (新建CSS规则）按钮，弹出“新建CSS规则”对话框，在“选择器类型”栏中选择“标签”单选按钮。然后在“标签”下拉列表中选择td，在“定义在”栏中选择“仅对该文档”单选按钮，如图6-11所示，再单击“确定”按钮。

提示：td是表格单元格的标签。

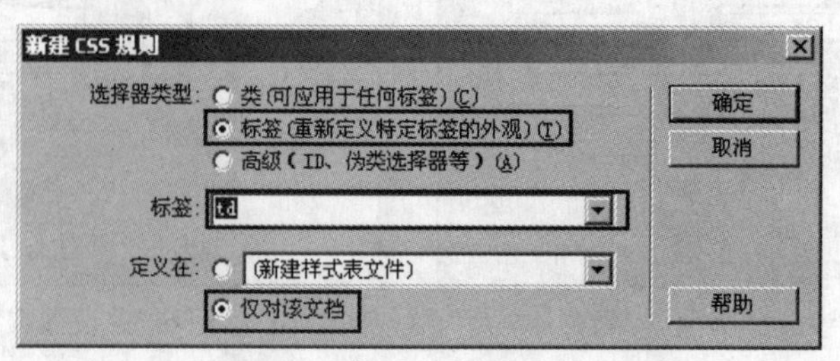

图6-11　新建td标签样式

8）单击“确定”按钮，在弹出的“td的CSS规则定义”对话框中设置“类型”参数，如图6-12所示，设置“背景”参数，如图6-13所示，单击“确定”按钮。

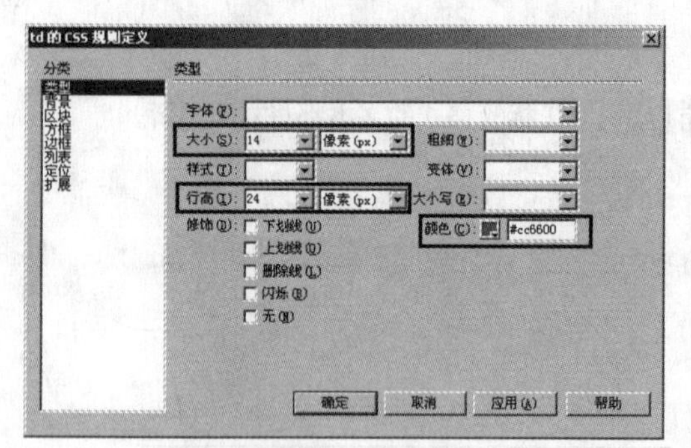

图6-12　设置“类型”参数

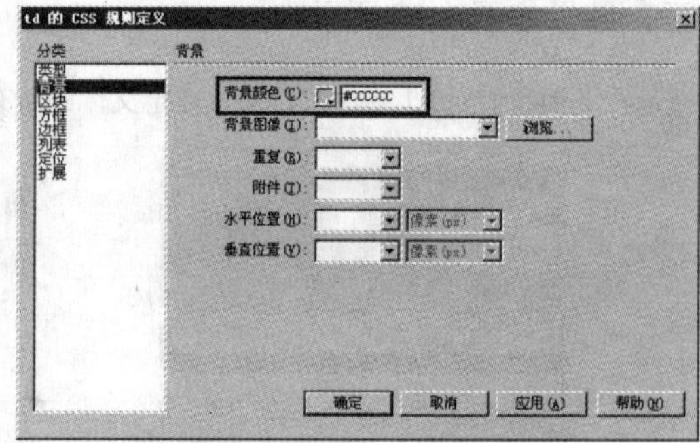

图6-13　设置“背景”参数

9）CSS样式面板如图6-14所示，此时，文档窗口中的文本格式会自动被更新，如图6-15所示。

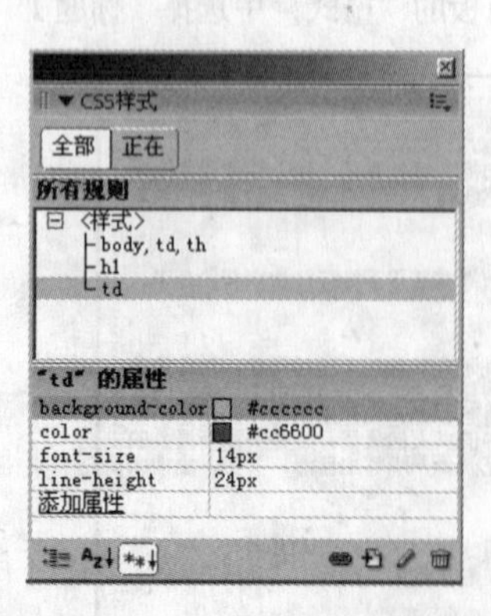

图6-14　新建td标签样式的CSS样式面板

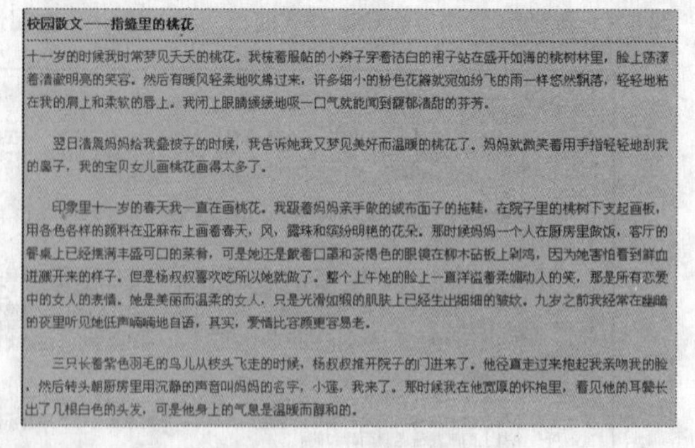

校园散文——指缝里的桃花

十一岁的时候我时常梦见夭夭的桃花。我梳着服帖的小辫子穿着洁白的裙子站在盛开如海的桃树林里，脸上荡漾着清澈明亮的笑容。然后有暖风轻柔地吹拂过来，许多细小的粉色花瓣就宛如纷飞的雨一样悠然飘落，轻轻地粘在我的肩上和柔软的唇上。我闭上眼睛缓缓地吸一口气就能闻到馥郁清甜的芬芳。

翌日清晨妈妈给我叠被子的时候，我告诉她我又梦见美好而温暖的桃花了。妈妈就微笑着用手指轻轻地刮我的鼻子，我的宝贝女儿画桃花画得太多了。

印象里十一岁的春天我一直在画桃花。我踩着妈妈亲手做的绒布面子的拖鞋，在院子里的桃树下支起画板，用各色各样的颜料在亚麻布上画着春天，风，露珠和缤纷明艳的花朵。那时候妈妈一个人在厨房里做饭，客厅的餐桌上已经摆满丰盛可口的菜肴，可是她还是戴着口罩和茶褐色的眼镜在柳木砧板上剁鸡，因为她害怕看到鲜血迸溅开来的样子。但是杨叔叔喜欢吃所以她就做了。整个上午她的脸上一直洋溢着柔媚动人的笑，那是所有恋爱中的女人的表情。她是美丽而温柔的女人，只是光滑如缎的肌肤上已经生出细细的皱纹。九岁之前我经常在幽暗的夜里听见她低声喃喃地自语，其实，爱情比容颜更容易老。

三只长着紫色羽毛的鸟儿从枝头飞走的时候，杨叔叔推开院子的门进来了。他径直走过来抱起我亲吻我的脸，然后转头朝厨房里用沉静的声音叫妈妈的名字，小莲，我来了。那时候我在他宽厚的怀抱里，看见他的耳鬓长出了几根白色的头发，可是他身上的气息是温暖而醇和的。

图6-15　最终效果

6.2　动漫世界——CSS样式属性的应用

要点：

本例将制作一个在滚动条移动的过程中，背景图片位置始终保持不变的效果，如图6-16所示。通过本例的学习，读者应掌握“选择器类型”中“类”和“标签”的区别，以及其定义和应用方法。

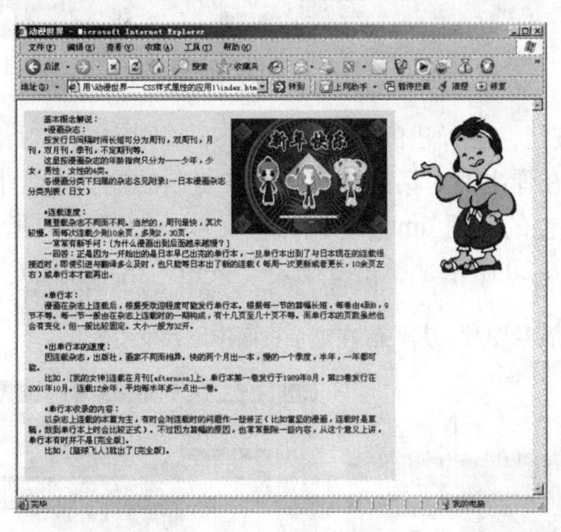

图6-16　动漫世界

操作步骤：

1）在硬盘中创建一个名为“动漫世界——CSS样式属性的应用”的文件夹，然后将配套光盘中的“素材及结果\6.2动漫世界——CSS样式属性的应用\source.html”文件和“images”文件夹复制到指定的站点文件夹目录下。

2）打开Dreamweaver CS3，在“文件”面板中双击source.html的文件，进入其编辑状态，如图6-17所示。

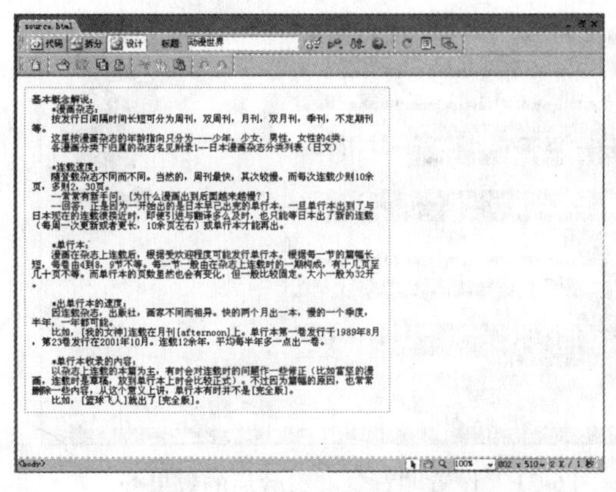

图6-17　source.html文件

3）单击CSS样式面板下方的（新建CSS规则）按钮，打开“新建CSS规则”对话框，在“选择器类型”栏中选择“标签”单选按钮，然后在其下拉列表中选择body，在“定义在”栏中选择“仅对该文档”单选按钮，如图6-18所示。

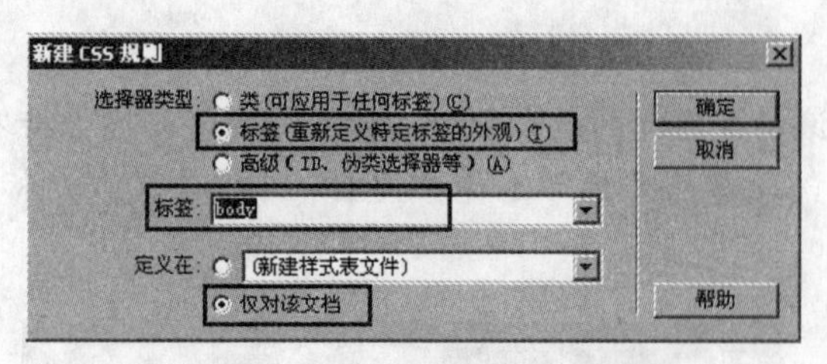

图6-18　新建body标签样式

4）单击“确定”按钮，在弹出的“body的CSS规则定义”对话框中单击“背景”右侧的“浏览”按钮，然后在弹出的对话框中选择刚才复制的配套光盘中的“素材及结果\6.2 动漫世界——CSS样式属性的应用\images\1.jpg”文件，如图6-19所示，单击“确定”按钮。接着设置其余参数如图6-20所示，单击“确定”按钮，结果如图6-21所示。

提示：设置了如上属性的背景图片，其位置在整个页面中不会发生变化。

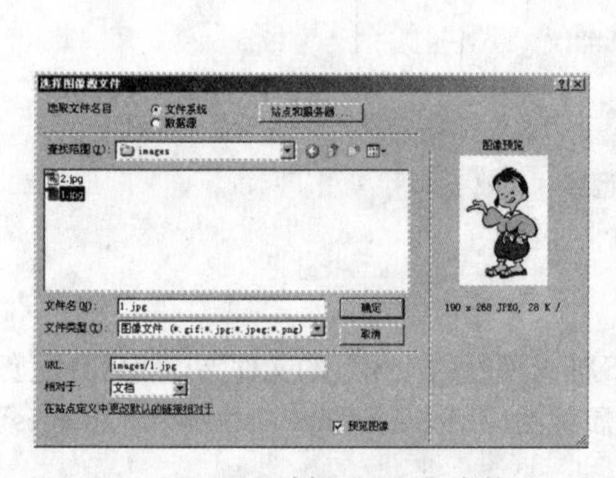

图6-19　选择“1.jpg”文件

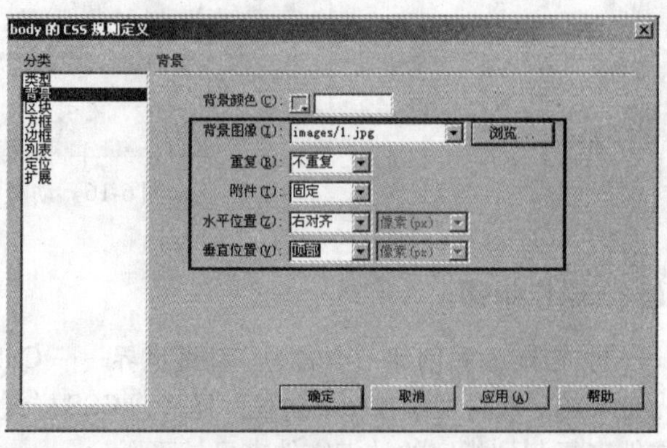

图6-20　设置“背景”参数

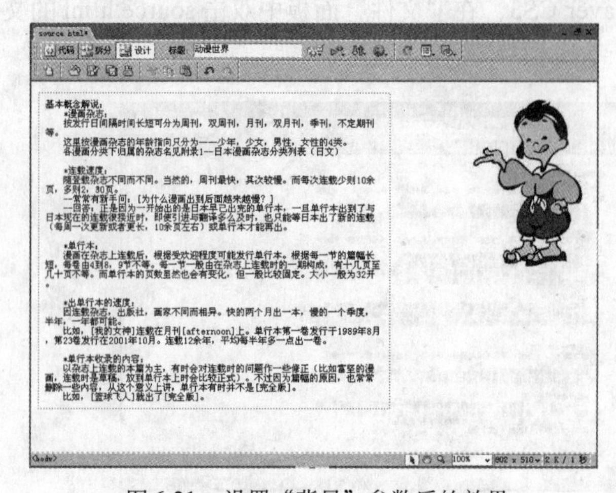

图6-21　设置“背景”参数后的效果

5）单击CSS样式面板下方的（新建CSS规则）按钮，打开“新建CSS规则”对话框，在“选择器类型”栏中选择“标签”单选按钮，然后在其下拉列表中选择td，在“定义在”栏中选择“仅对该文档”单选按钮，如图6-22所示。

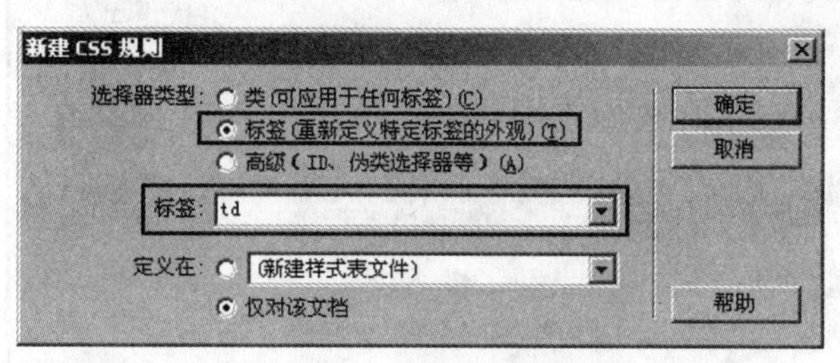

图6-22　新建td标签样式

6）单击“确定”按钮，在弹出的“td的CSS规则定义”对话框中设置字体大小为12像素、字体颜色为黑色（#000000）、背景颜色为浅黄（#ECE9D8），如图6-23所示，单击“确定”按钮，结果如图6-24所示。

7）将光标定位在单元格第1行文本的后面，然后单击工具栏中的（图像）按钮，插入配套光盘中的“素材及结果\6.2 动漫世界——CSS样式属性的应用\images\2.jpg”图片，结果如图6-25所示。

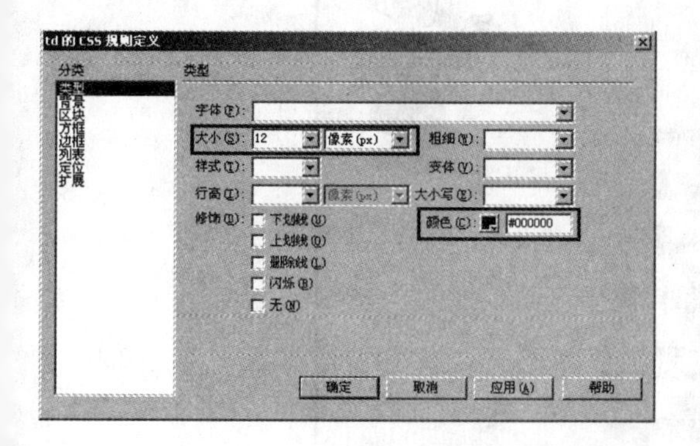

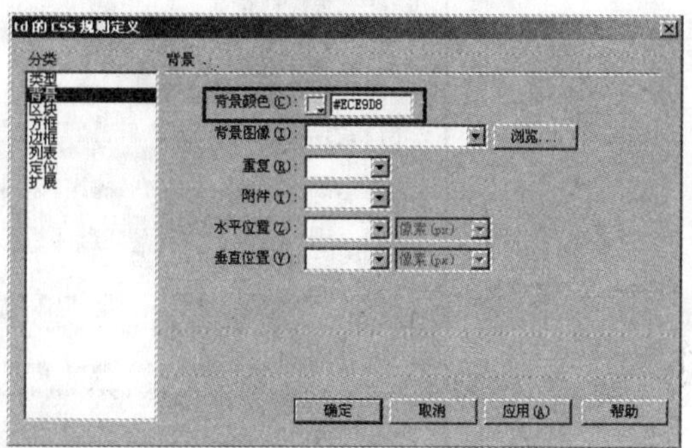

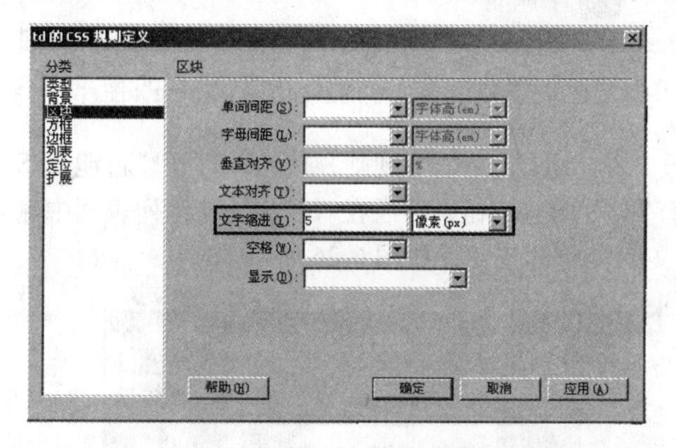

图6-23　设置“类型”、“背景”和“区块”参数

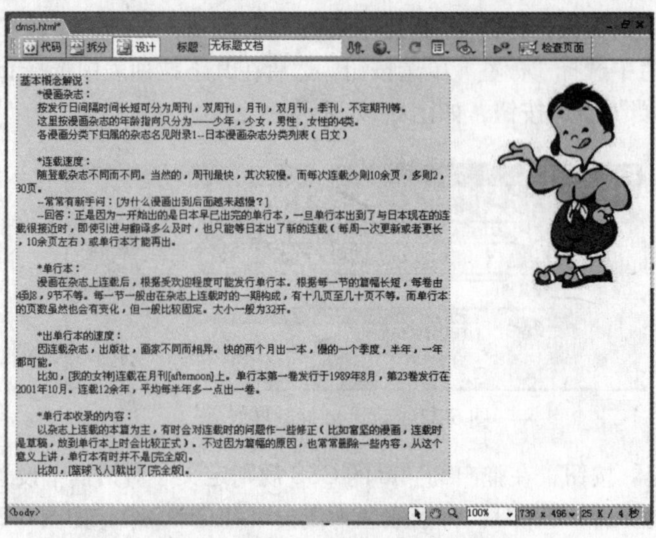

图 6-24　设置 td 标签样式后的效果

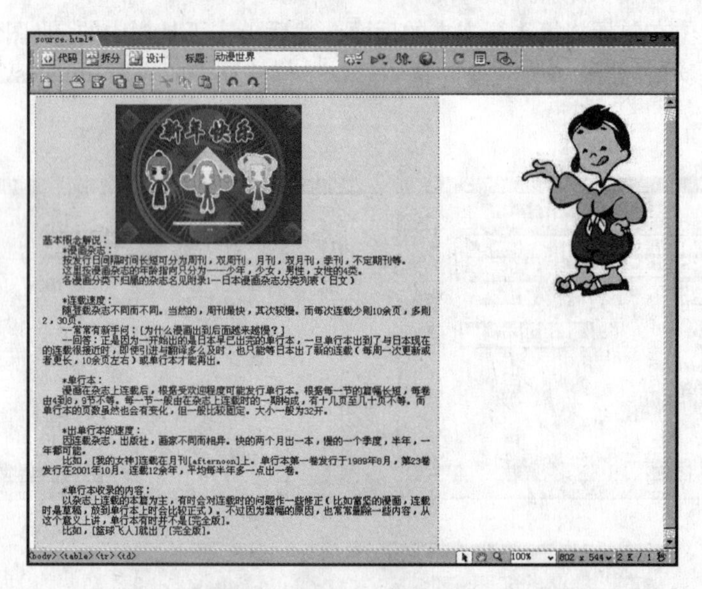

图 6-25　在单元格第 1 行文本的后面插入“1.jpg”图片

8）在 CSS 样式面板中单击 (新建 CSS 规则）按钮，打开“新建 CSS 规则”对话框，在“选择器类型”栏中选择“类”单选按钮，然后在“名称”下拉列表框中输入 box1，在“定义在”栏中选择“仅对该文档”单选按钮，如图 6-26 所示。

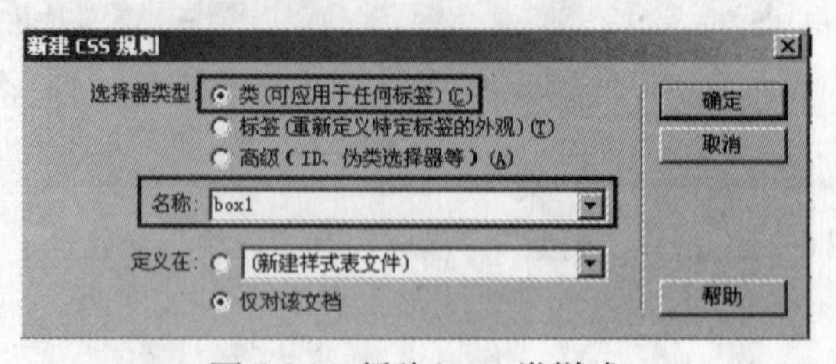

图 6-26　新建 box1 类样式

9）单击“确定”按钮，在弹出的“.box1 的 CSS 规则定义”对话框中设置参数，如图 6-27 所示，单击“确定”按钮。

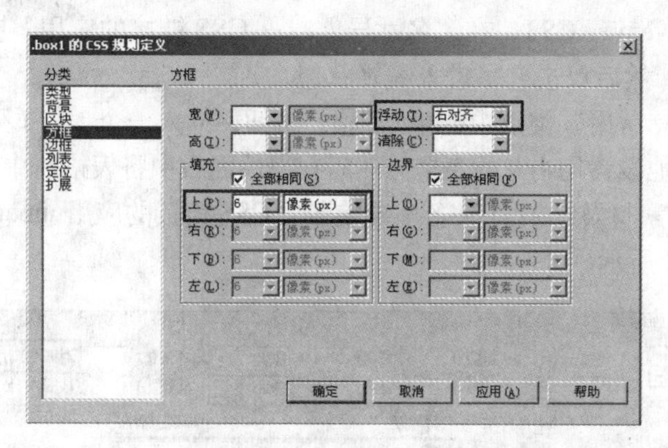

图 6-27　设置 box1 的“方框”参数

10）在文档窗口中选中图片，在属性面板的“类”下拉列表中选择“box1”，如图 6-28 所示，将样式应用于图片，效果如图 6-16 所示。

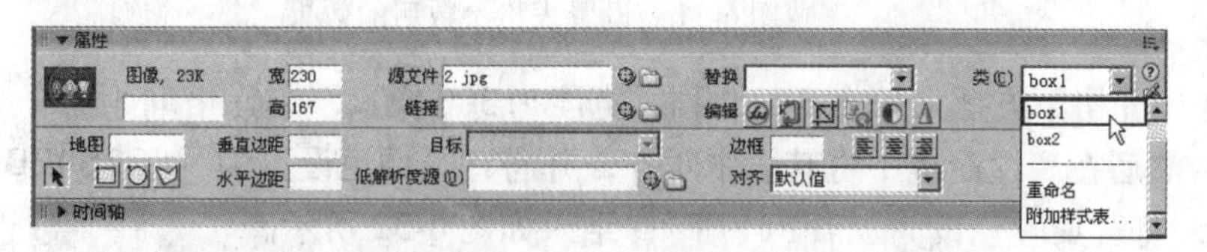

图 6-28　将样式应用于图片

11）按〈Ctrl+Shift+S〉组合键，将文件另存为 dmsj.htm，然后按〈F12〉键进行预览。

6.3　名站导航——CSS 链接的应用

要点：

本例将制作一个“名站导航”的页面，其左侧的链接文字为红色，当鼠标指针移到上面时会同时出现上画线和下画线；右侧的链接文字为绿色，当鼠标移到上面时会变为黑色，如图 6-29 所示。通过本例的学习，读者应掌握利用 CSS 设置不同链接样式的方法。

名站导航	
新浪网	搜狐
腾讯QQ	TOM
中华网	百度
MSN	国信证券
263在线	西南证券
人民网	中央电视台
凤凰网	中国移动
华军软件	和讯网

名站导航	
新浪网	搜狐
腾讯QQ	TOM
中华网	百度
MSN	国信证券
263在线	西南证券
人民网	中央电视台
凤凰网	中国移动
华军软件	和讯网

图 6-29　名站导航

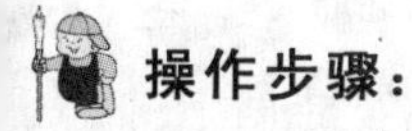

操作步骤：

（1）定义左侧链接文字的 CSS 样式

1）在硬盘上创建一个名为“名站导航——CSS 链接的应用”的文件夹，然后在该文件夹中新建一个名为 images 的文件夹，并将所需图片复制到该文件夹中。

2）打开 Dreamweaver CS3，在“名站导航——CSS 链接的应用”文件夹下建立一个名为 main.htm 的文件，然后双击它，进入编辑状态。

3）单击插入栏“常用”类别中的 (表格）按钮，插入一个 1 行 1 列、宽度为 300 像素、单元格间距为 3、其他设置均为 0 的表格。然后在属性面板中将表格居中对齐，并设置背景图片为配套光盘中的“素材及结果\6.3 名站导航——CSS 链接的应用\images\1.jpg”，如图 6-30 所示，结果如图 6-31 所示。

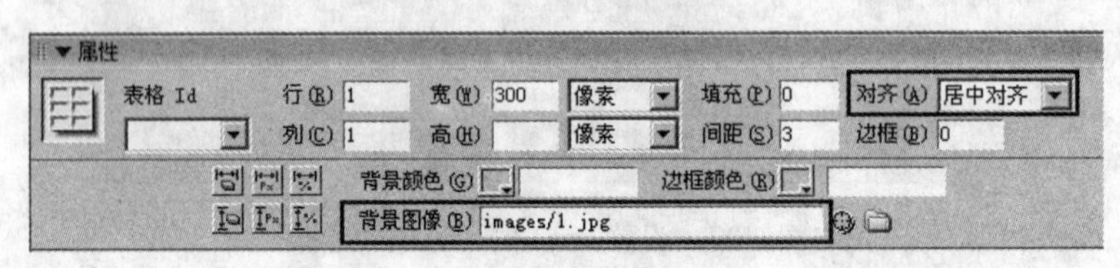

图 6-30 设置表格参数

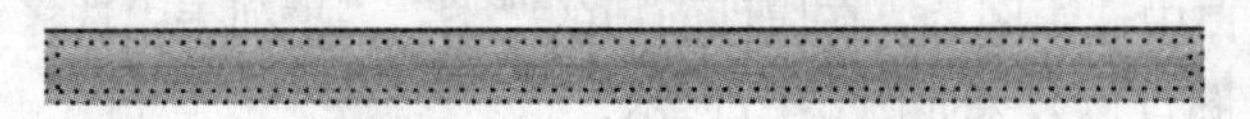

图 6-31 设置表格参数后的效果

4）在单元格下方插入一个 8 行 2 列、宽度为 300 像素、单元格间距为 1、其他设置均为 0 的表格。然后在属性面板中将其居中对齐，并将背景颜色设置为“#C7B4EB”。接着选择所有单元格，将背景颜色设为“#FFFFFF”，结果如图 6-32 所示。

5）在单元格中分别输入文字，并在属性面板中添加相应的链接，结果如图 6-33 所示。

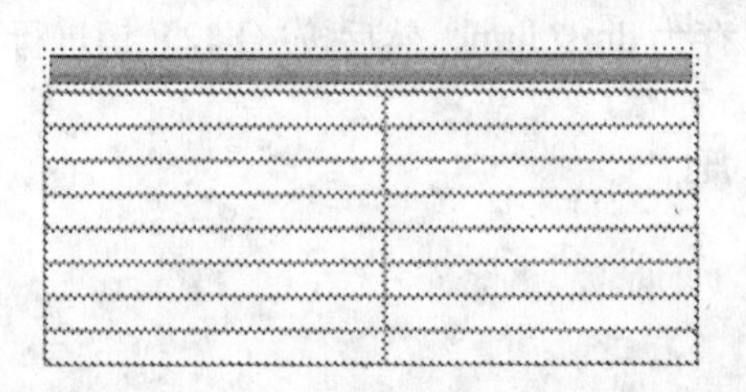

图 6-32 插入一个 8 行 2 列的表格并设置相关参数

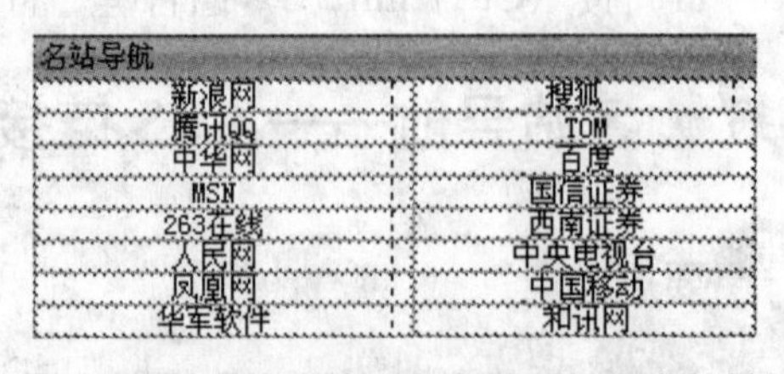

图 6-33 在单元格中输入文字并添加相应的链接

6）定义未访问时链接文字的 CSS 样式。方法：单击 CSS 样式面板下方的 (新建 CSS 规则）按钮，打开“新建 CSS 规则”对话框，在“选择器类型”栏中选择“高级”单选按钮，接着在“选择器”下拉列表中选择 a:link，在“定义在”栏中选择“仅对该文档”单选按钮，如图 6-34 所示。

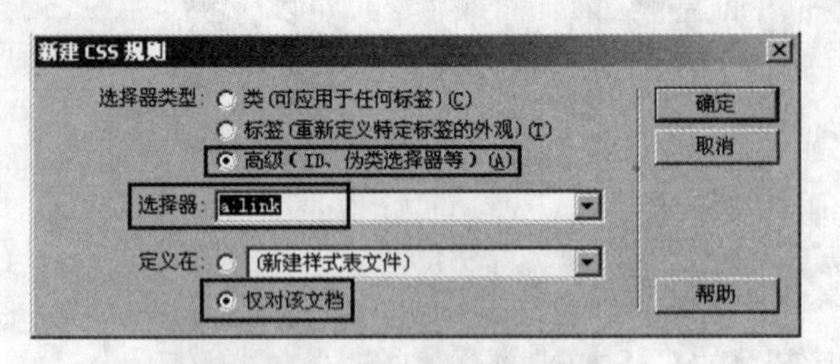

图 6-34 新建 a:link 高级样式

7）单击“确定”按钮，在弹出的“a:link的CSS规则定义”对话框中设置参数，如图6-35所示，然后单击“确定”按钮。

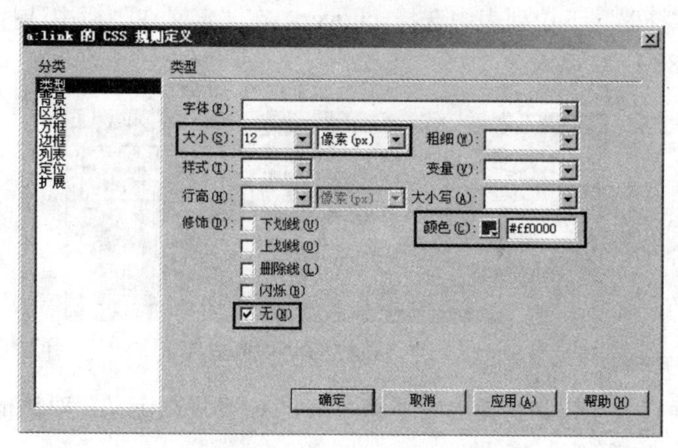

图6-35　设置a:link的CSS样式“类型”参数

8）定义访问过的链接文字的CSS样式。方法：单击CSS样式面板下方的(新建CSS规则）按钮，打开“新建CSS规则”对话框，在“选择器类型”栏中选择“高级”单选按钮，接着在“选择器”下拉列表中选择a:visited，在“定义在”栏中选择“仅对该文档”单选按钮，如图6-36所示。

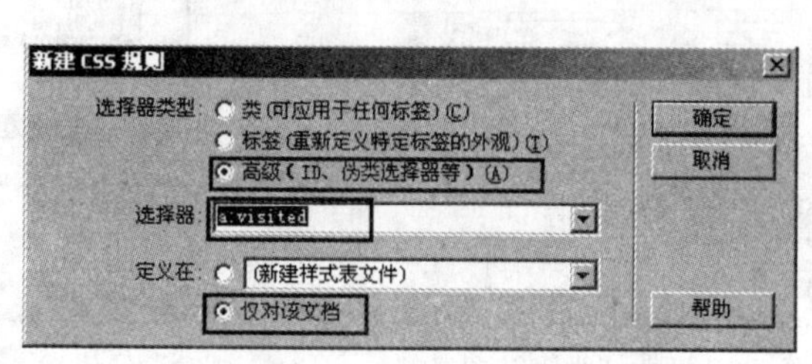

图6-36　新建a:visited高级样式

9）单击“确定”按钮，在弹出的“a:visited的CSS规则定义”对话框中设置参数，如图6-37所示，然后单击“确定”按钮。

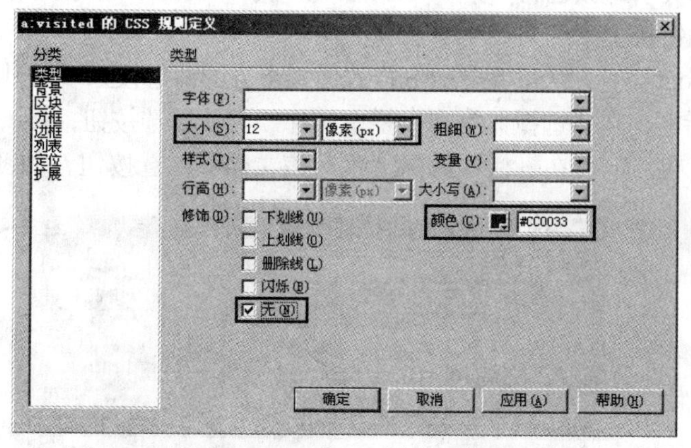

图6-37　设置a:visited的CSS样式“类型”参数

10）定义鼠标经过时的链接文字的CSS样式。方法：单击CSS样式面板下方的（新建CSS规则）按钮，打开“新建CSS规则”对话框，在“选择器类型”栏中选择“高级”单选按钮，接着在“选择器”下拉列表中选择a:hover，在“定义在”栏中选择“仅对该文档”单选按钮，如图6-38所示。

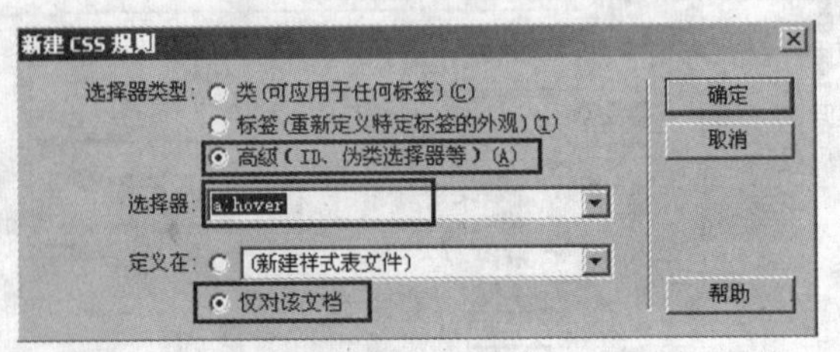

图6-38　新建a:hover高级样式

11）单击“确定”按钮，在弹出的“a:hover的CSS规则定义”对话框中设置参数，如图6-39所示，然后单击“确定”按钮。

12）此时，CSS样式面板如图6-40所示。

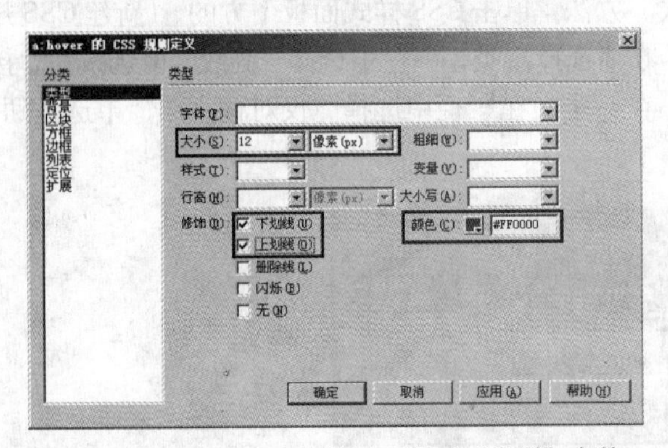

图6-39　设置a:hover的CSS样式“类型”参数

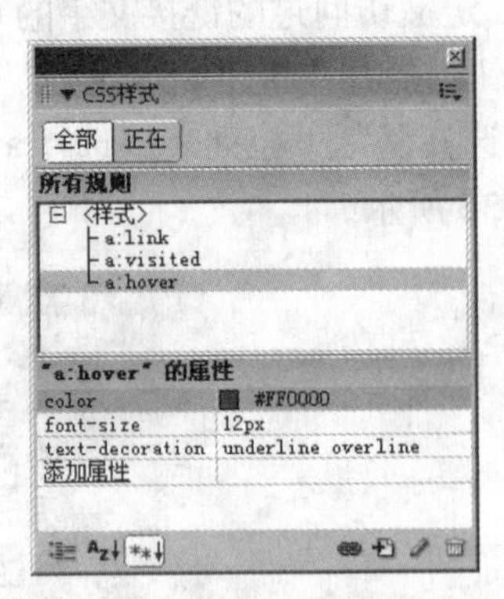

图6-40　CSS样式面板

13）按〈Ctrl+S〉组合键保存，按〈F12〉键进行预览。会发现未访问时链接文字的颜色为“#FF0000”，大小为12像素；访问过的链接文字的颜色为“#CC0033”，大小为12像素；鼠标经过时的链接文字的颜色为“#FF0000”，大小为12像素，并且具有下画线和上画线。

（2）定义右侧链接文字的CSS样式

1）新建一个font类。方法：单击CSS样式面板下方的（新建CSS规则）按钮，打开“新建CSS规则”对话框，在“选择器类型”栏中选择“类”单选按钮，接着在“名称”下拉列表框中输入.font，在“定义在”栏中选择“仅对该文档”单选按钮，如图6-41所示。

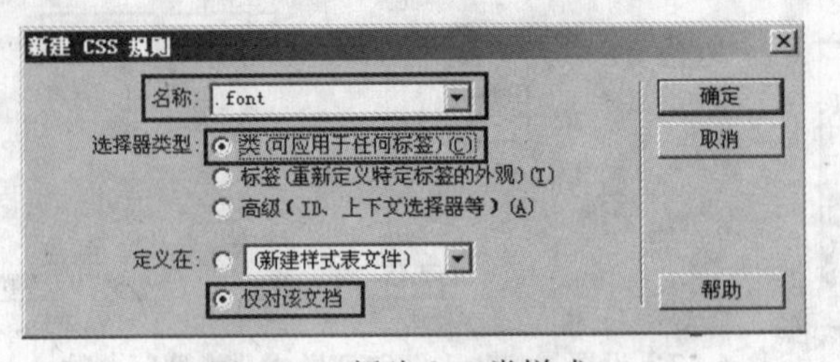

图6-41　新建font类样式

2）单击“确定”按钮，在弹出的“.font的CSS规则定义”对话框中设置参数，如图6-42所示，然后单击“确定”按钮。

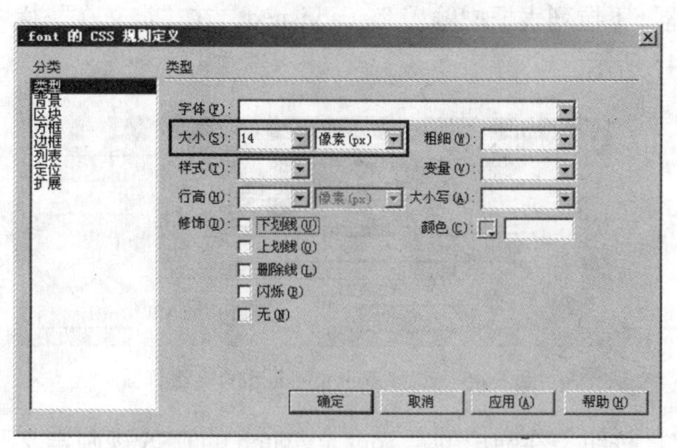

图6-42　设置.font类的“类型”参数

3）定义.font类未访问时链接文字的CSS样式。方法：单击CSS样式面板下方的![](新建CSS规则）按钮，打开“新建CSS规则”对话框，在“选择器类型”栏中选择“高级”单选按钮，接着在“选择器”下拉列表框中输入.font a:link，在“定义在”栏中选择“仅对该文档”单选按钮，如图6-43所示。

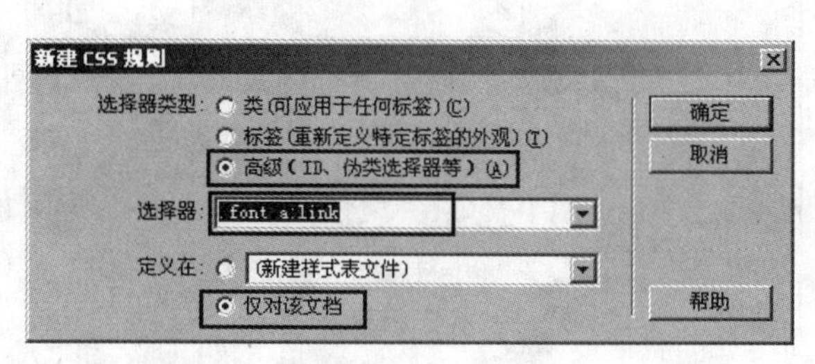

图6-43　新建.font a:link高级样式

4）单击“确定”按钮，在弹出的“.font a:link的CSS规则定义”对话框中设置参数，如图6-44所示，然后单击“确定”按钮。

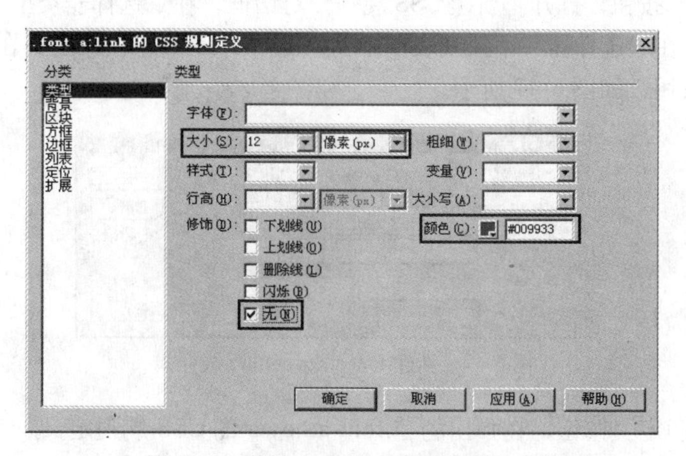

图6-44　设置.font a:link的“类型”参数

5）定义.font 类访问过的链接文字的 CSS 样式。方法：单击 CSS 样式面板下方的 ![](新建 CSS 规则）按钮，打开“新建 CSS 规则”对话框，在“选择器类型”栏中选择“高级”单选按钮，接着在“选择器”下拉列表框中输入.font a:visited，在“定义在”栏中选择“仅对该文档”单选按钮，如图 6-45 所示。

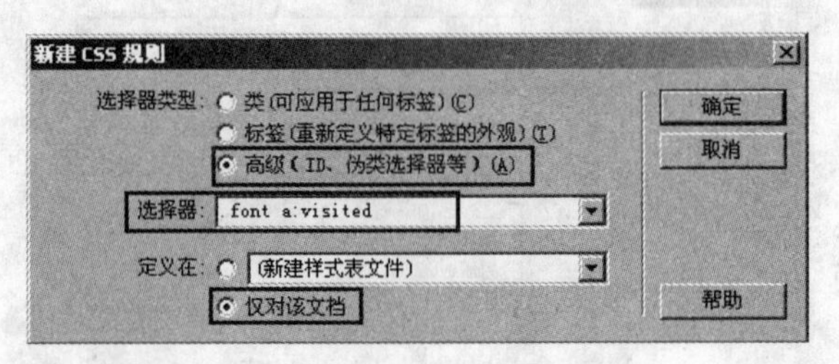

图 6-45　新建.font a:visited 的高级样式

6）单击“确定”按钮，在弹出的“.font a:visited 的 CSS 规则定义”对话框中设置参数，如图 6-46 所示，然后单击“确定”按钮。

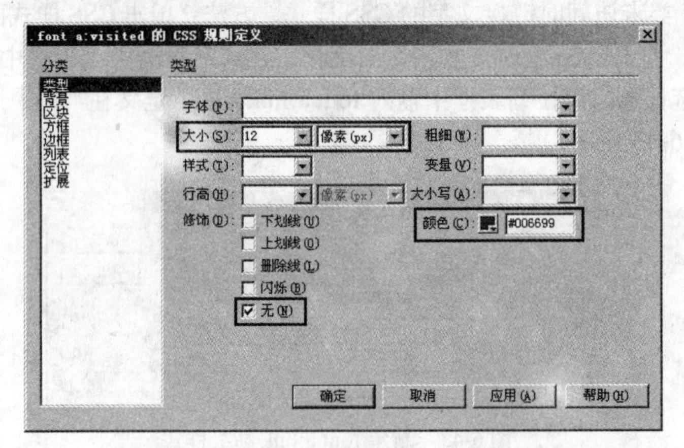

图 6-46　设置.font a:visited 的“类型”参数

7）定义.font 类鼠标经过时的链接文字的 CSS 样式。方法：单击 CSS 样式面板下方的 (新建 CSS 规则）按钮，打开“新建 CSS 规则”对话框，在“选择器类型”栏中选择“高级”单选按钮，接着在“选择器”下拉列表框中输入.font a:hover，在“定义在”栏中选择“仅对该文档”单选按钮，如图 6-47 所示。

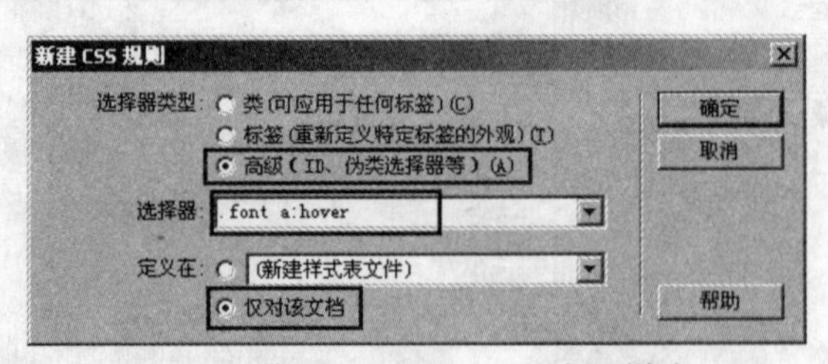

图 6-47　新建.font a:hover 的高级样式

8）单击“确定”按钮，在弹出的“.font a:hover 的 CSS 规则定义”对话框中设置参数，如图 6-48 所示，然后单击“确定”按钮。

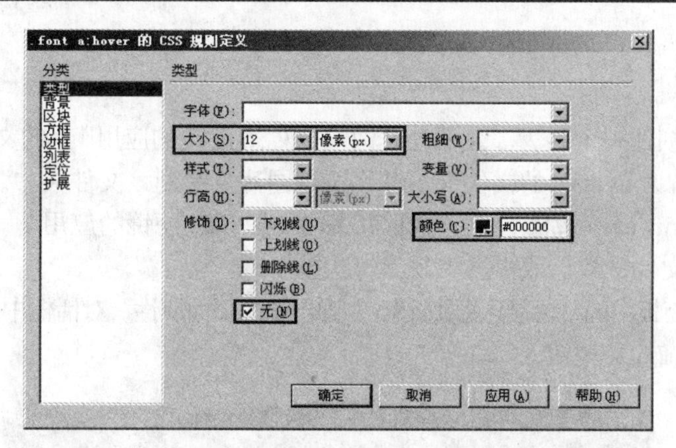

图 6-48　设置“.font a:hover”样式的“类型”参数

9）选中右侧所有的单元格，在属性面板中将“样式”设置为 font，如图 6-49 所示。

提示：在上面的操作中，新建了一个.font 类，继而对其 a:link、a:visited 和 a:hover 进行了重新定义，再将 font 应用于第 2 列单元格，从而实现了同一页面内的不同链接样式。

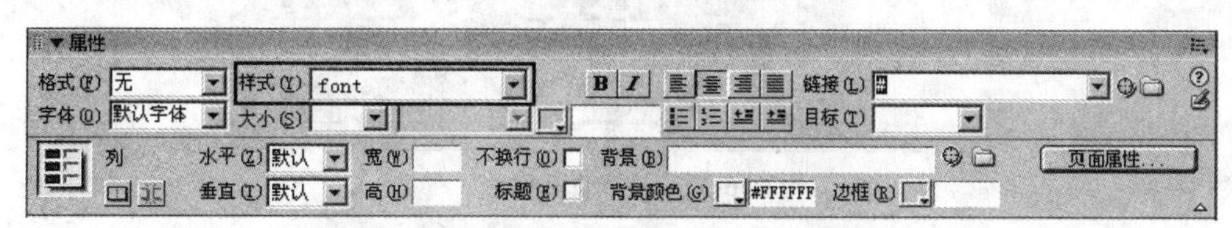

图 6-49　在属性面板中将“样式”设置为 font

10）按〈Ctrl+S〉组合键保存，按〈F12〉键进行预览。

6.4　金秋九寨沟——CSS 滤镜的应用 1

要点：

本例将制作一个朦胧效果的页面，如图 6-50 所示。通过本例的学习，读者应掌握 CSS 滤镜中 Alpha 滤镜的使用方法。

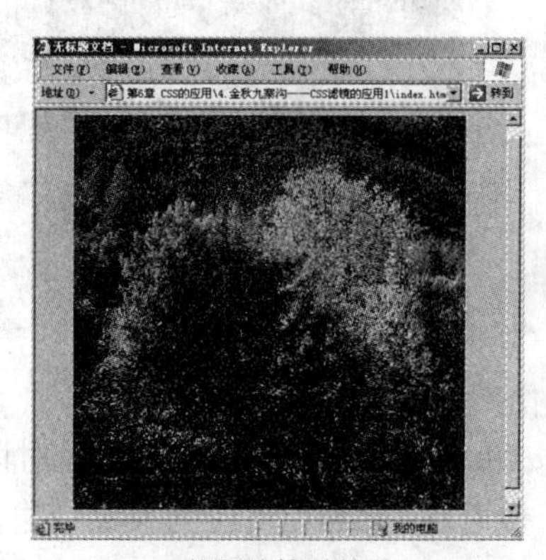

使用滤镜前效果

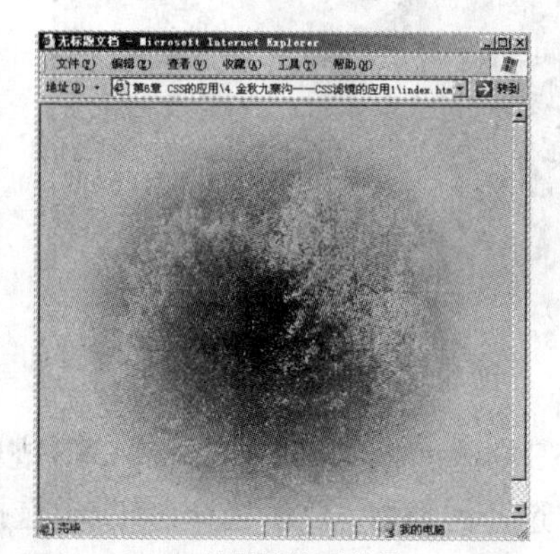

使用滤镜后效果

图 6-50　金秋九寨沟

操作步骤：

1）在硬盘上创建一个名为“金秋九寨沟——CSS滤镜的应用1”的文件夹，然后在该文件夹中新建一个名为images的文件夹，并将所需图片复制到该文件夹中。

2）打开Dreamweaver CS3，在“金秋九寨沟——CSS滤镜的应用1”文件夹下建立一个名为jqjzg.htm的文件，然后双击进入其编辑状态。

3）单击属性面板中的页面属性...按钮，在弹出的“页面属性”对话框中设置参数，如图6-51所示，然后单击“确定”按钮。

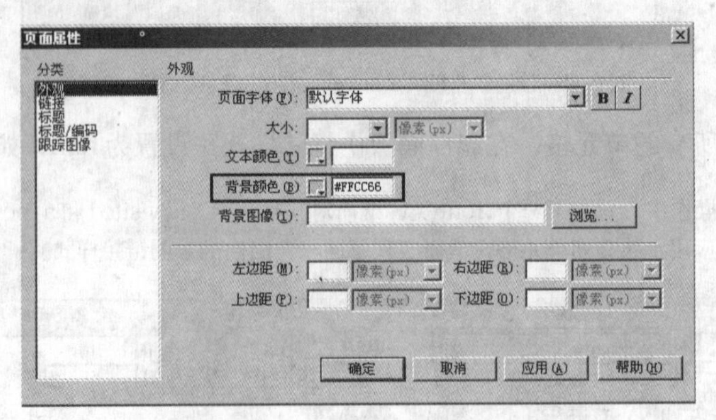

图6-51　设置页面属性

提示：对背景颜色的选择，将影响到应用滤镜后的整体效果。

4）单击插入栏“常用”类别中的(图像）按钮，打开“选择图像源文件”对话框，选择配套光盘中的“素材及结果\6.4金秋九寨沟——CSS滤镜的应用1\images\1.jpg”图片，结果如图6-52所示。

5）选中图片，在属性面板中将其居中对齐，结果如图6-53所示。

图6-52　插入图片

图6-53　将图片居中对齐

6）在CSS样式面板中单击(新建CSS规则）按钮，打开“新建CSS规则”对话框，然后在弹出的“选择器类型”栏中选择“类”单选按钮，接着在“名称”下拉列表框中输入alpha，在“定义在”栏中选择“仅对该文档”单选按钮，如图6-54所示。

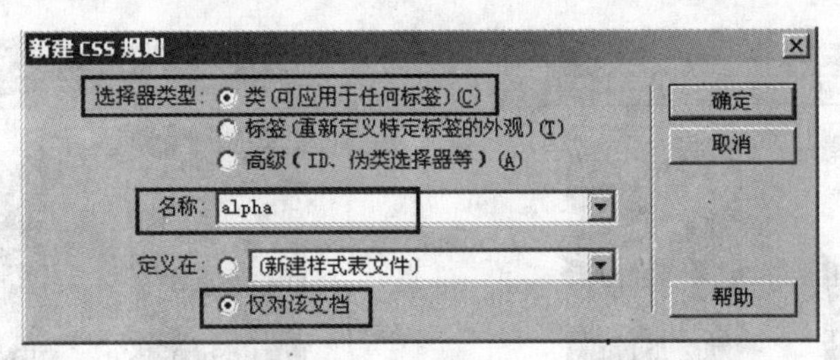

图6-54　新建alpha类样式

7）单击“确定”按钮，在弹出的“.alpha的CSS规则定义”对话框中选择“扩展”选项，然后在“过滤器”下拉列表中选择“Alpha（Opacity=?, FinishOpacity=?, Style=?, StartX=?, StartY=?, FinishX=?, FinishY=?）”，如图6-55所示。接着更改参数为“Alpha(Opacity=100, FinishOpacity=0, Style=2)”，并删除其余参数，如图6-56所示，单击“确定”按钮。

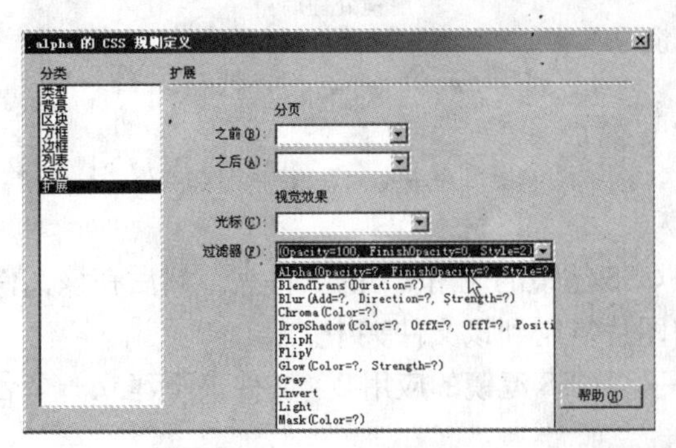

图6-55　选择相关参数

图6-56　设置参数

8）选择图片，右击标签选择器中的<img>，如图6-57所示。然后在弹出的快捷菜单中选择“设置类|alpha”命令，如图6-58所示，将定义的CSS样式应用于图片。

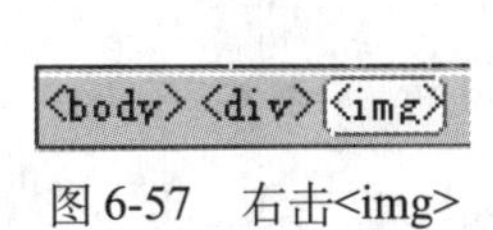

图6-57　右击<img>

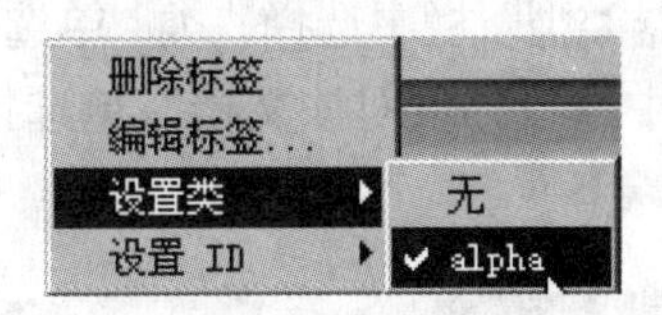

图6-58　选择alpha命令

6.5　图像处理——CSS滤镜的应用2

要点：

本例将利用不同的CSS滤镜处理一组图片，如图6-59所示。通过本例的学习，读者应掌握CSS的wave滤镜、Blur滤镜、Invert滤镜和FlipH滤镜的使用方法。

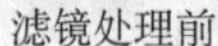

滤镜处理前　　　　滤镜处理后

图 6-59　滤镜处理

操作步骤：

（1）wave滤镜的应用

1）在硬盘上创建一个名为“图像处理——CSS 滤镜的应用 2”的文件夹，然后在该文件夹中新建一个名为 images 的文件夹，并将所需图片复制到该文件夹中。

2）打开 Dreamweaver CS3，在“图像处理——CSS 滤镜的应用 2”文件夹下建立一个名为 txcl.htm 的文件，然后双击进入其编辑状态。

3）单击插入栏“常用”类别中的（表格）按钮，插入一个 2 行 2 列、宽度为 500、单元格间距为 15 的表格。然后在每个单元格中插入相应的图片并居中对齐，结果如图 6-60 所示。

4）单击 CSS 样式面板下方的（新建 CSS 规则）按钮，打开“新建 CSS 规则”对话框，在“选择器类型”栏中选择“类”单选按钮，接着在“名称”下拉列表框中输入 wave，在“定义在”栏中选择“仅对该文档”单选按钮，如图 6-61 所示。

图 6-60　插入表格已经相关图片

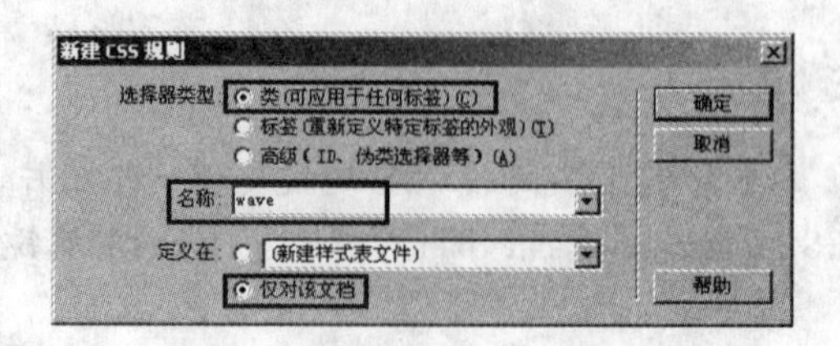

图 6-61　新建 wave 类样式

5）单击“确定”按钮，在弹出的“.wave的CSS规则定义”对话框中选择“扩展”选项，然后在“过滤器”下拉列表中选择“Wave(Add=?, Freq=?, LightStrength=?, Phase=?, Strength=?)”，如图6-62所示。接着更改参数为“Wave(Add=0, Freq=8, LightStrength=10, Phase=0, Strength=6)”，如图6-63所示，单击“确定”按钮。

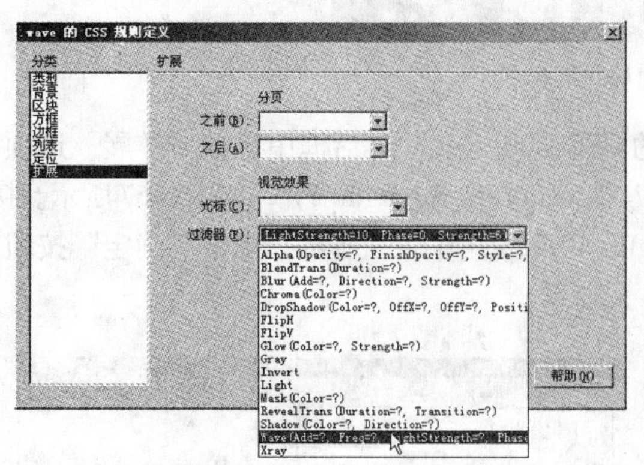

图6-62　选择过滤器类型

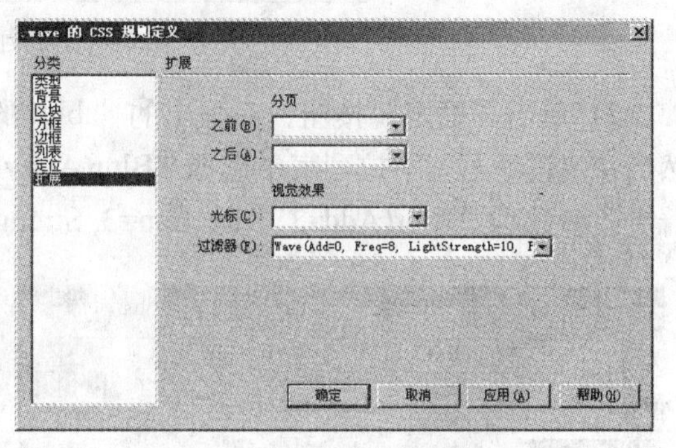

图6-63　更改参数

6）选择第1行左侧的图片，在属性面板中将wave类应用于该图片，如图6-64所示。

7）按〈Ctrl+S〉组合键保存，按〈F12〉键进行预览，预览效果如图6-65所示。

图6-64　将wave类应用于该图片

图6-65　预览效果

（2）Blur滤镜的应用

1）单击CSS样式面板下方的（新建CSS规则）按钮，打开“新建CSS规则”对话框，在“选择器类型”栏中选择“类”单选按钮，接着在“名称”下拉列表框中输入blur，在“定义在”栏中选择“仅对该文档”单选按钮，如图6-66所示。

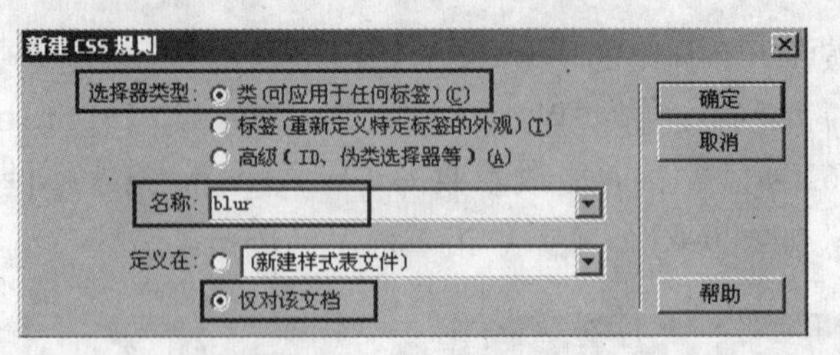

图 6-66　新建 blur 类样式

2）单击“确定”按钮，在弹出的“.blur 的 CSS 规则定义”对话框中选择“扩展”选项，然后在“过滤器”下拉列表中选择“Blur(Add=?, Direction=?, Strength=?)”，如图 6-67 所示。接着更改参数为“Blur(Add=1, Direction=3, Strength=40)”，如图 6-68 所示，单击“确定”按钮。

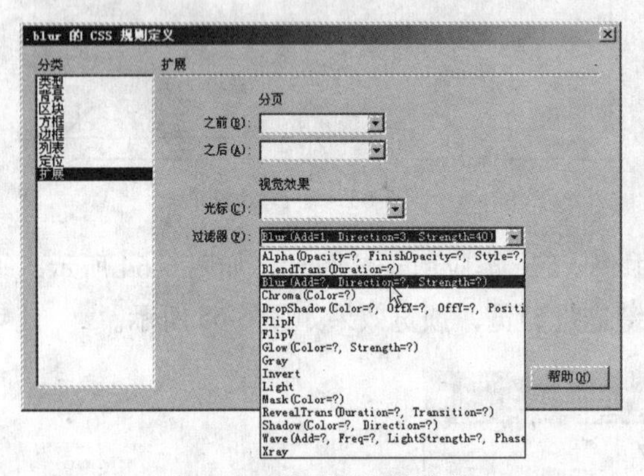

图 6-67　设置过滤器类型

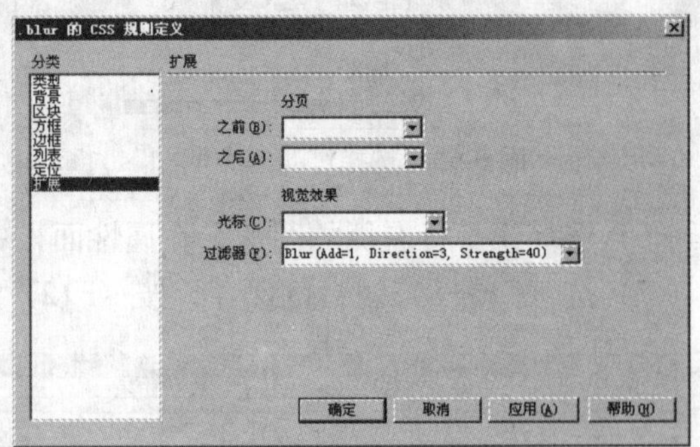

图 6-68　更改参数

3）选择第 1 行右侧的图片，在属性面板中将 blur 类应用于该图片。

4）按〈Ctrl+S〉组合键保存，按〈F12〉键进行预览，效果如图 6-69 所示。

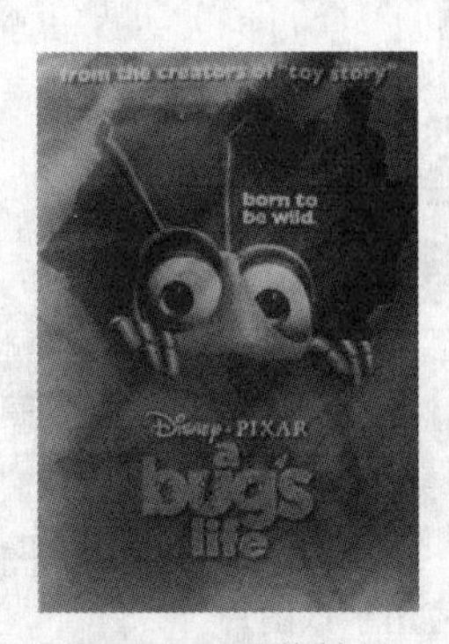

图 6-69　预览效果

（3）Invert 滤镜的应用

1）单击 CSS 样式面板下方的 (新建 CSS 样式）按钮，打开“新建 CSS 规则”对话框，在“选择器类型”栏中选择“类”单选按钮，接着在“名称”下拉列表框中输入 invert，在“定义在”栏中选择“仅对该文档”单选按钮，如图 6-70 所示。

2）单击“确定”按钮，在弹出的“.invert的CSS规则定义”对话框中选择“扩展”选项，然后在“过滤器”下拉列表中选择“Invert”，如图6-71所示，单击“确定”按钮。

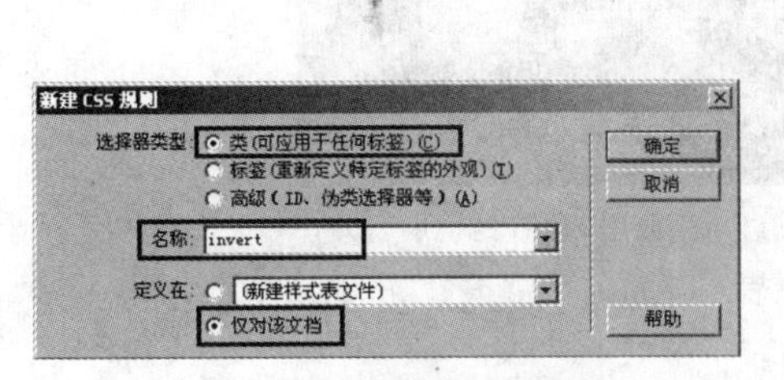

图6-70　新建invert类样式

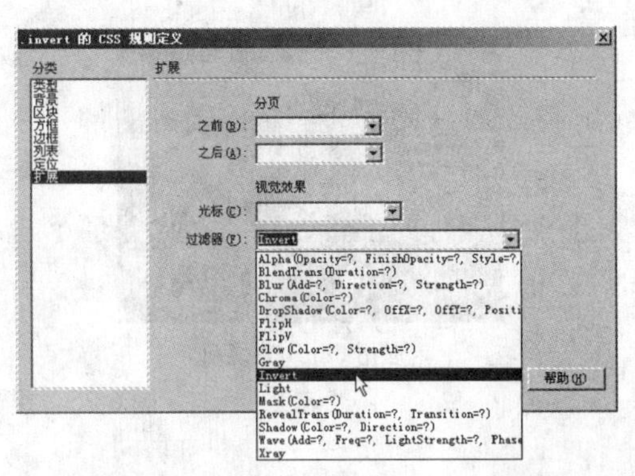

图6-71　设置“过滤器”为“Invert”

3）选择第2行左侧的图片，在属性面板中将invert类应用于该图片。

4）按〈Ctrl+S〉组合键保存，按〈F12〉键进行预览，效果如图6-72所示。

图6-72　预览效果

（4）FlipH滤镜的应用

1）单击CSS样式面板下方的 （新建CSS规则）按钮，打开“新建CSS规则”对话框，在“选择器类型”栏中选择“类”单选按钮，接着在“名称”下拉列表中输入flip，在“定义在”栏中选择“仅对该文档”单选按钮，如图6-73所示。

2）单击“确定”按钮，在弹出的“.flip的CSS规则定义”对话框中选择“扩展”选项，然后在“过滤器”下拉列表中选择“FlipH”，如图6-74所示，单击“确定”按钮。

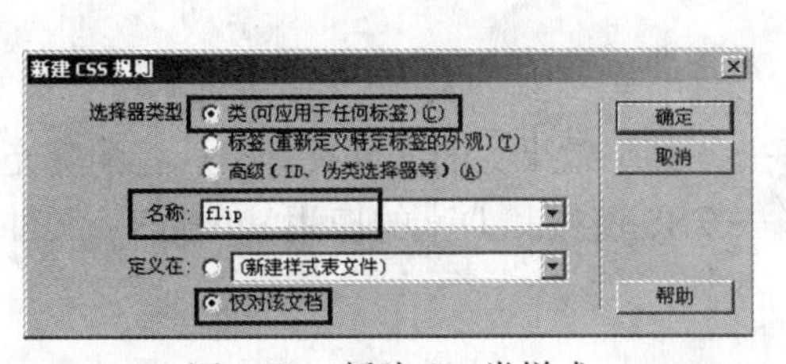

图6-73　新建flip类样式

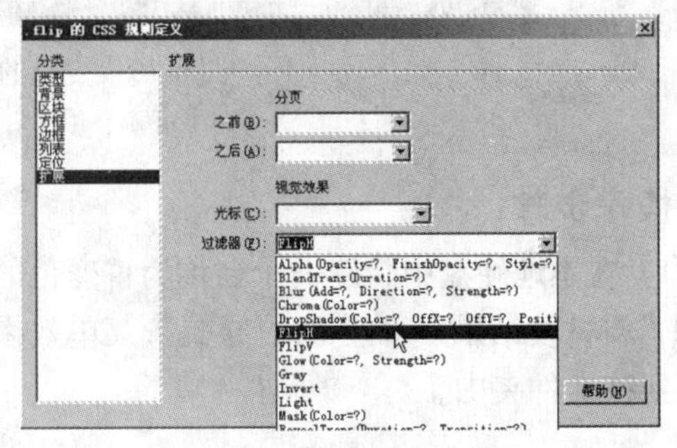

图6-74　选择“FlipH”

3）选择第 2 行左侧的图片，在属性面板中将 flip 类应用于该图片。

4）按〈Ctrl+S〉组合键保存，按〈F12〉键进行预览，效果如图 6-75 所示。

应用 FlipH 滤镜前

应用 FlipH 滤镜后

图 6-75　预览效果

6.6　变色的导航条菜单效果——CSS 链接和 Div 的应用

要点：

本例将制作一个当鼠标经过导航条菜单时，相应的导航菜单进行变色的效果，如图 6-76 所示。通过本例的学习，读者应掌握利用 Div 创建栏目界面，以及利用代码制作鼠标滑过时栏目切换、添加新的栏目和鼠标按下栏目标题后的栏目切换方法。

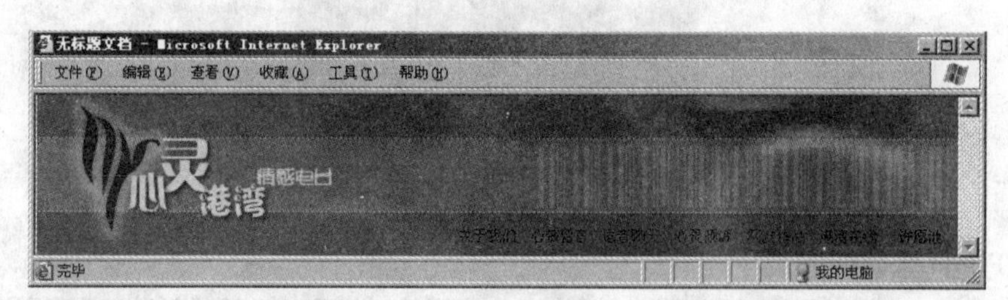

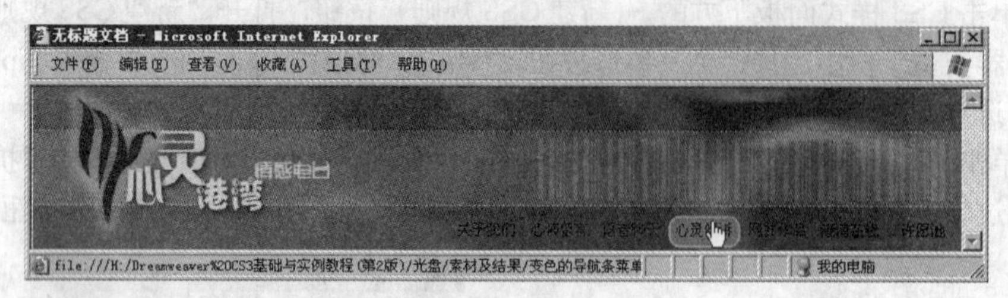

图 6-76　变色的导航条菜单效果

操作步骤：

1）在本地硬盘中新建一个名称为“变色的导航条菜单效果”的文件夹，然后将配套光盘中的“素材及结果\6.6 变色的导航条菜单效果——CSS 链接和 Div 的应用 \images”文件夹复制到该文件夹中。

2）创建站点。方法：在Dreamweaver的“文件”面板中创建一个名称为“变色的导航条菜单效果”的站点，然后将其本地根文件夹指定为“变色的导航条菜单效果”文件夹，并在该文件夹中创建一个名称为bscd.html的网页文件，此时“文件”面板如图6-77所示。

3）创建整个基础界面的区域。方法：在“文件”面板中双击index.html，进入其编辑状态。然后单击“常用”类别中的▦（表格）按钮，在弹出的“表格”对话框中设置参数，如图6-78所示，单击“确定”按钮，结果如图6-79所示。

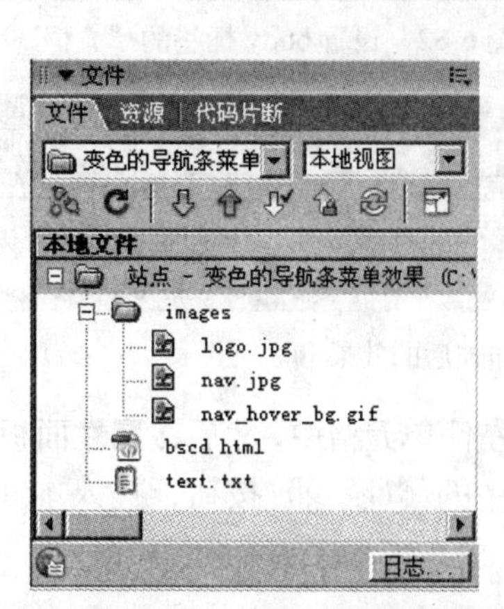

图6-77　“文件”面板

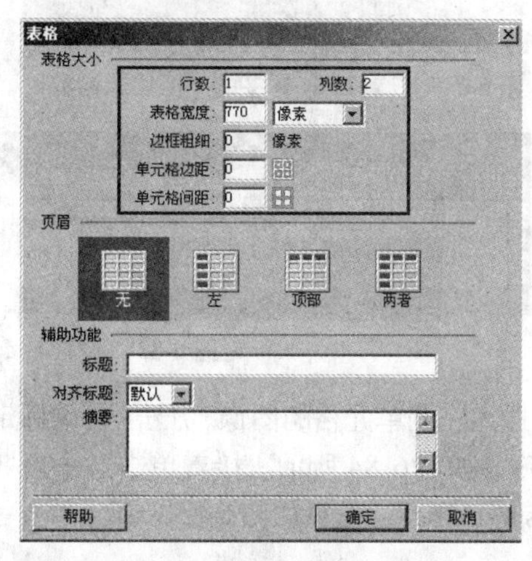

图6-78　设置“表格”参数

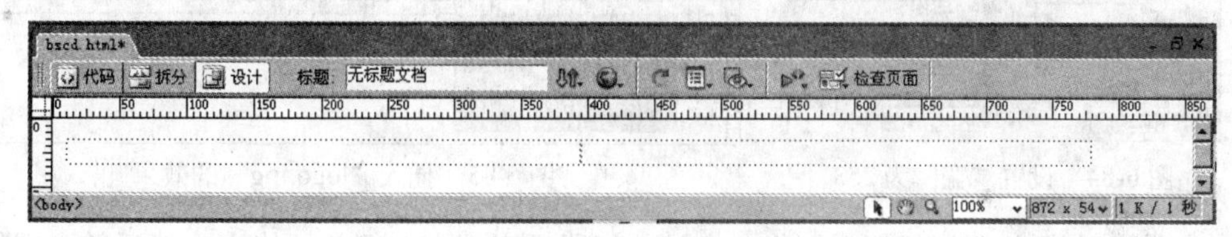

图6-79　创建的表格

4）所创建的表格与页面顶部有一定距离，而且水平方向没有居中，由于这里需要表格与页面顶部的距离为0，水平方向居中，下面通过定义一个body标签样式来解决这个问题。方法：单击“CSS样式”面板下方的⊞（新建CSS规则）按钮，在弹出的“新建CSS规则”对话框中设置参数，如图6-80所示，单击“确定”按钮。接着在弹出的“body的CSS规则定义”对话框中设置“区块”的“文本对齐”为“居中”，如图6-81所示；设置“方框”的“填充”和“边界”均为0，如图6-82所示，单击“确定”按钮，结果如图6-83所示。

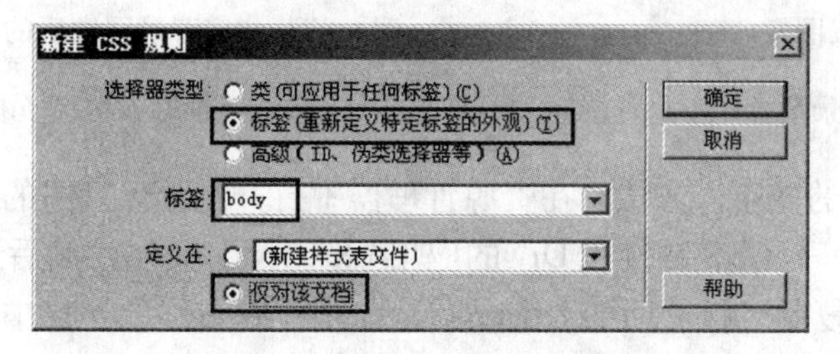

图6-80　新建body标签的样式

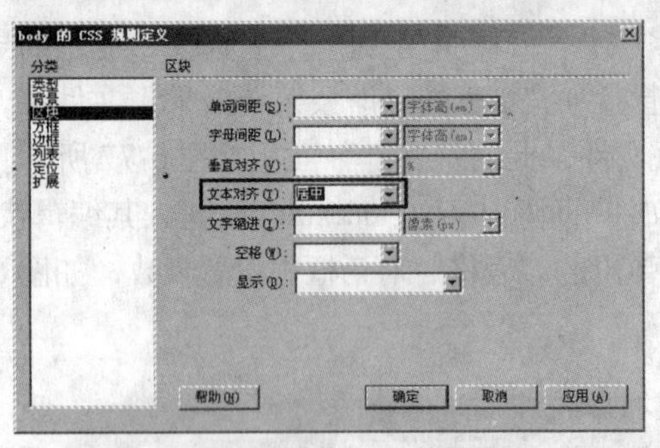

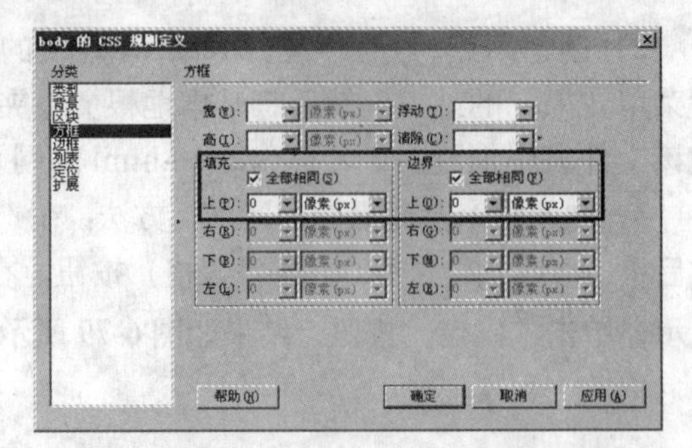

图 6-81　设置 body 标签的“区块”参数　　　图 6-82　设置 body 标签的“方框”参数

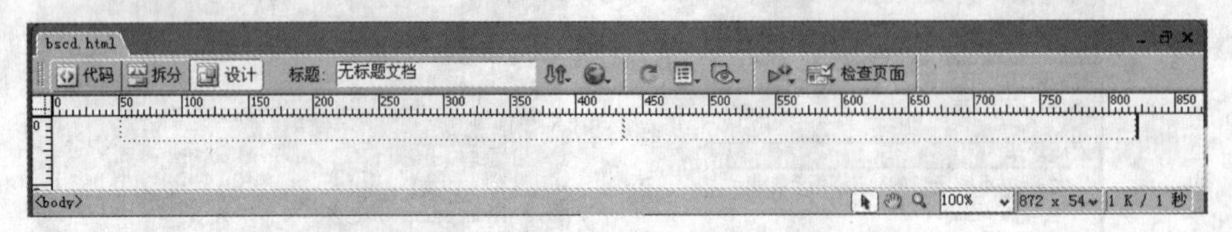

图 6-83　设置 body 标签样式后的效果

5）插入左侧单元格的图像。方法：将鼠标定位在左侧单元格中，然后在属性面板中将“宽”设为 253，如图 6-84 所示。接着单击“常用”类别中的（图像）按钮，插入本地硬盘中的“images|logo.jpg”，结果如图 6-85 所示。

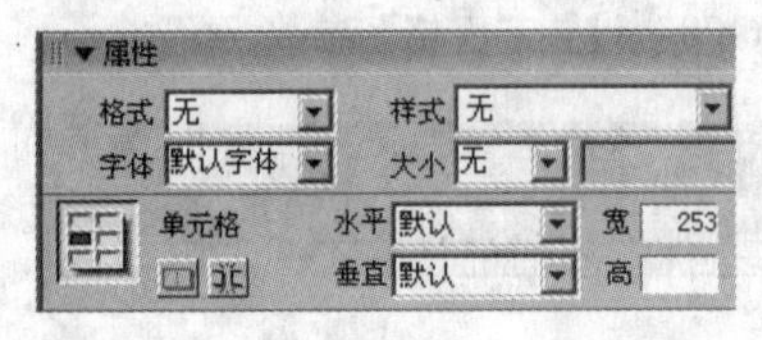

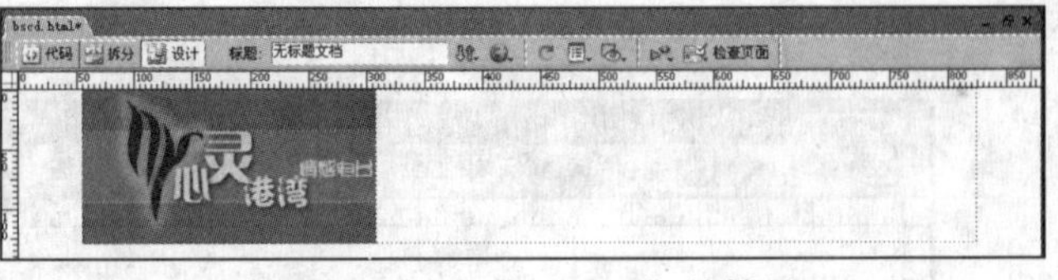

图 6-84　设置“宽”为 253　　　图 6-85　插入“logo.jpg”的效果

6）指定右侧单元格的背景图像。方法：将鼠标定位在右侧单元格中，然后单击属性面板“背景”右侧的按钮，指定本地硬盘中的“images|nav.jpg”图片，如图 6-86 所示，结果如图 6-87 所示。

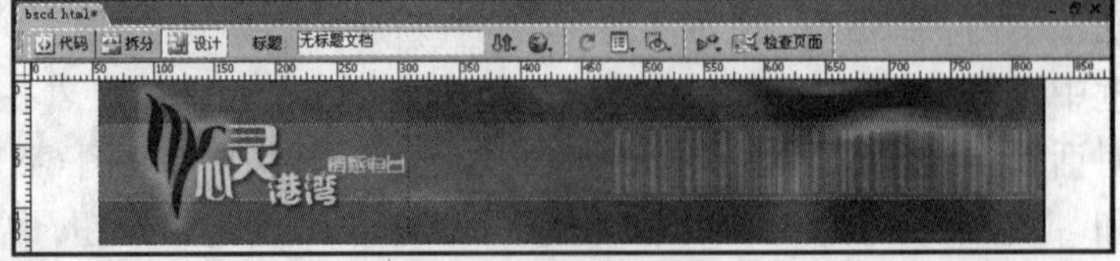

图 6-86　指定背景图像　　　图 6-87　指定背景图像后的效果

提示：这一步是指定背景图像而不是直接插入图像，是为了便于下面在右侧单元格中插入文字。

7）添加导航条中的文字。方法：在资源管理器中打开配套光盘中的“素材及结果\6.6 变色的导航条菜单效果——CSS 链接和 Div 的应用\text.txt”文件。然后选择其中的文字，按〈Ctrl+C〉组合键进行复制，接着回到 Dreamweaver 中，在右侧单元格中按〈Ctrl+V〉组合键进行粘贴。最后选中所有粘贴后的文字，在属性面板“链接”的右侧输入“#”，进行假性链接，再单击按钮，添加项目符号，结果如图 6-88 所示。

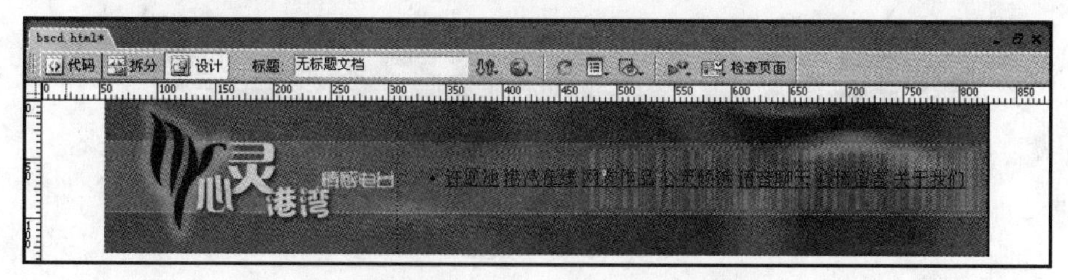

图6-88　进行假性链接并添加项目符号的效果

8）分别给每个菜单添加项目符号。方法：单击代码按钮，进入代码视图，此时相关代码显示如下：

```
<td background="images/nav.jpg">
  <ul>
   <li><a href="#">许愿池</a>
    <a href="#">港湾在线</a>
    <a href="#">网友作品</a>
    <a href="#">心灵倾诉</a>
    <a href="#">语音聊天</a>
    <a href="#">心情留言</a>
    <a href="#">关于我们</a></li>
  </ul></td>
```

提示：<ul>表示插入的是无序列表，如果插入的是有序列表，则会显示为<ol>。

下面在每段文字前补齐<li>，在每段文字后补齐</li>，代码如下：

```
<td background="images/nav.jpg">
  <ul>
   <li><a href="#">许愿池</a></li>
   <li><a href="#">港湾在线</a></li>
   <li><a href="#">网友作品</a></li>
   <li><a href="#">心灵倾诉</a></li>
   <li><a href="#">语音聊天</a></li>
   <li><a href="#">心情留言</a></li>
   <li><a href="#">关于我们</a></li>
  </ul></td>
```

9）单击设计按钮，回到设计视图，显示效果如图6-89所示。

10）将表格进行命名。方法：在代码提示栏中选择<table>，然后在“表格ID”下方输入right，如图6-90所示。

提示：将表格进行重命名，是为了在存在多个表格的情况下，能够逐一设置每个表格的样式。

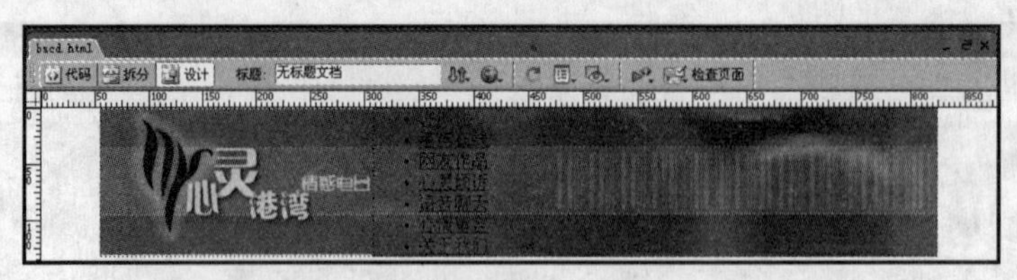

图 6-89　显示效果

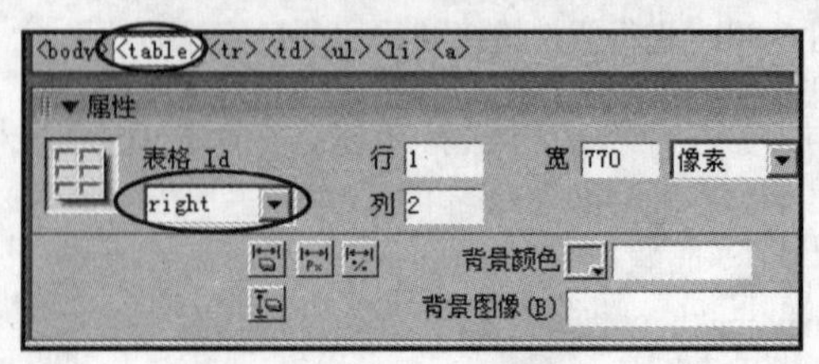

图 6-90　输入表格名称

11）通过添加样式改变文字字号并隐藏文字前的项目符号。方法：在代码提示栏中选择<ul>，从而选中所有添加有序列表的文字，如图 6-91 所示。然后单击“CSS 样式”面板下方的 (新建 CSS 规则）按钮，在弹出的“新建 CSS 规则”对话框中设置参数，如图 6-92 所示，单击“确定”按钮。接着在弹出的“#right ul 的 CSS 规则定义”对话框中设置“类型”和“列表”参数，如图 6-93 所示，然后单击“确定”按钮，结果如图 6-94 所示。

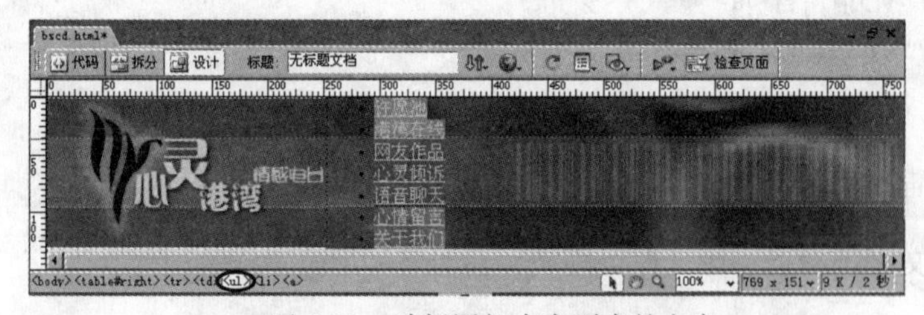

图 6-91　选择添加有序列表的文字

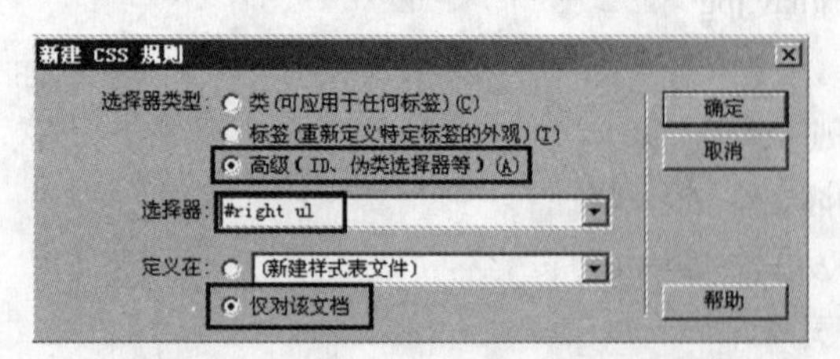

图 6-92　新建“#right ul”高级样式

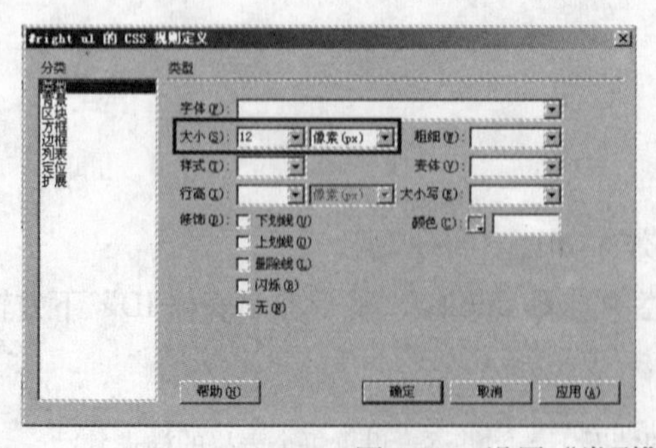

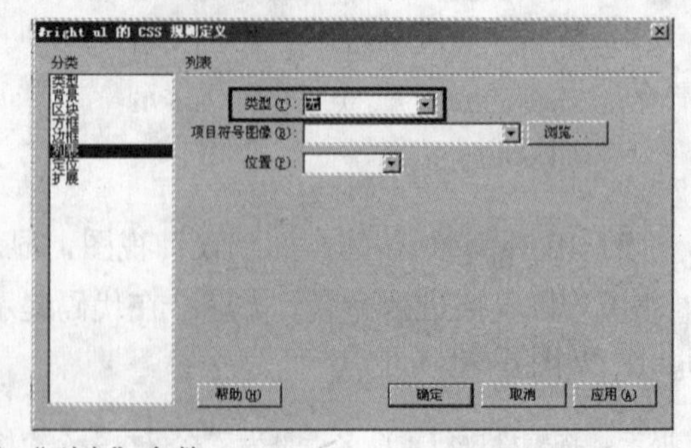

图 6-93　设置“类型”和“列表”参数

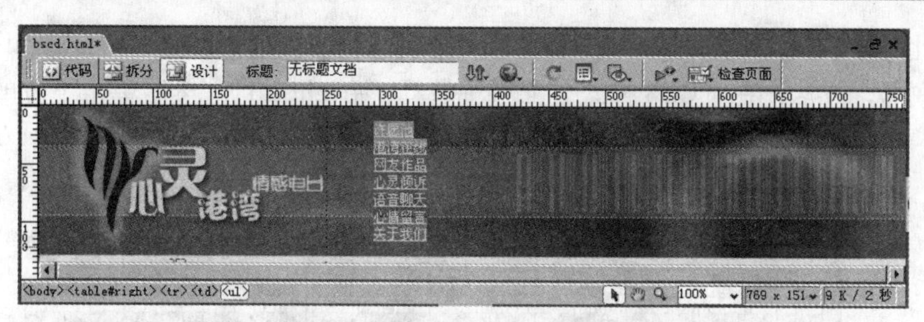

图 6-94　改变文字字号并隐藏文字前的项目符号的效果

12）通过添加样式使导航条菜单水平分布。方法：在代码提示栏中选择<li>，如图 6-95 所示，然后单击“CSS 样式”面板下方的 (新建 CSS 规则）按钮，在弹出的“新建 CSS 规则”对话框中设置参数，如图 6-96 所示，单击“确定”按钮。接着在弹出的“#right li 的 CSS 规则定义”对话框中设置“方框”中的“浮动”为“右对齐”，如图 6-97 所示，然后单击“确定”按钮，结果如图 6-98 所示。

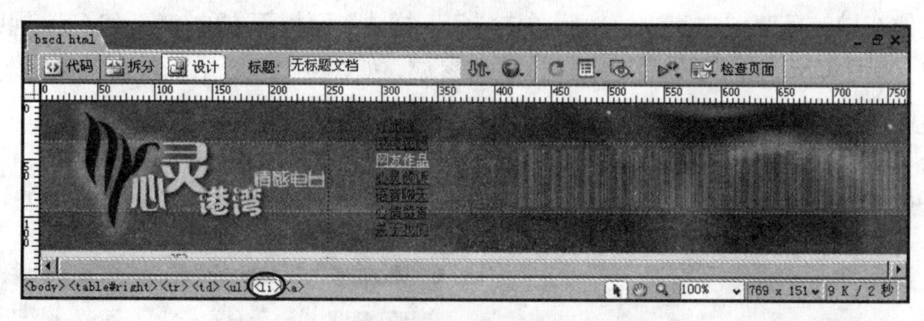

图 6-95　选择<li>

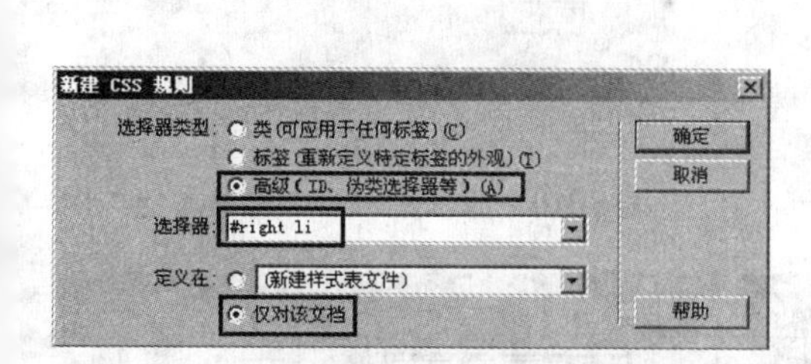

图 6-96　新建“#right li”高级样式

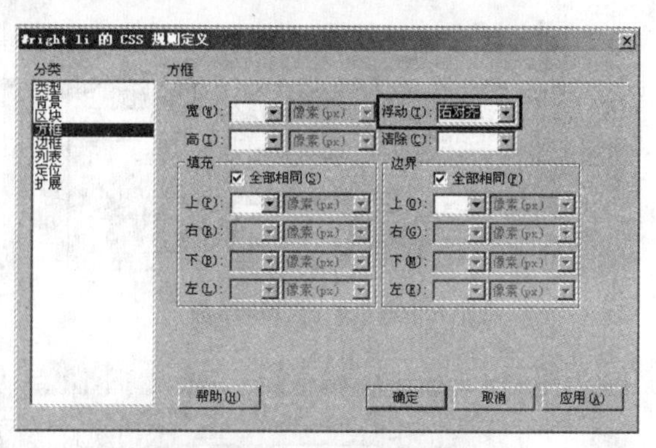

图 6-97　设置“浮动”为“右对齐”

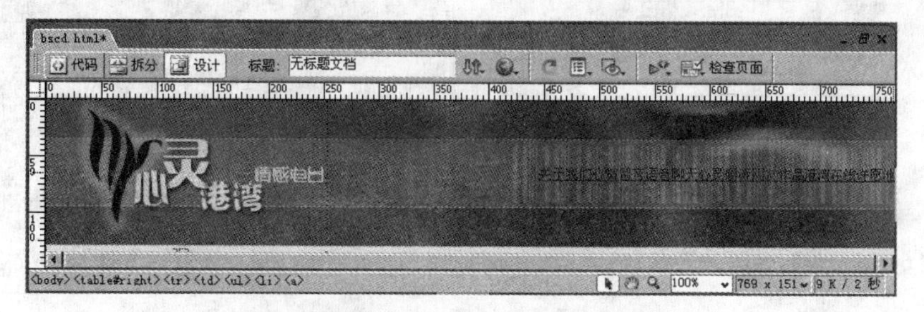

图 6-98　“浮动”为“右对齐”的效果

13）此时导航条文字在垂直方向上处于居中状态，下面通过调整“#right ul”高级样式使之位于底部。方法：在“CSS 样式”面板中选择“#right ul”，然后单击下方的 (编辑样式）按钮，将弹出的对话框切换至“方框”设置区，设置“边界”的“上”为100像素，单击“确定”按钮，结果如图6-99所示。

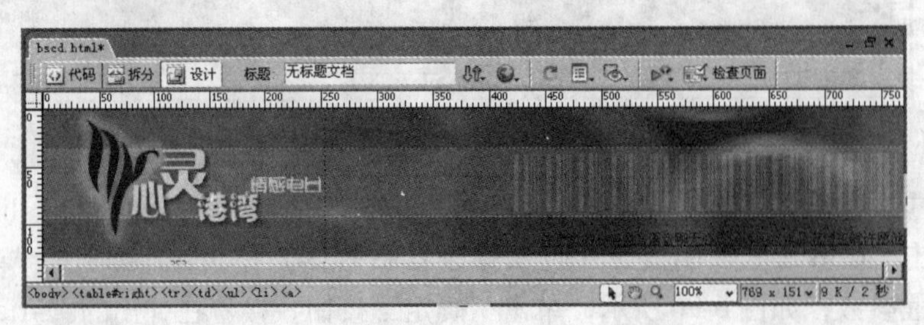

图6-99　调整导航条菜单位置后的效果

14）此时导航条菜单文字连成了一个整体，下面将导航条菜单文字进行分块处理。方法：将鼠标定位在导航条菜单文字中，然后单击“CSS样式”面板下方的 (新建CSS规则）按钮，在弹出的“新建CSS规则”对话框中保持默认参数，如图6-100所示，单击“确定”按钮。接着在弹出的“#right a的CSS规则定义”对话框中设置“类型”参数，如图6-101所示；设置“区块”参数，如图6-102所示；设置“方框”参数，如图6-103所示，再单击“确定”按钮，结果如图6-104所示。

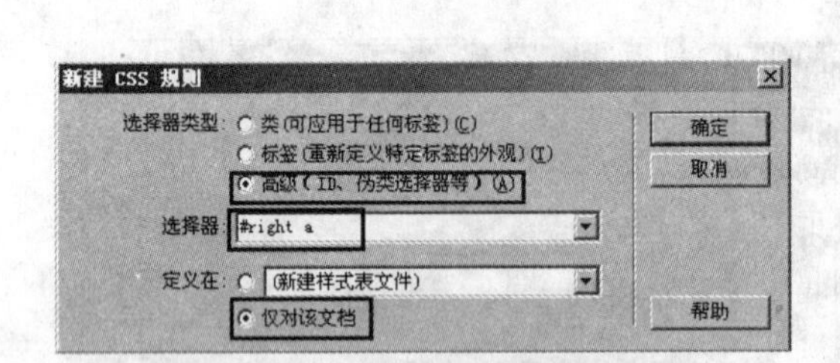

图6-100　保持默认参数

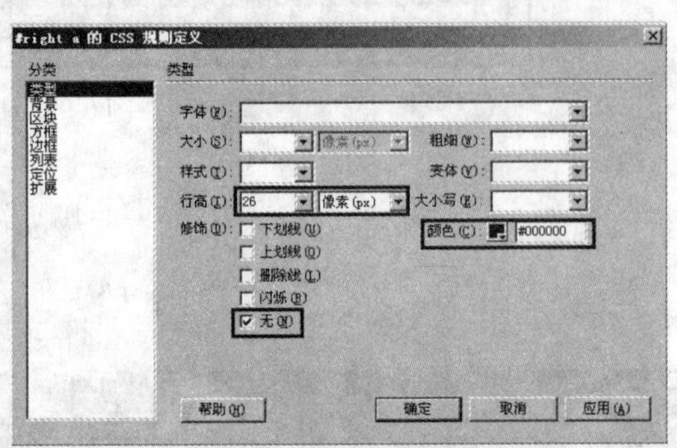

图6-101　设置“类型”参数

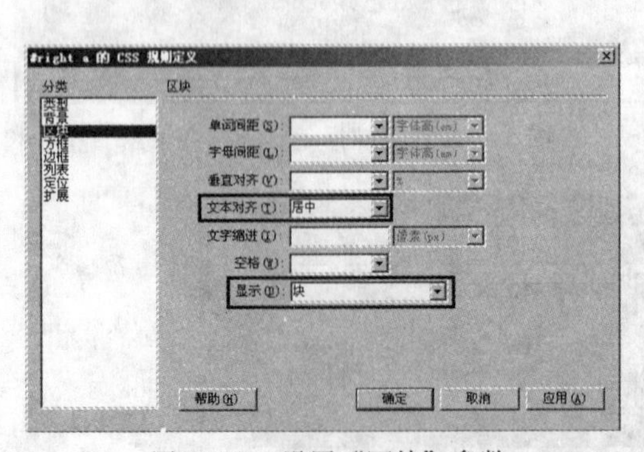

图6-102　设置“区块”参数

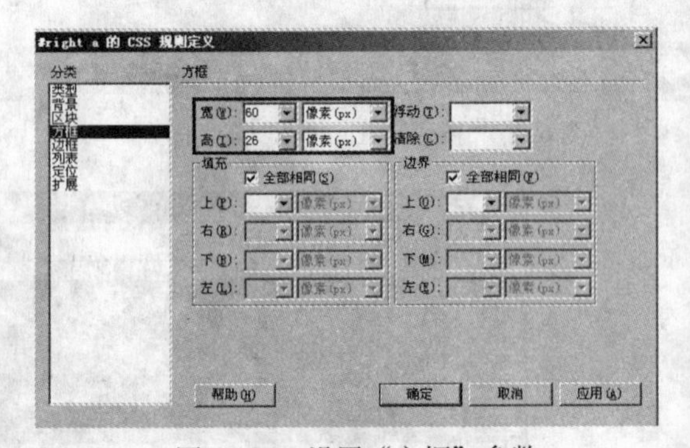

图6-103　设置“方框”参数

图6-104　将导航条文字进行分块处理的效果

提示：将“方框”的“宽”设为60像素，将“高”设为26像素，是为了使之与变色背景图片“nav_hover_bg.gif”的大小进行匹配。

15）制作鼠标经过导航条文字时变色的背景效果。方法：单击“CSS样式”面板下方的 (新建CSS规则）按钮，在弹出的“新建CSS规则”对话框中设置参数，如图6-105所示，单击“确定”按钮。然后在弹出的“#right a:hover的CSS规则定义”对话框的左侧选择“背景”，在右侧“背景图像”中选择配套光盘中的“素材及结果\6.6　变色的导航条菜单效果——CSS链接和Div的应用\images\nav_hover_bg.gif”图片，如图6-106所示，单击“确定”按钮。

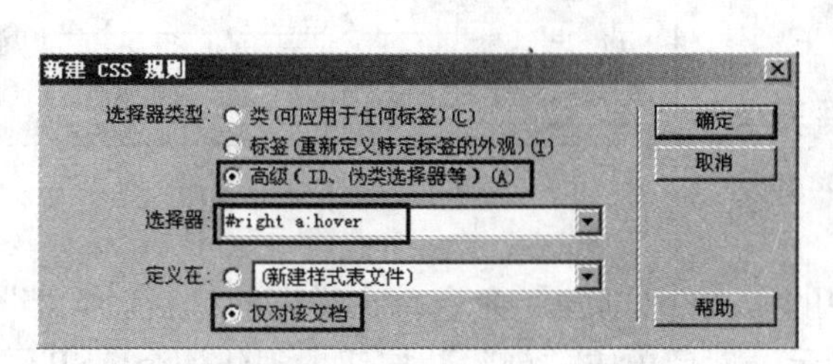

图6-105　新建“#right a:hover”高级样式

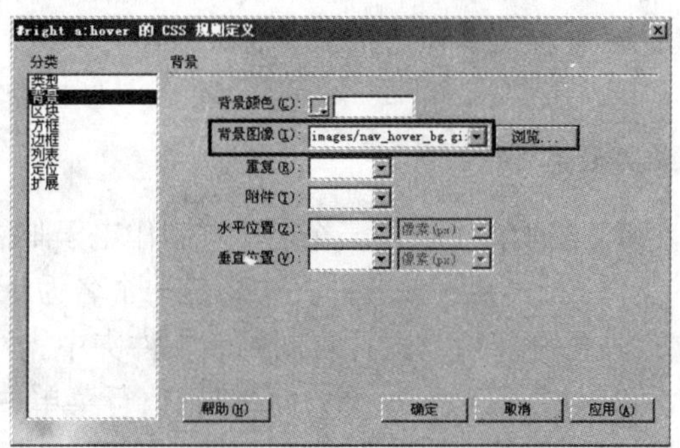

图6-106　指定变色的背景图片

16）至此，变色的导航条菜单效果制作完毕。按〈Ctrl+S〉组合键进行保存，再按〈F12〉键进行预览，即可看到，当鼠标经过导航条菜单时，相应的导航菜单会变色。

6.7　课后练习

制作一个带有CSS文字样式的网页，如图6-107所示。参数可参考配套光盘中的“课后练习\6.7课后练习\index.html”文件。

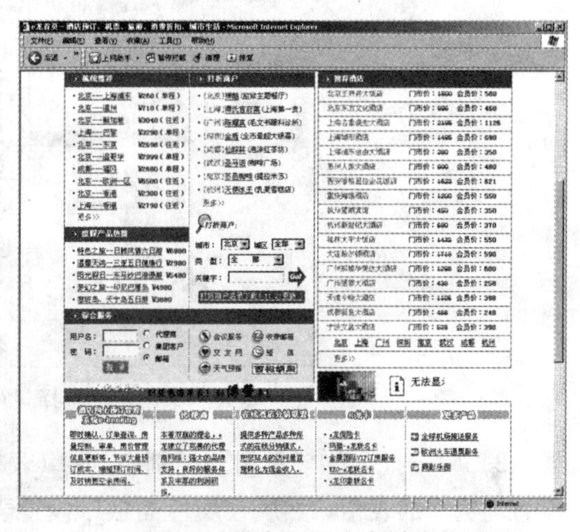

图6-107　带有CSS文字样式的网页

第7章 表单的应用

本章重点

通过本章的学习，读者应掌握表单和数据库的应用。

7.1 制作电子邮件表单——表单的应用

要点：

本例将制作一个通过网页发送电子邮件的页面，如图7-1所示。网站浏览者可以在网页上通过提交表单，将个人信息及相关内容直接提交到网站管理员的邮箱中，从而达到简单交互的目的。通过本例的学习，读者应掌握表单的创建和提交方法。

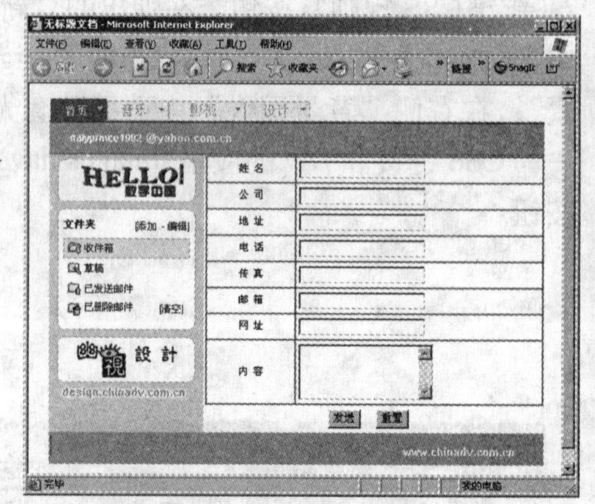

图7-1 电子邮件表单

操作步骤：

1）在硬盘上创建一个名为“制作电子邮件表单”的文件夹，然后在该文件夹中新建一个名为images的文件夹，并将所需图片复制到该文件夹中。

2）打开Dreamweaver CS3，执行菜单中的“文件|新建”命令，在弹出的“新建文档”对话框中选择“ASP JavaScript”，如图7-2所示。然后单击“创建”按钮，创建一个ASP网页。

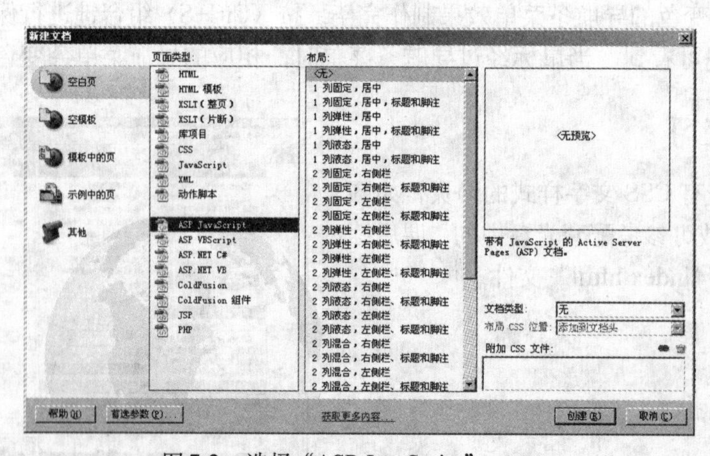

图7-2 选择“ASP JavaScript”

3）单击插入栏“常用”类别中的（表格）按钮，插入一个1行1列、宽度为600、其他设置均为0的表格。然后在属性面板中设置表格高度为436，背景图像为配套光盘中的“素材及结果\7.1 制作电子邮件表单——表单的应用\images\bg_mail.jpg”图片，如图7-3所示。

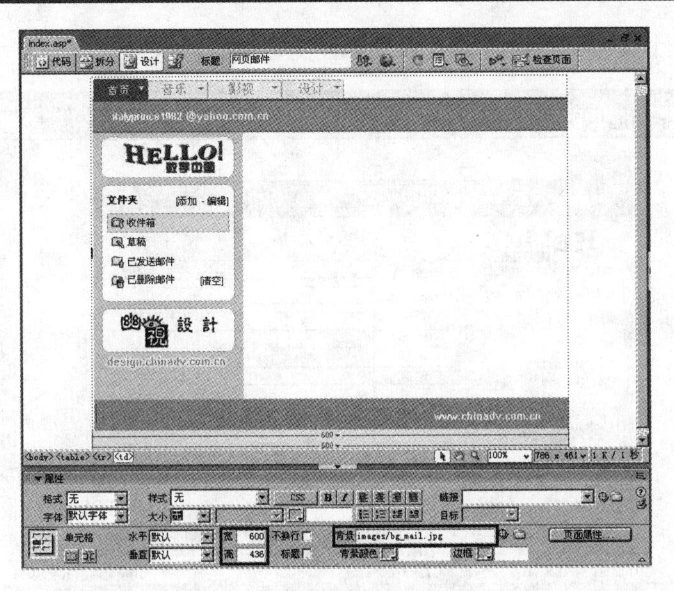

图7-3　插入表格并指定背景图像

4）将光标定位在刚插入的表格中，插入一个1行2列、宽度为99%、其他设置均为0的嵌套表格。然后在属性面板中设置表格高度为368，并根据背景图片调整第2列的列宽为68%。

5）将光标定位在嵌套表格的右侧单元格中，单击插入栏“表单”类别中的(表单）按钮，插入一个表单。然后单击插入栏“常用”类别中的(表格）按钮，插入一个8行2列、宽度为400像素、边框为1、填充为2、间距为0的表格。接着选中表格，单击代码按钮，进入代码视图，将“<table width="400" align="center">”改为“<table width="400" align="center" cellpadding="2" cellspacing="0" bordercolorlight="#336699" bordercolordark="#AFE4FC" border="1">”。

提示：此步过程可以使得表格实现立体视觉效果。

6）单击设计按钮，回到设计视图，分别在第1列单元格中输入姓名、公司、地址、电话、传真、网址、信箱和内容，结果如图7-4所示。

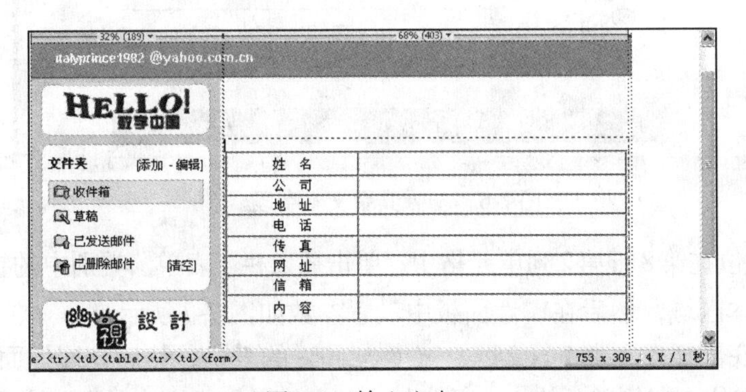

图7-4　输入文本

7）将光标定位在第2列第1个单元格中，然后单击插入栏“表单”类别中的(文本字段）按钮，插入一个文本字段，并设置属性如图 7-5 所示。

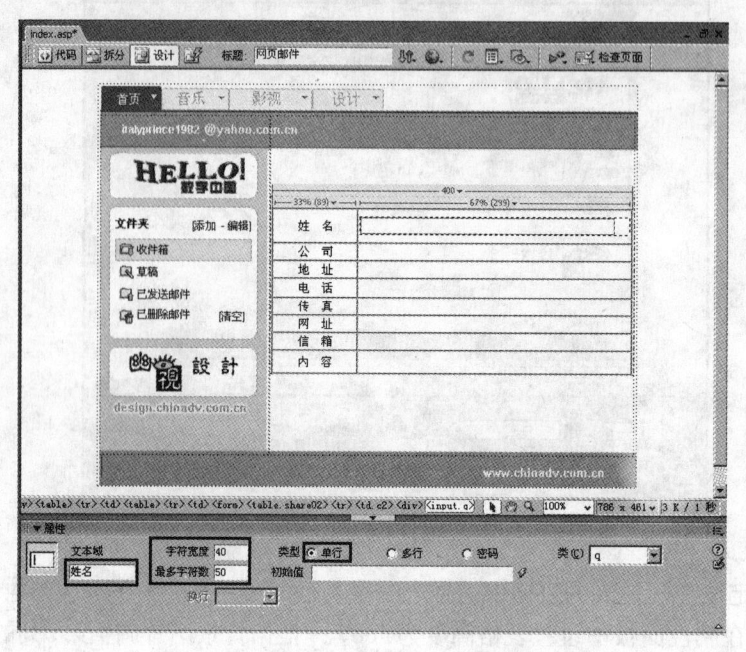

图 7-5　设置文本字段的属性

8）同理，分别在第 2 列其余单元格中插入文本字段，结果如图 7-6 所示。

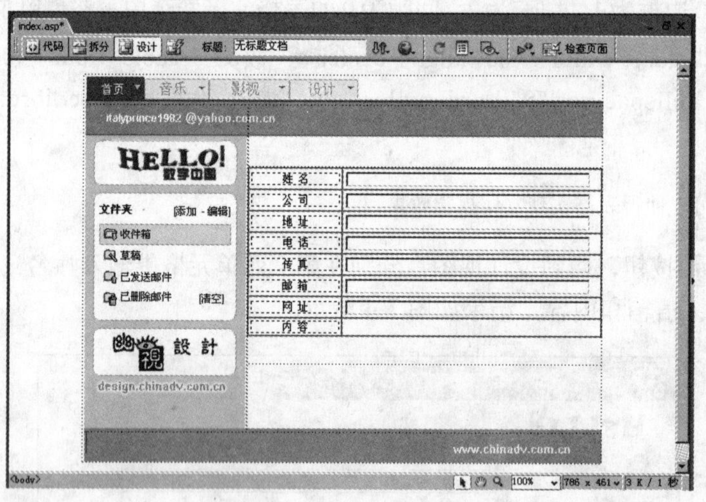

图 7-6　插入其余文本字段

9）将光标定位在第 8 行第 2 列单元格中，单击插入栏“表单”类别中的 (文本区域) 按钮，插入一个文本区域，然后在属性面板中设置参数如图 7-7 所示。

10）在表单底部插入一个 1 行 2 列、宽度为 40% 的表格，然后在属性面板中将其居中对齐。接着将光标定位在左侧单元格中，单击插入栏“表单”类别中的 (按钮) 按钮，插入一个“发送”按钮，并在属性面板中设置参数，如图 7-8 所示。

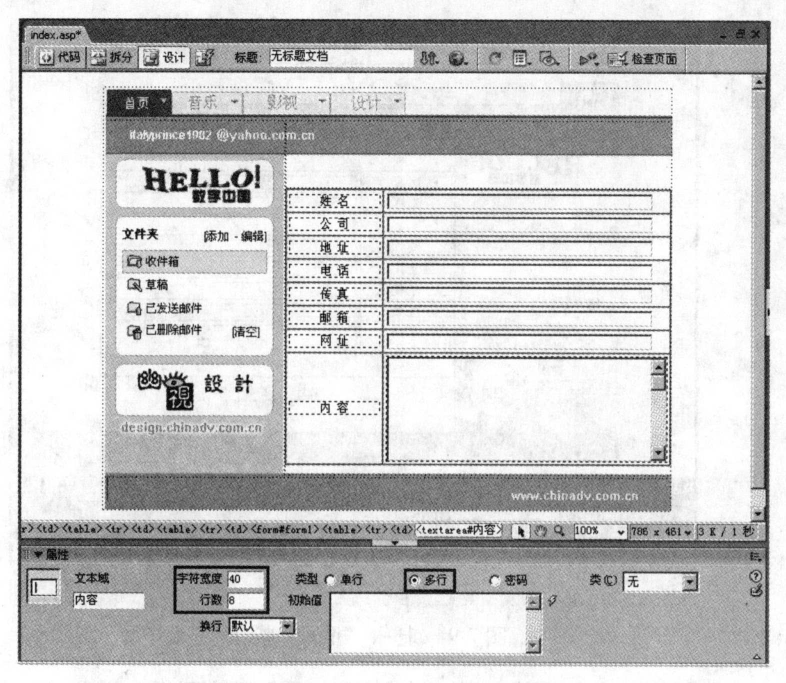

图 7-7　插入文本区域并设置属性

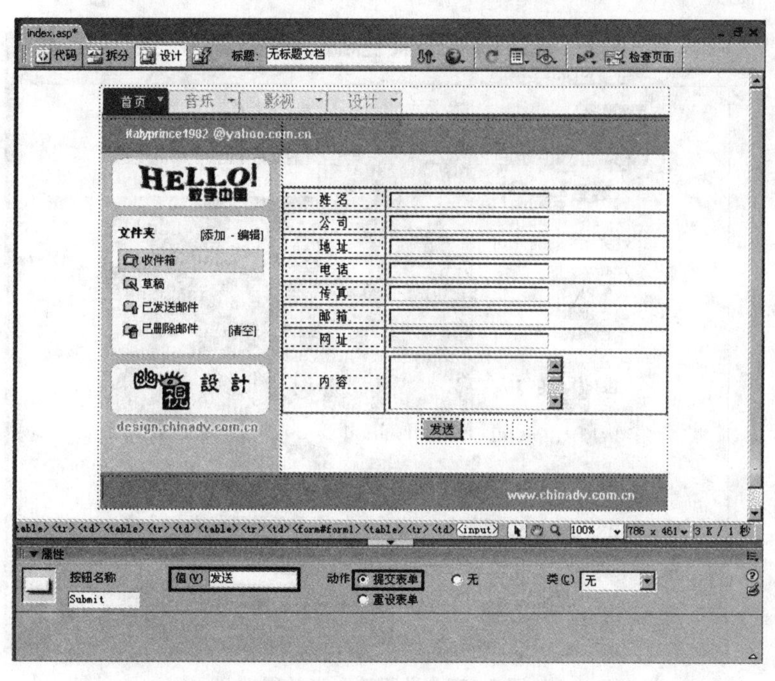

图 7-8　插入“发送”按钮

11）将光标定位在左侧单元格，单击插入栏“表单”类别中的(按钮) 按钮，插入一个“重置”按钮，然后在属性面板中设置参数，如图 7-9 所示。

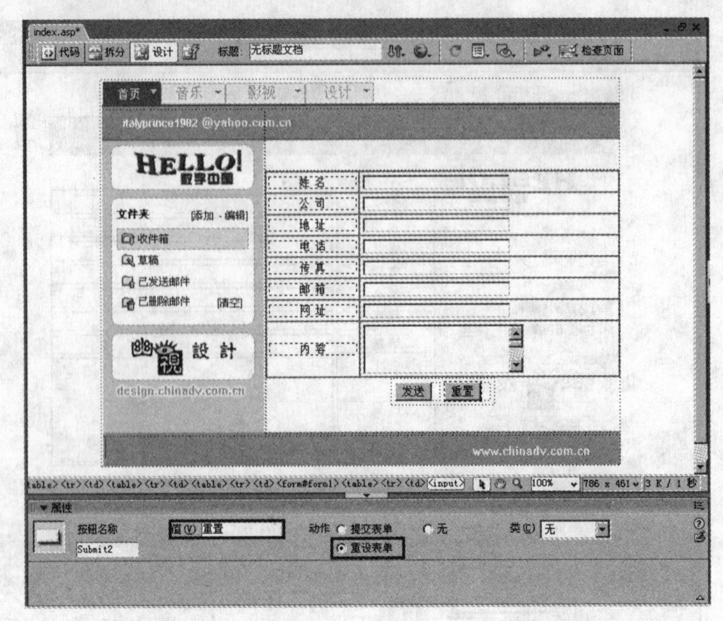

图 7-9　插入“重置”按钮

12）单击表单的红色虚线边缘，选中表单。然后在属性面板中设置“动作”为“mailto: italyprince1982@yahoo.com.cn”，接着在“MIME 类型”中输入“text/plain”，如图 7-10 所示。

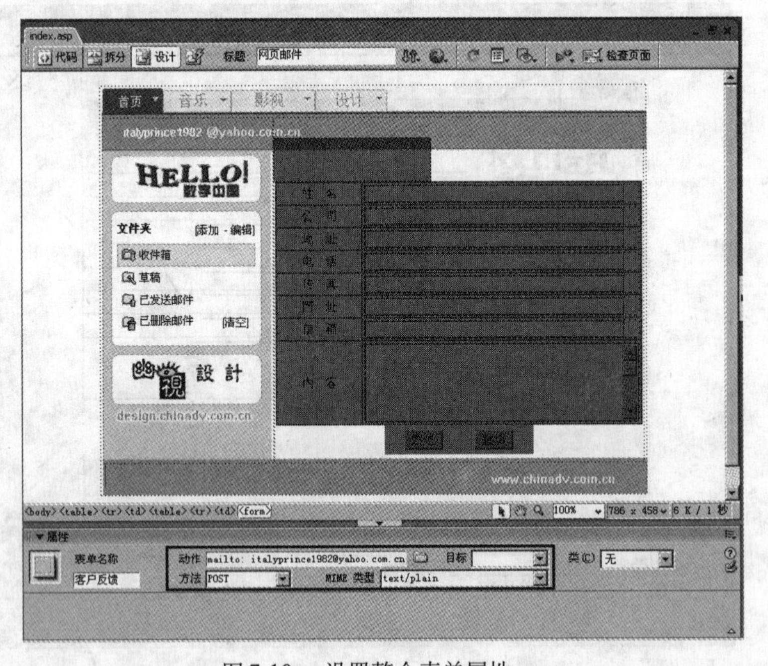

图 7-10　设置整个表单属性

13）按〈Ctrl+S〉组合键保存，按〈F12〉键进行预览。在浏览器地址栏中输入网址：“http://localhost/mail”或“http://localhost/mail/index.asp”，然后在页面中输入相关信息，单击“发送”按钮，页面信息便会被提交到预先设置的邮箱 italyprince1982@yahoo.com.cn 中。

7.2　制作新会员注册表单——表单与数据库的应用 1

要点：

本例将制作一个新会员的注册页面，如图 7-11 所示。通过该注册页面，访问者可以输入个人注册信息并提交记录到数据库中，然后结合后面的登录页面实例，实现与网站访问者交互的目的。通过本例的学习，读者应掌握表单的应用，掌握简单数据库的应用，并了解 IIS 的作用。

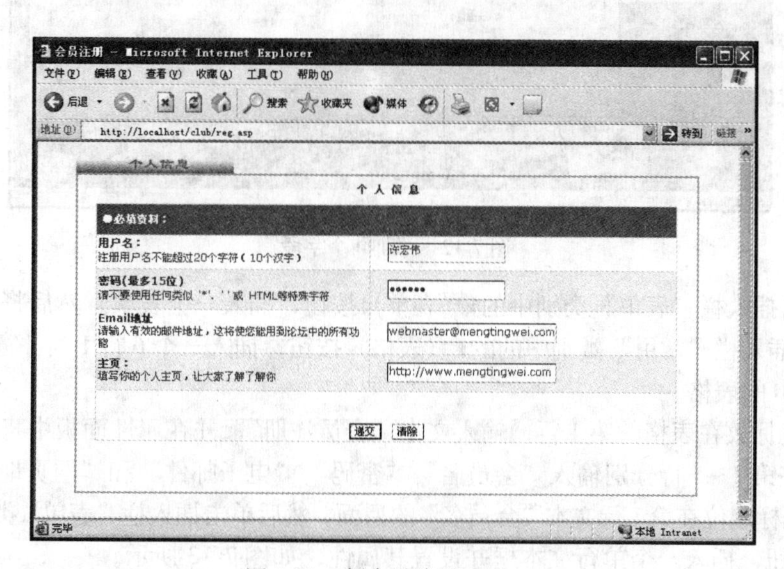

图 7-11　新会员注册页面

操作步骤：

1）打开“我的电脑”，找到“C:\InetPub\wwwroot”，然后在根目录下新建一个名为“club”的文件夹，在该文件夹下再建一个名为“data”的文件夹。

2）打开 Access 2000（可以使用 Access 的任何版本），新建一个名为 data 的数据库，将其存储在刚建立的“data”文件夹中，然后新建一个名为“club”的数据表。在设计视图中，添加一个字段，字段名为“id”，数据类型为“自动编号”，常规属性使用默认值。接着分别添加 4 个字段，字段名分别为“username”、“password”、“email”和“website”，并将数据类型设为“文本”，其常规属性使用默认值，如图 7-12 所示。

提示：本例的 4 个字段分别要记录的是“用户名”、“密码”、“电子邮件地址”和“网址”的信息，读者可以根据网站的需要酌情进行添加。

3）打开 Dreamweaver CS3，在 club 文件夹下新建两个名为“reg.asp”和“save.asp”的文件，然后双击 reg.asp 文件进行编辑。

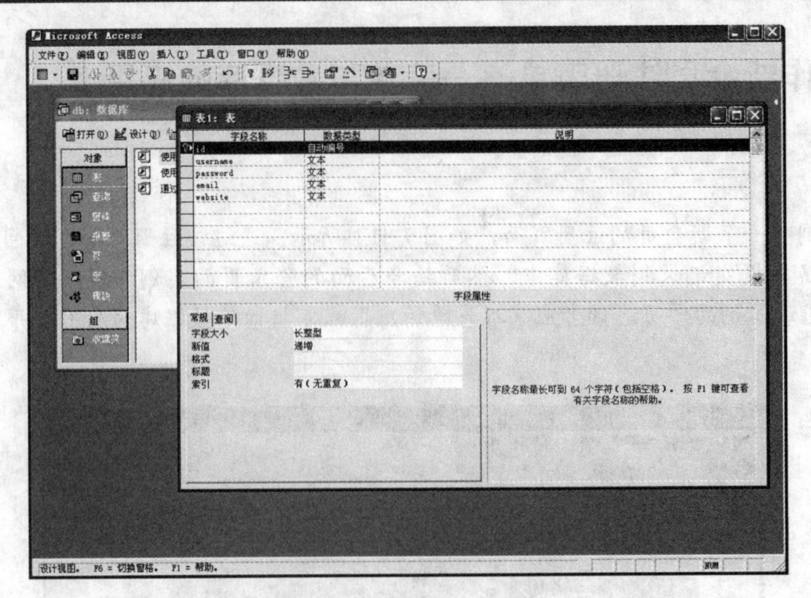

图 7-12　添加 4 个字段

4）单击插入栏“表单”类别中的(表单）按钮，插入一个表单。然后将光标定位在表单中，单击插入栏“常用”类别中的的(表格）按钮，插入一个 6 行 1 列、宽度为 750、其他设置均为 0 的表格。

5）将光标放在表格的第 1 行，输入文本“会员注册”，并在属性面板中将文字“居中对齐”。然后在第 2～5 行分别输入“会员名”、“密码”、“电子邮件”和“网页地址”。

6）将光标定位在第 1 行文本“会员名”的后面，然后单击插入栏“表单”类别中的(文本字段）按钮，插入一个单行文本框并设置其属性，如图 7-13 所示。

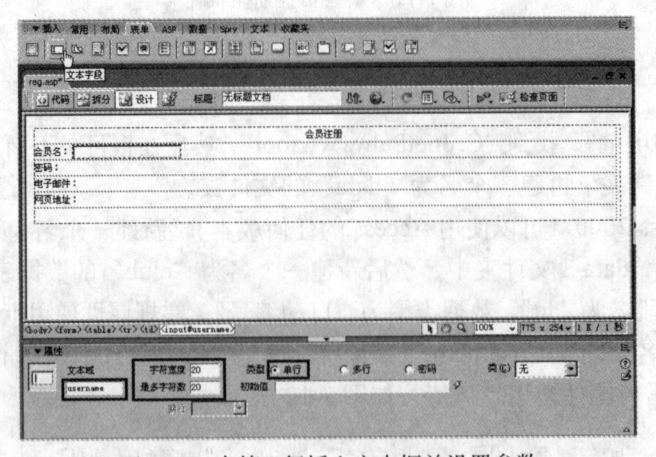

图 7-13　在第 1 行插入文本框并设置参数

7）在第 2 行相应位置同样插入一个单行文本框，并设置其属性，如图 7-14 所示。

提示：与上一步不同的是，属性面板中的“类型”选择的是“密码”，这样在网页中的此文本框中输入的信息将以“*”来显示，从而在输入密码时起到了保护作用。

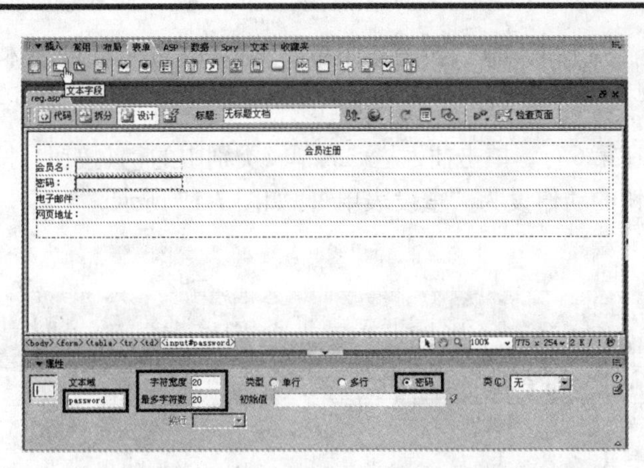

图 7-14　在第 2 行插入文本框并设置参数

8）在第 3 行相应位置同样插入单行文本框，并设置其属性，如图 7-15 所示。

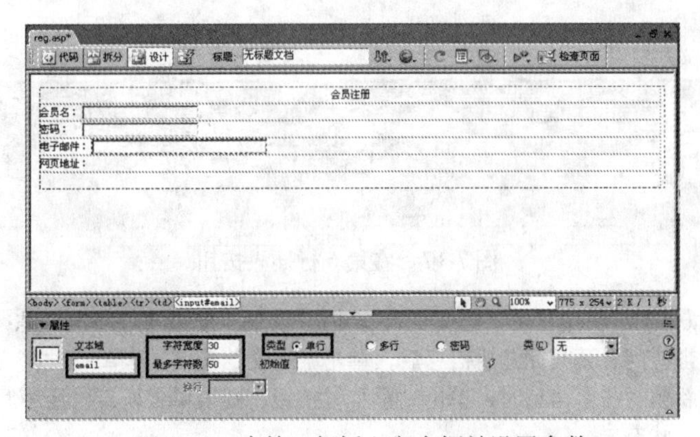

图 7-15　在第 3 行插入文本框并设置参数

提示：将属性面板的“字符宽度”设为“30”，表示此文本框的宽度，而“最多字符数”为“50”，则表示在网页中该文本框中最多可以输入 50 个字符，超过 50 将不再显示。“最多字符数”一定要与数据库中相应字段的大小对应起来，否则一旦输入的字符超过数据库中相应的字段，便会出现错误，因此建议“最多字符数”要小于或等于数据库中相应字段的大小。

9）在第 4 行相应位置同样插入单行文本框，并设置其属性，如图 7-16 所示。

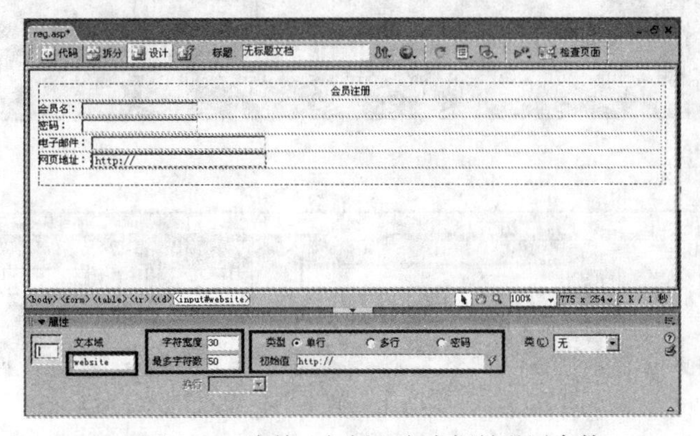

图 7-16　在第 4 行插入文本框并设置参数

提示：此步在属性面板的“初始值”栏中输入“http://”，这样在打开网页后该文本框将自动被写入“http://”字段，访问者可以在后面继续输入相应的网址，从而省去了输入“http://”的过程。

10）将光标放在第6行，单击插入栏“表单”类别中的□（按钮）按钮，连续插入两个按钮，并将第2个按钮的动作设为“重设表单”，如图7-17所示。

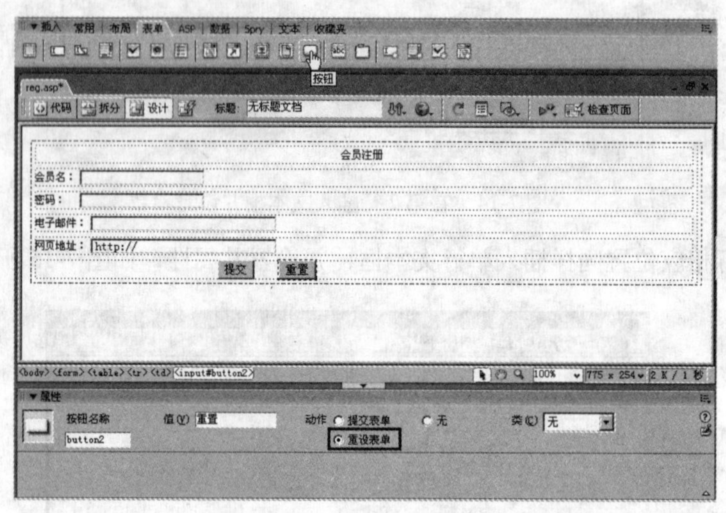

图7-17　在第6行插入按钮

提示：“提交”按钮的“动作”是“提交表单”，而“重置”按钮的“动作”是“重设表单”，也就是说，在网页中当访问者填写完注册信息后，单击“提交”按钮，表单将被提交到相应页面处理，若访问者想重新填写注册信息时，单击“重置”按钮，则表单中所有已经填写的信息将被清除，表单恢复到默认状态。

11）单击表单的上边缘，选中整个表单。然后在属性面板的“动作”文本框中输入“save.asp”，如图7-18所示。

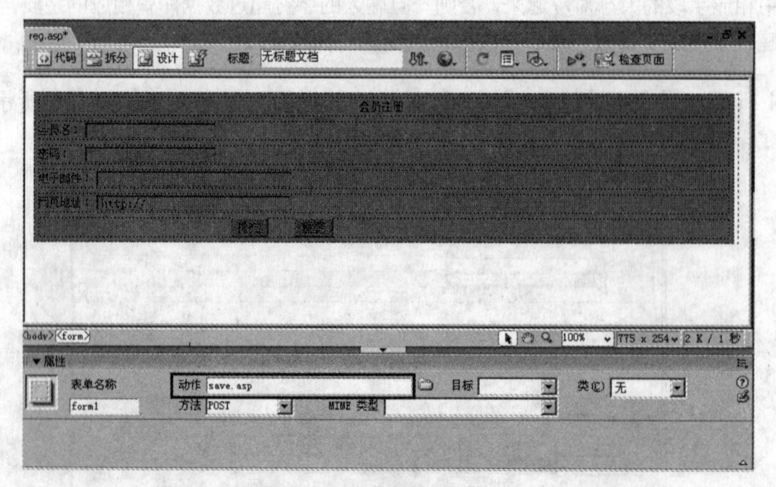

图7-18　在“动作”文本框中输入“save.asp”

12）双击打开刚建立的文本“save.asp”进行编辑，然后切换到代码视图，打开配套光盘中的“素材及结果\7.2 制作新会员注册表单——表单与数据库的应用 1 \ 制作会员注册表单.txt”记事本文件，在记事本文件中按快捷键〈Ctrl+A〉全选代码，然后按快捷键〈Ctrl+C〉进行复制。接着回到 Dreamweaver CS3 代码视窗中，按快捷键〈Ctrl+V〉粘贴代码。

对代码及注释的说明如下：

```
<%
'创建和服务器数据库的连接
dim conn
set conn=server.createobject("adodb.connection")
conn.open "driver={Microsoft Access Driver (*.mdb)};dbq="&server.mappath("data/db.mdb")
'创建一个记录集
set rs=createobject("adodb.RecordSet")
'使用 SQL 查询语句，打开数据表后在相应的字段下面添加一条记录
sql="select * from club"
rs.open sql,conn,3,3
rs.addnew
rs("username")=Request.Form("username")
rs("password")=Request.Form("password")
rs("email")=Request.Form("email")
rs("website")=Request.Form("website")
'更新记录集，关闭并清空记录集
rs.update
rs.close
set rs=nothing
'在页面上显示 " 会员注册成功！ "
response.write(" 会员注册成功！ ")
%>
```

显示效果如图 7-19 所示。

图 7-19　粘贴代码

提示：<%和%>之间包含的代码为ASP代码，是要经过服务器编译后才能传给用户浏览器的，“'”（英文单引号）后面的文字不被浏览器编译，只起到注释作用。

13）按〈Ctrl+S〉组合键保存，打开IE浏览器，在地址栏中输入http://localhost/club/reg.asp，在页面中输入个人注册信息，如图7-20所示，然后单击“提交”按钮，页面效果如图7-21所示。

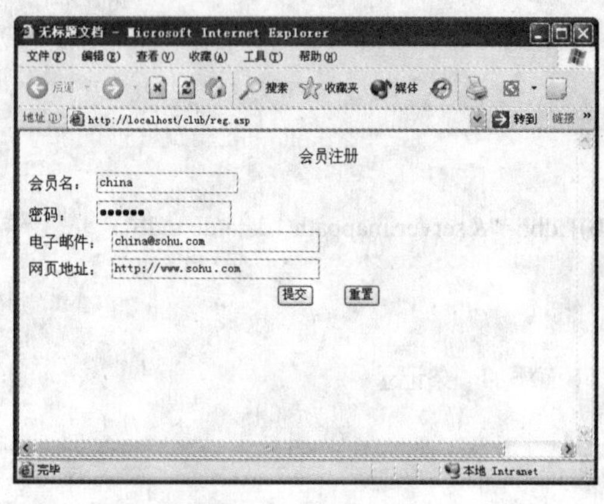

图7-20　输入个人注册信息

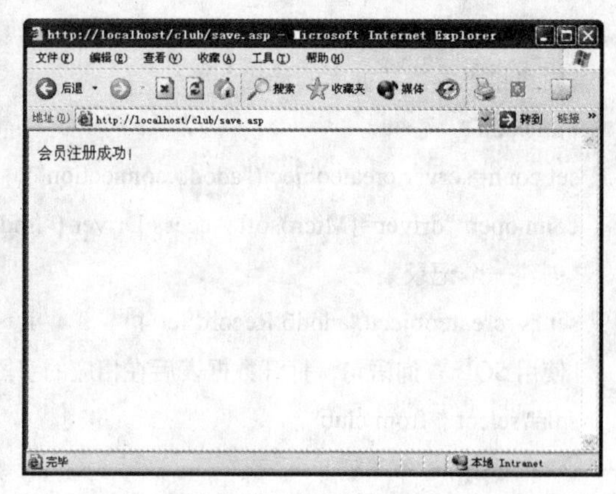

图7-21　单击“提交”按钮后的页面效果

14）下面将注册页面美化一下，然后按〈Ctrl+S〉组合键保存，按〈F12〉键进行预览，结果如图7-22所示。

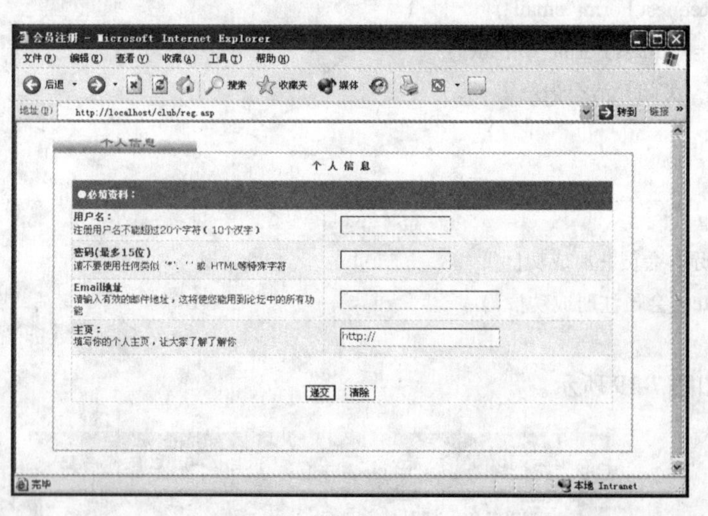

图7-22　预览效果

7.3　制作老会员登录表单——表单与数据库的应用2

**要点：**

本例将制作一个老会员的登录页面，如图7-23所示。会员可以在登录页面中输入个人的

用户名和密码（已经在前面注册过的），然后单击“提交”　按钮便可进行登录。

图7-23　老会员登录表单

操作步骤：

1）打开Dreamweaver CS3，在“文件”面板中选择“文件”选项卡，右击“club”文件夹，在弹出的快捷菜单选择“新建”命令，新建“login.asp”、“check.asp”和“index.asp”3个文件。接着双击“login.asp”进入其编辑状态。

2）将光标定位在文档窗口中，单击插入栏“表单”类别中的（表单）按钮，插入一个表单。然后将光标定位在表单中，单击插入栏“常规”类别中的（表格）按钮，插入一个4行2列、宽度为300像素、其他设置均为0的表格。接着分别将第1行和最后1行的两个单元格合并。最后分别在第1行、第2行第1列、第2行第3列中输入文字“会员登录”、“会员名”和“密码”，结果如图7-24所示。

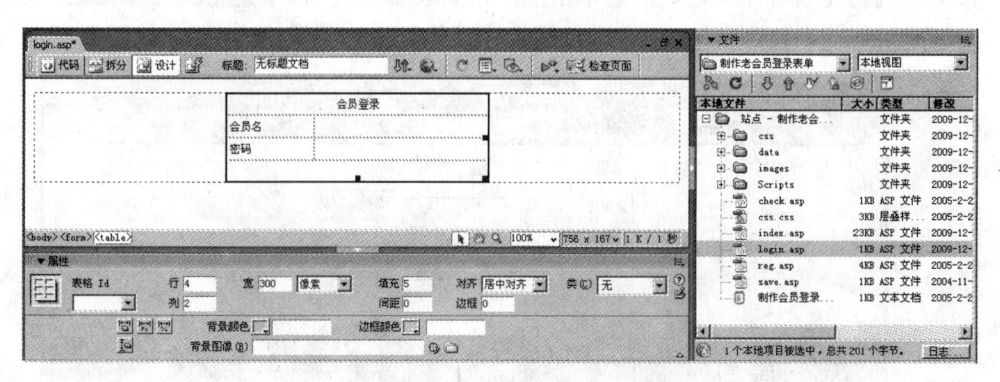

图7-24　插入表格

3）将光标定位在第2行右侧单元格中，然后单击插入栏“表单”类别中的（文本字段）按钮，插入一个单行文本框，并设置其属性，如图7-25所示。

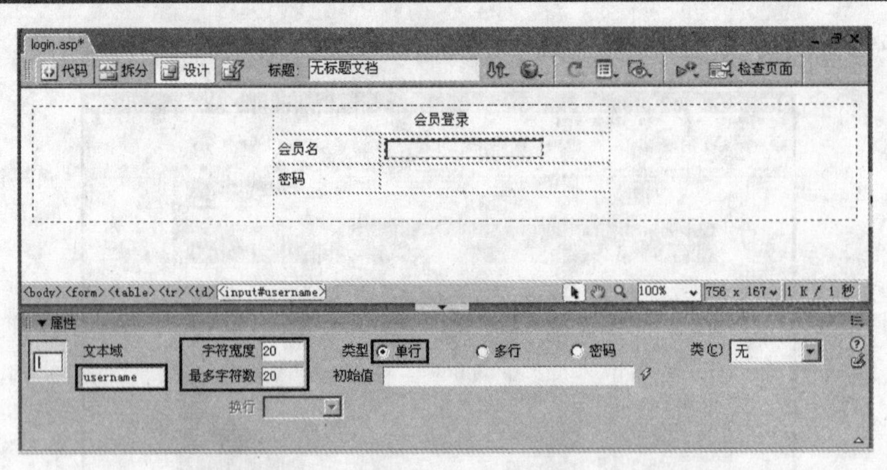

图 7-25　在第 2 行插入单行文本框并设置参数

4）同理，在第 3 行右侧单元格中插入单行文本框，并设置其属性，如图 7-26 所示。

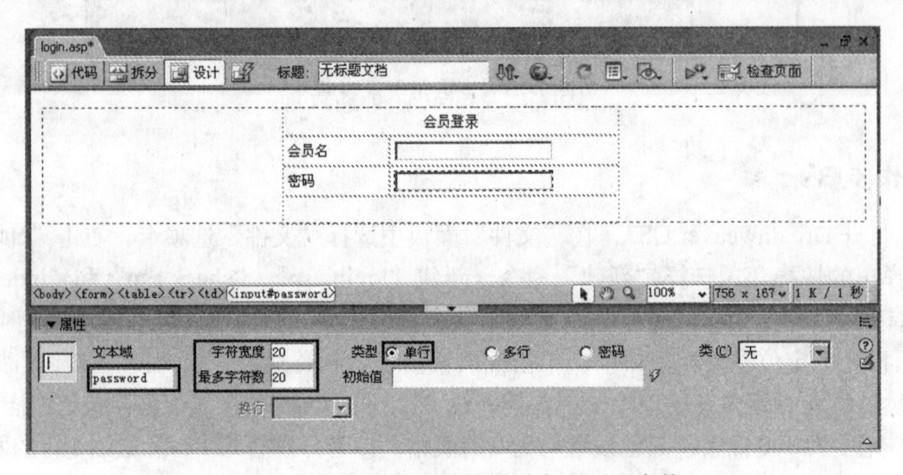

图 7-26　在第 3 行插入单行文本框并设置参数

5）将光标定位在第 4 行，然后单击插入栏“表单”类别中的□（按钮）按钮，连续插入两个按钮，并在属性面板中将第 2 个按钮的“动作”设为“重设表单”，如图 7-27 所示。

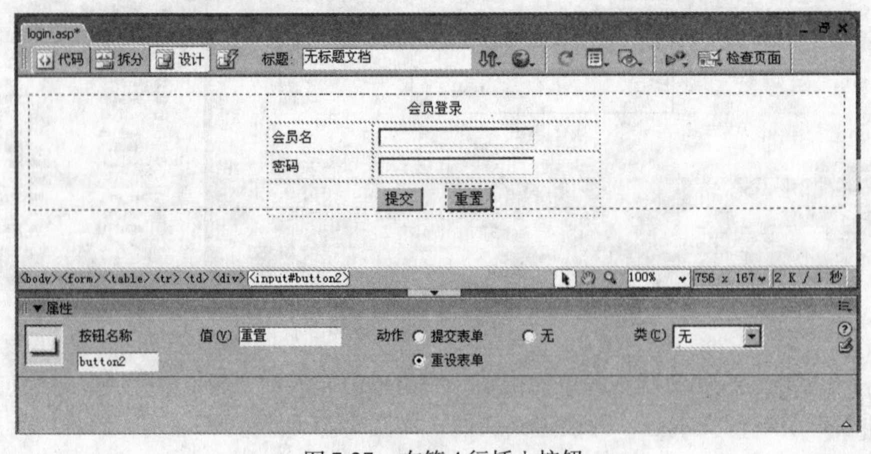

图 7-27　在第 4 行插入按钮

6）单击表单的上边缘，选中整个表单。然后在属性面板的“动作”文本框中输入“check.asp”，如图 7-28 所示。

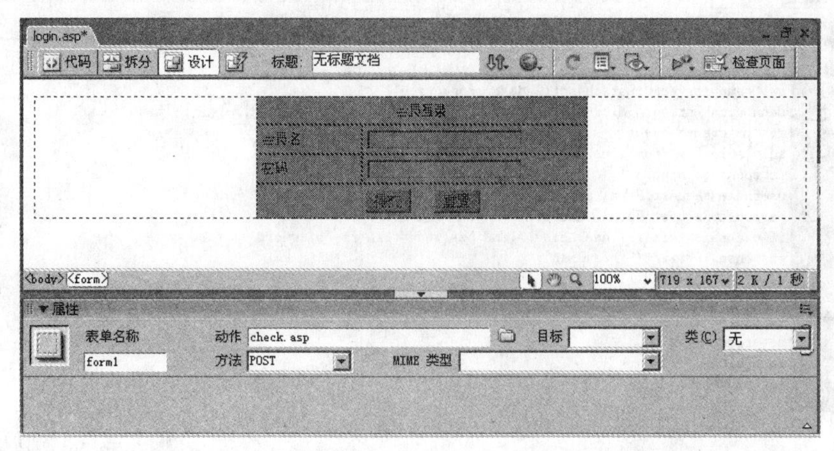

图 7-28　在属性面板的“动作”文本框中输入“check.asp”

7）双击打开“check.asp”文件进行编辑，然后切换到代码视图，打开配套光盘中的“素材及结果\7.3　制作老会员登录表单——表单与数据库的应用 2 \ 制作会员登录表单.txt”文件，在该记事本文件中按快捷键〈Ctrl+A〉全选代码，接着按快捷键〈Ctrl+C〉进行复制。最后回到 Dreamweaver CS3 代码视窗中，按快捷键〈Ctrl+V〉粘贴代码。

对代码及注释的说明如下：

```
<%
'创建和服务器数据库的连接
dim conn set conn=server.createobject("adodb.connection") conn.open "driver={Microsoft Access Driver (*.mdb)};dbq="&server.mappath("data/db.mdb")
'定义变量 username 和 passord
dim username,password
'将在提交表单的文本框中所输入的值分别赋予变量 username 和 password
username=Request.Form("username") password=Request.Form("password")
'将从表单中得到的“username”值赋予 session
session("username")=Request.Form("username")
'创建一个记录集
set rs=createobject("adodb.RecordSet")
'查询 club 数据表中，username 字段为表单所提交的用户名
sql="select * from club where username='"&username&"'" rs.open sql,conn,3,1
'如果表单提交的信息与数据库中的记录相同，则页面转向到 index.asp 页面，否则返回 login.asp 页面
if username=trim(rs("username")) and password=trim(rs("password")) then response.redirect("index.asp") else response.redirect("login.asp") end if rs.close set rs=nothing conn.close set conn=nothing %>
```

显示效果如图 7-29 所示。

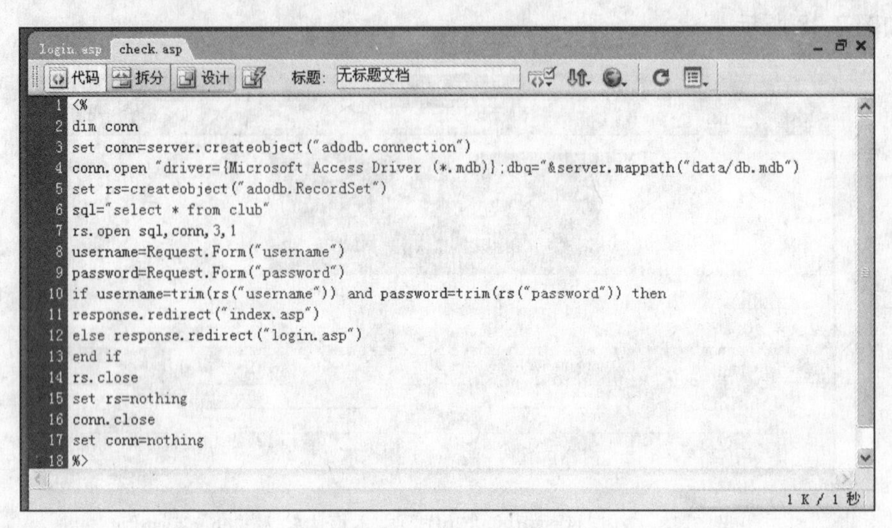

图 7-29　粘贴代码

8）双击打开 index.asp 进行编辑，然后选择拆分视图，在源代码窗口<body></body>中输入代码“你好：<%=session("username")%>”，如图 7-30 所示。

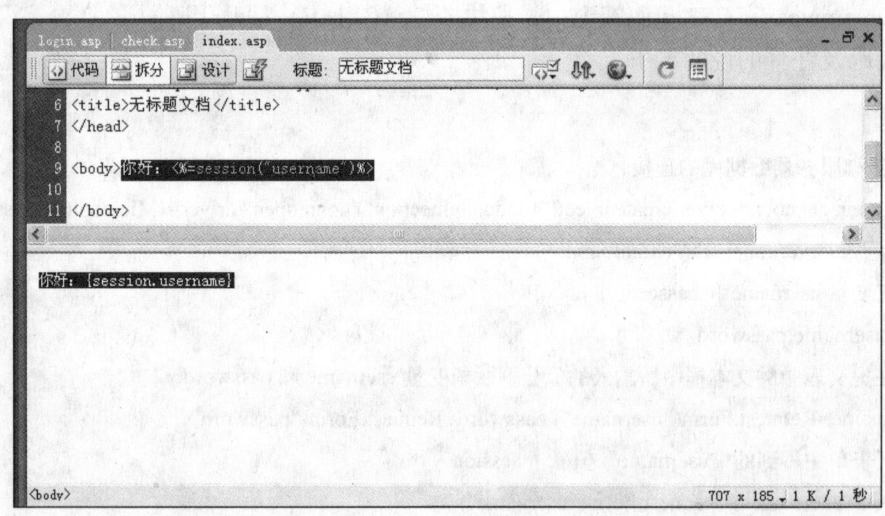

图 7-30　输入代码

9）按〈Ctrl+S〉组合键保存所有文件，按〈F12〉键进行预览。然后在浏览器地址栏中输入 http://localhost/club/login.asp，在登录框中输入上一个实例中注册的信息，单击“提交”按钮，如图 7-31 所示。此时会出现如图 7-32 所示的界面。

10）可以把注册页面内嵌到其他页面中，从而实现登录页面在网站中的实际应用，效果如图 7-33 所示。

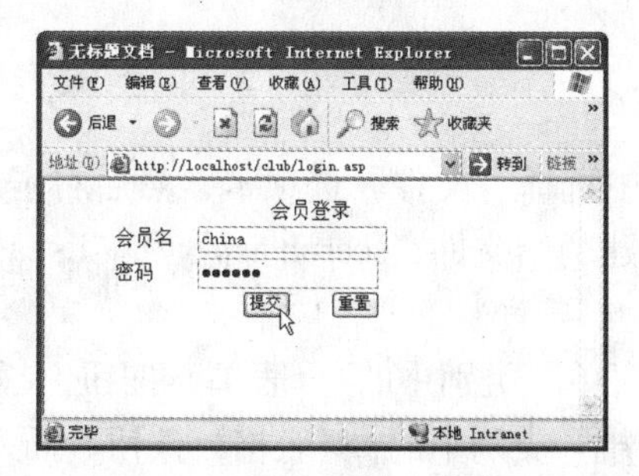

图7-31　单击“提交”按钮

图7-32　单击“提交”按钮后的界面

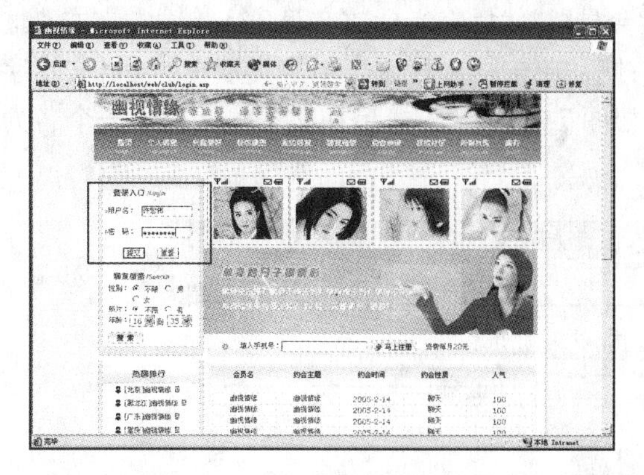

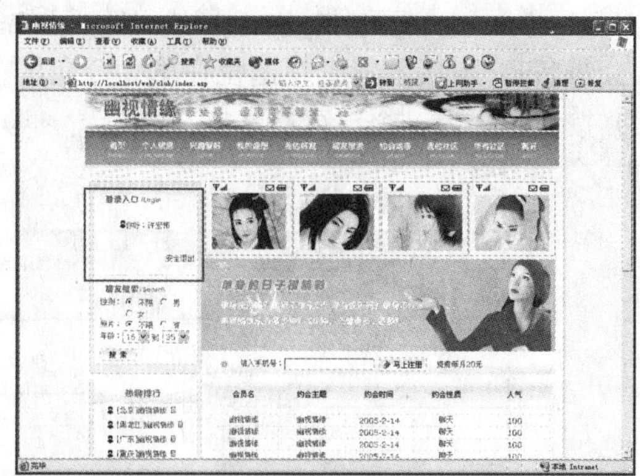

图7-33　将注册页面内嵌到其他页面中的实际效果

7.4　增加一个搜索引擎——表单与数据库的应用3

要点：

本例将制作一个搜索引擎的实例，如图7-34所示。网站浏览者通过输入会员名便可查询会员的信息。通过本例的学习，读者应掌握表单的应用，掌握简单数据库的应用，并了解IIS的作用。

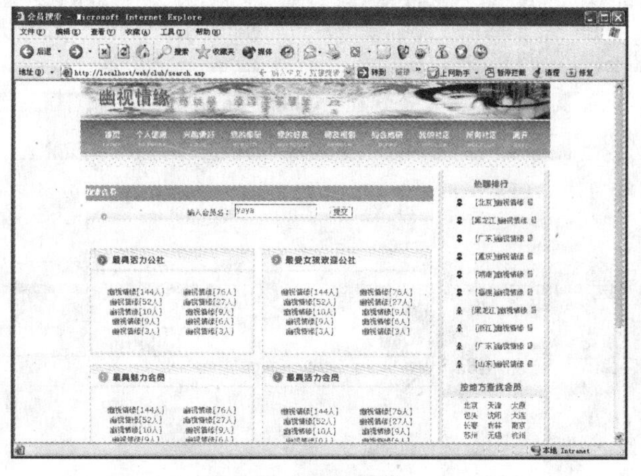

图7-34　搜索引擎

操作步骤：

1）打开 Dreamweaver CS3，在“文件”面板中选择“文件”选项卡，然后右击“club”文件夹，在弹出的快捷菜单选择“新建”命令，新建两个文件“search.asp”和“list.asp”。接着双击“search.asp”，进入其编辑状态。

2）将光标定位在文档窗口中，单击插入栏“表单”类别中的（表单）按钮，插入一个表单。然后将光标定位在表单中，单击插入栏“常规”类别中的（表格）按钮，插入一个 2 行 1 列、宽度为 400 像素、其他设置均为 0 的表格。

3）将光标定位在第 1 行并输入文本“搜索会员”。然后将光标放在第 2 行并输入文本“输入会员名：”。接着将光标定位在第 2 行文字右侧，单击插入栏“表单”类别中的（文本字段）按钮，插入一个单行文本框，并设置参数如图 7-35 所示。最后在文本框后插入一个名为“提交”的按钮。

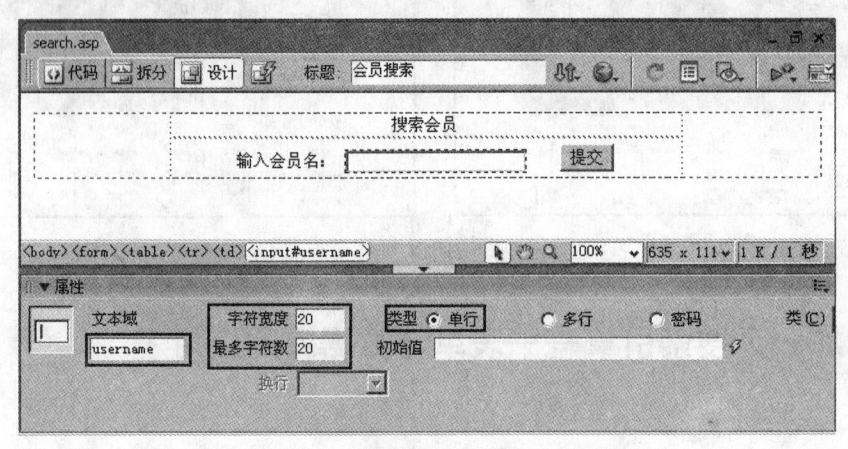

图 7-35　插入单行文本框并设置参数

4）单击表单的上边缘，选中整个表单，在属性面板中设置“动作”为“list.asp”，如图 7-36 所示，然后按〈Ctrl+S〉组合键保存文件。

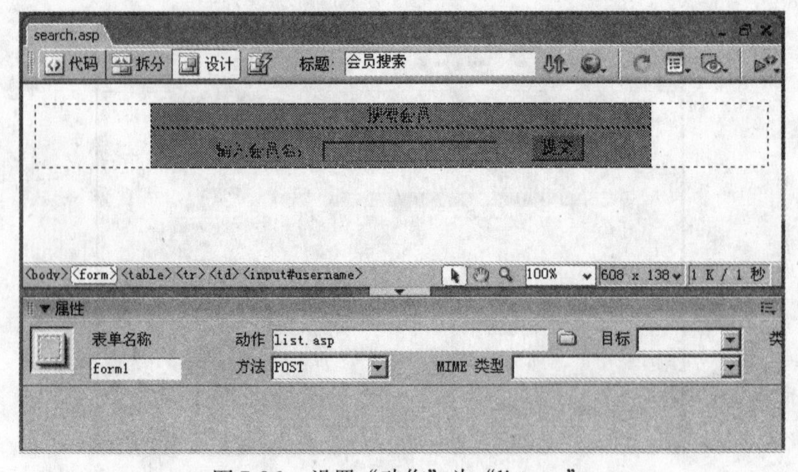

图 7-36　设置“动作”为“list.asp”

5）双击打开“list.asp”文件进行编辑，然后切换到代码视图，清空所有代码，再切换到代码视图，打开配套光盘中的“素材及结果\7.4 增加一个搜索引擎——表单与数据库的应用3\增加一个搜索引擎.txt”文件。接着在该记事本文件中按快捷键〈Ctrl+A〉全选代码，再按快捷键〈Ctrl+C〉复制。最后回到Dreamweaver CS3代码视窗中，按快捷键〈Ctrl+V〉粘贴代码。

对代码及注释的说明如下：

```
<%
'创建和服务器数据库的连接
dim conn set conn=server.createobject("adodb.connection") conn.open "driver={Microsoft Access Driver (*.
mdb)};dbq="&server.mappath("data/db.mdb")
'创建一个记录集
set rs=createobject("adodb.RecordSet")
'查询数据库club数据表中用户名为提交表单文本框中内容的纪录
sql="select * from club where username='"&request("username")&"' order by id desc" rs.open sql,conn,3,1
'如果没有相关数据则在页面上显示“没有此会员”
if rs.eof then response.write(" 没有此会员 ")
'否则显示如下页面和信息
else %>
<link href="../css/css.CSS" rel="stylesheet" type="text/css">
<style type="text/css">
<!--.style6 { color: #FFFFFF; font-weight: bold; } -->
</style>
<title>会员搜索</title>
<table width="600" border="1" align="center" cellpadding="1" cellspacing="1">
<tr align="center" bgcolor="#0099FF">
<td width="104" align="center"><span class="style6">用户名</span></td>
<td width="162" align="center"><span class="style6">邮箱</span></td>
<td width="134"><span class="style6">网址</span></td>
</tr>
'只要还有符合条件的纪录则进入以下循环
<%do while not rs.eof%>
<tr align="center">
<td><%=trim(rs("username"))%></td>
<td><%=trim(rs("email"))%></td>
<td><%=trim(rs("website"))%></td>
</tr>
<% rs.movenext loop
```

```
'关闭并清空记录集
rs.close set rs=nothing end if %>
</table>
```

效果如图 7-37 所示。

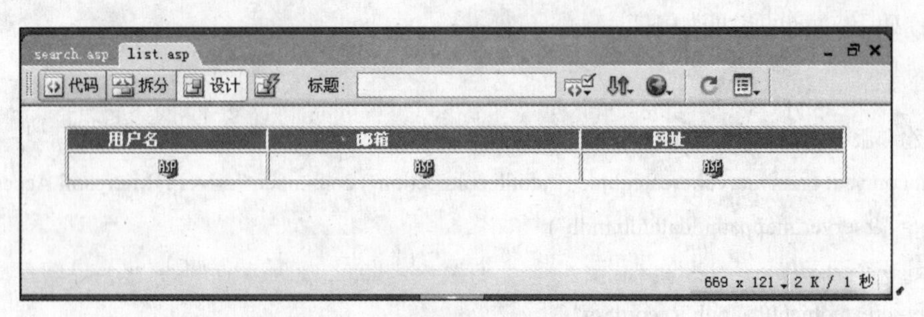

图 7-37　粘贴代码后的显示效果

6）按〈Ctrl+S〉组合键保存所有文件，按〈F12〉键进行预览。然后在浏览器地址栏中输入网址 http://localhost/club/search.asp，在文本框中输入所需要查询的会员名“亚亚”，然后单击“提交”按钮，如图 7-38 所示。

图 7-38　输入信息后单击“提交”按钮

7）查询结果如图 7-39 所示。

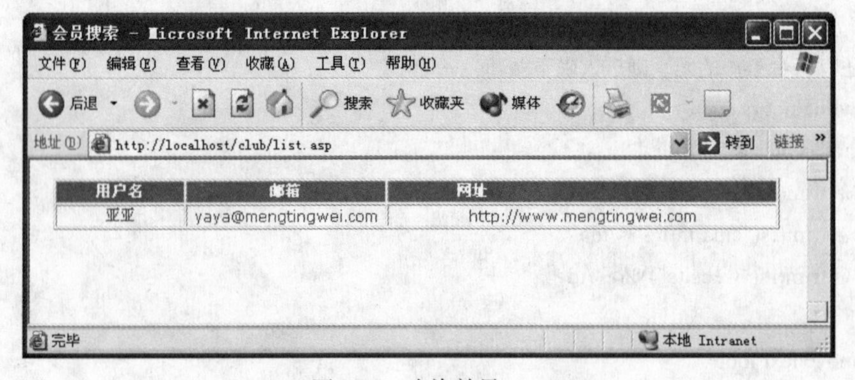

图 7-39　查询效果

8）同理，如果有重复的会员名，用步骤 5）的程序也可以进行搜索和显示，查询和结果如图 7-40 和图 7-41 所示。

图 7-40　输入重复的会员名后单击“提交”按钮

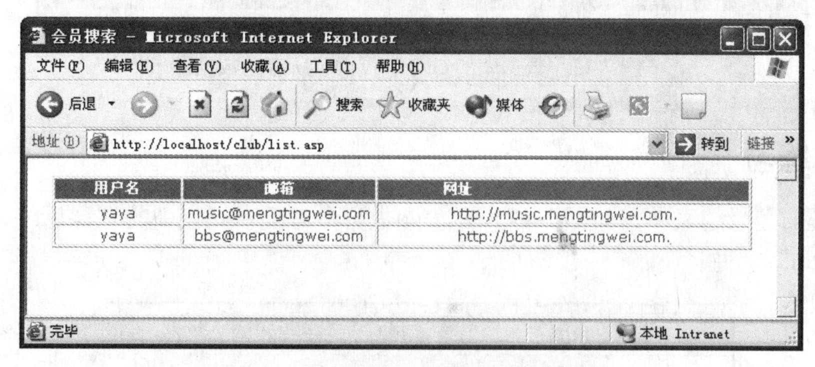

图 7-41　输入重复会员名后的查询结果

9）可以把搜索页面内嵌到其他页面中，从而实现搜索功能在网站中的实际应用，效果如图 7-42 所示。

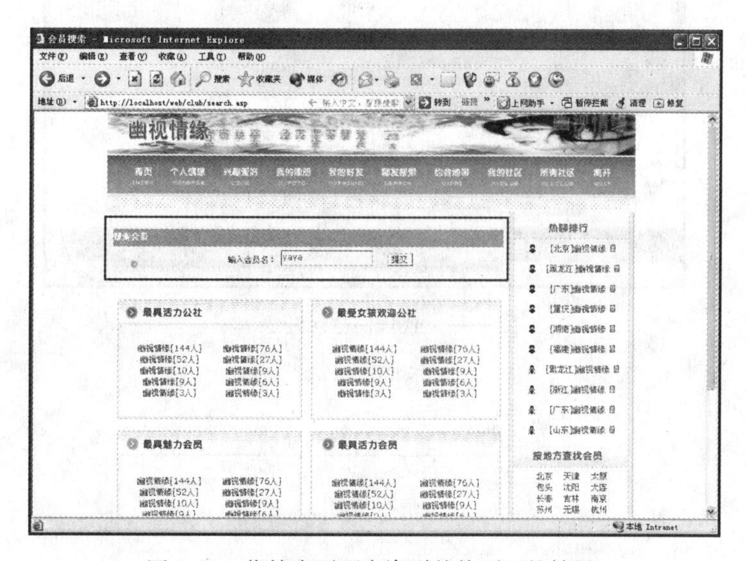

图 7-42　将搜索页面内嵌到其他页面的效果

提示：所有数据源均来自数据库的club表中，如图7−43所示。读者可以根据此数据表结合理解上述的制作过程。

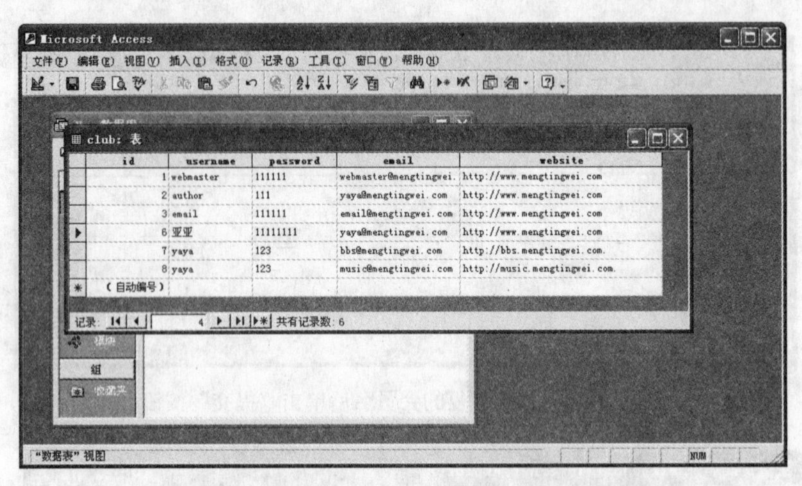

图7-43　数据库的club表提供了所有的数据源

7.5　课后练习

制作代理商登录的表单，如图7-44所示。参数可参考配套光盘中的“课后练习\7.5 课后练习\首页.htm”文件。

图7-44　代理商登录的表单

第 8 章　利用行为制作特效网页

本章重点

通过本章的学习，读者应掌握利用行为来制作特效网页的方法。

8.1　变天效果——交换图像与恢复交换图像

要点：

本例将制作鼠标经过雾天图片时雾天图片消失，出现晴天图片的效果，如图 8-1 所示。通过本例的学习，读者应掌握交换图像与恢复交换图像行为的创建方法。

交换前的图片

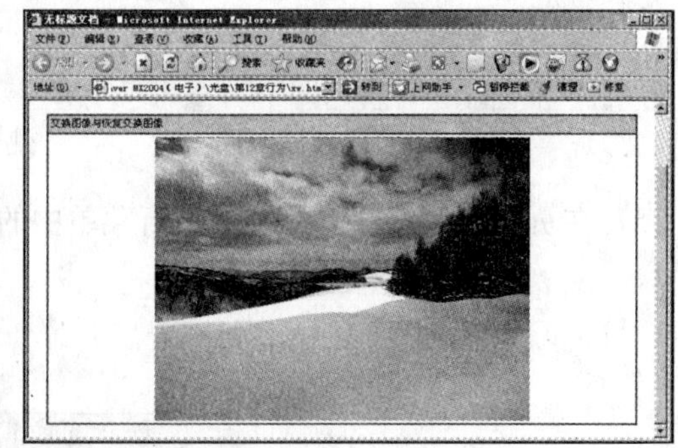

交换后的图片

图 8-1　交换图像与恢复交换图像

操作步骤：

1）打开 Dreamweaver CS3，在文件面板中新建一个文件，并命名为 xw.htm，接着双击 xw.htm 文件，进入其编辑状态。

2）单击属性面板中的 页面属性... 按钮，在弹出的"页面属性"对话框中设置左边距和上边距为 0。

3）单击插入栏"常用"类别中的 (表格) 按钮，插入一个 2 行 1 列、宽度为 700 像素、单元格边距为 3、间距为 2 的表格。然后选中整个表格，在属性面板中设置表格背景颜色为"#006699"，对齐方式为"居中对齐"。接着将光标定位在第 1 行单元格中，设置背景颜色为"#CCCCCC"，并输入文字"交换图像与恢复交换图像"，再将文字左对齐。最后将光标定位在第 2 行单元格中，设置背景颜色为"#FFFFFF"，结果如图 8-2 所示。

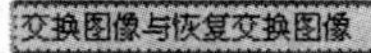

图 8-2　插入表格并设置参数

4）将光标定位在第 2 行白色单元格中，然后插入一个 1 行 1 列、宽度为 80%、单元格边距为 2、间距为 2 的嵌套表格。接着单击插入栏“常用”类别中的（图像）按钮，在弹出的“选择图像源文件”对话框中选择配套光盘中的“素材及结果\8.1 变天效果——交换图像与恢复交换图像\images\001.jpg”图片，如图 8-3 所示。单击“确定”按钮，回到页面中。最后在属性面板中设置图片在水平方向上居中对齐，结果如图 8-4 所示。

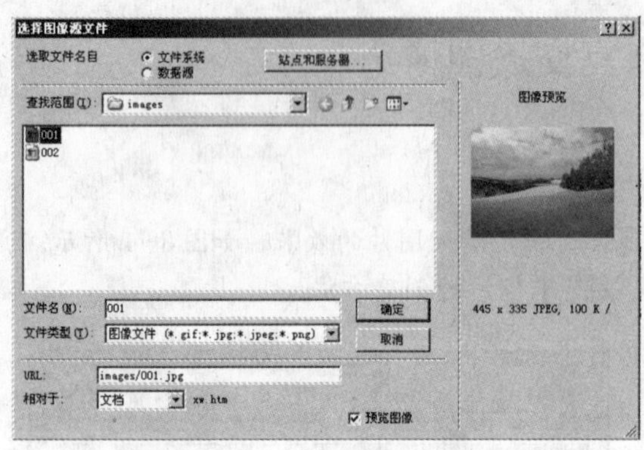

图 8-3　选择图片

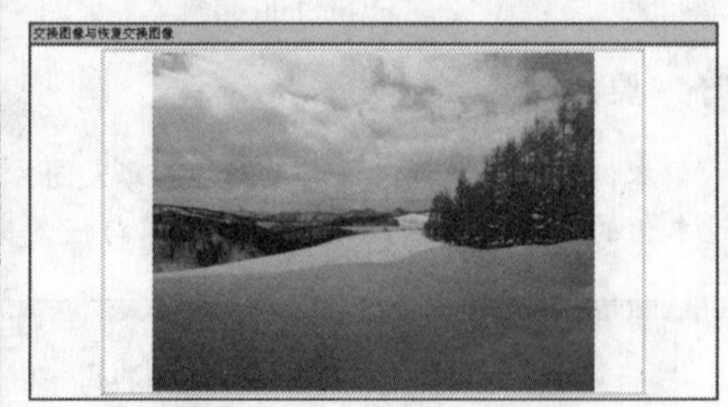

图 8-4　插入图片并居中对齐

5）在页面中选中图片，然后执行菜单中的“窗口 | 行为”命令，调出行为面板，如图 8-5 所示。

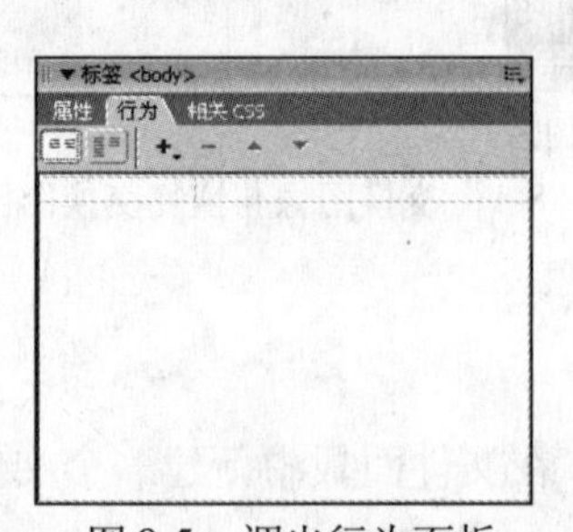

图 8-5　调出行为面板

- 显示设置事件：是默认的视图，仅显示附加到当前文档中的事件。事件被分别划归到客户端或服务器端类别中。每个类别的事件都包含在一个可折叠的列表中，用户可以单击类别名称旁边的“+”/“−”按钮展开或折叠该列表。
- 显示所有事件：按字母降序显示给定类别的所有事件。
- 添加行为：是一个弹出菜单，其中包含可以附加到当前所选元素的动作。当从该列表中选择一个动作时，将出现一个对话框，可以在该对话框中指定动作的参数。如果所有动作都呈灰色显示，则表明没有所选元素可以生成的事件。
- 删除事件：从行为列表中删除所选的事件和动作。
- 上、下箭头按钮：将特定事件的所选动作在行为列表中向上或向下移动。对于不能在列表中上下移动的动作，箭头按钮将被禁用。

6）单击“+”号，在弹出的如图8-6所示的快捷菜单中选择“交换图像”命令，然后在弹出的如图8-7所示的“交换图像”对话框中单击 浏览... 按钮，接着在弹出的“选择图像源文件”对话框中选择配套光盘中的“素材及结果\8.1 变天效果——交换图像与恢复交换图像\images\002.jpg”图片，如图8-8所示。

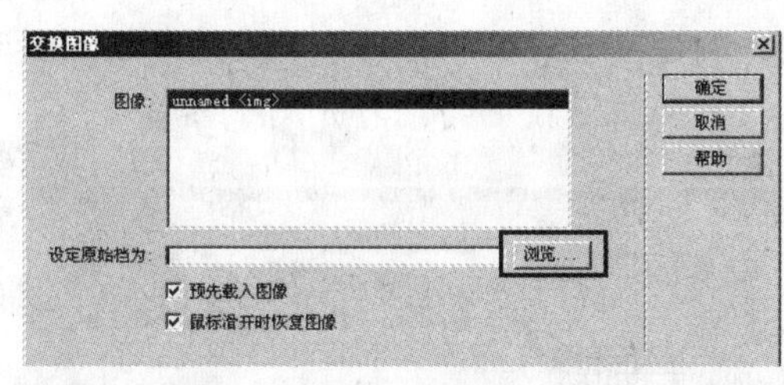

图8-7　单击“浏览”按钮

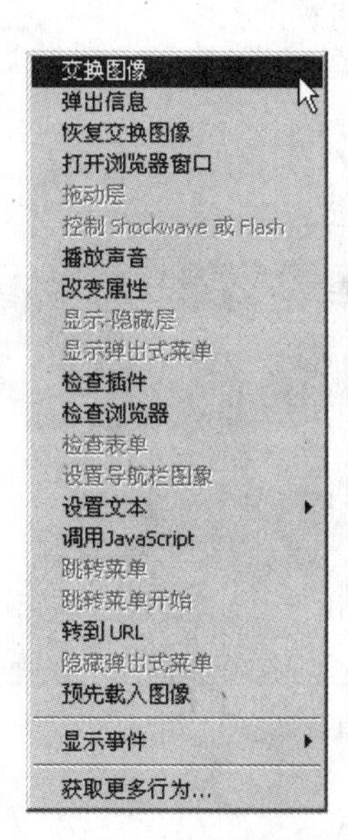

图8-6　选择“交换图像”命令

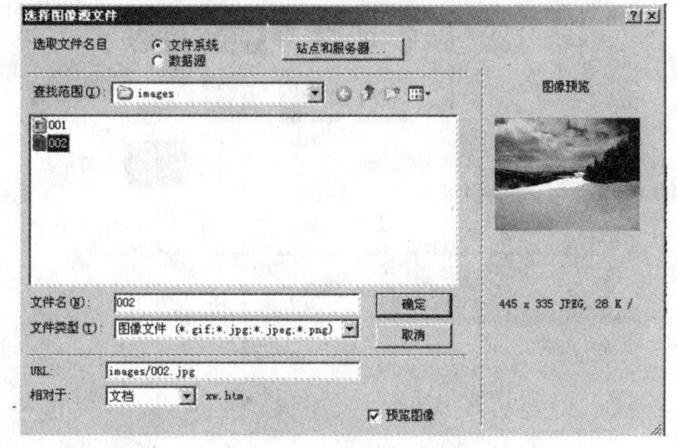

图8-8　选择图片

7）单击“确定”按钮，则行为面板中已自动添加了两个事件，如图8-9所示。单击事件onMouseOut，会显示出一个下拉菜单，再次单击弹出下拉菜单，会显示出更多的事件，如图8-10所示。如果要修改事件，可以从该下拉菜单中进行选择。

提示：如图8-9所示，Dreamweaver默认情况下的交换图像是由onMouseOut事件触发的，恢复交换图像是由onMouseOver事件触发的，这也是最常用的触发事件。

8）如果要修改交换图像，可以双击行为面板中的交换图像，弹出“交换图像”对话框，在“设定原始档为”文本框中修改交换图像的地址即可。

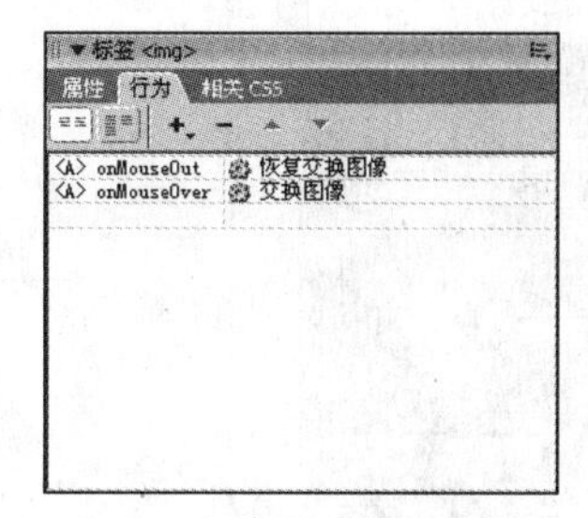

图8-9　自动添加了两个事件

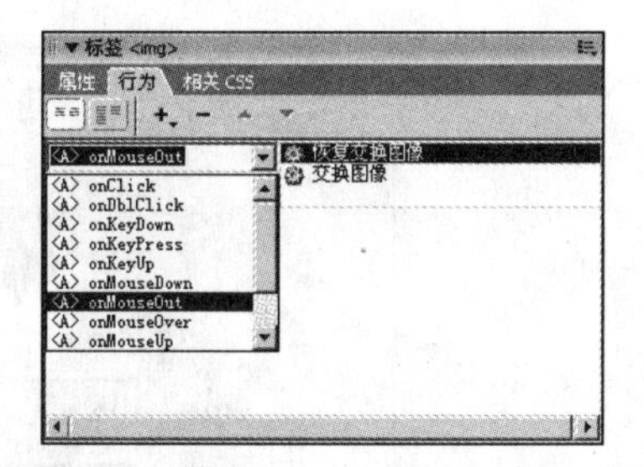

图8-10　默认为onMouseOut事件触发

9）按〈Ctrl+S〉组合键保存，按〈F12〉键进行预览。

8.2 弹出广告效果——弹出信息窗口

要点：

本例将制作一个网页中常见的弹出广告窗口效果，如图 8-11 所示。通过本例的学习，读者应掌握“行为”面板中的“打开浏览器窗口”行为的应用。

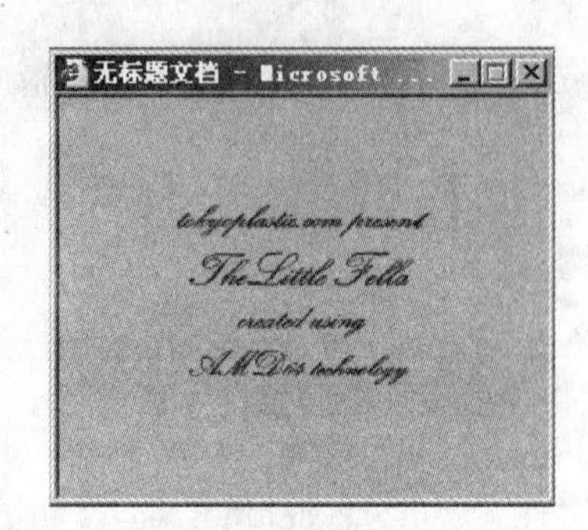

图 8-11　弹出广告效果

操作步骤：

1）在本地硬盘中新建一个名称为“弹出广告效果”的文件夹，然后将配套光盘中的“素材及结果\8.2 弹出广告效果——弹出信息窗口\images”文件夹和“index.html”文件复制到该文件夹中。

2）创建站点。方法：在 Dreamweaver 的“文件”面板中创建一个名称为“弹出广告效果”的站点，然后将其本地根文件夹指定为“弹出广告效果”文件夹。

3）双击“文件”面板中的“index.html”，进入其编辑状态。然后执行菜单中的“修改|页面属性”命令，在弹出的“页面属性”对话框中将“左边距”和“上边距”设置为0，如图 8-12 所示，单击“确定”按钮。

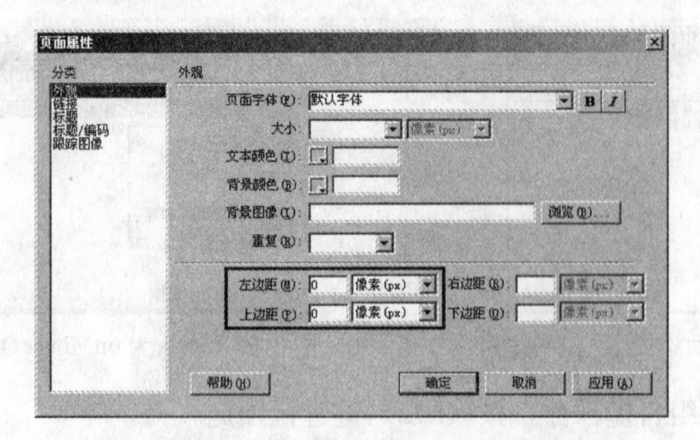

图 8-12　设置“左边距”和“上边距”为0

4）创建作为弹出广告的网页。方法：在“文件”面板的空白处右击，从弹出的快捷菜单中选择“新建文件”命令，创建一个名称为“ad.html”的网页。然后双击“ad.html”进入其编辑状态，接着单击“常用”类别中的（媒体：flash）按钮，在弹出的快捷菜单中选择刚复制的配套光盘中的“素材及结果\8.2 弹出广告效果——弹出信息窗口\images\advertisment.swf ”，单击“确定”按钮。

5）调整“ad.html”的边距。方法：执行菜单栏中的“修改|页面属性”命令，在弹出的“页面属性”对话框中将“左边距”和“上边距”设为0像素，单击“确定”按钮。

6）调整插入的“advertisment.swf”的尺寸。方法：在“ad.html”中选择“advertisment.swf”，然后在属性面板中设置“宽”为250像素、“高”为200像素，如图8-13所示。

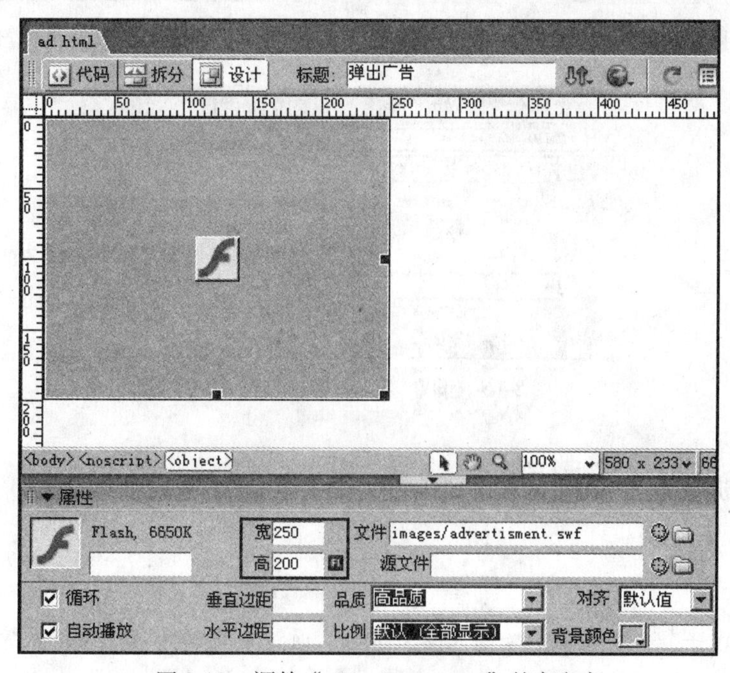

图8-13　调整“advertisment.swf”的宽和高

7）在“文件”面板中双击index.html，进入其编辑状态。然后执行菜单中的“文件|另存为”命令，将其另存为“tcgg.html”。

8）创建弹出广告窗口效果。方法：在“tcgg.html”的代码提示栏中选择<body>，从而选中整个网页中的内容，如图8-14所示。然后在“行为”面板中单击按钮，从弹出的菜单中选择“打开浏览器窗口”命令，如图8-15所示。接着在弹出的“打开浏览器窗口”对话框中单击 浏览... 按钮，从弹出的“选择文件”对话框中选择“ad.html”，再设置“窗口宽度”为250像素、“窗口高度”为200像素，如图8-16所示，单击“确定”按钮。

9）至此，弹出广告窗口的效果制作完毕。下面按快捷键〈Ctrl+S〉进行保存，再按快捷键〈F12〉进行预览，可看到进入“tcgg.html”后会出现弹出广告的效果。

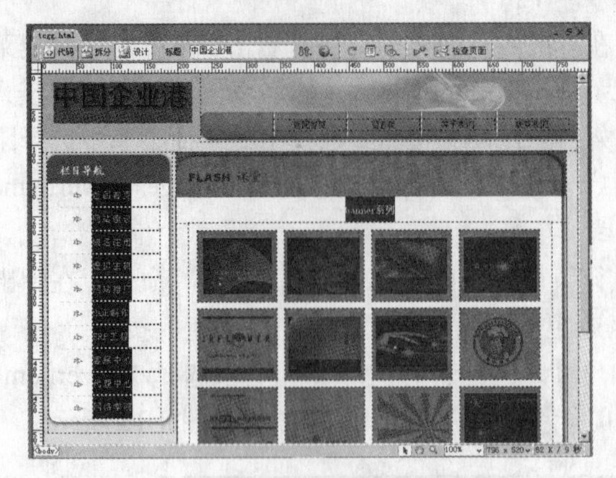

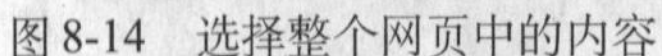

图 8-14　选择整个网页中的内容

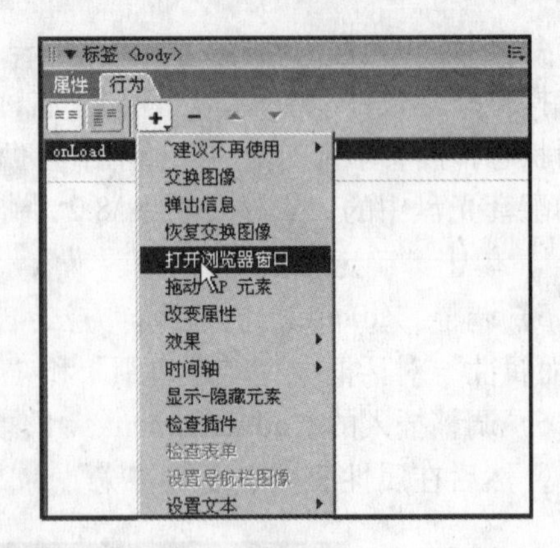

图 8-15　选择“打开浏览器窗口”命令

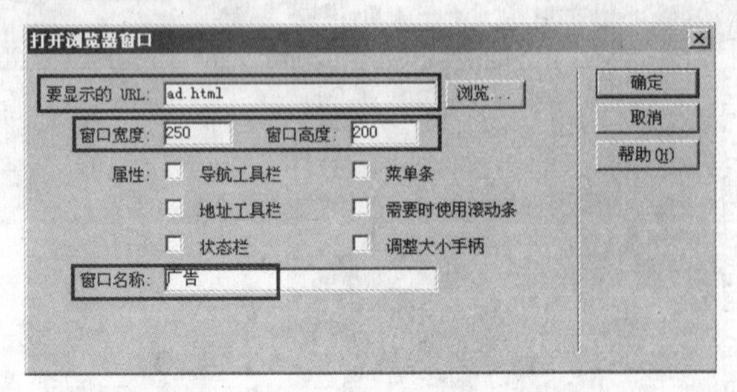

图 8-16　设置“打开浏览器窗口”的参数

8.3　拼图游戏——拖动层

要点：

本例将制作一个拼图效果，如图 8-17 所示。通过本例的学习，读者应掌握创建拖动层的方法。

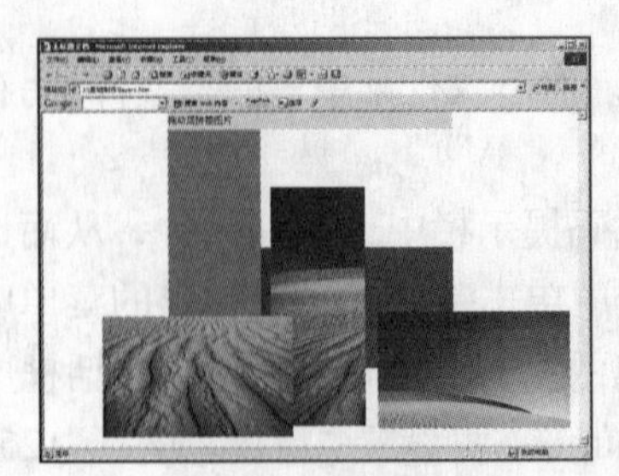

打开的页面

拖动层的过程

拖动完成

图 8-17　拼图游戏

操作步骤：

1）打开 Dreamweaver CS3，然后在文件面板中新建一个文件，并命名为 layers.htm。接着双击layers.htm文件，进入其编辑状态。最后单击属性面板中的[页面属性...]按钮，在弹出的“页面属性”对话框中设置左边距和上边距均为0。

2）单击插入栏“常用”类别中的（表格）按钮，插入一个3行2列、宽度为500像素、其他设置为0的表格，并将其居中对齐。然后对表格进行合并处理，并赋予每个单元格不同的背景色，结果如图8-18所示。

3）将光标放在第1行单元格中，输入文字“拖动层拼接图片”，然后在属性面板中设置其高为30、垂直方向为“居中对齐”。接着设置左侧单元格的宽为166，右中部单元格的高为197，右下部单元格的高为203，结果如图8-19所示。

提示：单元格的宽度与高度与已切割好的图片大小相吻合。

图8-18　插入表格并赋予每个单元格不同的背景色

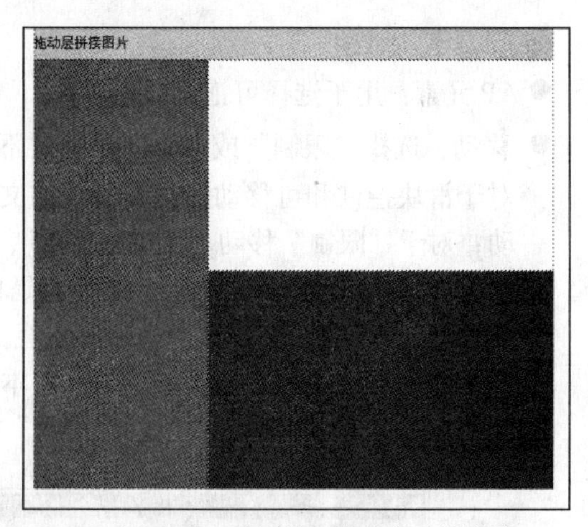

图8-19　设置单元格高度后的效果

4）单击插入栏“布局”类别中的（描绘AP Div层）按钮，在页面中绘制出3个层，如图8-20所示。然后分别将配套光盘中的“素材及结果\8.3拼图游戏——拖动层\images\014.jpg”、“015.jpg”、“016.jpg”3个图片插入到3个层中，结果如图8-21所示。

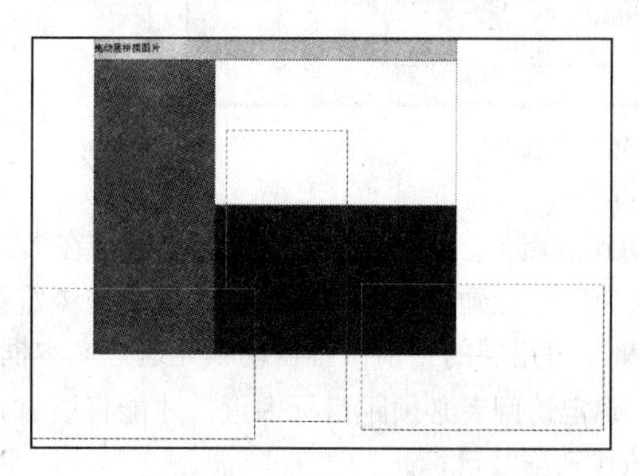

图8-20　在页面中绘制出3个层

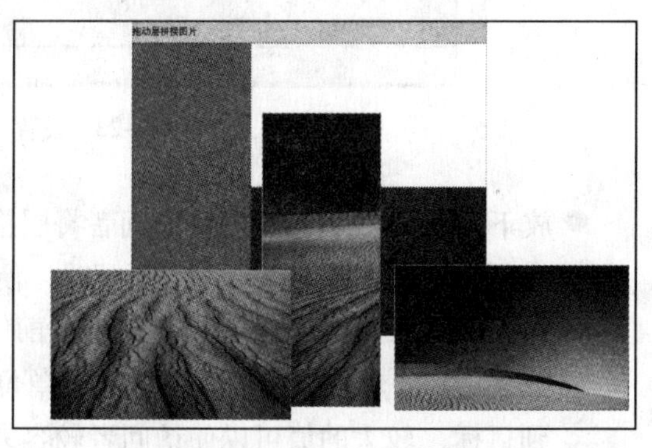

图8-21　将图片插入层中的效果

5）确保没有任何物体被选中（用户可以单击页面中空白的地方，以保证没有任何物体处于选中状态），然后进入行为面板，单击（添加行为）按钮，在弹出的行为菜单中选择“拖动AP元素”命令，弹出“拖动AP元素”对话框，如图8-22所示。

提示：此时不能够选择任何对象，否则将无法制作拖动效果。

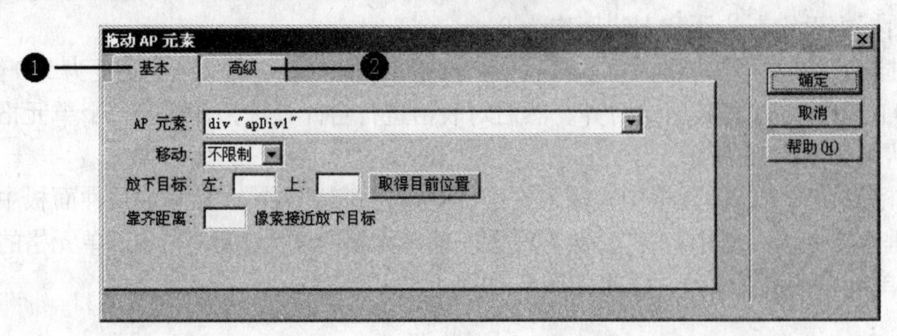

图 8-22 “拖动 AP 元素”对话框

❶“基本”选项卡

- AP 元素：用于选择可拖动的层。
- 移动：选择“限制”或“不限制”。“不限制”移动适用于拼板游戏和其他拖放游戏。对于滑块控件和可移动的布景（例如文件抽屉、窗帘和小百叶窗），建议选择限制移动；对于“限制”移动，可以在“上”、“下”、“左”和“右”文本框中输入值（以像素为单位），如图 8-23 所示。这些值是相对于层的起始位置的。如果限制在矩形区域中移动，则在 4 个文本框中都输入正值。如果只允许垂直移动，则在“上”和“下”文本框中输入正值，在“左”和“右”文本框中输入 0。如果只允许水平移动，则在“左”和“右”文本框中输入正值，在“上”和“下”文本框中输入 0。

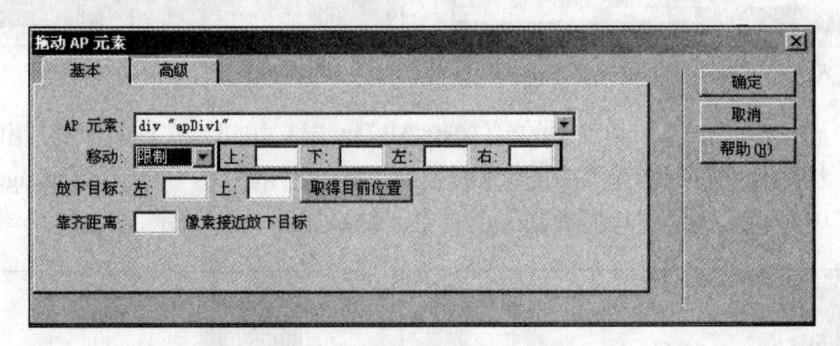

图 8-23 设置“限制”的属性

- 放下目标：是一个点，想要访问者将层拖动到该点上。当层的左坐标和上坐标与在“左”和“上”文本框中输入的值匹配时，便认为层已经到达拖放目标。这些值是与浏览器窗口的左上角相对的。单击“取得目前位置”，可用层的当前位置自动填充这些文本框。
- 靠齐距离：输入一个值（以像素为单位）确定访问者必须距目标多近，才能将层靠齐到目标。较大的值可以使访问者较容易地找到拖放目标。

❷“高级”选项卡（见图 8-24）

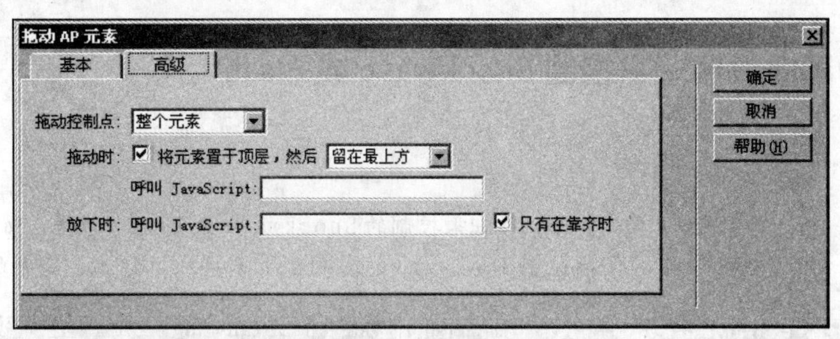

图 8-24　“高级”选项卡

- 拖动控制点：用于设定层中可以拖动的区域。它包括“整个元素”和“元素内的区域”两个选项。选择“整个元素”，则层中的任何区域皆可拖动；选择“元素内的区域”，则只有层内定义的区域可以拖动。
- 拖动时：用于设定拖动时和放下后，被拖动层与目标层之间的位置关系。
  将层移至最前：被拖动层放下后，将其放置在层叠顺序的顶部。
  留在最上方：被拖动层放下后，将其放于最上方。
  恢复Z轴：被拖动层放下后，恢复层的层叠顺序。
- 呼叫 JavaScript：用于要调用的 JavaScript 代码或函数名称。
- 放下时呼叫 JavaScript：只有放下层时，才会调用 JavaScript。
- 只有在靠齐时：只有在放下层并靠齐时，才会调用 JavaScript。

6）在“拖动AP元素”对话框的“基本”选项栏中的“层”下拉菜单中选择“layer1”选项，然后在“靠近距离”文本框中输入50，其他设置保持不变。用相同的方法，为layer2、layer3层也添加拖动行为。如果选择 layer1，则在行为面板中将显示它的事件，如图 8-25 所示。

提示：拖动层的触发事件为onClick，即要在浏览器中先单击层，然后才可拖动层到目标位置。也可将触发事件更改为 onLoad，即页面加载完成就可拖动层。

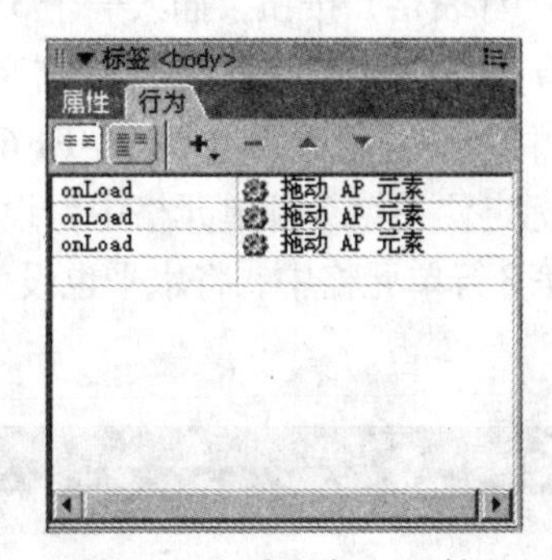

图 8-25　行为面板显示效果

7）按〈Ctrl+S〉组合键保存，按〈F12〉键进行预览。

8.4 动画播放器——控制 Shockwave 或 Flash

要点：

本例将制作由“播放”和“停止”按钮来控制的Shockwave或Flash效果，如图8-26所示。通过本例的学习，读者应掌握控制Shockwave或Flash来播放、停止、倒带的方法。

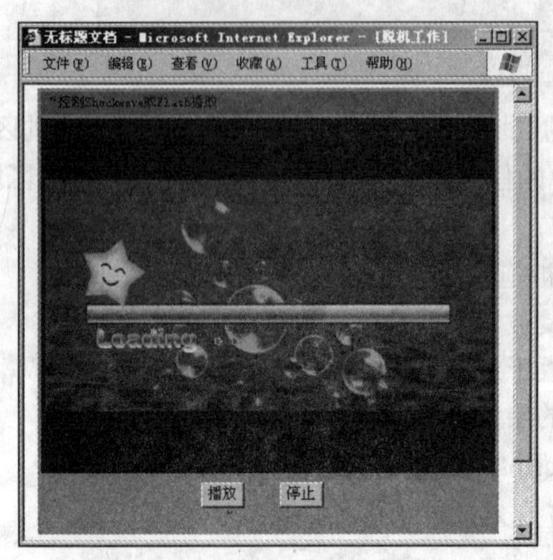

图8-26　动画播放器

操作步骤：

1）打开Dreamweaver CS3，然后在文件面板中新建一个文件，并命名为flashs.htm。接着双击flashs.htm文件，进入其编辑状态。最后单击属性面板中的 页面属性... 按钮，在弹出的“页面属性”对话框中设置左边距和上边距为0。

2）单击插入栏“常用”类别中的(表格）按钮，插入一个3行1列、宽为400像素、单元格边距为3、间距为3、背景颜色为“#FF9900”的表格，然后将其中心对齐。

3）将光标定位在第1行单元格中，设置背景颜色为“#FF6600”，并输入文字“控制Shockwave或Flash播放”。然后将光标定位在第2行单元格中，设置背景颜色为“#000000”、水平为居中对齐。接着将光标定位在第3行单元格中，将水平也设为居中对齐，结果如图8-27所示。

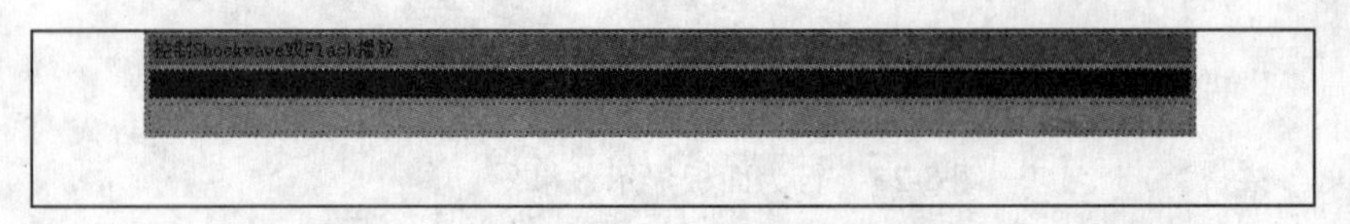

图8-27　输入表格文字和设置背景色

4）将光标定位在第2行单元格中，然后单击插入栏“常用”类别中的(媒体:Flash）按钮，在弹出的“选择文件”对话框中选择配套光盘中的“素材及结果\8.4动画播放器——控制 Shockwave 或 Flash\images\MTV–大肚腩.swf”文件，如图 8-28 所示，单击“确定”按钮。接着在页面中选中插入的“MTV–大肚腩.swf”，在属性面板的Flash文本框中输入文字“mtv”，如图 8-29 所示。

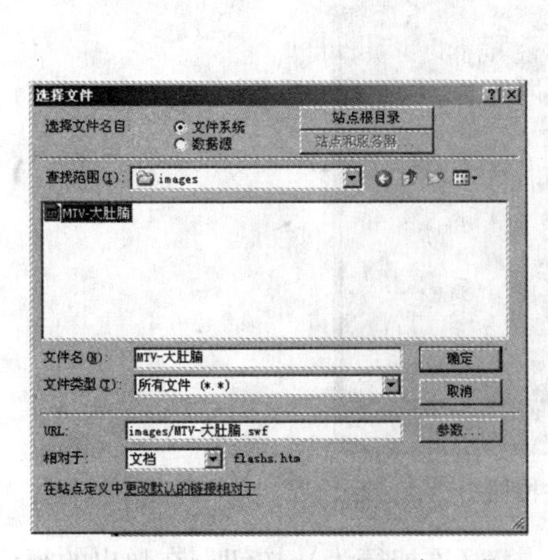

图 8-28 选择“MTV- 大肚腩.swf”　　图 8-29 将插入的“MTV- 大肚腩.swf”命名为“mtv”

5）将光标放在第 3 行单元格中，然后单击插入栏“表单”类别中的按钮，接着选中按钮，在属性面板的标签文本框中输入文字“播放”，将动作设为“无”，如图 8-30 所示。结果如图 8-31 所示。

提示：此时动作一定要设为“无”，否则以后浏览时不会产生效果。

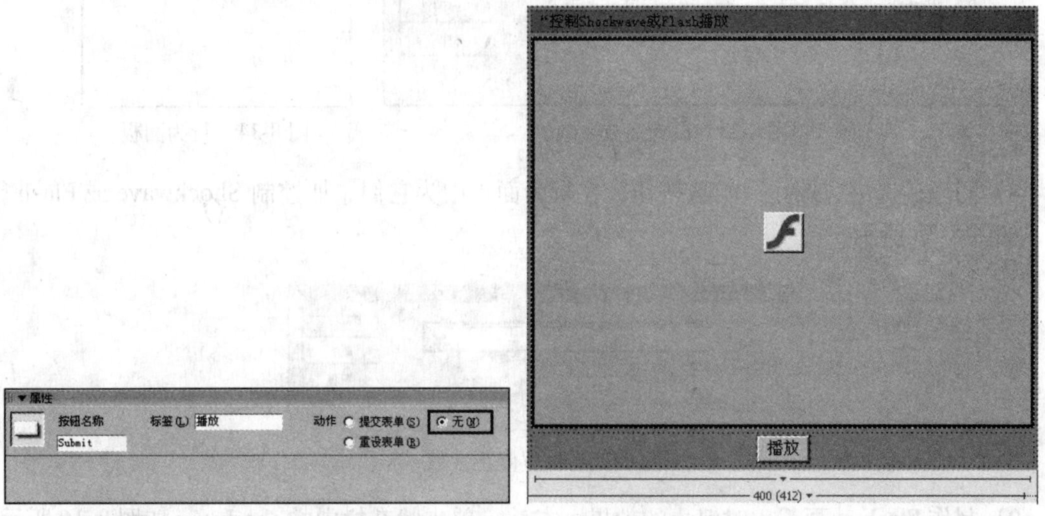

图 8-30 设置“播放”按钮的参数　　图 8-31 插入“播放”按钮的效果

6）同理，插入“停止”按钮，然后在“播放”和“停止”两个按钮之间插入空格，结果如图 8-32 所示。

提示：在默认情况下，Dreamweaver 是不允许插入空格的。如果需要插入空格，可以通过单击插入栏“文本”类别中的 (字符：不换行空格）按钮来完成。

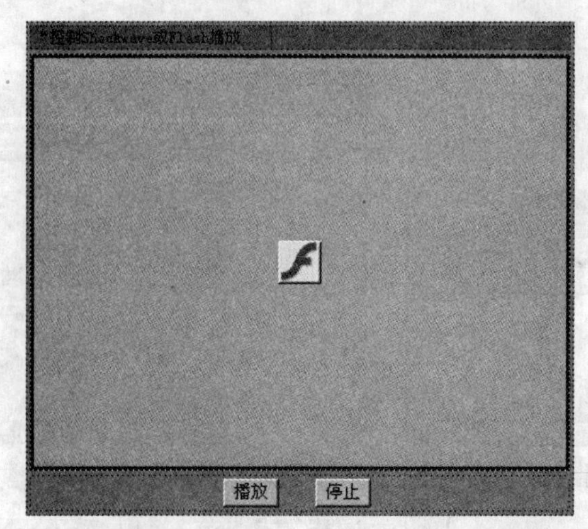

图 8-32　插入“停止”按钮

7）选中“播放”单选按钮，然后在行为面板中单击 (添加行为）按钮，在弹出的行为菜单中选择“控制 Shockwave 或 Flash”命令，接着在弹出的“控制 Shockwave 或 Flash”对话框中设置参数，如图 8-33 所示。单击“确定”按钮，回到页面。此时行为面板如图 8-34 所示。

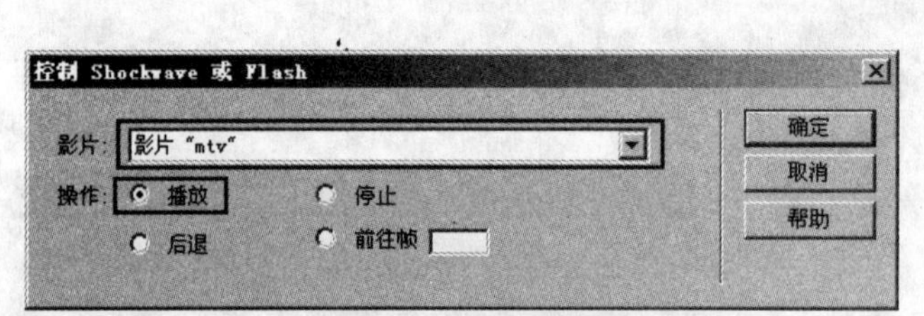

图 8-33　设置播放参数

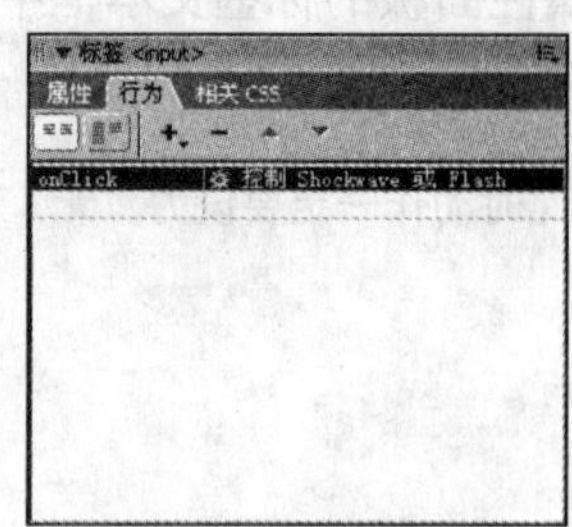

图 8-34　行为面板

8）同理，选中“停止”单选按钮，在行为面板中为它们添加控制 Shockwave 或 Flash 行为，如图 8-35 所示。

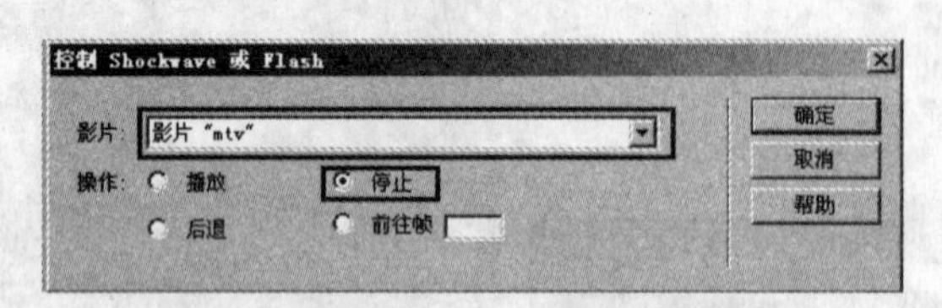

图 8-35　设置停止参数

9）制作 Flash 动画载入时停止的效果。方法：单击状态栏中的<body>，如图 8-36 所示，然后在行为面板中添加动作，如图 8-37 所示，再单击“确定”按钮，此时行为面板如图 8-38 所示。

10）按〈Ctrl+S〉组合键保存，按〈F12〉键进行预览。

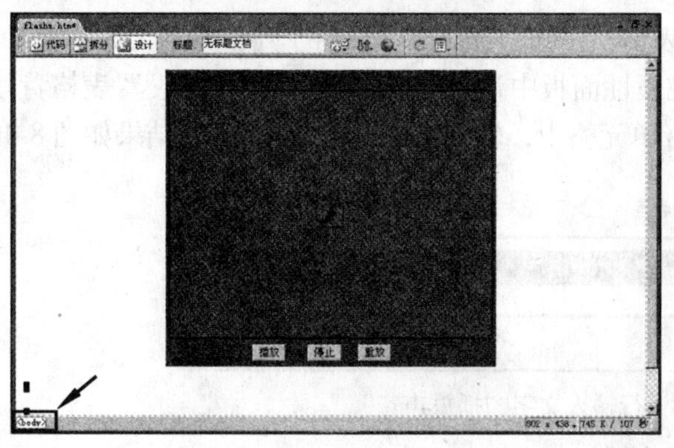

图 8-36　单击状态栏中的<body>

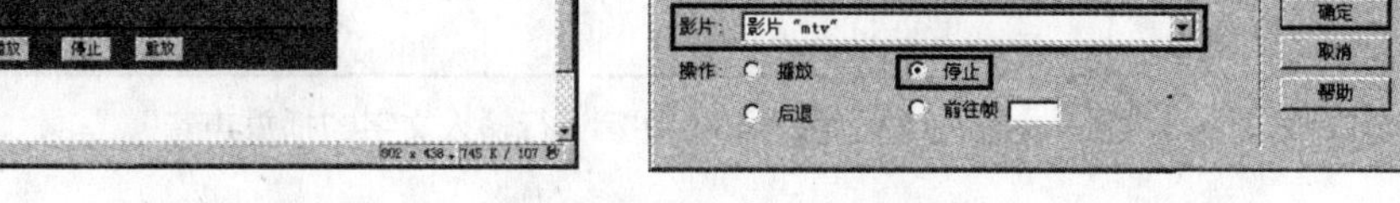

图 8-37　设置停止参数

图 8-38　行为面板

8.5　播放音乐——播放声音

要点：

制作单击“播放声音”按钮后，开始播放悠扬音乐的效果，如图 8-39 所示。通过本例的学习，读者应掌握在页面中插入背景声音的方法。

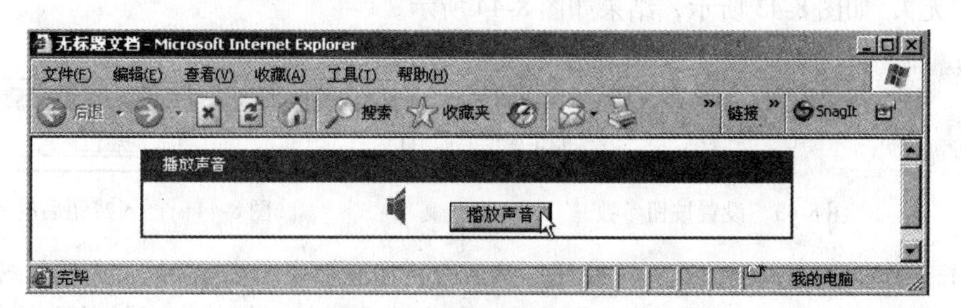

图 8-39　播放音乐

操作步骤：

1）打开 Dreamweaver CS3，然后在文件面板中新建一个文件，并命名为 sound.htm。接着双击 sound.htm 文件，进入其编辑状态。最后单击属性面板中的［页面属性...］按钮，在弹出的“页面属性”对话框中设置左边距和上边距均为 0。

2）单击插入栏“常用”类别中的 (表格) 按钮，插入一个2行1列、宽度为500像素、单元格边距为3、间距为2的表格。然后在属性面板中设置其“居中对齐”，并设置表格背景颜色为“#336699”。接着将光标放在第1行单元格中，输入文字“播放声音”，结果如图8-40所示。

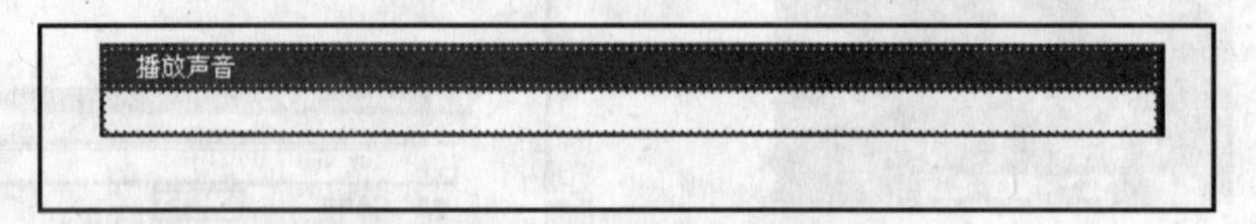

图 8-40　在第1行输入文字“播放声音”

3）将光标放在第2行单元格中，在属性面板中设置背景色为“#FFFFFF”、水平方向为“居中对齐”。然后单击插入栏“常用”类别中的 (图像) 按钮，在弹出的“选择图像源文件”对话框中选择配套光盘中的“素材及结果\8.5　播放音乐——播放声音\images\017.jpg”图片，如图8-41所示，单击“确定”按钮，结果如图8-42所示。

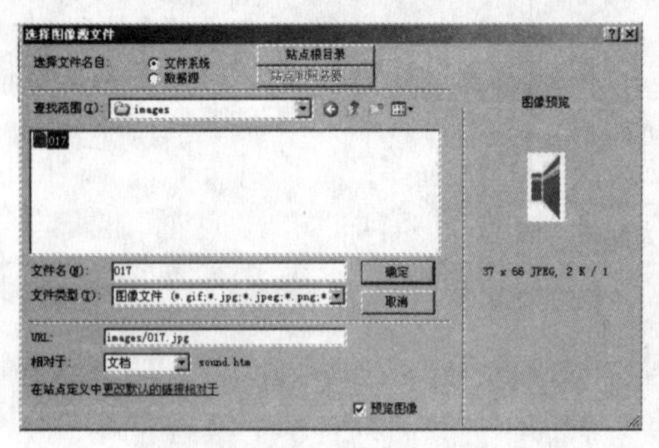

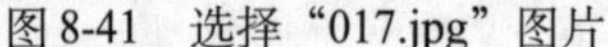

图 8-41　选择“017.jpg”图片

图 8-42　插入图片后的效果

4）仍然将光标定位在第2行单元格中，单击插入栏“表单”类别中的 按钮，插入一个按钮，然后在页面中选中按钮，在属性面板的标签文本框中输入“播放声音”，并将“动作”设为“无”，如图8-43所示，结果如图8-44所示。

图 8-43　设置按钮参数

图 8-44　插入按钮后的效果

5）选中插入的“播放声音”按钮，然后在行为面板中单击 (添加行为) 按钮，在弹出的行为菜单中选择控制“播放声音”命令。接着在弹出的“播放声音”对话框中单击 浏览... 按钮，如图8-45所示，在弹出的“选择文件”对话框中选择配套光盘中的“素材及结果\8.5　播放音乐——播放声音\sound\狮子王.MP3”文件，如图8-46所示。

6）单击“确定”按钮，回到“播放声音”对话框，则“狮子王.MP3”已经被添加进来，如图8-47所示。然后单击“确定”按钮，回到页面中，此时页面中显示出了一个插件图标，如图8-48所示。

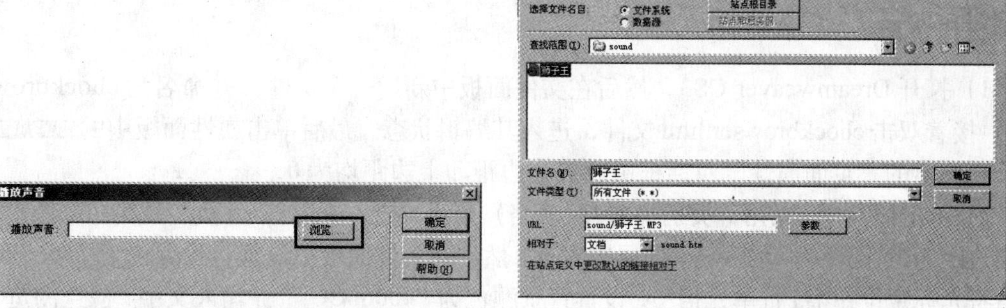

图 8-45　单击“浏览”按钮　　　　图 8-46　选择声音文件

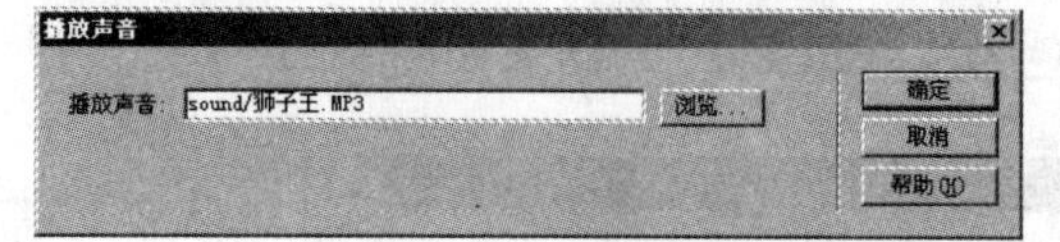

图 8-47　添加声音　　　　图 8-48　页面中显示出一个插件图标

7）此时行为面板如图 8-49 所示。按〈Ctrl+S〉组合键保存，按〈F12〉键进行预览。

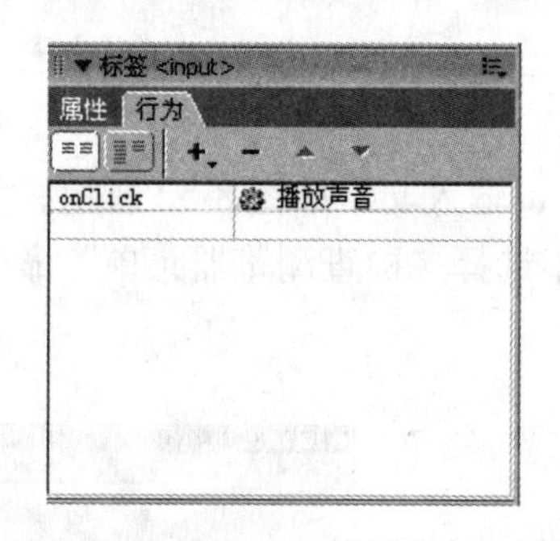

图 8-49　添加声音后的行为面板

8.6　自定义检查浏览器页面——检查浏览器

要点：

本例将在页面中插入一个检查用户浏览器的行为，如果用户所用的浏览器是高于所设置的浏览器版本，那么将很快转到指定的页面中，否则将显示另外的页面，如图 8-50 所示。通过本例的学习，读者应掌握在页面中创建检查浏览器行为的方法。

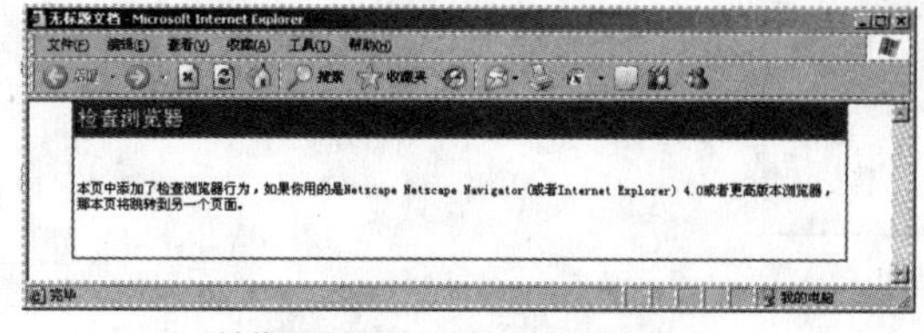

浏览器低于所设的浏览器版本

浏览器高于所设的浏览器版本

图 8-50　自定义检查浏览器页面

操作步骤：

1）打开 Dreamweaver CS3，然后在文件面板中新建一个文件，并命名为 chockbrowser.htm。接着双击 chockbrowser.htm 文件，进入其编辑状态。最后单击属性面板中的页面属性...按钮，在弹出的“页面属性”对话框中设置左边距和上边距均为 0。

2）单击插入栏“常用”类别中的(表格）按钮，插入一个2行1列、宽为700像素、单元格边距为3、间距为2的表格，并居中对齐。然后在属性面板中设置背景颜色为“#669900”。接着将光标定位在第1行单元格中，设置背景颜色为“#0066CC”，并输入文字“检查浏览器”，然后在属性面板中设置字体为黑体、大小为14pt、文本颜色为“#FFFFFF”。最后将光标定位在第1行单元格中，设置其高为100、背景颜色为“#FFFFFF”，结果如图 8-51 所示。

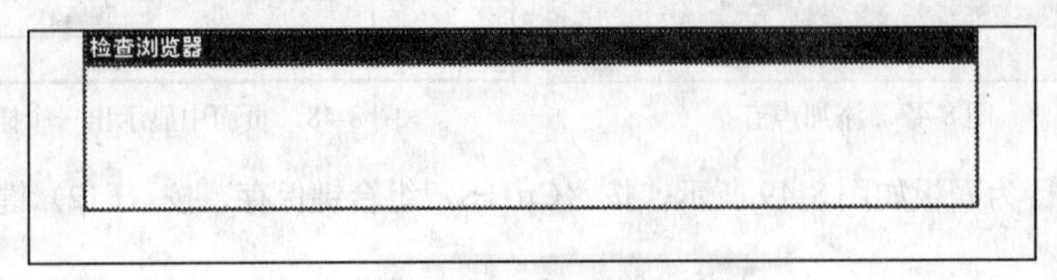

图 8-51　插入表格并设置相关属性

3）将光标放在第 2 行单元格中，输入文字如图 8-52 所示。然后在行为面板中单击(添加行为）按钮，在弹出的行为菜单中选择“检查浏览器菜单”命令，在弹出的“检查浏览器”对话框中设置参数如图 8-53 所示。

图 8-52　在第 2 行输入文字

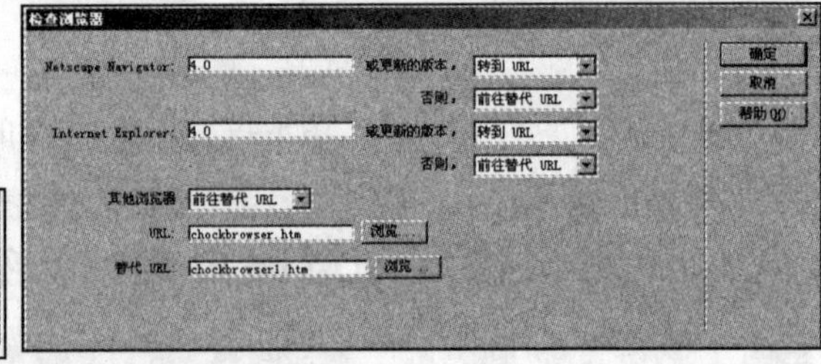

图 8-53　设置“检查浏览器”参数

4）单击“确定”按钮，回到页面中，这时行为面板如图 8-54 所示。

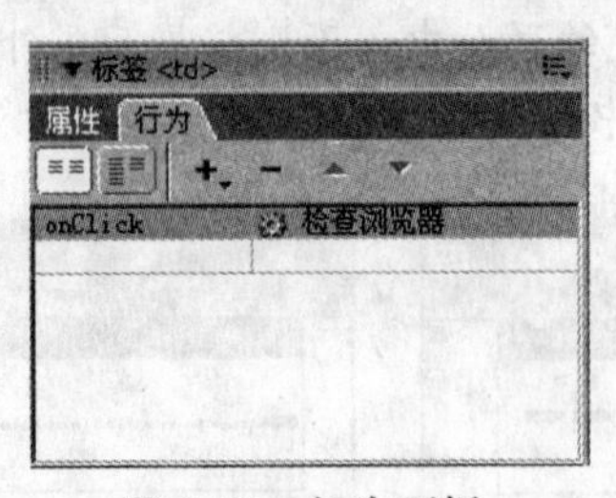

图 8-54　行为面板

5）从图 8-53 中可以看到，在URL与替代URL选项中，指向的页面都为chockbrowser1.htm，所以还需要创建 chockbrowser1.htm 页面。这个页面与 chockbrowser.htm 页面基本相同，只做文字上的修改即可。

6）执行菜单中的“文件|另存为”命令，将页面保存为 chockbrowser1.htm，然后将文字修改为如图 8-55 所示。

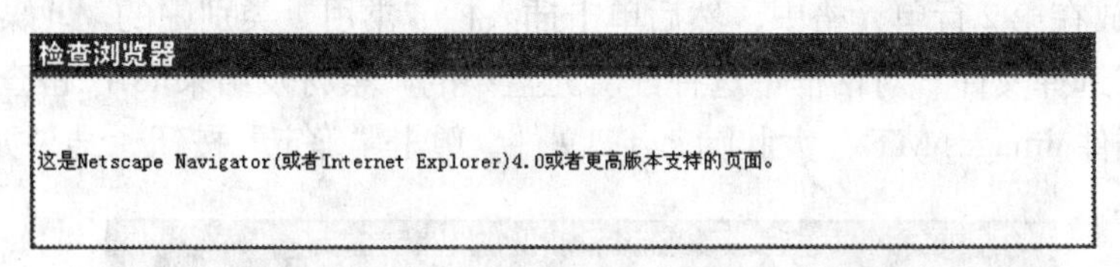

图 8-55　设置 chockbrowser1.htm 中的内容

7）分别按快捷键〈Ctrl+S〉，将两个页面保存。然后在 chockbrowser.htm 页面中按〈F12〉键进行预览。

8.7　检查是否安装插件页面——检查插件

要点：

制作根据用户是否安装 Flash 插件，来确定进入哪种页面的效果，如图 8-56 所示。通过本例的学习，读者应掌握创建检查插件行为的方法。

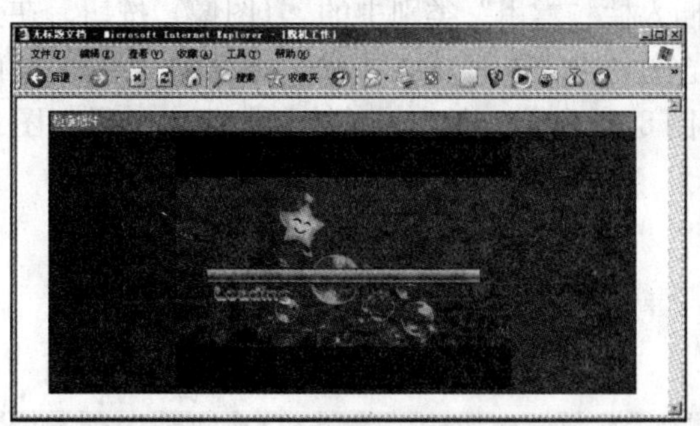

有 Flash 插件页面　　无 Flash 插件页面

图 8-56　检查插件

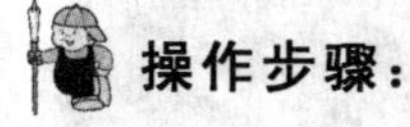

操作步骤：

1）打开 Dreamweaver CS3，然后在文件面板中新建一个文件，并命名为 Plug-in.htm。接着双击 Plug-in.htm 文件，进入编辑状态。

2）单击插入栏“常用”类别中的（表格）按钮，插入一个 2 行 1 列、宽为 700 像素、单元格边距为 3、间距为 2 的表格。然后设置表格居中对齐，背景颜色为“#CC0000”。接着将光标定位在第 1 行单元格中，设置背景颜色为“#FF9900”，并输入文字“检查插件”，设置字体为黑体，大小为 14pt，文本颜色为“#FFFFFF”。最后将光标放在第 2 行单元格中，设置背景颜色为“#0066CC”，结果如图 8-57 所示。

图 8-57　插入表格并设置相关参数

3）将光标放在第 2 行单元格中，然后单击插入栏“常用”类别中的（媒体：Flash）按钮，在弹出的“选择文件”对话框中选择配套光盘中的“素材及结果 \8.7 检查是否安装插件页面——检查插件 \images\MTV-大肚腩.swf”文件，单击“确定”按钮，结果如图 8-58 所示。

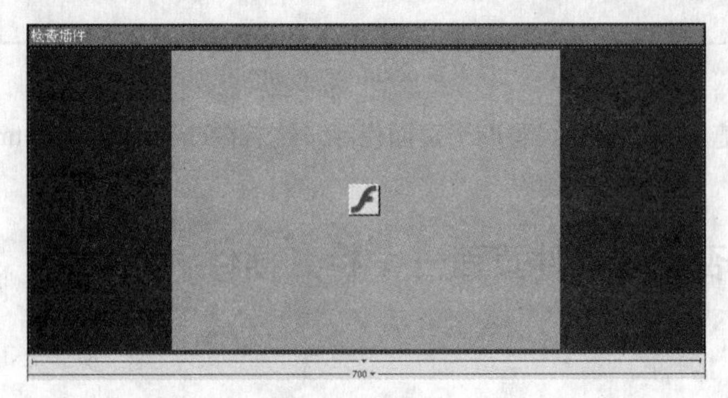

图 8-58　在第 2 行插入“MTV- 大肚腩.swf”文件

4）执行菜单中的“文件 | 另存为”命令，将页面保存为 Plug-in1.htm。然后将光标定位在第 2 行单元格中，删除 Flash 文件。接着单击插入栏“常用”类别中的（图像）按钮，在弹出的“选择图像源文件”对话框中选择配套光盘中的“素材及结果 \8.7 检查是否安装插件页面——检查插件 \images\020.jpg”图片，如图 8-59 所示，单击“确定”按钮，结果如图 8-60 所示。

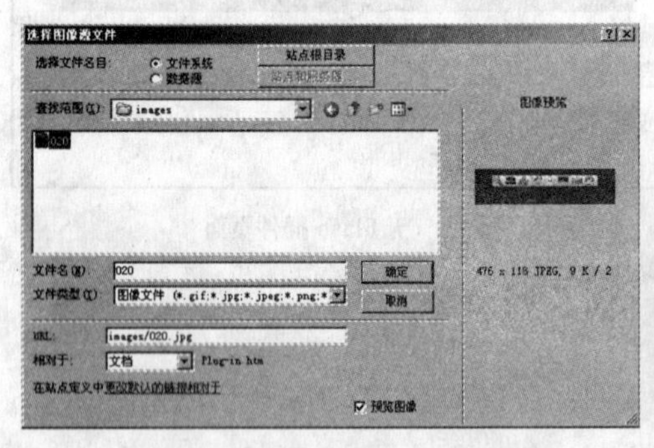

图 8-59　选择“020.jpg”图片

图 8-60　插入图片后的效果

5）将光标定位在表格以外的空白区域，然后在行为面板中单击（添加行为）按钮，在弹出的行为菜单中选择“检查插件”命令，接着在弹出的“检查插件”对话框中设置参数，如图 8-61 所示，单击“确定”按钮。

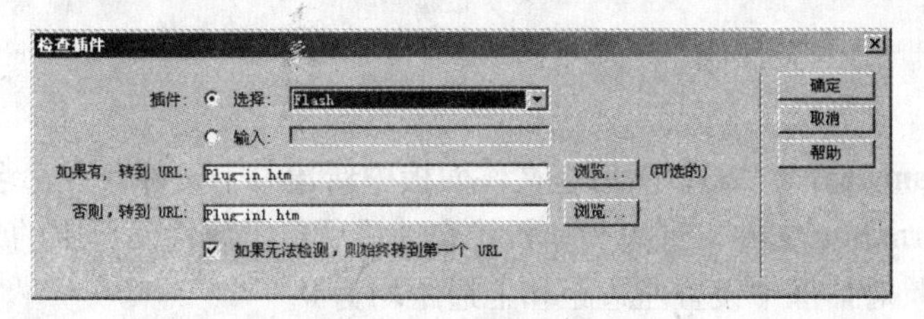

图 8-61　设置“检查插件”参数

- 插件：单击“选择”，可选择一个插件；单击“输入”，可在相邻的文本框中输入插件的名称。
- 如果有，转到URL文本框：为具有该插件的访问者指定一个URL。如果要指定一个远程 URL，则必须在地址中包括 http:// 前缀。如果要让具有该插件的访问者停留在同一页上，则将此域留空。
- 否则，转到 URL 文本框：为不具有该插件的访问者指定一个替代 URL。若要让不具有该插件的访问者停留在同一页上，则将此域留空。

6) 分别按快捷键〈Ctrl+S〉，将两个页面保存。然后在Plug-in1.htm页面中按快捷键〈F12〉，预览页面。如果用户的浏览器已安装 Flash 插件，可以看到浏览器直接转到了有 Flash 动画的 Plug-in.htm 页面。

8.8　检查表单数据——检查表单

要点：

制作一个可以检查用户在表单文本框中所输入数据类型或数据范围是否正确的效果，如果不正确，单击“提交”按钮会弹出提示框，提示输入正确的数据，如图 8-62 所示。通过本例的学习，读者应掌握创建检查表单行为，以及检查表单行为各属性的设置方法。

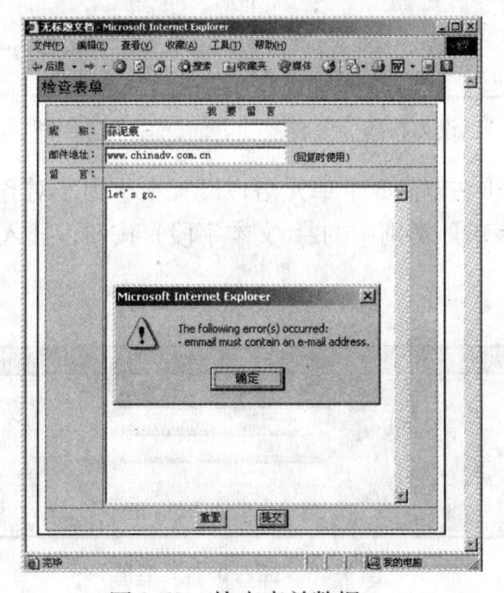

图 8-62　检查表单数据

操作步骤：

1）打开Dreamweaver CS3，然后在文件面板中新建一个文件，并命名为checkform.htm。接着双击checkform.htm文件，进入其编辑状态。最后单击属性面板中的页面属性按钮，在弹出的“页面属性”对话框中设置左边距和上边距均为0。

2）单击插入栏“常用”类别中的(表格)按钮，插入一个2行1列、宽为500像素、单元格边距为3、间距为2的表格。然后在属性面板中设置其居中对齐，背景颜色为“#000066”。接着将光标放在第1行单元格中，设置背景颜色为“#CC99CC”，输入文字“检查表单”，并设置字体为黑体，大小为14pt，文本颜色为黑色。最后将光标放在第2行单元格中，设置背景颜色为“#FFFFFF”，结果如图8-63所示。

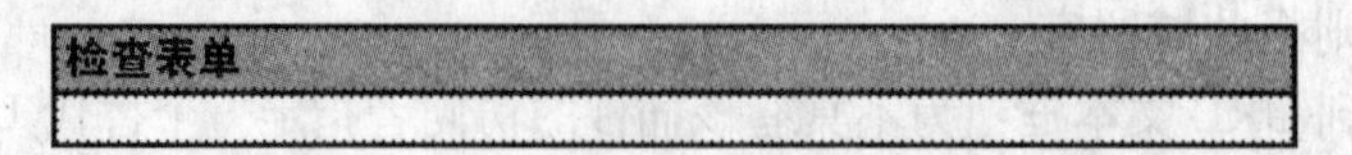

图8-63　插入表格并设置相关参数

3）将光标放在第2行单元格中，然后单击插入栏“表单”类别中的(表单)按钮，在单元格中插入一个表单框。接着将光标定位在表单框中，单击插入栏“常用”类别中的(表格)按钮，插入一个6行2列、宽度为98%、单元格边距为2、间距为1的嵌套表格。然后在属性面板中将表格居中对齐。最后选中表格的所有单元格，设置背景颜色为“#FFCCCC”，结果如图8-64所示。

4）将嵌套表格第1行中的两个单元格进行合并，并设置水平为居中对齐，然后输入文字“我要留言”。接着选中左侧的3个单元格，设置水平为居中对齐，并输入文字“昵称”、“邮件地址”、“留言”，结果如图8-65所示。

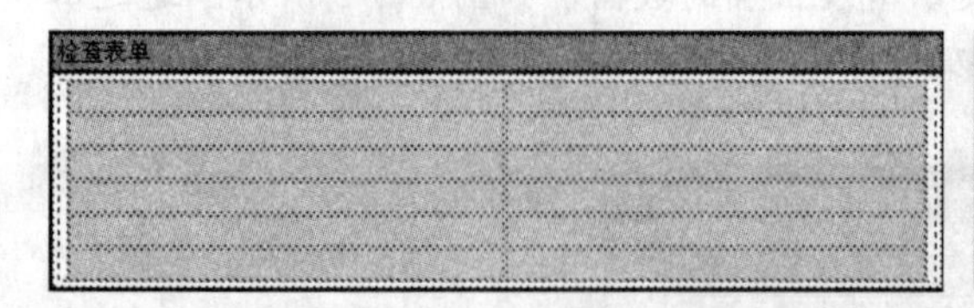

图8-64　将表格的背景色设为粉色

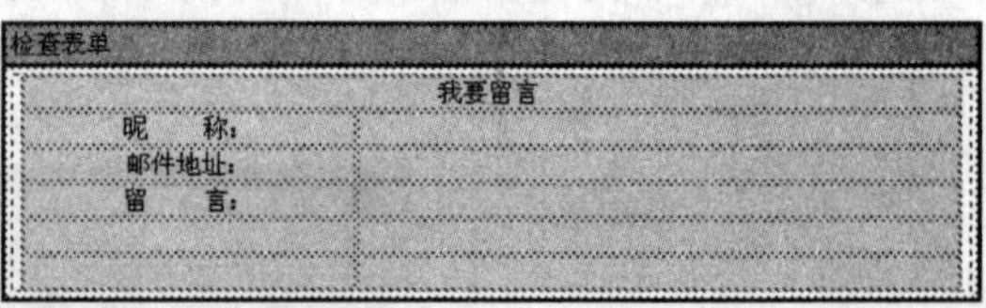

图8-65　输入相关文字

5）选中嵌套表格table1右侧的3个单元格，设置水平为左对齐。然后分别将光标定位在单元格中，单击插入栏“表单”类别中的(文本字段)按钮，插入3个文本框，如图8-66所示。

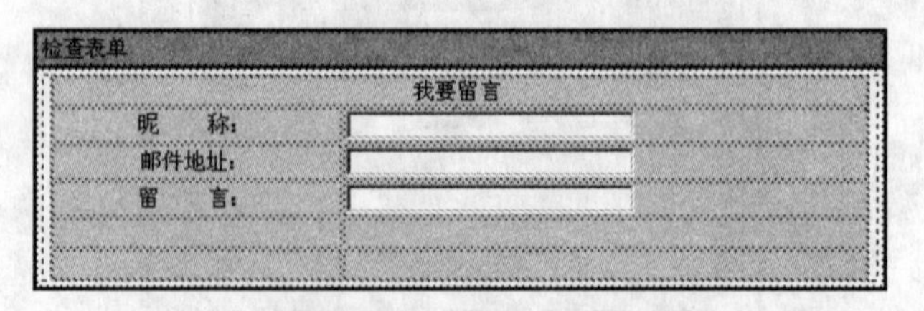

图8-66　插入3个文本框

6）分别选中文字“昵称”和“邮件地址”右侧的文本框，然后在属性面板中的字符宽度文本框中输入30，并在“邮件地址”右侧的文本框中输入“email”。接着选中文字“留言”右下侧的文本框，在属性面板的“字符宽度”文本框中输入50，在“行数”文本框中输入25，在“文本域”文本框中输入textarea，结果如图8-67所示。

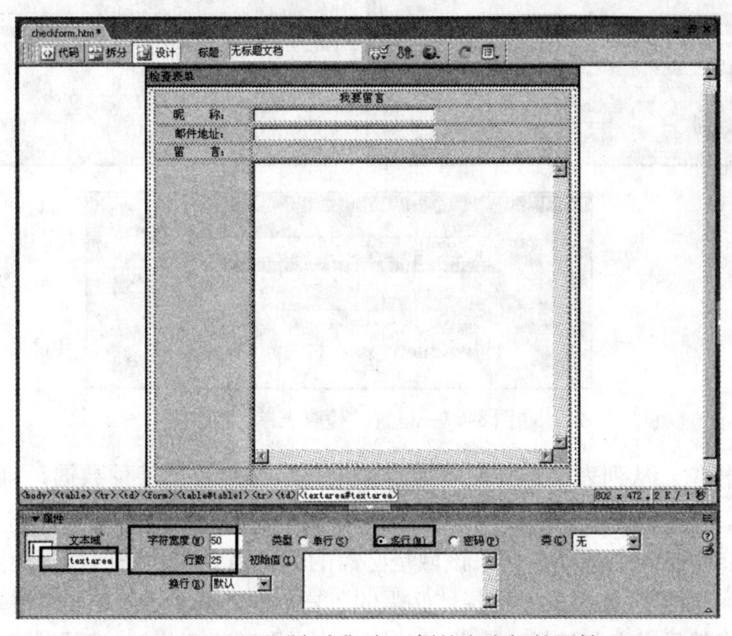

图8-67　设置“留言”右下侧的文本框的属性

7）将光标定位在嵌套表格的最下方单元格中，在属性面板中设置水平为居中对齐。然后单击两次插入栏“表单”类别中的按钮，在单元格中插入两个按钮。接着设置它们一个为“重置”按钮，一个为“提交”按钮，结果如图8-68所示。

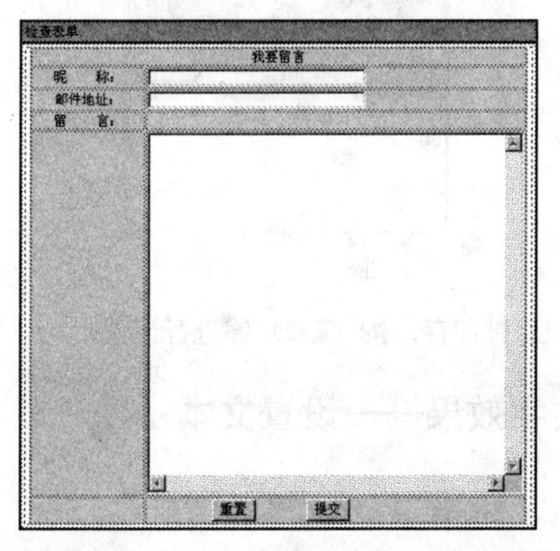

图8-68　插入“重置”和“提交”按钮

8）将光标放在表单框以内表单对象所在表格以外的位置，然后在行为面板中单击 +.（添加行为）按钮，在弹出的行为菜单中选择“检查表单”命令，在弹出的“检查表单”对话框中设置参数，如图 8-69 所示。

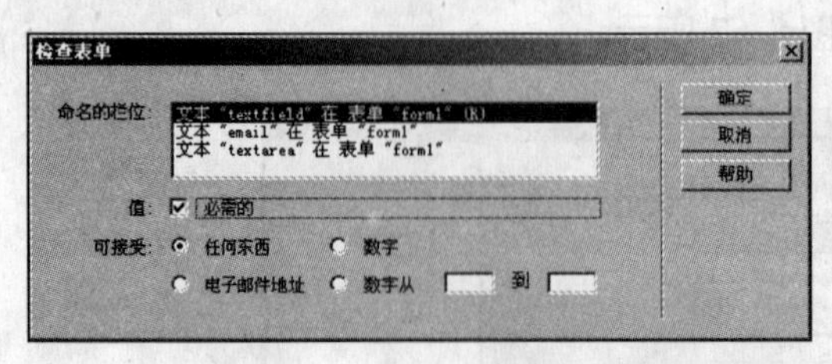

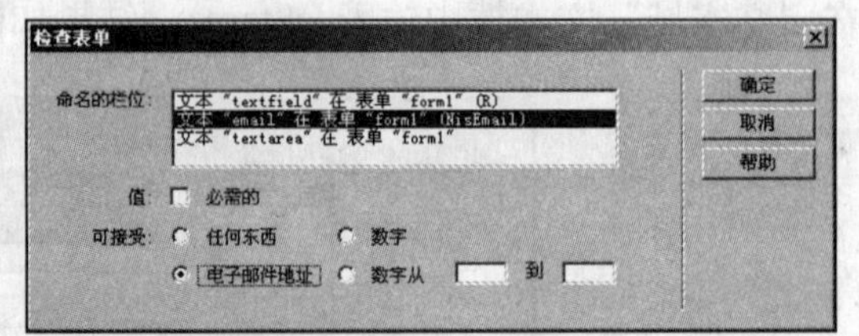

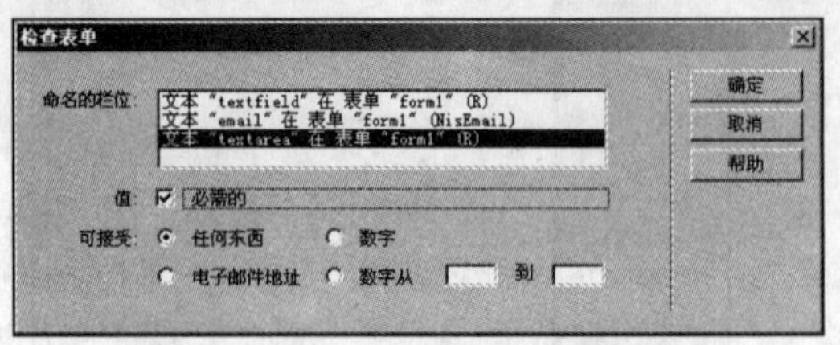

图 8-69　设置“检查表单”的参数

- 命名的栏位：从列表中选择文本域。如果该域必须包含某种数据，则选择“必需的”复选框。
- 可接受：包括 4 个选项。如果该域是必需的但不需要包含任何特定类型的数据，则选择“任何东西”（如果没有选择“必需的”复选框，则“任何东西”单选按钮就没有意义了，也就是说它与该域上未附加“检查表单”动作一样）；选择“电子邮件地址”单选按钮可检查该域是否包含一个 @ 符号；选择“数字”单选按钮可检查该域是否只包含数字；选择“数字从”单选按钮可检查该域是否包含特定范围内的数字。

9）单击“确定”按钮，回到页面，这时行为面板如图 8-70 所示。

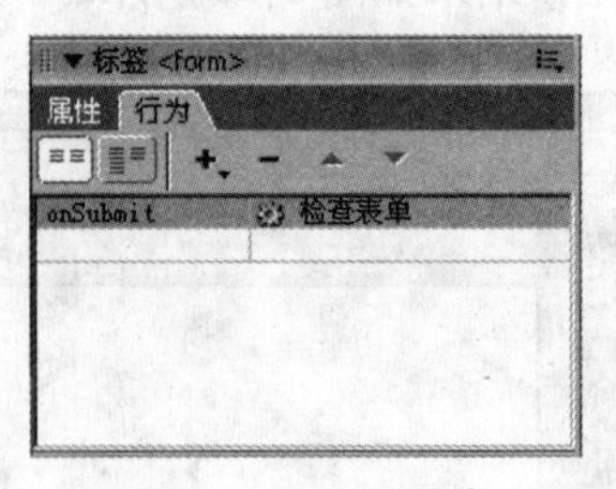

图 8-70　行为面板

10）按〈Ctrl+S〉组合键保存，按〈F12〉键进行预览。

8.9　页面动态文字效果——设置文本

要点：

本例将在页面中设置容器的文本、文本域文本、框架文本和状态栏文本的特殊效果，如图 8-71 所示。通过本例的学习，读者应掌握设置文本的创建方法，以及框架集的使用。

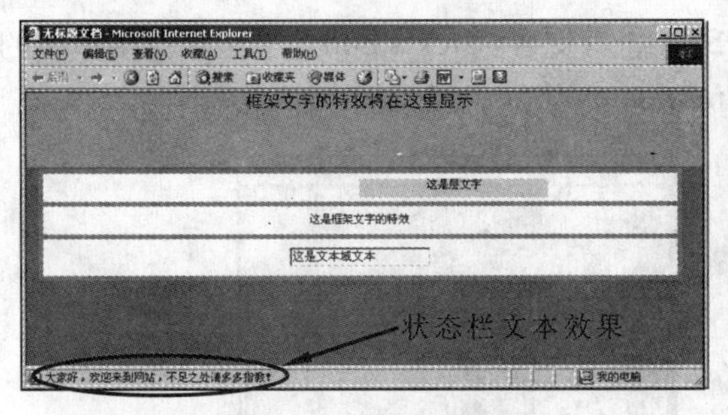

打开的页面

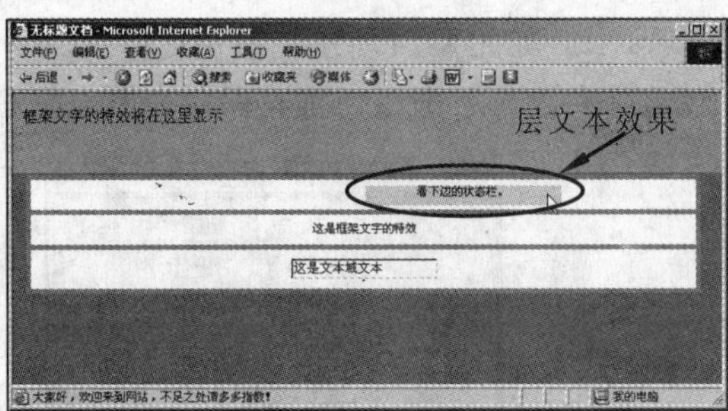

容器文本的特效

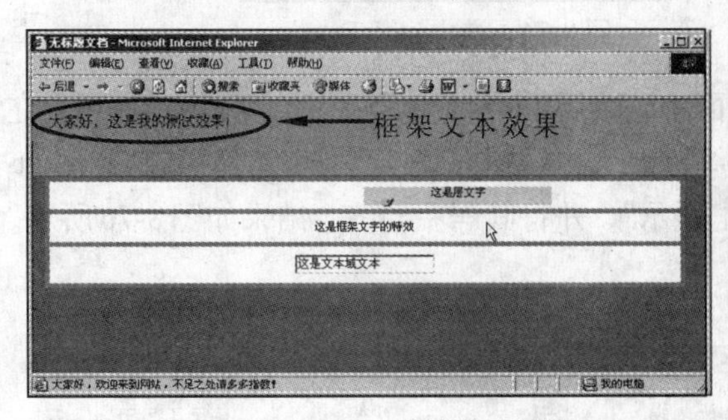

框架文本特效

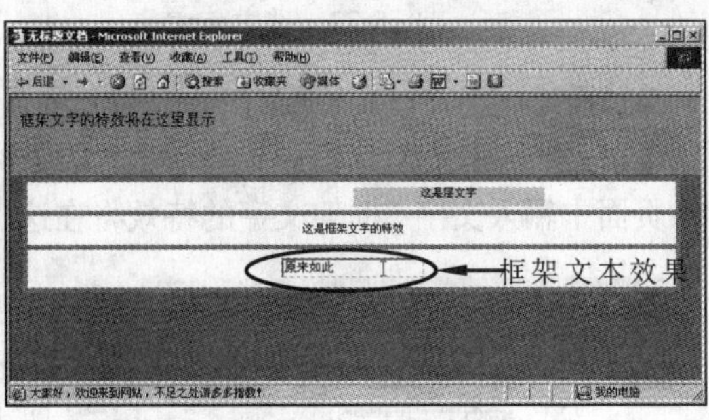

文本域文本特效

图 8-71　设置页面动态文字效果

操作步骤：

1）打开 Dreamweaver CS3，然后执行菜单中的“文件|新建”命令，在弹出的“新建文档”对话框中设置参数，如图 8-72 所示。接着单击“创建”按钮，创建一个框架集。

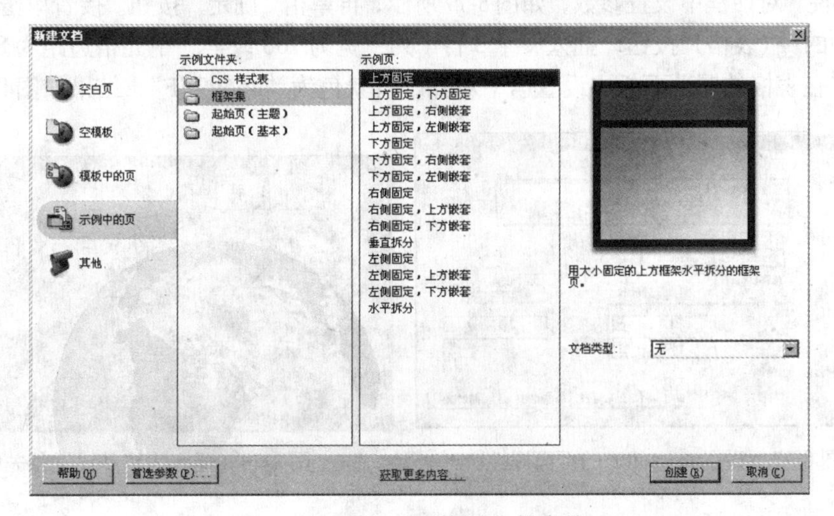

图 8-72　设置新建文档参数

2）执行菜单中的“窗口|框架”命令，调出框架面板。然后在框架面板中选中 topFrame，如图 8-73 所示，按快捷键〈Ctrl+S〉，将其保存为 Framext.htm。接着在框架面板中选中

mainFrame，如图8-74所示，按快捷键〈Ctrl+S〉，将其保存为texts.htm。最后执行菜单中的“文件|保存全部”命令，将其保存为框架集Framesetext.htm。

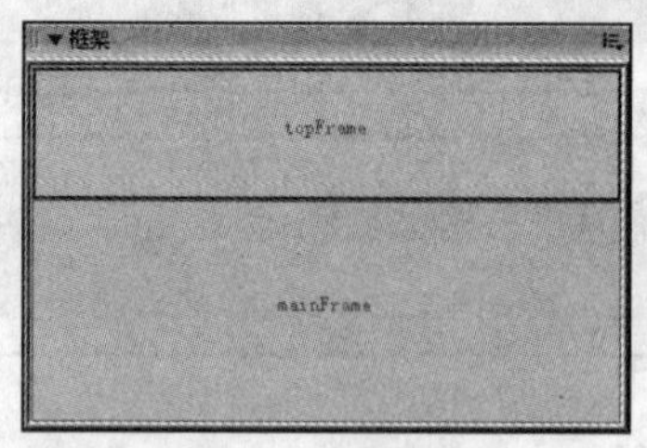

图8-73　选中topFrame

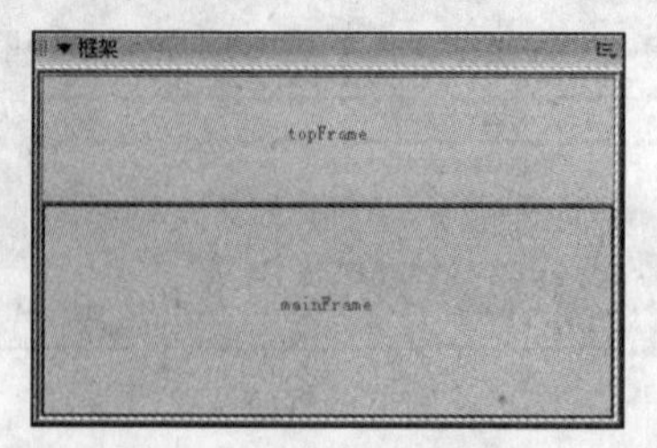

图8-74　选中mainFrame

3）将光标定位在文档窗口Framext.htm页面中，然后单击属性面板中的页面属性...按钮，在弹出的“页面属性”对话框中设置参数，如图8-75所示，再单击“确定”按钮。然后在Framext.htm页面中输入文字“框架文字的特效将在这里显示”，并将其居中对齐，结果如图8-76所示。

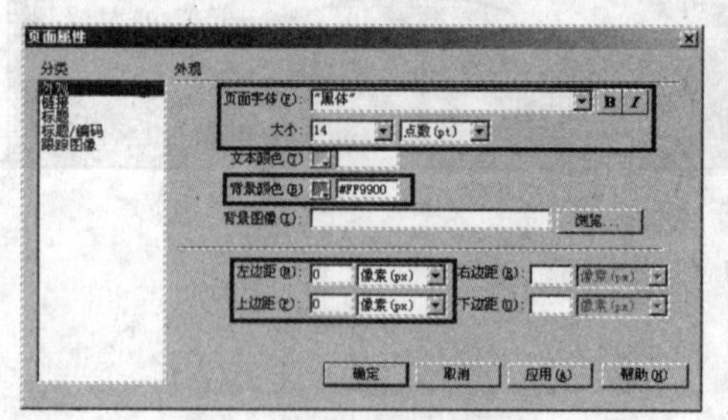

图8-75　设置Framext.htm的页面属性

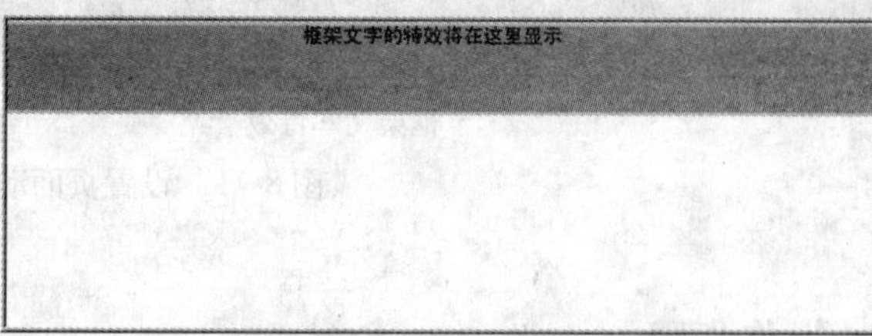

图8-76　在Framext.htm页面中输入文字并居中对齐

4）将光标定位在文档窗口texts.htm页面中，然后单击属性面板中的页面属性...按钮，在弹出的“页面属性”对话框中设置参数，如图8-77所示，再单击“确定”按钮。接着单击插入栏“常用”类别中的(表格）按钮，插入一个3行1列、宽为700像素、单元格边距为8、间距为5的表格，并在表格的属性面板中设置居中对齐、背景色为“#6699FF”，结果如图8-78所示。

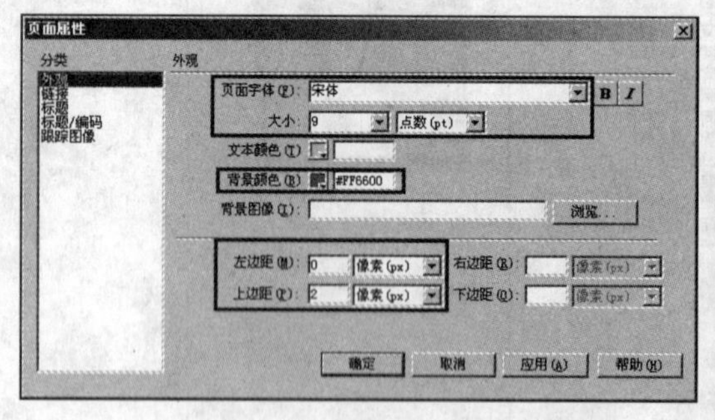

图8-77　设置texts.htm的页面属性

图8-78　插入表格并设置相关属性

5）在texts.htm页面中选中表格的全部单元格，在属性面板中设置背景颜色为“#FFFFFF”、水平为居中对齐，结果如图8-79所示。

图 8-79　将单元格的背景色设为白色并将整个表格居中对齐

6）将光标放在第1行单元格中，然后执行菜单中的“插入记录|布局对象|AP Div”命令，在单元格插入一个层。接着选中层，在属性面板中设置参数，如图 8-80 所示，结果如图 8-81 所示。

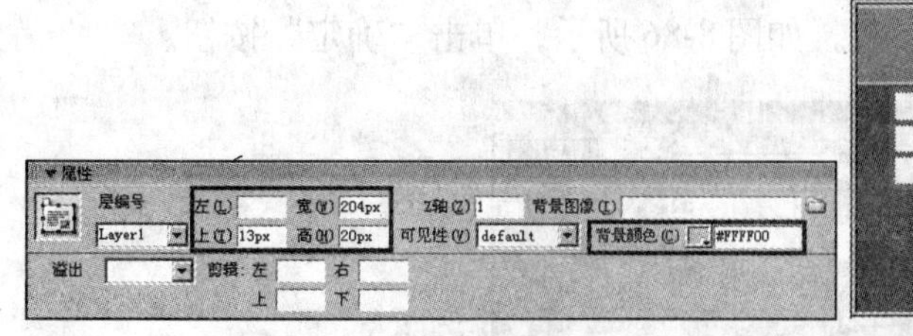

图 8-80　设置层的属性

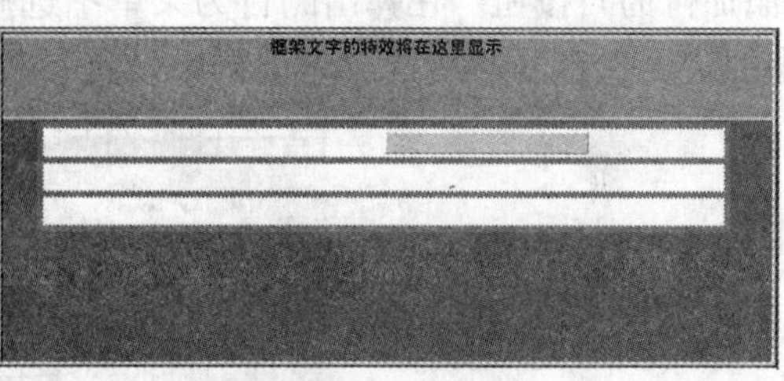

图 8-81　插入层的效果

7）在层中输入文字“这是层文字”。然后将光标定位在第2行单元格中，输入文字“这是框架文字的特效”。接着将光标放在第3行单元格中，单击插入栏“表单”类别中的□(文本字段）按钮，在单元格中插入一个文本域。最后选中文本域，在属性面板的“初始值”文本框中输入文字“这是文本域文本”，结果如图 8-82 所示。

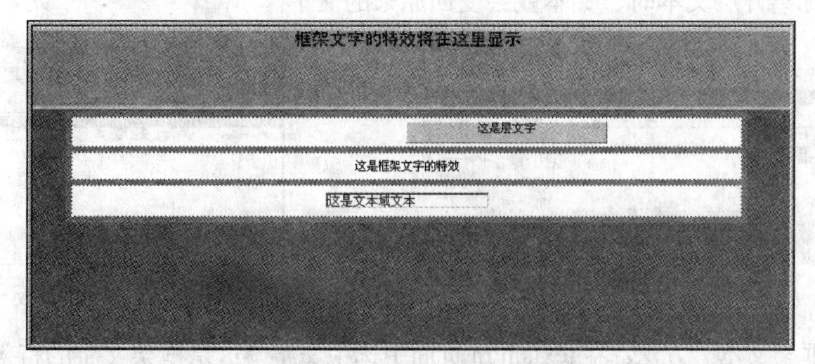

图 8-82　设置表格的相关内容

8）设置状态栏文本。方法：在框架面板中选中框架集 Framesetext.htm（或者在文档窗口单击框架边框），然后在行为面板中单击+(添加行为）按钮，在弹出的行为菜单中选择“设置文本|设置状态栏文本”命令，如图 8-83 所示。接着在弹出的“设置状态栏文本”对话框中设置参数，如图 8-84 所示，单击“确定”按钮，回到页面，这时的行为面板如图 8-85 所示。

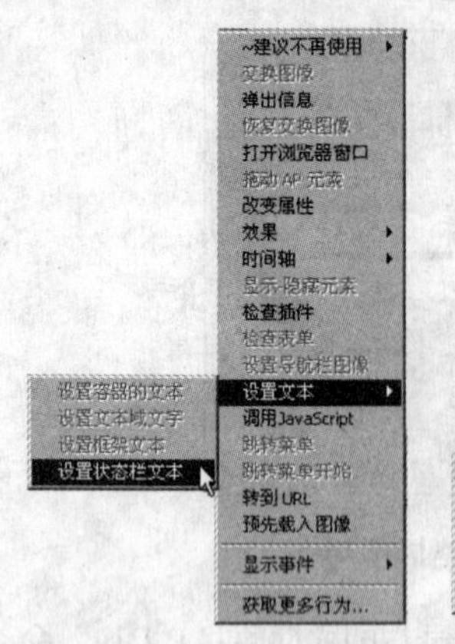

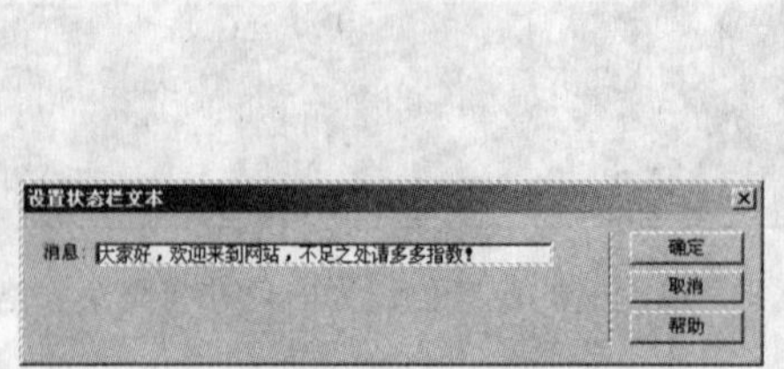

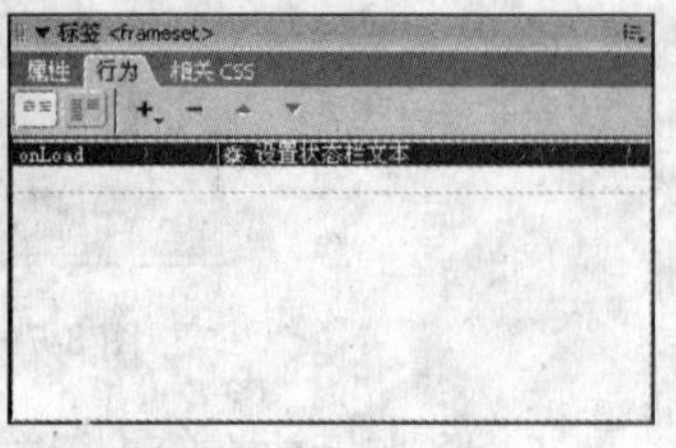

图 8-83　选择“设置状态栏文本”命令　图 8-84　输入状态栏文字　图 8-85　行为面板

9）设置层文本。方法：在 texts.htm 页面中选择层中的文字，然后在行为面板中单击（添加行为）按钮，在弹出的行为菜单中选择“设置文本|设置容器的文本”命令，然后在弹出的“设置容器的文本”对话框中设置参数，如图 8-86 所示，单击“确定”按钮。

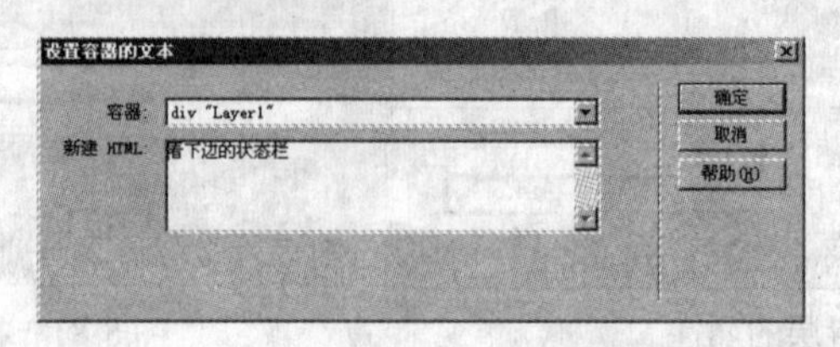

图 8-86　设置容器文本的参数

10）继续设置层文本。按相同的方法再次设置层文本，在弹出的“设置容器的文本”对话框中设置参数，如图 8-87 所示。单击“确定”按钮，回到页面。默认情况下触发事件为 onMouseOver，在此修改第 2 次所创建行为的触发事件为 onMouseOut，行为面板如图 8-88 所示。这样当鼠标离开层文本时，文本就会变回原来的文本。

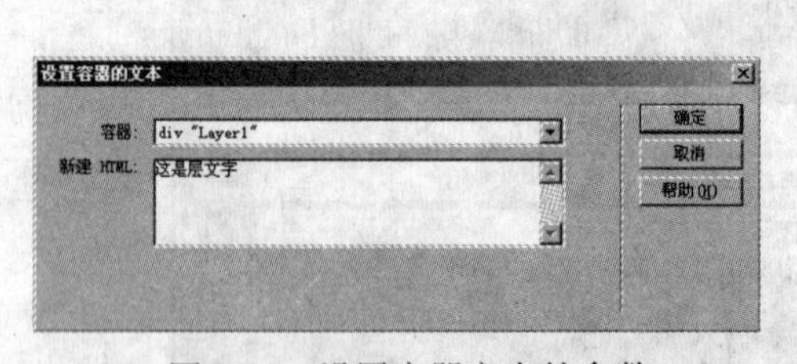

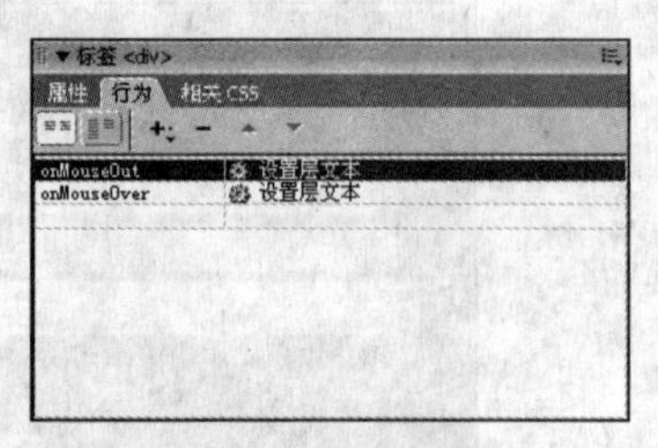

图 8-87　设置容器文本的参数　图 8-88　行为面板

11）设置框架文本。方法：在 texts.htm 页面中选中文字“这是框架文字的特效”。然后在行为面板中单击（添加行为）按钮，在弹出的行为菜单中选择“设置文本|设置框架文本”命令，在弹出的“设置框架文本”对话框中设置参数，如图 8-89 所示。接着用相同的方法再次设置框架文本，在弹出的“设置框架文本”对话框中设置参数，如图 8-90 所示，并在行为面板中修改触发事件为 onMouseOut，这时行为面板如图 8-91 所示。

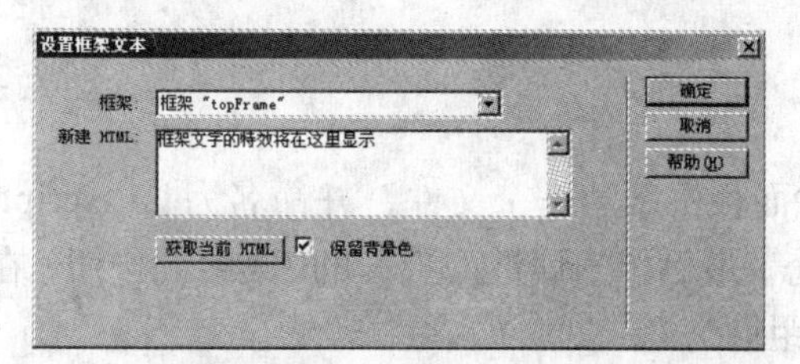

图 8-89　设置 onMouseOut 状态下的框架文本的参数

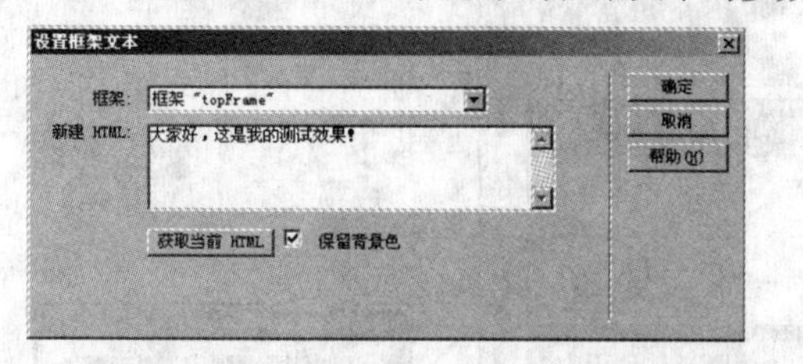

图 8-90　设置 onMouseOver 状态下的框架文本参数

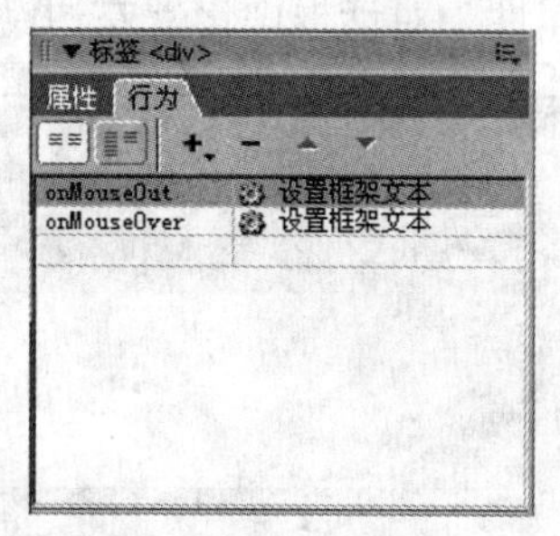

图 8-91　行为面板

12）设置文本域文本。方法：在 texts.htm 页面中选中文本域，然后在行为面板中单击 (添加行为）按钮，在弹出的行为菜单中选择“设置文本 | 设置文本域文本”命令，然后在弹出的“设置文本域文字”对话框中设置参数，如图 8-92 所示。接着用相同的方法再次设置文本域文本，在弹出的“设置文本域文字”对话框中设置参数，如图 8-93 所示，并在行为面板中修改触发事件为 onMouseOut，这时行为面板如图 8-94 所示。

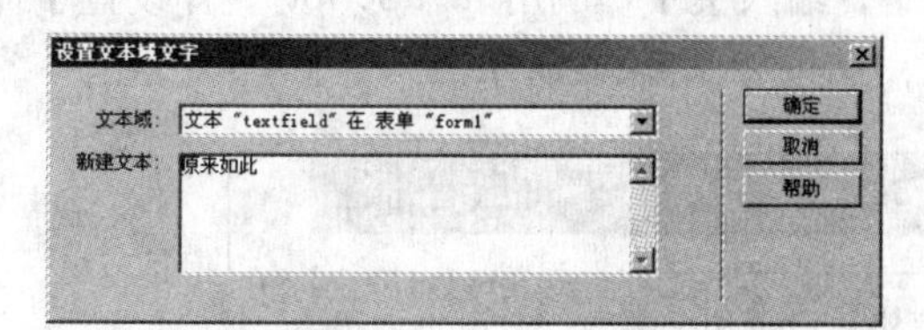

图 8-92　设置 onMouseOut 状态下的文本域文本的参数

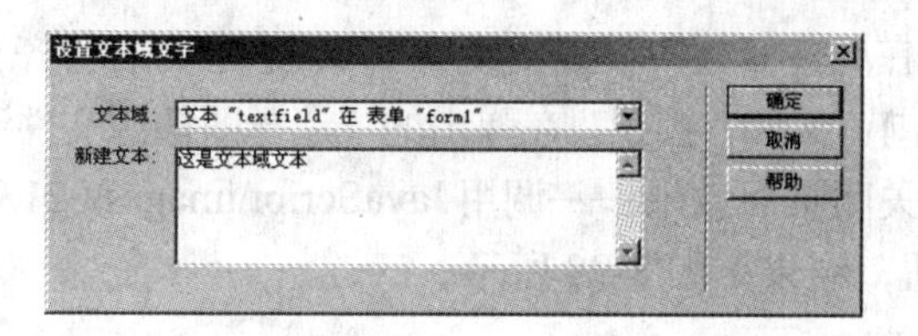

图8-93　设置onMouseOver状态下的文本域文本的参数

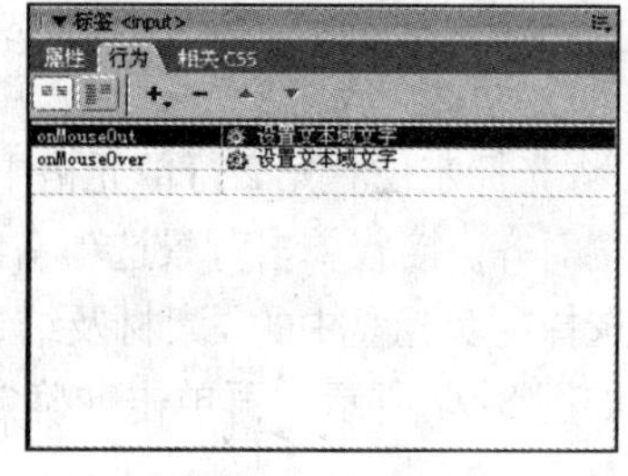

图8-94　行为面板

13）按〈Ctrl+S〉组合键保存，按〈F12〉键进行预览。

8.10　关闭页面效果——调用 JavaScript

要点：

本例将制作当光标移动到文字“关闭本页”上时，会弹出“关闭”对话框（见图 8-95），然后单击“是”按钮，将关闭窗口的效果。通过本例的学习，读者应掌握调用 JavaScript 行为的方法。

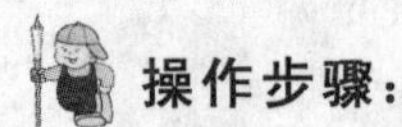

操作步骤：

1）打开 Dreamweaver CS3，然后在文件面板中新建一个文件，并命名为 javascript.htm。接着双击 javascript.htm 文件，进入其编辑状态。最后单击属性面板中的［页面属性］按钮，在弹出的“页面属性”对话框中设置左边距和上边距均为 0。

图 8-95　关闭页面效果

2）单击插入栏“常用”类别中的（表格）按钮，插入一个 2 行 1 列、宽为 700 像素、单元格边距为 3、间距为 2 的表格。然后在属性面板中设置表格居中对齐，背景颜色为“#CC6600”。接着将光标定位在第 1 行单元格中，输入文字“调用 JavaScript”，并设置字体为黑体、大小为 14pt、文本颜色为“#FFFFFF”，结果如图 8-96 所示。

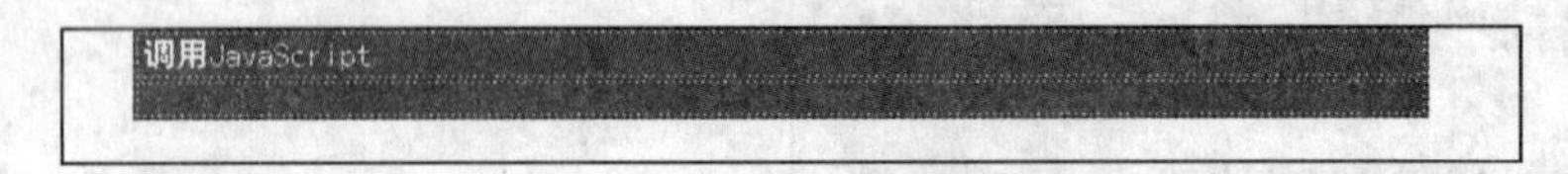

图 8-96　插入表格并设置相关参数

3）将光标定位在第 2 行单元格中，然后在属性面板中设置高度为 170、水平为右对齐、垂直为顶端对齐。接着单击背景选项右侧的（浏览文件）按钮，在弹出的“选择图像源文件”对话框中选择配套光盘中的“素材及结果\8.10 关闭页面效果——调用 JavaScript\images\021.jpg”图片，如图 8-97 所示，再单击“确定”按钮，结果如图 8-98 所示。

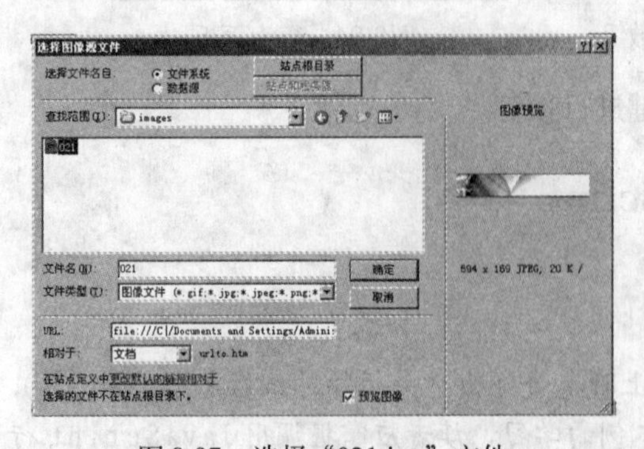

图 8-97　选择“021.jpg”文件

图 8-98　指定单元格背景图片的效果

4）继续将光标定位在第2行单元格中，单击插入栏“常用”类别中的（表格）按钮，插入一个1行1列、宽为100%的嵌套表格。然后选中该表格，设置水平为右对齐，并在单元格中输入文字“关闭本页”，结果如图8-99所示。

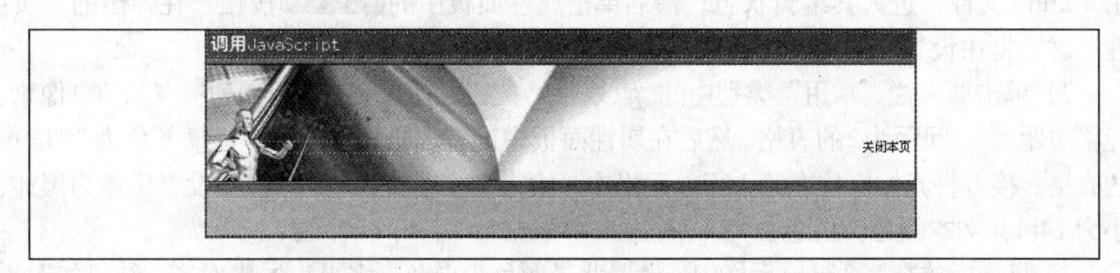

图8-99　输入文字“关闭本页”

5）选中文字“关闭本页”，然后在行为面板中单击（添加行为）按钮，在弹出的行为菜单中选择“调用JavaScript”命令。接着在弹出的“调用JavaScript”对话框中的“JavaScript”文本框中输入代码如下：

```
window.close ()
```

如图8-100所示。最后单击“确定”按钮回到页面中，这时行为面板如图8-101所示。

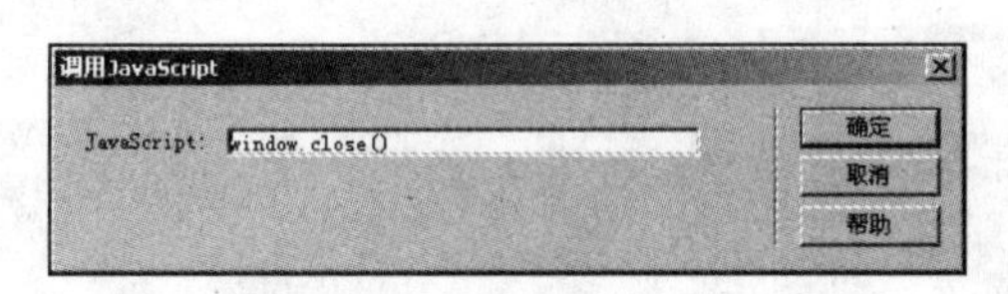

图8-100　输入文字

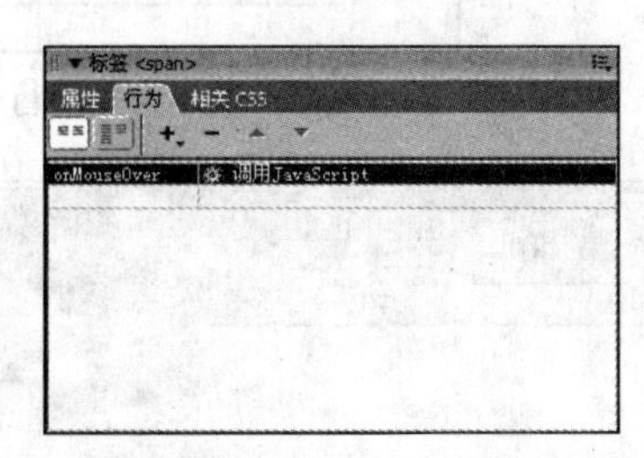

图8-101　行为面板

6）按〈Ctrl+S〉组合键保存，按〈F12〉键进行预览。

8.11　跳转页面——转到URL

要点：

本例将在页面中插入一个转到URL行为，使用户在访问原来的页面时，可直接跳转到新的站点中，如图8-102所示。通过本例的学习，读者应掌握在页面中创建转到URL行为的方法。

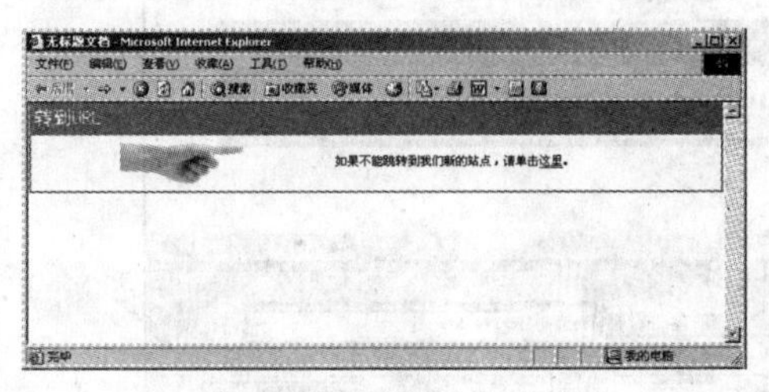

不能直接转到新站点的页面

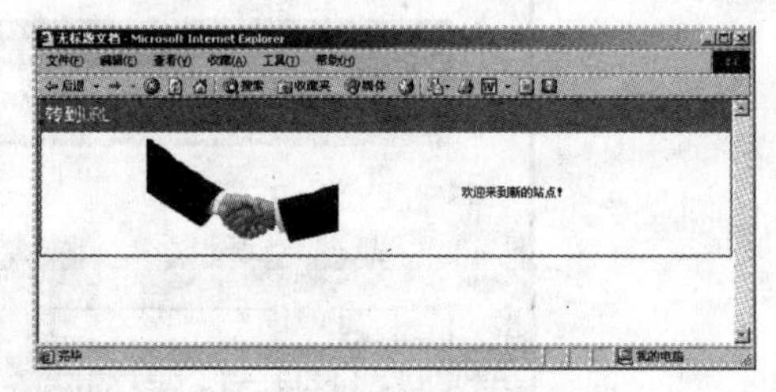

转到的页面

图8-102　跳转页面

操作步骤：

1）打开 Dreamweaver CS3，然后在文件面板中新建一个文件，并命名为 url.htm。接着双击 url.htm 文件，进入其编辑状态。最后单击属性面板中的 页面属性... 按钮，在弹出的“页面属性”对话框中设置左边距和上边距均为 0。

2）单击插入栏“常用”类别中的 (表格) 按钮，插入一个 2 行 1 列、宽为 700 像素、单元格边距为3、间距为2的表格。然后在属性面板中设置表格居中对齐，背景颜色为“#3399FF”的表格。接着将光标定位在第 1 行单元格中，输入文字“转到 URL”，并设置字体为黑体、大小为 14pt、文本颜色为白色。

3）将光标放在第 2 行单元格中，设置背景颜色为白色，水平为居中对齐，结果如图 8-103 所示。然后插入一个 1 行 2 列、宽为 80%、单元格边距为 2、间距为 2 的嵌套表格。接着将光标定位在嵌套表格左侧的单元格中，按快捷键〈Ctrl+Alt+I〉，在弹出的“选择图像源文件”对话框中选择配套光盘中的“素材及结果\8.11 跳转页面——转到 URL\images\022.jpg”图片，如图 8-104 所示，再单击“确定”按钮，结果如图 8-105 所示。

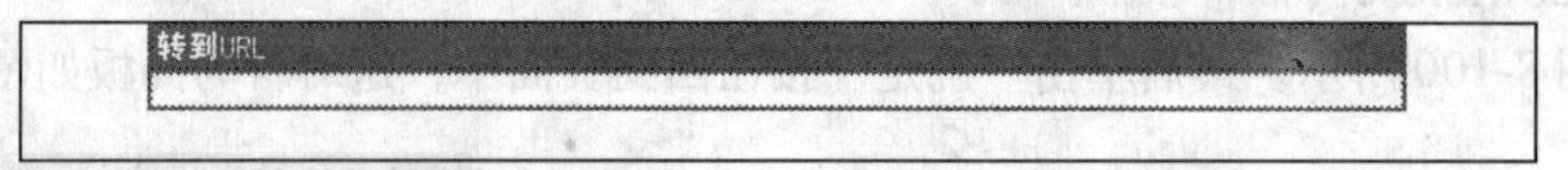

图 8-103　将第 2 行表格背景颜色设为白色，水平设为居中对齐

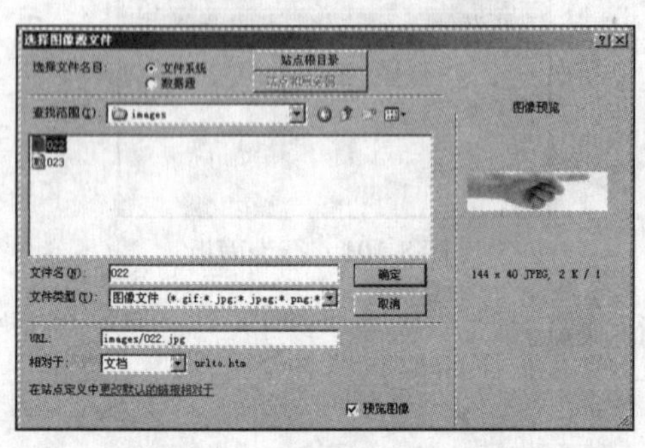

图 8-104　选择“022.jpg”图片

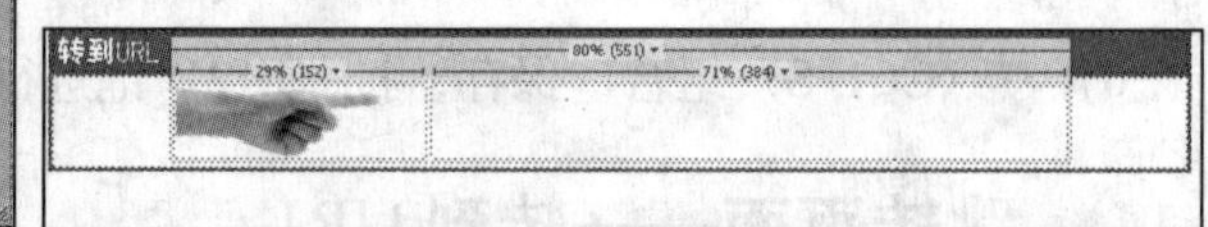

图 8-105　插入图片后的效果

4）将光标定位在嵌套表格右侧的单元格中，输入文字“如果不能跳转到我们新的站点，请单击这里。”接着选中文字“这里”，在属性面板的链接文本框中输入 urlto.htm，这时页面结果如图 8-106 所示。

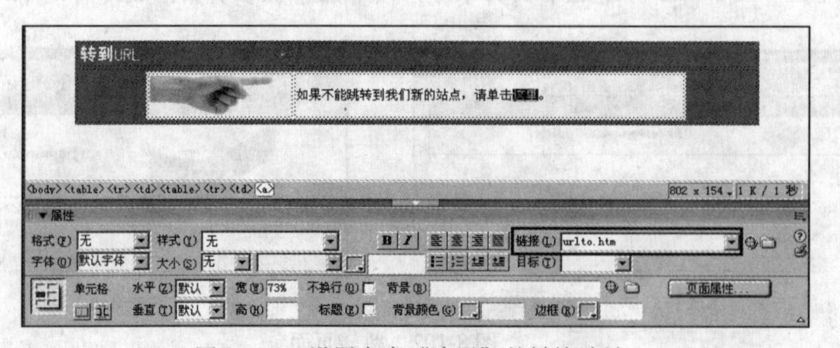

图 8-106　设置文字“这里”的链接地址

5）在行为面板中单击+(添加行为）按钮，在弹出的行为菜单中选择“转到 URL”命令。接着在弹出的“转到 URL”对话框中设置参数，如图 8-107 所示。单击“确定”按钮回到页面中，这时行为面板如图 8-108 所示。

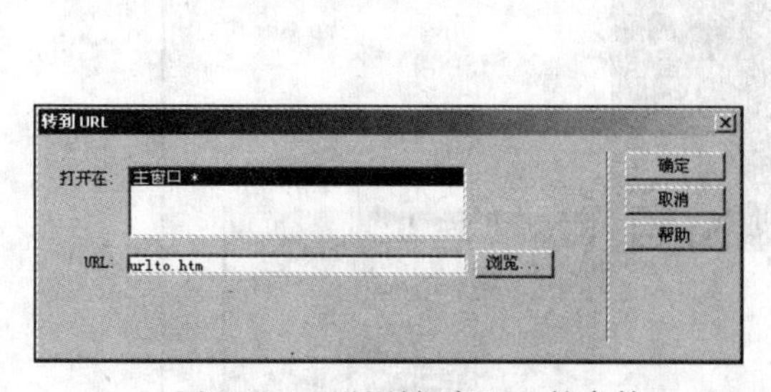

图 8-107　设置转到 URL 的参数

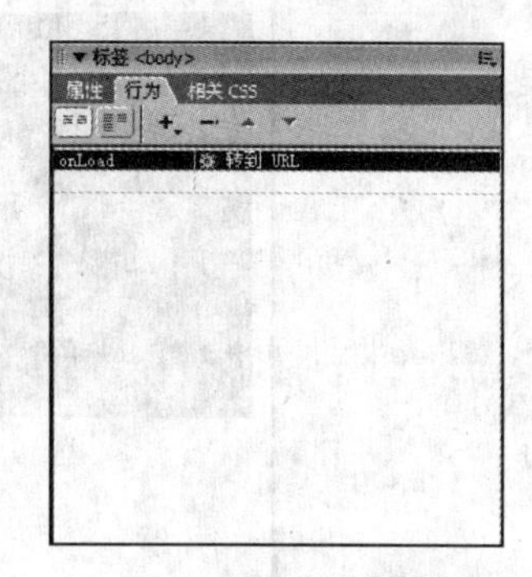

图 8-108　行为面板

6）执行菜单中的“文件 | 另存为”命令，在弹出的“另存为”对话框中的“文件名”文本框中输入“urlto.htm”，并单击“确定”按钮，进入 urlto.htm 的编辑状态。然后在页面中选中图片，单击属性面板中的源文件选项右侧的□(浏览文件）按钮，在弹出的“选择图像源文件”对话框中选择配套光盘中的“8.11 跳转页面——转到 URL\images\023.jpg”图片，如图 8-109 所示。接着单击“确定”按钮，回到页面。

7）选择页面中的文字，将其修改为“欢迎来到新的站点！”。这时 urlto.htm 的页面效果如图 8-110 所示。

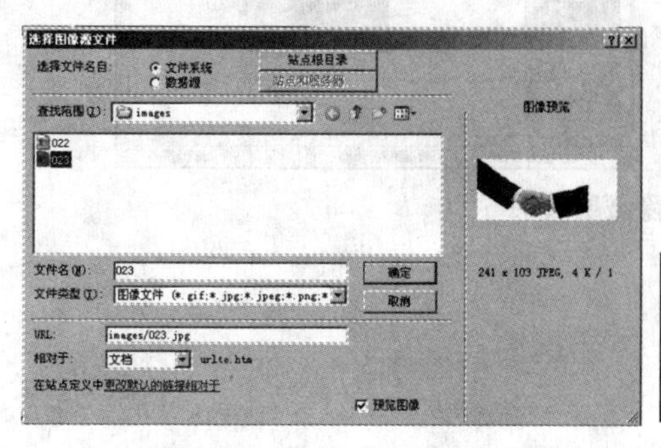

图 8-109　选择“023.jpg”图片

图 8-110　urlto.htm 的页面效果

8）按〈Ctrl+S〉组合键保存，按〈F12〉键进行预览。

8.12　课后练习

（1）利用“弹出信息”行为制作一个实例，如图 8-111 所示。参数可参考配套光盘中的“课后练习\8.12 课后练习\练习 1\index.html”文件。

（2）利用“显示 - 隐藏层”行为制作一个实例，如图 8-112 所示。参数可参考配套光盘中的“课后练习\8.12 课后练习\练习 2\index.html”文件。

图 8-111　弹出信息

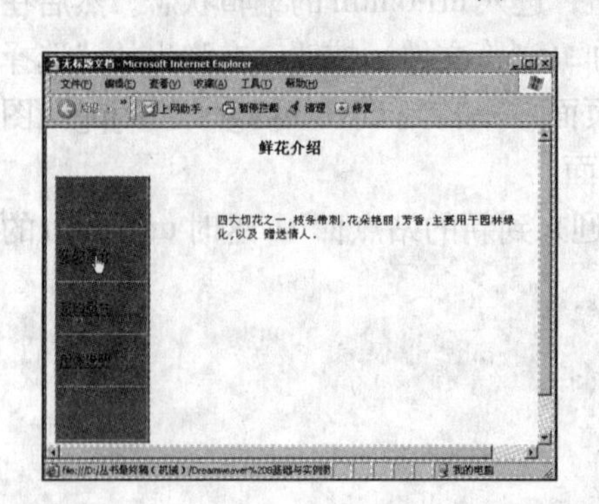

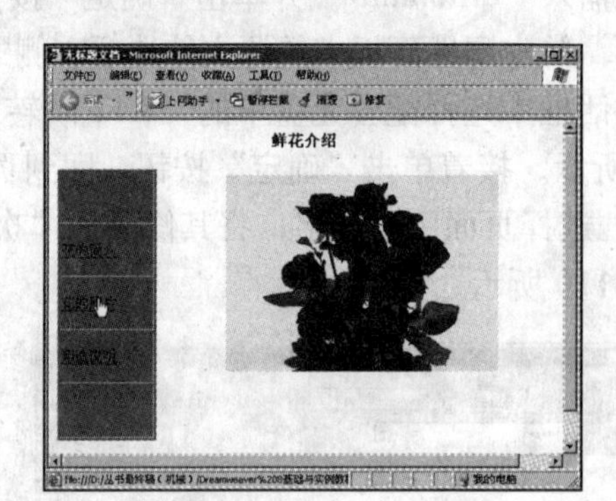

图 8-112　显示 - 隐藏层效果

第 9 章　使用框架、模板和库

本章重点

通过本章的学习，读者应掌握框架、模板和库的应用。

9.1　免费邮箱——框架网页

要点：

免费邮箱都是以框架页面的形式制作的，本例将制作一个数字中国网的免费邮箱，如图 9-1 所示。通过本例的学习，读者应掌握框架、表格和表格的综合应用。

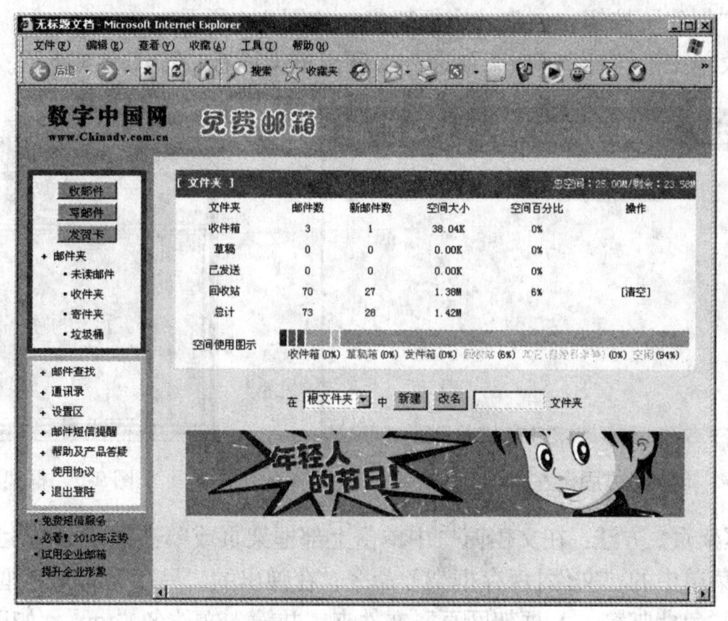

图 9-1　框架网页

操作步骤：

制作免费邮箱首先需要创建框架集，对框架集的整体结构进行设定。然后分别制作每一个框架网页，接着保存全部框架页和框架集，从而完成框架页的制作。

(1) 创建框架集

本例框架集包括三个框架，一个框架用来放置站点标题，一个框架用来放置邮箱功能栏；一个用来显示邮箱的内容。下面就来创建框架集，具体操作步骤如下：

1) 在硬盘上创建一个名为“免费邮箱——框架网页”的文件夹，然后在该文件夹中新建一个名为 images 的文件夹，并将所需图片复制到该文件夹中。

2）打开 Dreamweaver CS3，在快捷菜单面板中单击“更多”按钮，如图 9-2 所示。然后在弹出的“新建文档”对话框中设置参数，如图 9-3 所示。

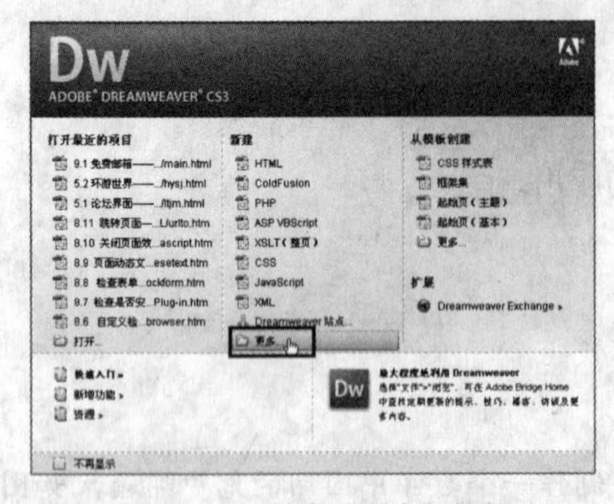

图 9-2 单击“更多”按钮

图 9-3 设置参数

3）单击“创建”按钮，创建一个框架集，如图 9-4 所示。

4）执行菜单中的“窗口 | 框架”命令，调出框架面板，如图 9-5 所示。

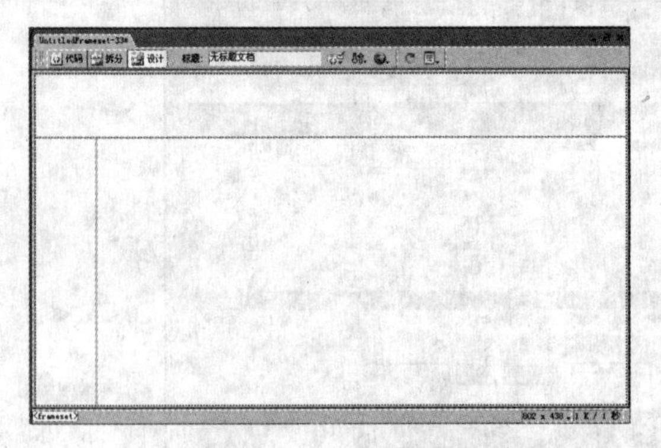

图 9-4 创建上方固定左侧嵌套的框架集

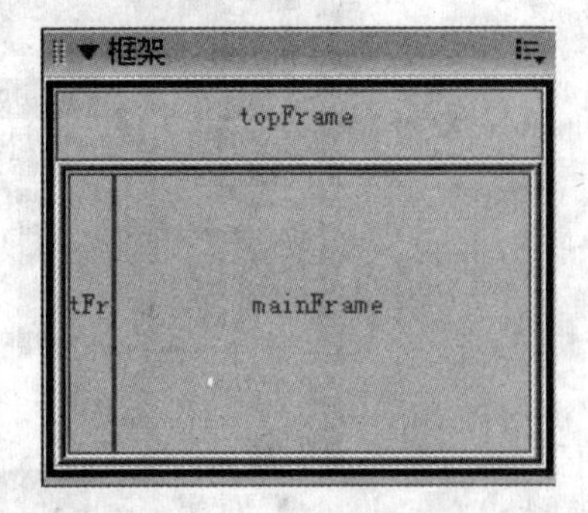

图 9-5 框架面板

5）保存框架页。方法：在文档窗口中单击上部框架页或单击框架面板上部的 topFrame 区域，然后执行菜单中的“文件 | 保存框架”命令，在弹出的“另存为”对话框中选择保存路径为刚才创建的“免费邮箱——框架网页”文件夹，并输入文件名“top”，如图 9-6 所示，再单击“保存”按钮，即可将上部的框架页保存。

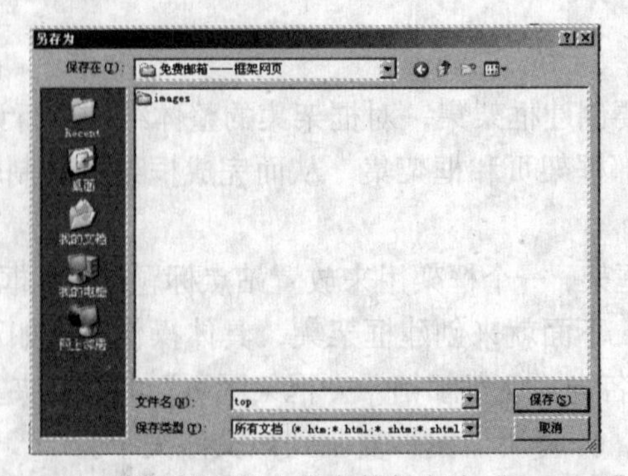

图 9-6 将框架页的上部文件保存为“top.html”

6）同理，分别保存左侧和右侧框架页，并命名为left.html和right.html。

7）保存框架集。方法：执行菜单中的“文件|保存全部”命令，在弹出的“另存为”对话框中输入文件名“mail”，然后单击“保存”按钮，完成对框架集的保存。

（2）定义框架集

在创建完框架网页后，需要定义框架集的属性，如标题、宽度等。具体操作步骤如下：

1）单击框架面板最外层的边框，如图9-7所示（或者在文档窗口中单击框架边界，如图9-8所示），选中整个框架集。然后在文档窗口上方的“标题”文本框内输入文字“免费邮箱——框架网页”。

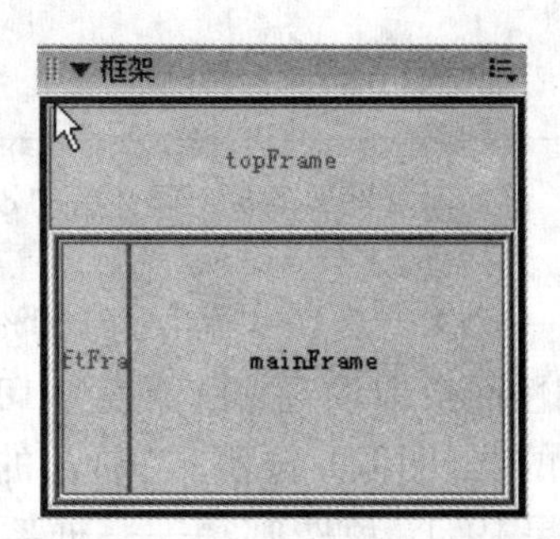

图9-7　选中整个框架集

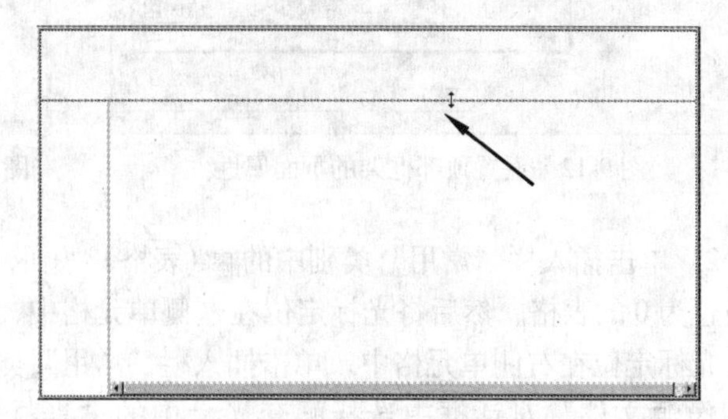

图9-8　在文档窗口中单击框架边界

2）选中框架集，在属性面板中设置参数，如图9-9所示。

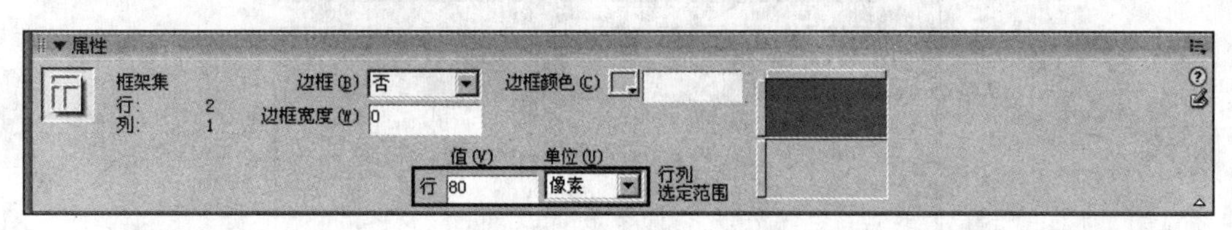

图9-9　设置框架集的参数

3）单击框架面板的嵌套框架边框，如图9-10所示，选中下半部分框架的边框。然后在属性面板中设置参数，如图9-11所示。

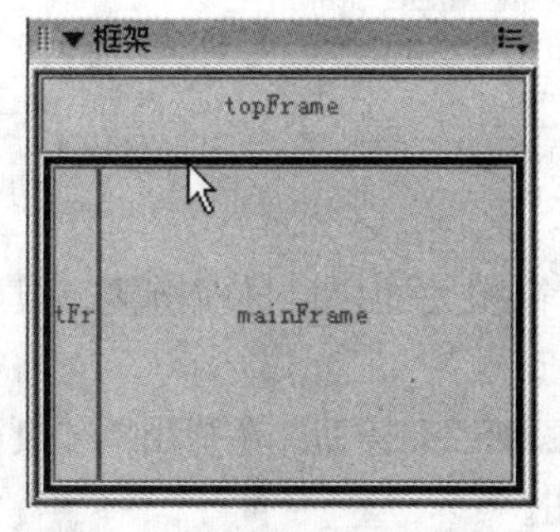

图9-10　单击框架面板的嵌套框架边框

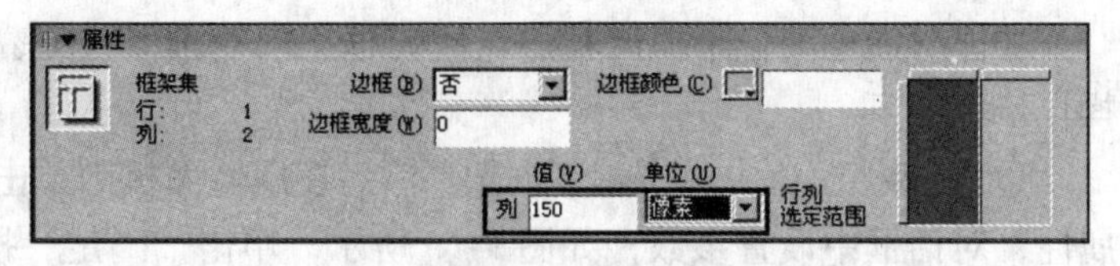

图9-11　设置下半部分框架的高度

（3）制作顶部标题框架

在设置完框架集后，下面开始制作框架，首先制作位于顶部的标题框架。具体操作步骤如下：

1）在文档窗口中单击顶部框架，然后在属性面板中单击[页面属性]按钮，在弹出的“页面属性”对话框中设置参数，如图9-12所示，单击“确定”按钮，结果如图9-13所示。

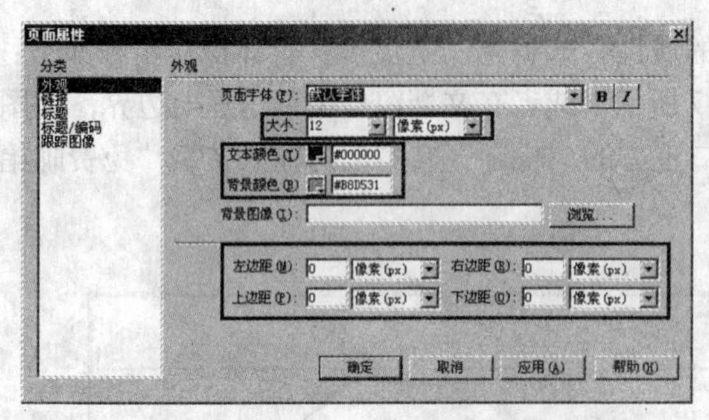
图9-12　设置顶部框架的页面属性

图9-13　设置顶部框架的页面属性后的效果

2）单击插入栏“常用”类别中的(表格）按钮，插入一个1行2列、宽度为100%、其他设置为0的表格。然后将光标定位在左侧单元格中，在属性面板中设置它的宽度为10。接着将光标定位在右侧单元格中，单击插入栏“常用”类别中的(图像）按钮，在弹出的“选择图像源文件”对话框中选择配套光盘中的“素材及结果\9.1　免费邮箱——框架网页\images\logo.gif”图片，结果如图9-14所示。

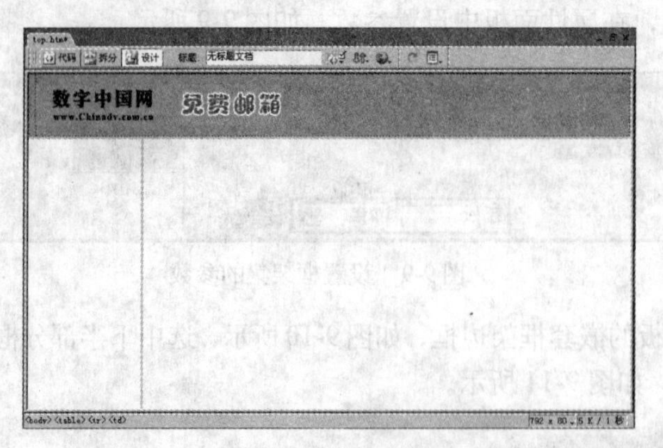

图9-14　插入“logo.gif”图片后的效果

3）执行菜单中的“文件|保存框架”命令，保存顶部标题框架。

（4）制作左侧功能导航框架

功能导航框架位于框架集的左侧，框架内安排了与免费邮箱相关的栏目导航链接。具体操作步骤如下：

1）在文档窗口中单击左侧框架，然后在属性面板中单击[页面属性]按钮，在弹出的“页面属性”对话框中设置参数，如图9-15所示，单击“确定”按钮。

2）单击插入栏“常用”类别中的(表格）按钮，插入一个4行3列、宽度为132像素、其他设置为0的表格，然后在属性面板中设置表格对齐方式为居中对齐。

3）设置第1行3个单元格的宽度分别为6、120、6、高度均为6，背景颜色为“#009933”；设置第2行3个单元格的宽度分别为6、120、6，第1、3单元格的背景颜色为“#009933”，第2个单元格的背景颜色为“#FFF9ED”；设置第3行3个单元格属性与第1行相同；设置第4行单元格的背景颜色为“#FFFFFF”，高度为2。此时按快捷键〈F12〉预览，结果如图9-16所示。

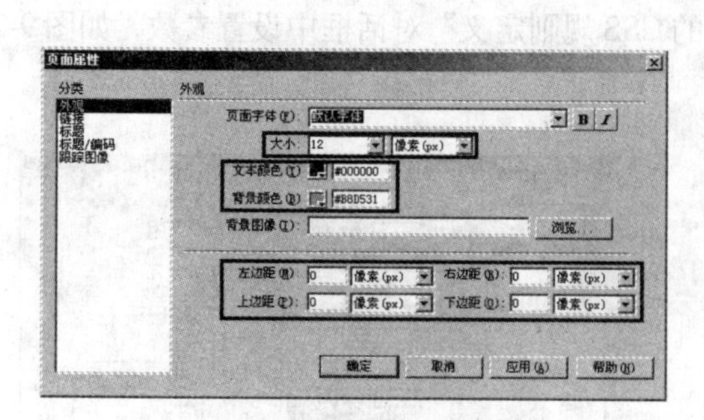

图9-15　设置左侧框架的页面属性

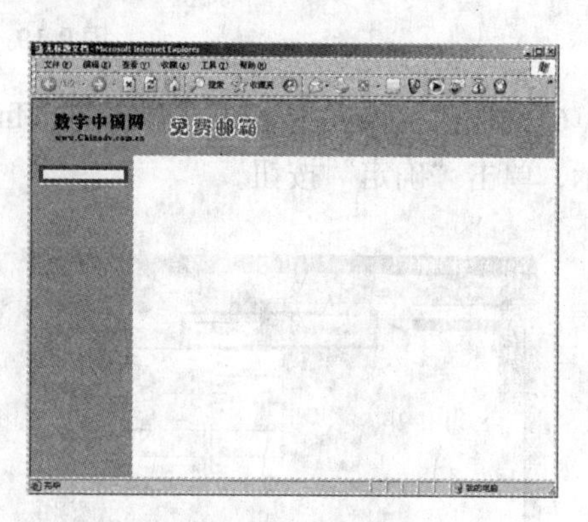

图9-16　预览效果

4）将光标定位在中间浅粉色的单元格中，单击插入栏“常用”类别中的▦(表格）按钮，插入一个7行1列、宽度为65像素的嵌套表格，并在属性面板中将其居中对齐。然后将这7行单元格的高度分别定为6、20、4、20、4、20、9。接着在第2、4、6行单元格中单击插入栏“表单”类别中的▭按钮，插入按钮，并在属性面板中设置其标签为“收邮件”、“写邮件”和“发贺卡”，结果如图9-17所示。

图9-17　创建“收邮件”、“写邮件”和“发贺卡”按钮

5）定义按钮样式。方法：选择文档窗口中的“收邮件”按钮，在属性面板中选择“类”下拉列表中的“管理样式”命令，如图9-18所示。然后在弹出的“新建CSS规则”对话框中设置参数，如图9-19所示。

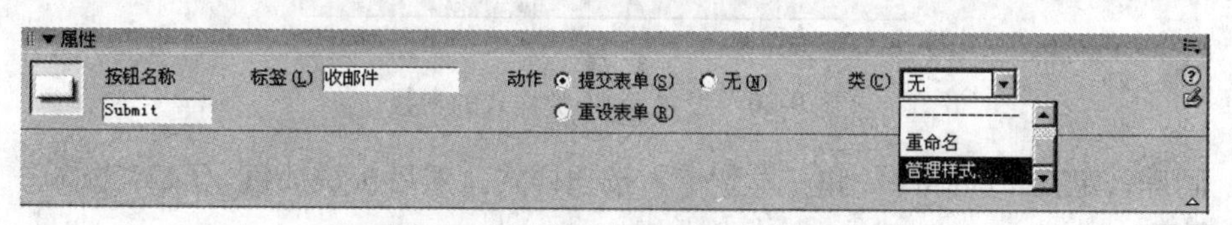

图9-18　选择“管理样式”命令

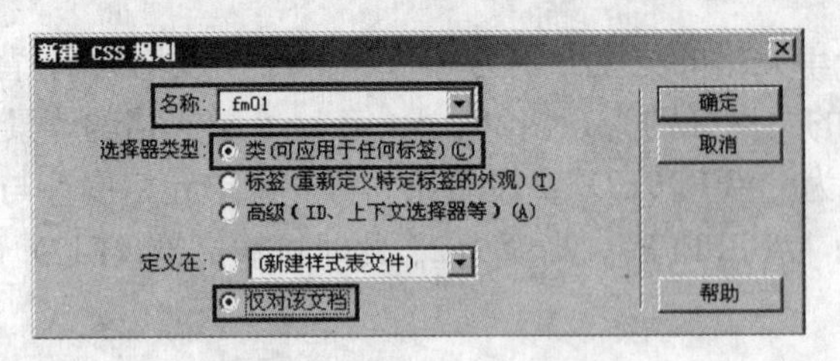

图 9-19　新建.fm01 类样式

6）单击“确定”按钮，在弹出的“.fm01 的 CSS 规则定义”对话框中设置参数，如图 9-20 所示，单击“确定”按钮。

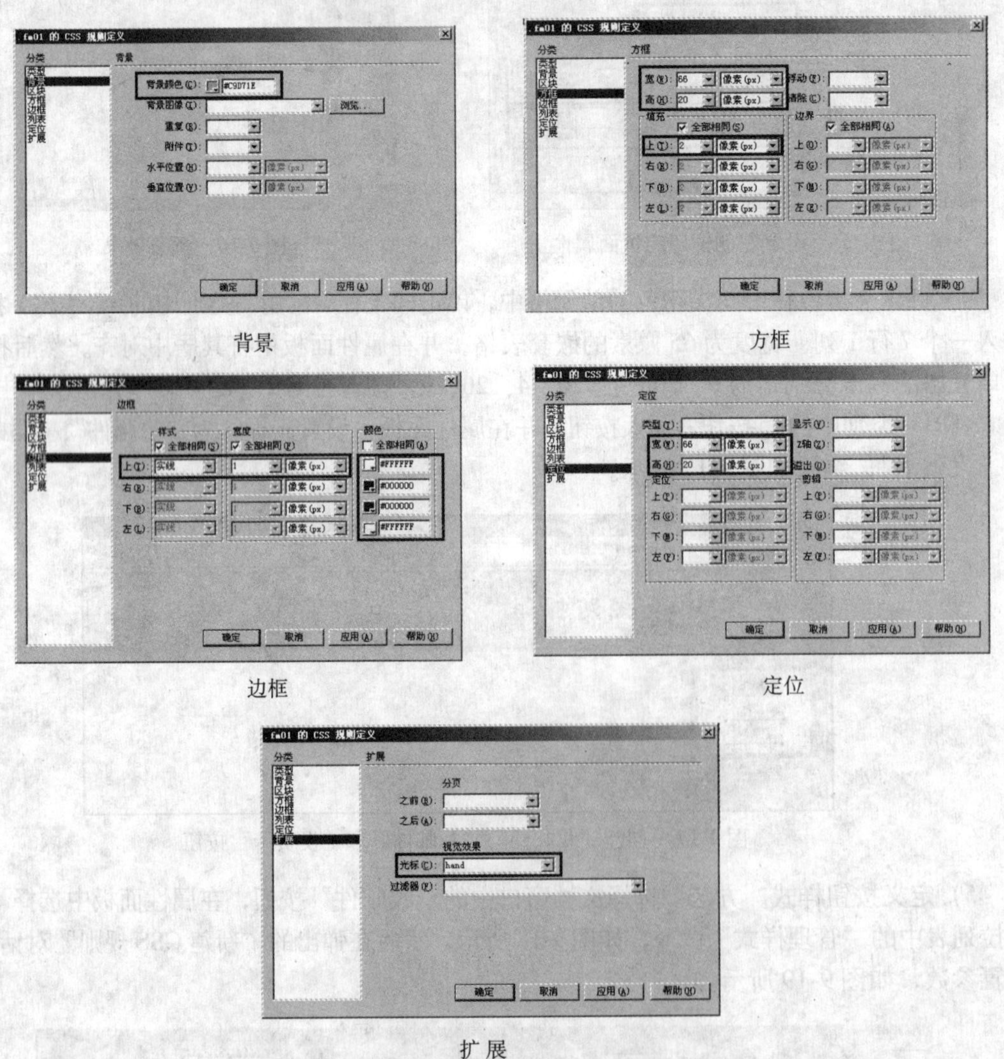

背景　方框

边框　定位

扩展

图 9-20　设置.fm01 类样式的参数

7）同理，定义“写邮件”和“发贺卡”按钮样式，然后按快捷键〈F12〉预览，结果如图 9-21 所示。

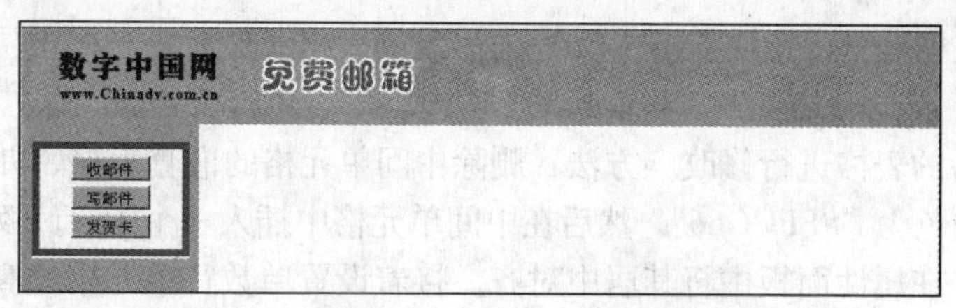

图9-21　预览后的效果

8）在按钮嵌套表格下方，插入一个1行2列、宽度为100像素、其他设置均为0的嵌套表格，并在属性面板中设置表格居中对齐。然后将光标定位在左侧单元格中，插入配套光盘中的“素材及结果\9.1 免费邮箱——框架网页\images\ yxnn14.gif ”文件。接着将光标定位在右侧单元格中，输入文字“邮件夹”，结果如图9-22所示。

图9-22　插入“yxnn14.gif”图标并输入“邮件夹”文字

9）在邮件夹表格下方，插入一个9行2列、宽度为100像素的嵌套表格，并在属性面板中设置表格居中对齐。然后在属性面板中设置第1、3、5、7、9行单元格高度为5像素，第2、4、6、8行单元格高度为17像素。接着在第2、4、6、8行右侧单元格中输入相应的文字，结果如图9-23所示。

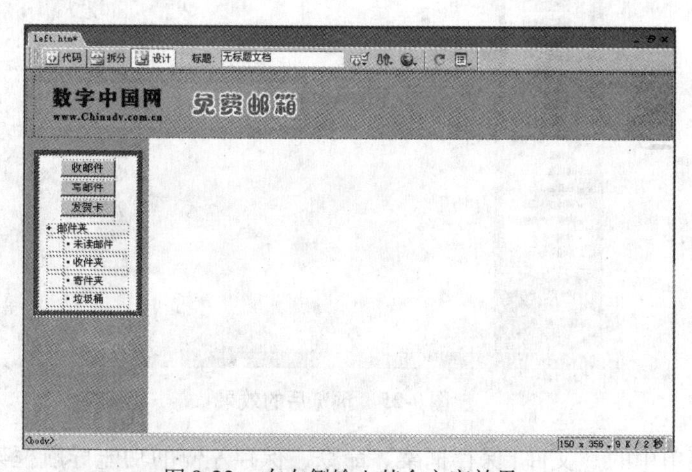

图9-23　在右侧输入其余文字效果

10）选中绿色框表格，按快捷键〈Ctrl+C〉，复制表格。然后将光标定位在表格右侧，按快捷键〈Ctrl+V〉，粘贴表格。

11）对粘贴后的表格进行修改。方法：删除中间单元格的嵌套表格，并在属性面板中修改单元格的背景颜色为“#FFCC66”。然后在中间单元格中插入一个 15 行 2 列、宽度为 102 像素的嵌套表格，并在属性面板中将其居中对齐。接着设置单数行单元格的高度为 5 像素，双数行单元格的高度为 17 像素，左列单元格的宽度为 13 像素。最后在右侧双数行单元格插入小图标 yxnn14.gif 并输入文字，结果如图 9-24 所示。

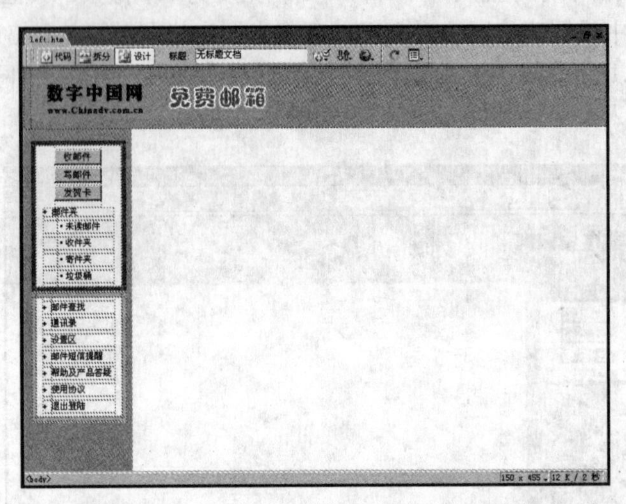

图 9-24　插入 15 行 2 列的表格并设置相关参数

12）将光标定位在橘黄色框右侧，插入一个 4 行 2 列、宽度为 120 像素的表格，并在属性面板中设置表格居中对齐。然后设置左列单元格宽度为 12 像素、高度为 19 像素、并输入小标记“.”。接着在右列单元格中输入栏目文字。最后按快捷键〈F12〉预览，结果如图 9-25 所示。

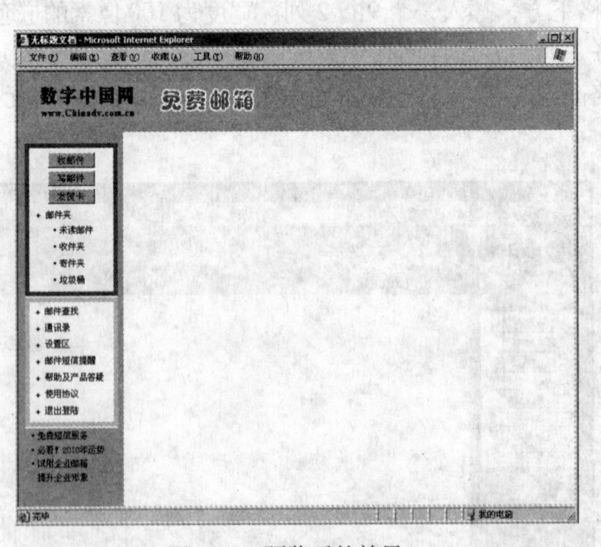

图 9-25　预览后的效果

13）执行菜单中的“文件 | 保存框架”命令，保存左侧的功能导航框架。

（5）制作右侧显示邮箱内容的框架

显示邮箱内容的框架位于框架集的右侧，具体操作步骤如下：

1）在文档窗口中单击右侧框架，然后在属性面板中单击［页面属性...］按钮，在弹出的“页面属性”对话框中设置参数，如图9-26所示，单击“确定”按钮。

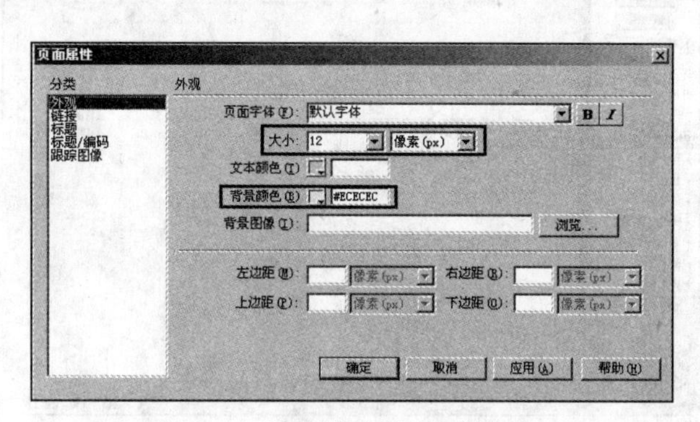

图9-26　设置右侧框架的页面属性

2）将光标定位在右侧框架页中，单击插入栏“常用”类别中的（表格）按钮，插入一个1行1列、宽度为620像素的表格，并在属性面板中设置表格左对齐。然后在表格内插入一个1行2列95%的嵌套表格，并设置其居中对齐、背景颜色为“#FF6600”、高度为30。接着在单元格中输入相应文字，并设置文字颜色为白色，结果如图9-27所示。

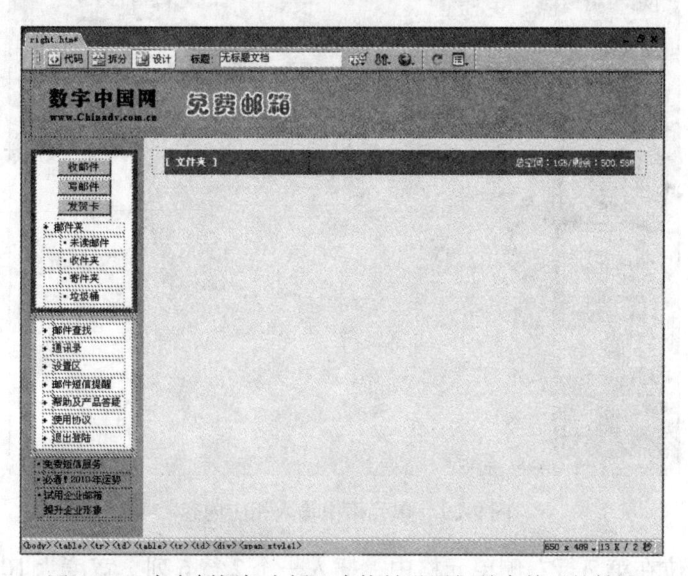

图9-27　在右侧框架中插入表格并设置相关参数后的效果

3）将光标定位在嵌套表格右侧，插入一个7行6列、宽度为95%、单元格边距为4、间距为1的嵌套表格。然后在属性面板中设置表格的对齐方式为居中对齐，并设置单元格背景颜色为白色。接着将第7行第2～6列单元格进行合并，结果如图9-28所示。

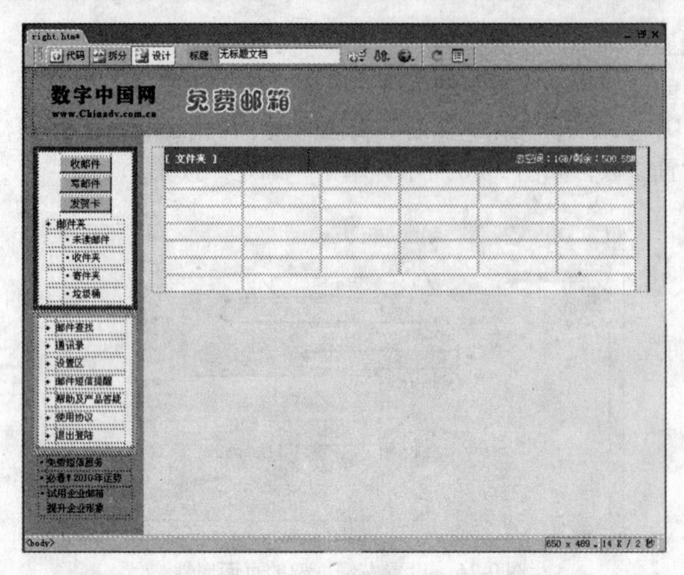

图 9-28　插入一个 7 行 6 列的表格并设置相关参数

4）在单元格中输入相应内容，并在属性面板中设置内容居中对齐，结果如图 9-29 所示。

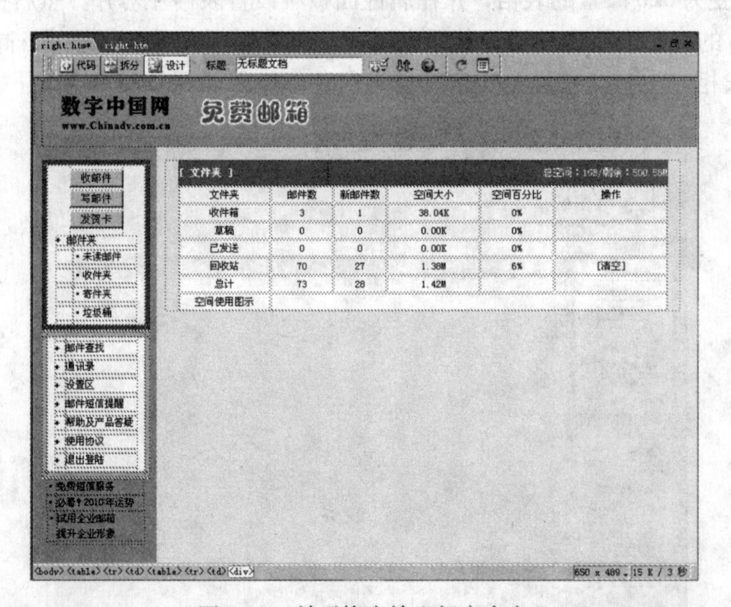

图 9-29　单元格中输入相应内容

5）将光标定位在第 7 行右侧单元格中，插入一个 2 行 6 列、宽度为 100%、单元格边距为 2、间距为 2 的嵌套表格。然后在第 1 行的不同单元格中设置不同的宽度和颜色，在第 2 行单元格中输入不同区域占邮箱的空间比例，结果如图 9-30 所示。

6）在表格下方插入一个 4 行 1 列、宽度为 95% 的表格，并在属性面板中设置表格居中对齐。然后将光标定位在第 2 行单元格中，单击插入栏“表单”类别中的 ▣（列表/菜单）按钮，插入一个列表。接着在属性面板中单击“列表值”按钮，在弹出的“列表值”对话框中添加项目标签，如图 9-31 所示。

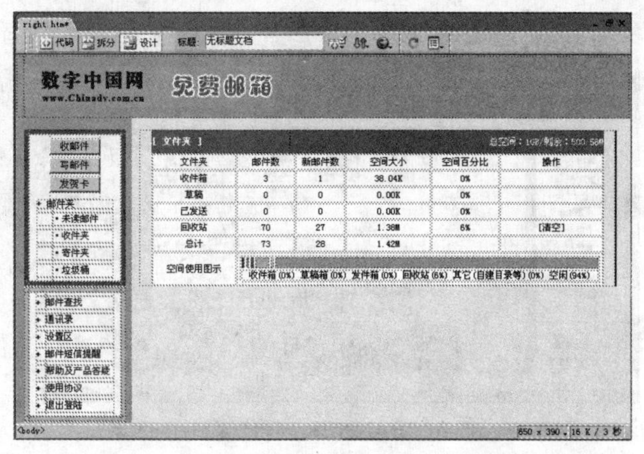

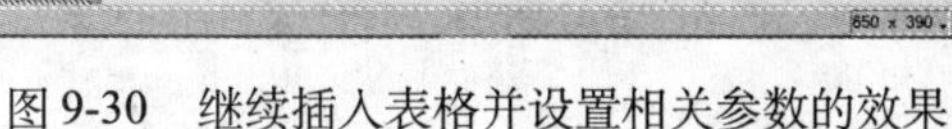

图 9-30　继续插入表格并设置相关参数的效果

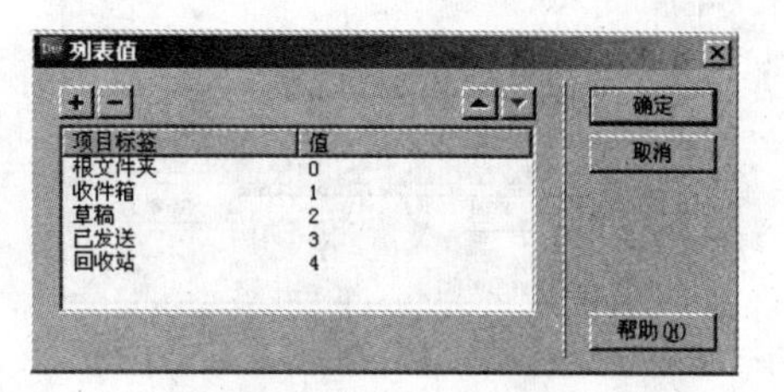

图 9-31　添加项目标签

7）单击两次插入栏“表单”类别中的按钮，插入两个按钮，然后分别设置其标签为“新建”和“改名”。接着单击（文本字段）按钮，插入文本域，并设置字符宽度为 10、最多字符数为 20，并在表单之间输入文字，结果如图 9-32 所示。

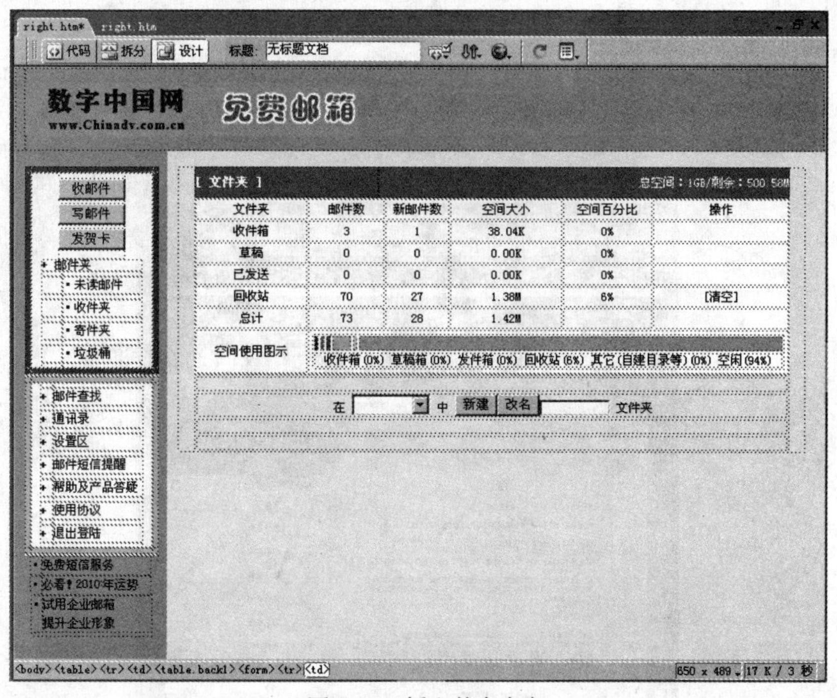

图 9-32　插入其余内容

8）在第 4 行单元格中，单击插入栏“常用”类别中的（图像）按钮，在弹出的“选择文件”对话框中选择配套光盘中的“素材及结果\9.1 免费邮箱——框架网页\images\BANNER 广告.gif”文件，如图 9-33 所示，单击“确定”按钮。然后在属性面板中单击“播放”按钮，浏览效果，结果如图 9-34 所示。

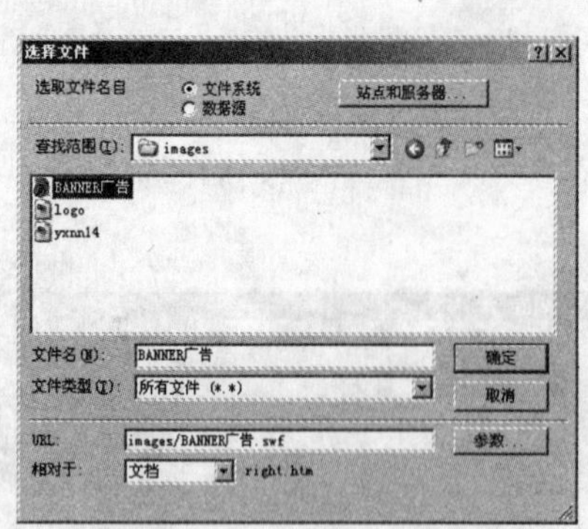

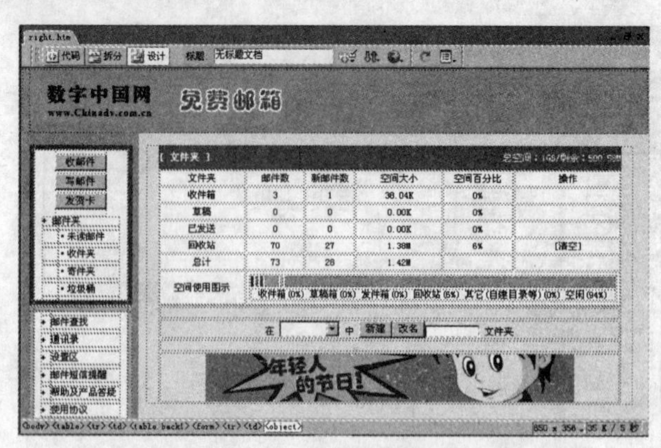

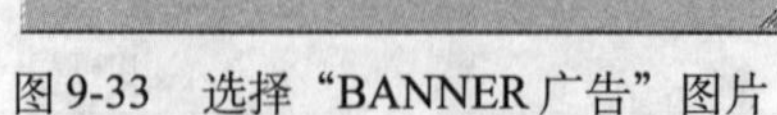

图 9-33　选择“BANNER 广告”图片　　　　图 9-34　插入“BANNER 广告”图片的效果

9）执行菜单中的“文件|保存全部”命令，保存所有框架内容。然后按〈F12〉预览，查看最终效果。

9.2　汽车简介——模板网页

要点：

本例将制作一个模板网页，如图 9-35 所示。通过本例的学习，读者应掌握模板网页的创建方法。

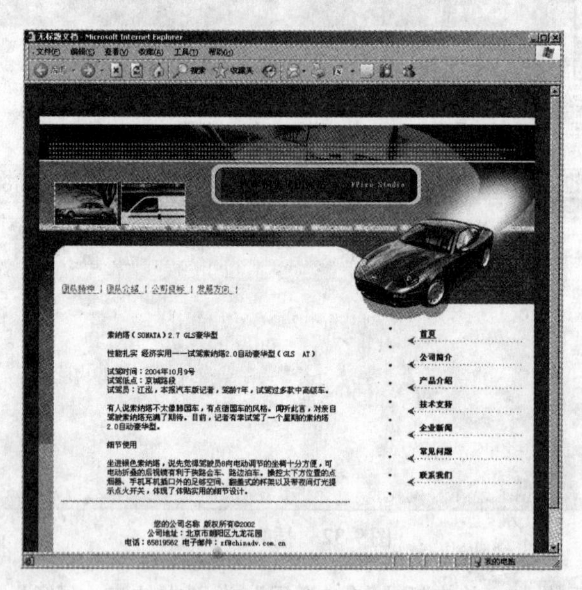

图 9-35　汽车简介

操作步骤：

（1）制作模板

1）在硬盘上创建一个名为“汽车简介——模板网页”的文件夹，然后在该文件夹中新建一个名为 images 的文件夹，并将所需图片复制到该文件夹中。

2）打开 Dreamweaver CS3，创建一个 HTML 网页。

3）执行菜单中的“文件 | 另存为模板”命令，在弹出的“另存模板”对话框中设置参数如图 9-36 所示。单击“保存”按钮，则模板文件被保存在站点的 Templates 文件夹中，文件扩展名为.dwt，如图 9-37 所示。

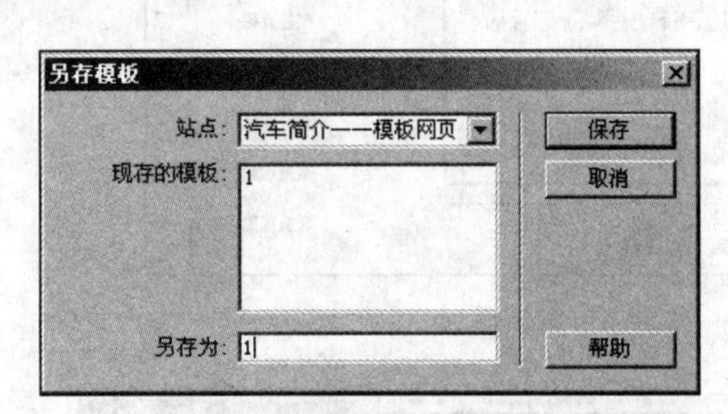

图 9-36　设置另存模板参数

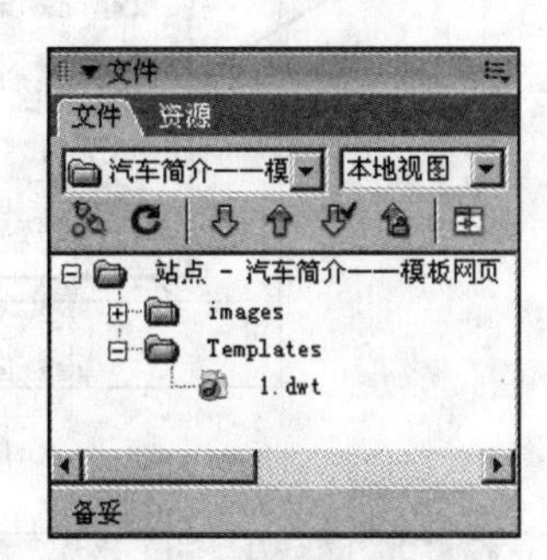

图 9-37　文件面板

4）创建的网页内容如图 9-38 所示。

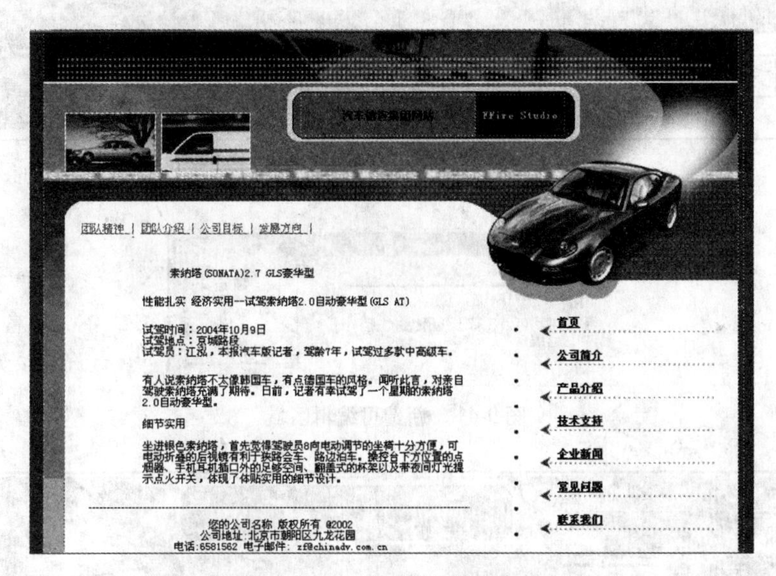

图 9-38　创建网页内容

5）由模板生成的网页哪些地方可以编辑，是需要预先设定的。下面设定“navigator”和“content”两个可编辑区域，如图 9-39 所示。

6）选择如图 9-40 所示的区域，单击插入栏“常用”类别中的 (可编辑区域）按钮，然后在弹出的“新建可编辑区域”对话框中输入名称，如图 9-41 所示，单击“确定”按钮，结果如图 9-42 所示。

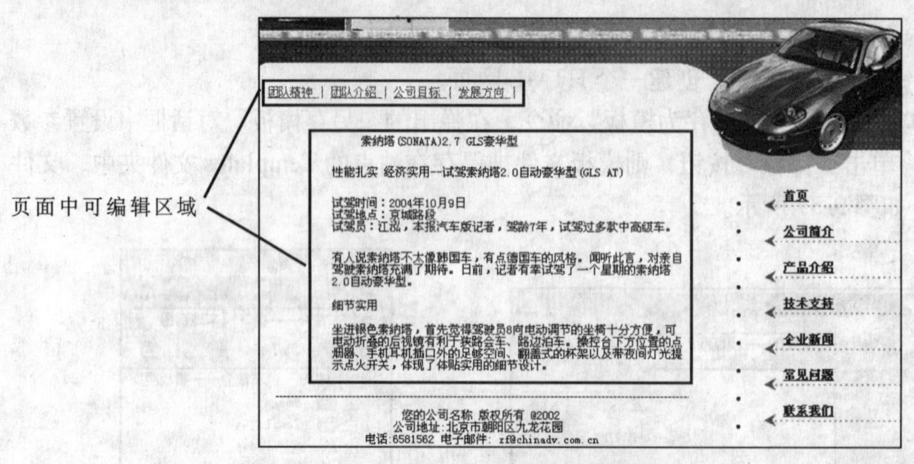

图 9-39　页面中可编辑区域

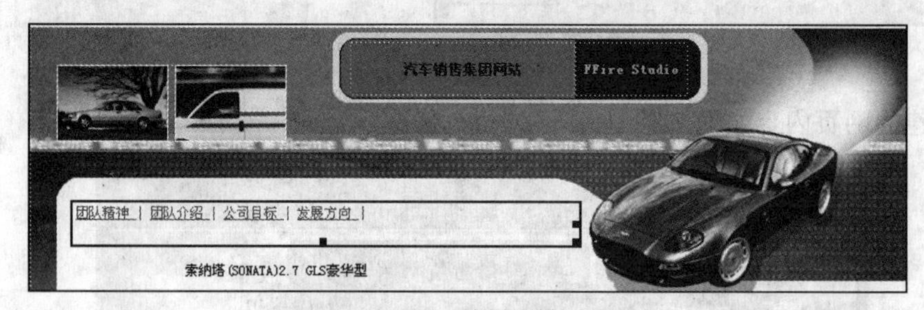

图 9-40　选择区域

图 9-41　新建可编辑区域

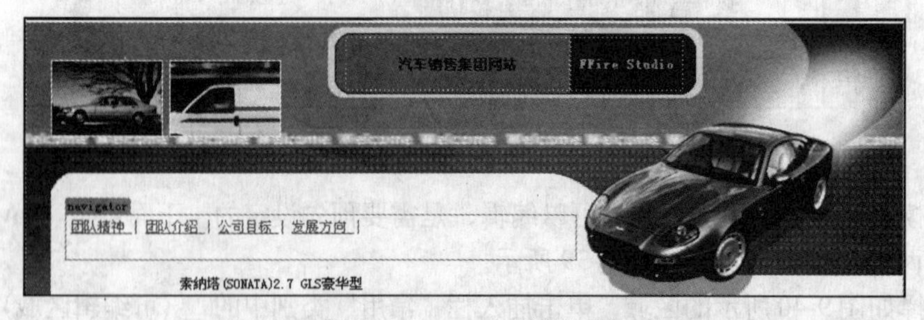

图 9-42　新建 navigator 可编辑区域的效果

7）同理，制作 content 可编辑区域，结果如图 9-43 所示。

8）按〈Ctrl+S〉组合键保存模板。

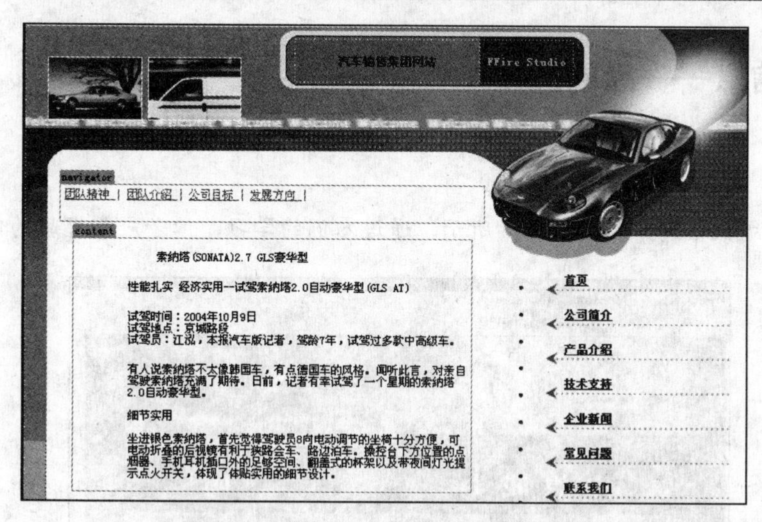

图9-43　新建content可编辑区域的效果

（2）应用模板

1）执行菜单中的“文件|新建”命令，新建一个HTML网页。然后将其保存为index.html。

2）进入“资源”面板，单击(模板）按钮，如图9-44所示。然后选中刚才建立的网页，单击“应用”按钮，模板就被应用到了新的网页中。

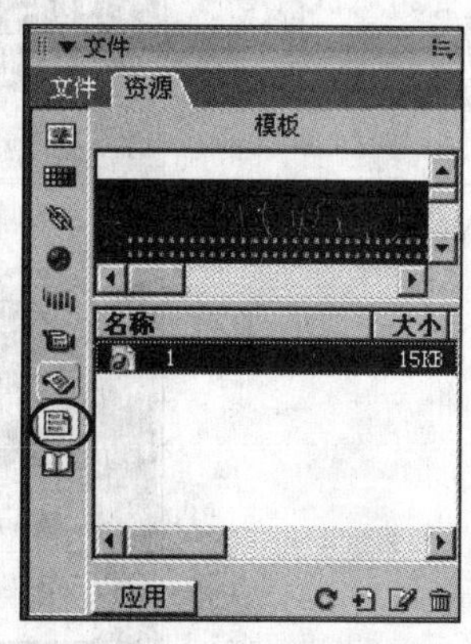

图9-44　单击(模板）按钮

（3）更新模板

当对模板进行了修改后，按〈Ctrl+S〉组合键保存模板，会弹出如图9-45所示的对话框。此时单击“更新”按钮，则整个网站中使用了该模板文件的网页都会自动更新，更新后会出现如图9-46所示的“更新界面”对话框，这样会大大提高工作效率。

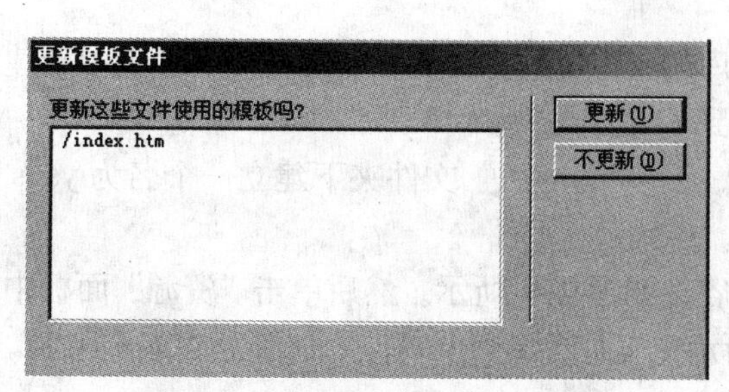

图9-45　“更新模板文件”对话框

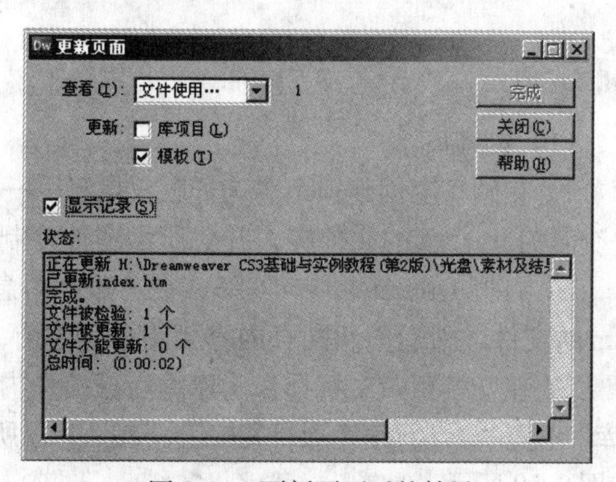

图9-46　更新页面后的效果

9.3 版权信息——库的应用

要点：

利用库制作版权信息，如图 9-47 所示。通过本例的学习，读者应掌握库的使用方法。

图 9-47　版权信息

操作步骤：

(1) 创建库

1）在硬盘上创建一个名为“版权信息——库的应用”的文件夹，然后在该文件夹中新建一个名为 images 的文件夹，并将所需图片复制到该文件夹中。

2）打开 Dreamweaver CS3，在“版权信息——库的应用”文件夹下建立一个名为 ysgs.htm 的文件，然后创建网页内容如图 9-47 所示。

3）在文档窗口中选择作为库的版权信息内容，如图 9-48 所示。然后单击“资源”面板中“库”下面的 (新建库项目）按钮，如图 9-49 所示，从而新建一个库，并命名为“版权信息”，如图 9-50 所示。

图 9-48　选择作为库的版权信息内容

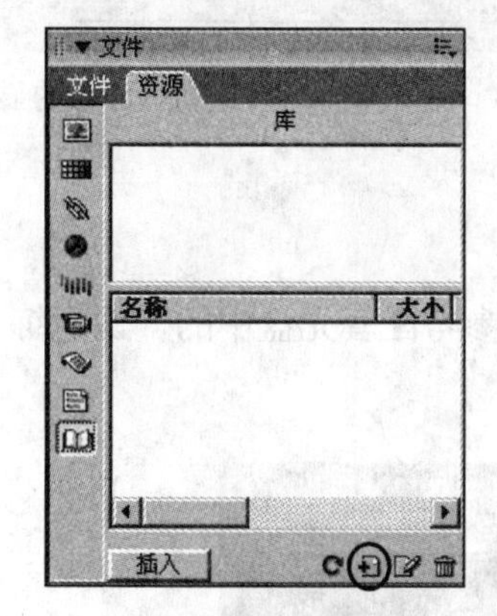

图 9-49　单击 (新建库项目) 按钮

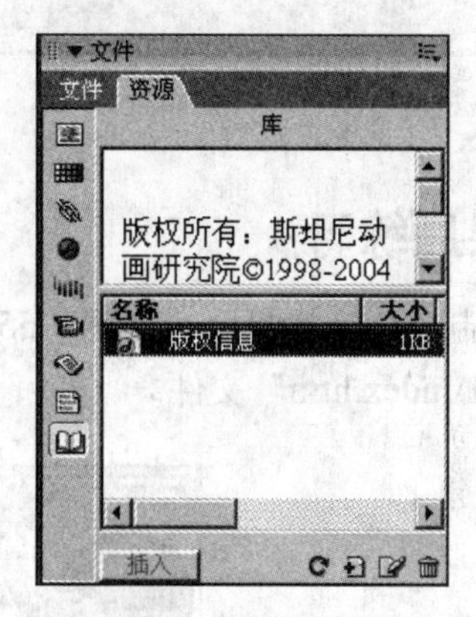

图 9-50　新建名称为“版权信息”的库

(2) 应用库

打开要应用库的网页，然后将光标定位在要插入库的位置，单击“插入”按钮，如图 9-51 所示，即可插入库，结果如图 9-52 所示。

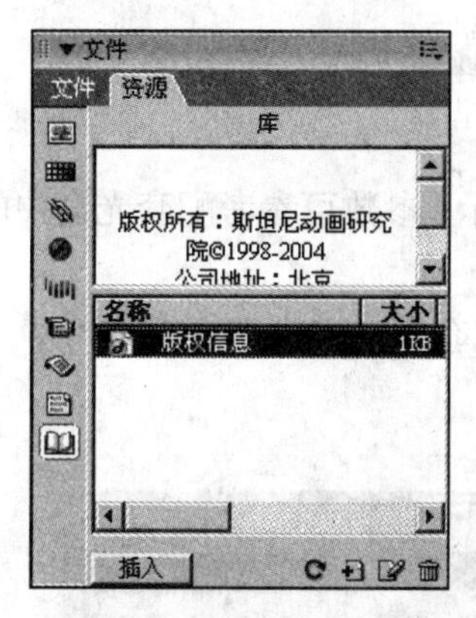

图 9-51　单击“插入”按钮

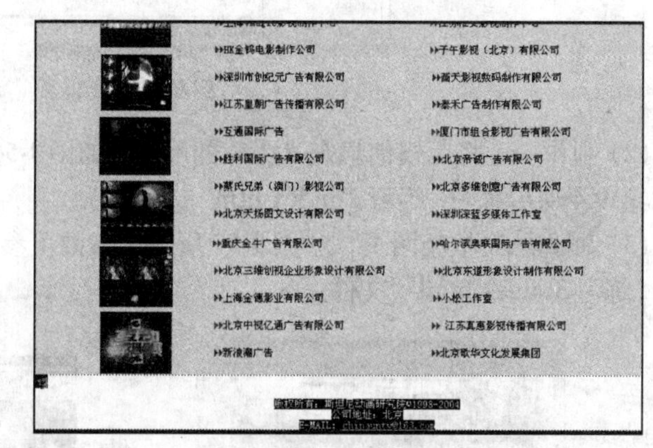

图 9-52　插入库

(3) 更新库

当对模板进行了修改后，按〈Ctrl+S〉组合键保存库，会弹出如图 9-53 所示的对话框。此时单击“更新”按钮，则整个网站中使用了该模板文件的网页都会自动更新，更新后会出现如图 9-54 所示的“更新界面”对话框，单击“关闭”即可。

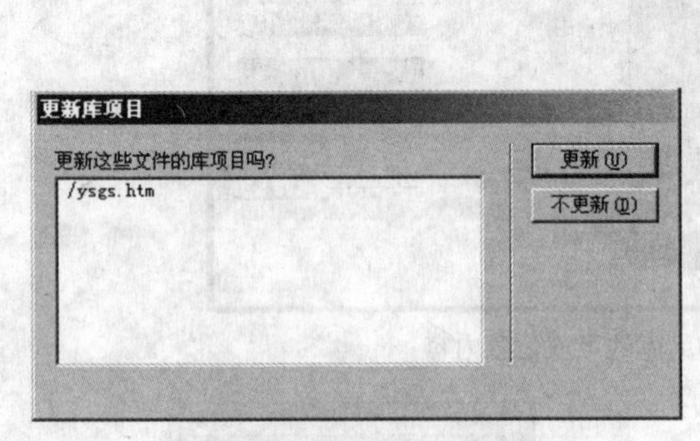

图9-53 更新提示

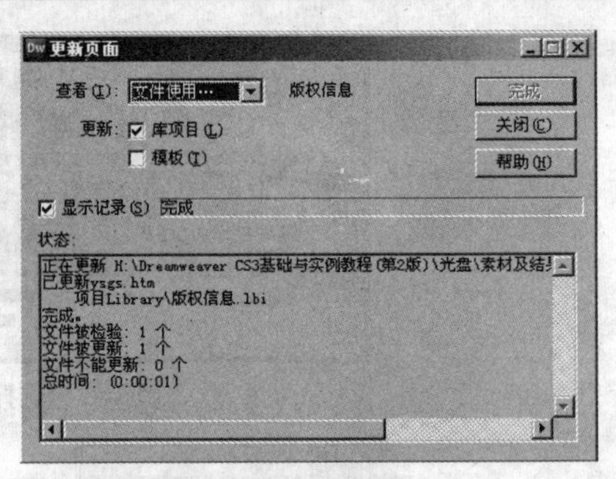

图9-54 更新页面后的显示

9.4 课后练习

(1) 制作一个模板页，如图9-55所示。参数可参考配套光盘中的“课后练习\9.4课后练习\练习1\index.htm”文件。

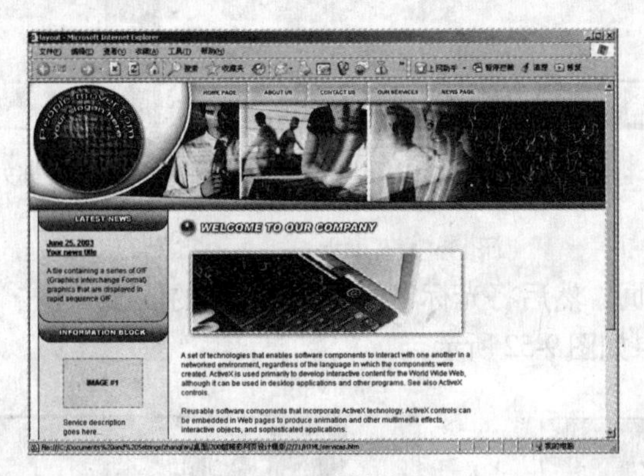

图9-55 模板页

(2) 制作一个将版权信息定义为库的网页，如图9-56所示。参数可参考配套光盘中的“课后练习\9.4课后练习\练习2\index.htm”文件。

(3) 制作一个框架网页，如图9-57所示。参数可参考配套光盘中的“课后练习\9.4课后练习\练习3\index.html”文件。

图9-56 带有库的网页

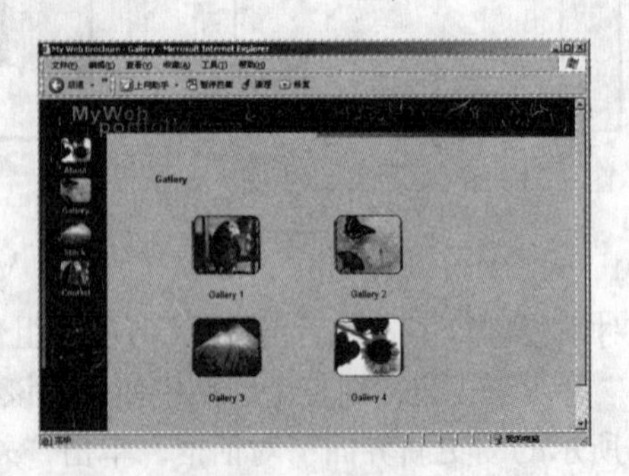

图9-57 框架网页

第 10 章　网页代码的应用

本章重点

对于一个网页设计者而言，掌握网页代码的相关知识是十分必要的。Dreamweaver CS3 提供了强大的源代码控制功能。通过本章的学习，读者应对网页代码有一定的认识，并能通过代码制作出简单的网页效果。

10.1　在页面中飘动的静态广告图片效果

要点：

本例将制作一个网页中常见的、在页面中飘动的广告动画效果，如图10-1所示。通过本例的学习，读者应掌握利用代码来插入所需广告动画，以及制作广告动画相关链接的方法。

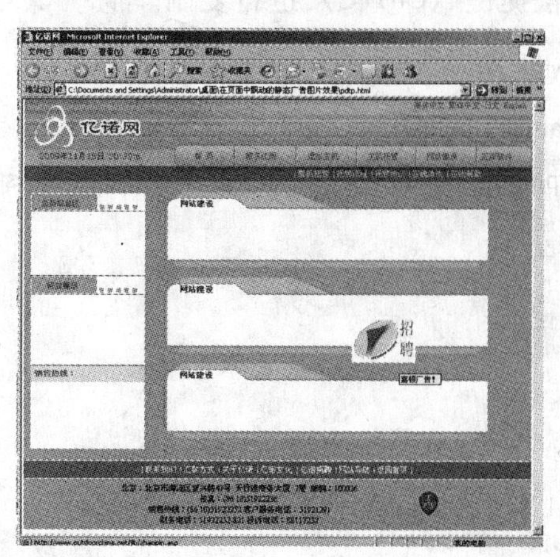

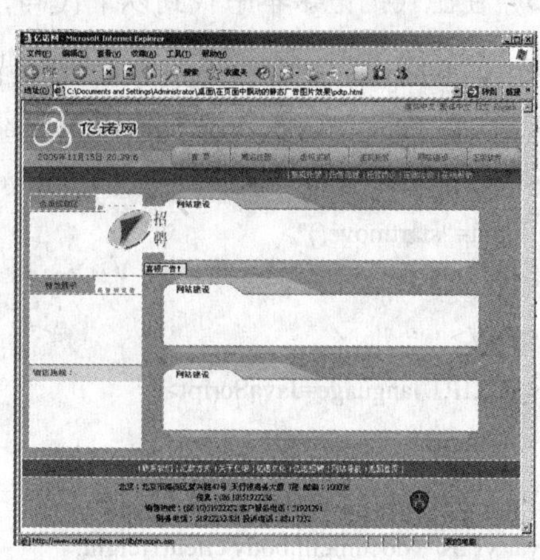

图 10-1　在页面中飘动的静态广告图片效果

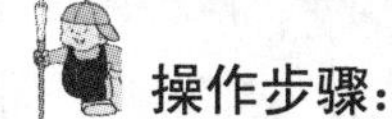

操作步骤：

1）在本地硬盘中新建一个名称为“在页面中飘动的静态广告图片效果”的文件夹，然后将配套光盘中的“素材及结果\10.1 在页面中飘动的静态广告图片效果 \ images”、“move.files”、“Scripts”文件夹和“index.html”、“move.htm”文件复制到该文件夹中。

2）创建站点。方法：在 Dreamweaver 的“文件”面板中创建一个名称为“在页面中飘动的静态广告图片效果”的站点，然后将其本地根文件夹指定为“在页面中飘动的静态广告图片效果”文件夹，此时“文件”面板如图 10-2 所示。

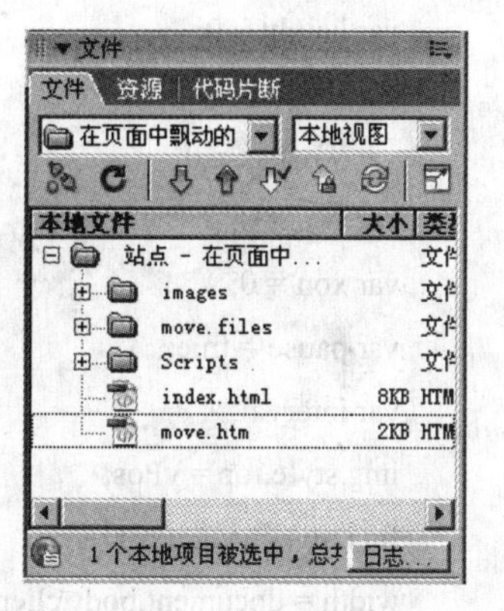

图 10-2　“文件”面板

3）在“文件”面板中双击 index.html，进入其编辑状态。然后执行菜单中的“文件 | 另存为”命令，将其另存为“pdtp.html”。

4）在资源管理器中双击 move.htm，打开浏览器观看效果，如图 10-3 所示。然后执行浏览器菜单中的“查看 | 源文件”命令，打开当前网页的源代码记事本，如图 10-4 所示。

图 10-3 在浏览器中观看效果

```
<HTML>
<HEAD>
<TITLE>通景巅峰户外俱乐部</TITLE>
</HEAD>
<BODY>
<DIV id=img style="LEFT: 0px; POSITION: absolute; TOP: 0px">
<A href="http://www.outdoorchina.net/jlb/zhaopin.asp"
target=_blank>
<IMG height=70 alt=嘉顿广告| src="move.files/zhaopin.jpg"
width=100 border=0 onmouseover="stop()" onmouseout="startmove
()">
</A>
</DIV>

<SCRIPT language=JavaScript>
<!-- Begin
var xPos = 20;
var yPos = document.body.clientHeight;
var step = 1;
var delay = 30;
var height = 0;
var Hoffset = 0;
var Woffset = 0;
var yon = 0;
var xon = 0;
var pause = true;
var interval;
img.style.top = yPos;
function changePos() {
```

图 10-4 当前网页的源代码记事本

5）在源代码记事本中找到以下代码，然后按快捷键〈Ctrl+C〉进行复制。

```
<DIV id=img style="LEFT: 0px; POSITION: absolute; TOP: 0px">
<A href="http://www.outdoorchina.net/jlb/zhaopin.asp" target=_blank>
<IMG height=70 alt= 嘉顿广告！ src="move.files/zhaopin.jpg" width=100 border=0 onmouseover="stop()"
onmouseout="startmove()">
</A>
</DIV>
<SCRIPT language=JavaScript>
<!-- Begin
var xPos = 20;
var yPos = document.body.clientHeight;
var step = 1;
var delay = 30;
var height = 0;
var Hoffset = 0;
var Woffset = 0;
var yon = 0;
var xon = 0;
var pause = true;
var interval;
img.style.top = yPos;
function changePos() {
width = document.body.clientWidth;
height = document.body.clientHeight;
```

```
Hoffset = img.offsetHeight;
Woffset = img.offsetWidth;
img.style.left = xPos + document.documentElement.scrollLeft;
img.style.top = yPos + document.documentElement.scrollTop;
if (yon) {
yPos = yPos + step;
}
else {
yPos = yPos - step;
}
if (yPos < 0) {
yon = 1;
yPos = 0;
}
if (yPos >= (height - Hoffset)) {
yon = 0;
yPos = (height - Hoffset);
}
if (xon) {
xPos = xPos + step;
}
else {
xPos = xPos - step;
}
if (xPos < 0) {
xon = 1;
xPos = 0;
}
if (xPos >= (width - Woffset)) {
xon = 0;
xPos = (width - Woffset);
  }
}
function startmove() {
img.visibility = "visible";
interval = setInterval('changePos()', delay);
}
function stop()
```

```
{
clearTimeout(window.interval);
}
startmove();
// End -->
</SCRIPT>
```

6）在 Dreamweaver CS3 的“文件”面板中双击 pdtp.html，进入其编辑状态，然后单击 代码 按钮，进入代码视图。接着将鼠标定位在 </table> 的下方，如图 10-5 所示，按快捷键〈Ctrl+V〉进行粘贴。

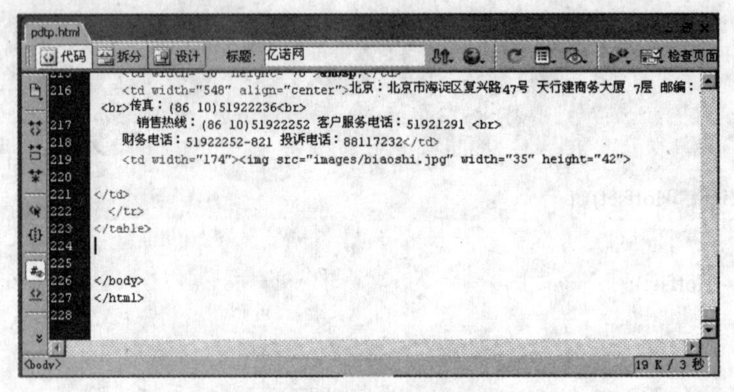

图 10-5　粘贴代码

7）至此，在页面两侧动态滑动的广告效果制作完毕。下面按快捷键〈Ctrl+S〉进行保存，再按快捷键〈F12〉进行预览，即可看到相关效果。

10.2　在页面两侧动态滑动的广告效果

要点：

本例将制作一个网页中常见的、在页面两侧动态滑动的广告效果，如图10-6所示。通过本例的学习，读者应掌握利用插入外部已有的脚本来制作所需动画效果的方法。

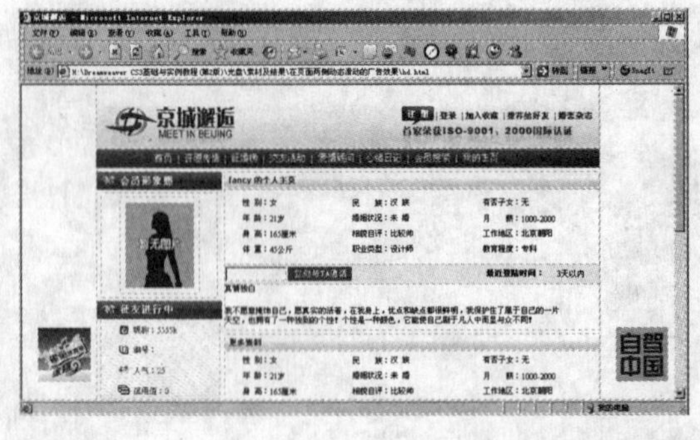
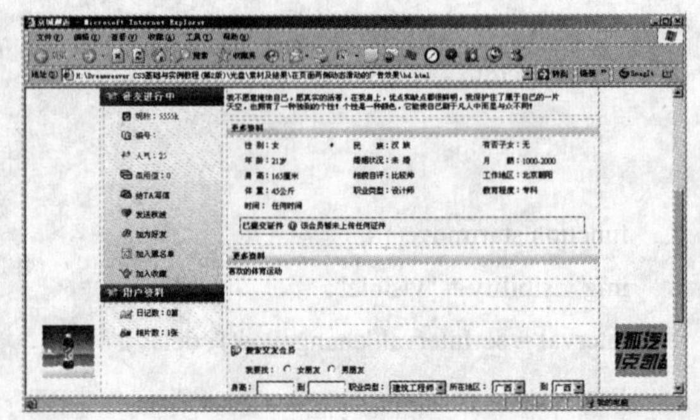

图 10-6　在页面两侧动态滑动的广告效果

操作步骤：

1）在本地硬盘中新建一个名称为“在页面两侧动态滑动的广告效果”的文件夹，然后将配套光盘中的“素材及结果\10.2 在页面两侧动态滑动的广告效果\images”文件夹和“index.html”文件复制到该文件夹中。

2）创建站点。方法：在 Dreamweaver 的“文件”面板中创建一个名称为“在页面两侧动态滑动的广告效果”的站点，然后将其本地根文件夹指定为“在页面两侧动态滑动的广告效果”文件夹，此时“文件”面板如图 10-7 所示。

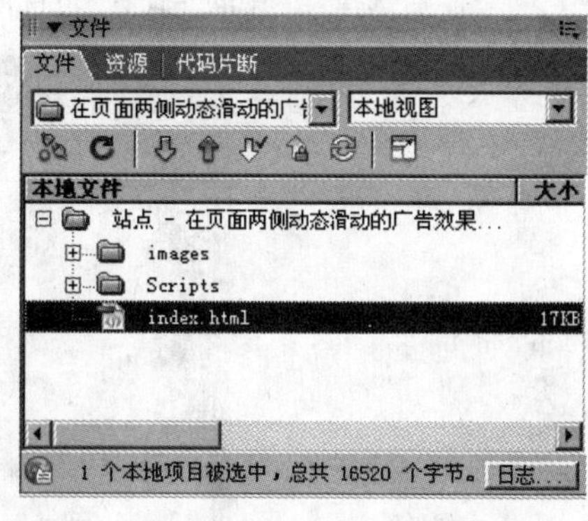

图 10-7　“文件”面板

3）在“文件”面板中双击 index.html，进入其编辑状态。然后执行菜单中的“文件 | 另存为”命令，将其另存为“hd.html”。

4）插入控制页面左侧动态滑动的广告的相关脚本。方法：将鼠标放置到如图 10-8 所示的位置，单击“常用”类别中的（脚本）按钮，从弹出的“脚本”对话框中单击按钮，然后在弹出的“选择文件”对话框中选择配套光盘中的“素材及结果\10.2 在页面两侧动态滑动的广告效果\images\left_falsh.js”文件，如图 10-9 所示。单击“确定”按钮，回到“脚本”对话框，如图 10-10 所示，再单击“确定”按钮，此时在插入脚本的位置会出现一个标记，结果如图 10-11 所示。

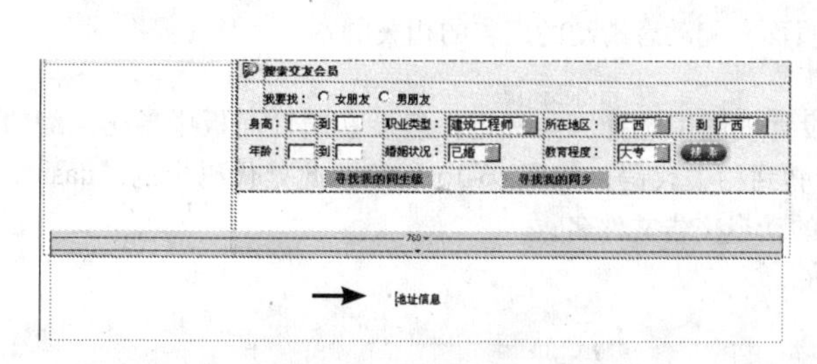

图 10-8　定位要插入脚本的位置

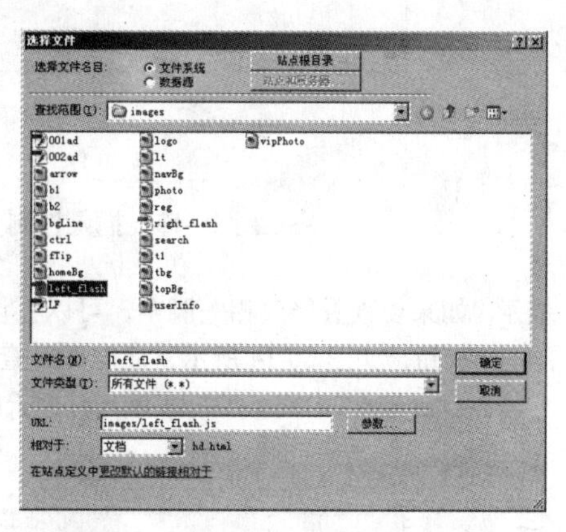

图 10-9　选择“left_flash.js”文件

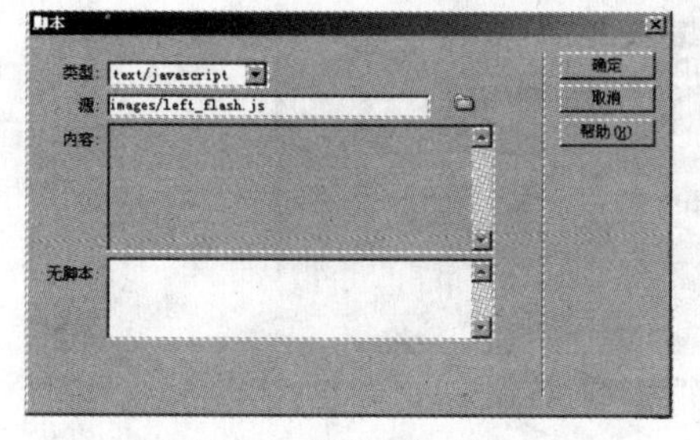

图 10-10　“脚本”对话框

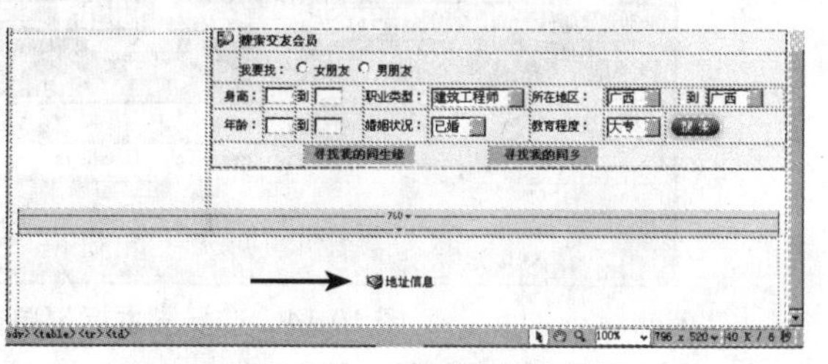

图 10-11　插入脚本的效果

提示：此时在插入脚本后，如果设计视图中没有显示出标记，可以执行菜单中的“编辑|首选参数”命令，在弹出的“首选参数”对话框中勾选“脚本”复选框，如图 10-12 所示，单击“确定”按钮，然后选择菜单中的“查看|可视化助理|不可见元素”命令。

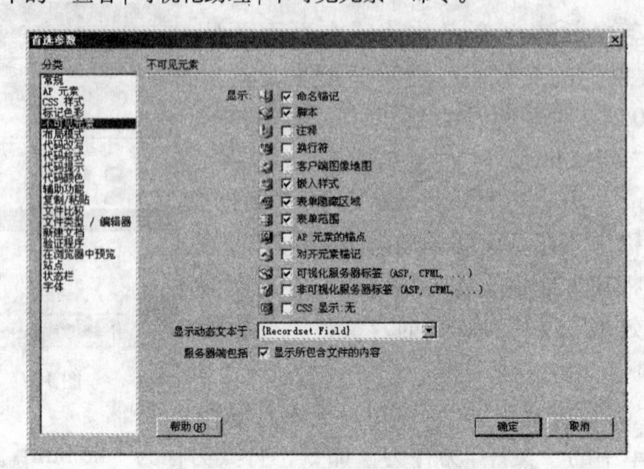

图 10-12　勾选“脚本”复选框

5）同理，插入控制页面右侧动态滑动的广告的相关脚本，结果如图 10-13 所示。

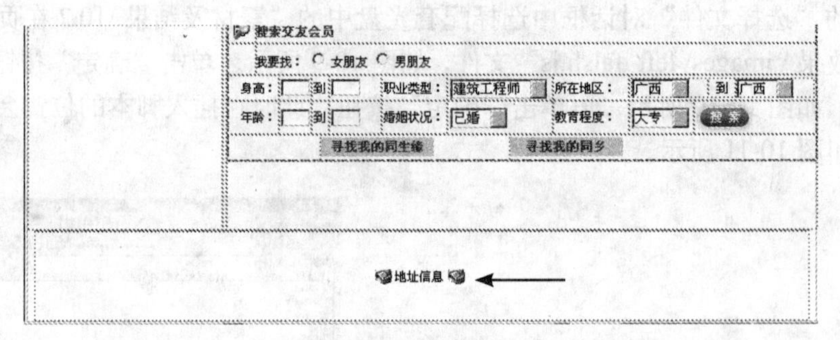

图 10-13　插入控制页面右侧动态滑动的广告的相关脚本

提示：如果要查看修改相关脚本，可以在设计视图中选择脚本标记，然后在属性面板中单击“编辑”按钮，如图 10-14 所示，此时即可查看到相关代码，如图 10-15 所示。此处代码中的“flash_src = "images/001ad.swf"”表示当前插入的动态广告文件名。

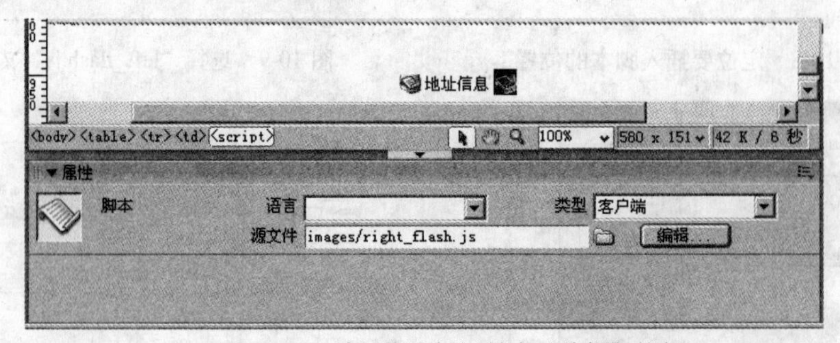

图 10-14　选择脚本标记单击“编辑”按钮

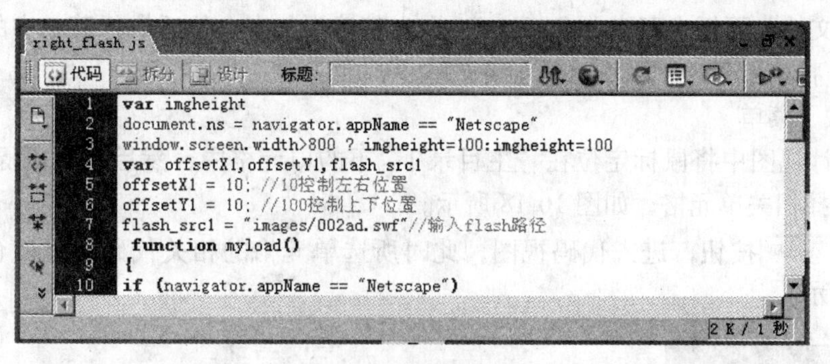

图 10-15　查看相关脚本

6）至此，在页面两侧动态滑动的广告效果制作完毕。下面按快捷键〈Ctrl+S〉进行保存，再按快捷键〈F12〉进行预览，查看相关效果。

10.3　卷展菜单效果

要点：

本例将制作一个网页中常见的卷展菜单效果，如图10-16所示。通过本例的学习，读者应掌握利用代码制作卷展菜单的方法。

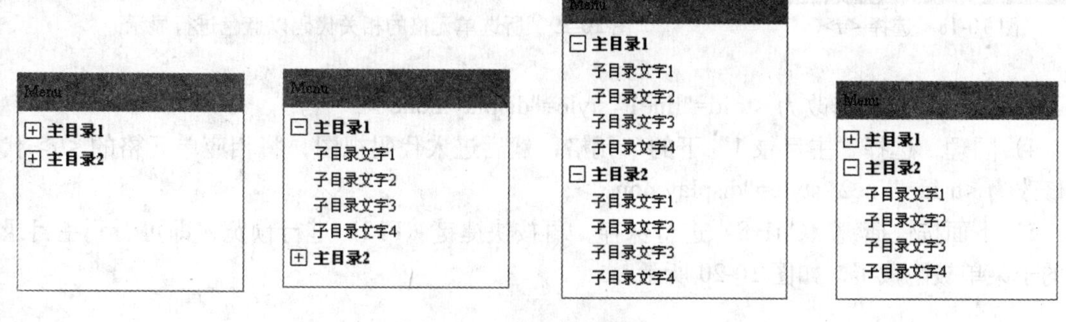

图 10-16　卷展菜单效果

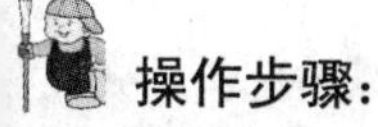

操作步骤：

（1）创建相关网页

1）在硬盘中创建一个名称为“卷展菜单效果”的文件夹，然后将配套光盘中的“素材及结果\10.3 卷展菜单效果\images”文件夹和“index.html”文件复制到该文件夹中。

2）创建站点。方法：在 Dreamweaver 的“文件”面板中创建一个名称为“卷展菜单效果”的站点，然后将其本地根文件夹指定为“卷展菜单效果”文件夹，此时“文件”面板如图 10-17 所示。

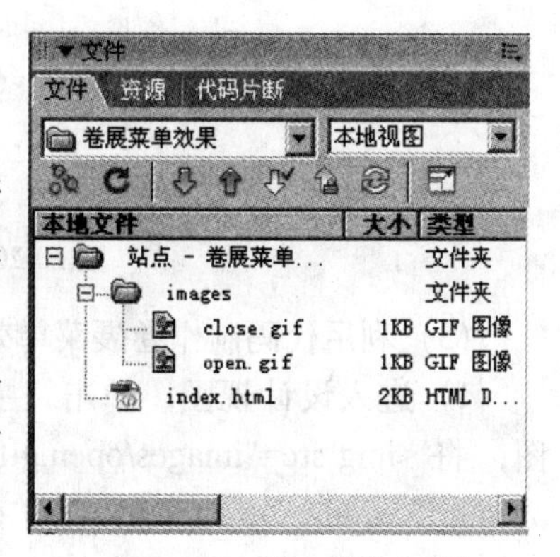

图 10-17　“文件”面板

3）在“文件”面板中双击 index.html，进入其编辑状态。然后执行菜单中的“文件 | 另存为”命令，将其另存为“jzcd.html”。

（2）隐藏子菜单

1）在设计视图中将鼠标定位在“主目录 1”下的单元格中，然后在代码提示栏中单击 <tr>，从而选择相关单元格，如图 10-18 所示。

2）单击 代码 按钮，进入代码视图，此时所选单元格的相关代码会以蓝色进行显示，如图 10-19 所示。

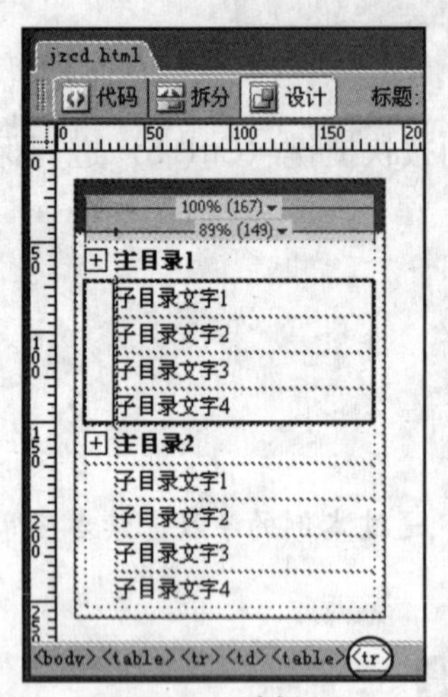

图 10-18　选择 <tr>

图 10-19　所选单元格的相关代码以蓝色进行显示

3）将 <tr> 代码修改为 <tr id="line1" style="display:none">。

4）同理，选择“主目录 1”下的单元格，然后进入代码视图，将相应单元格的 <tr> 代码修改为 <tr id="line2" style="display:none">。

5）下面按快捷键〈Ctrl+S〉进行保存，再按快捷键〈F12〉进行预览，即可看到主目录下的子菜单被隐藏了，如图 10-20 所示。

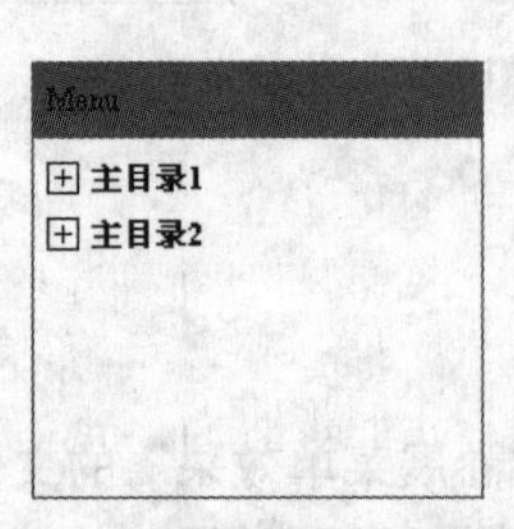

图 10-20　主目录下的子菜单被隐藏的效果

（3）利用代码制作卷展菜单效果

1）进入设计视图，单击“主目录 1”前的⊞按钮，如图 10-21 所示。然后进入代码视图，将 <img src="images/open.gif" width="13" height="13" > 代码修改为 <img src="images/open.gif" width="13" height="13" onclick="co(line1,this)">。

2）同理，在设计视图中单击“主目录 2”前的⊞按钮，如图 10-22 所示。然后进入代码视图，将 <img src="images/open.gif" width="13" height="13" > 代码修改为 <img src="images/open.gif" width="13" height="13"onclick="co(line2,this)" >。

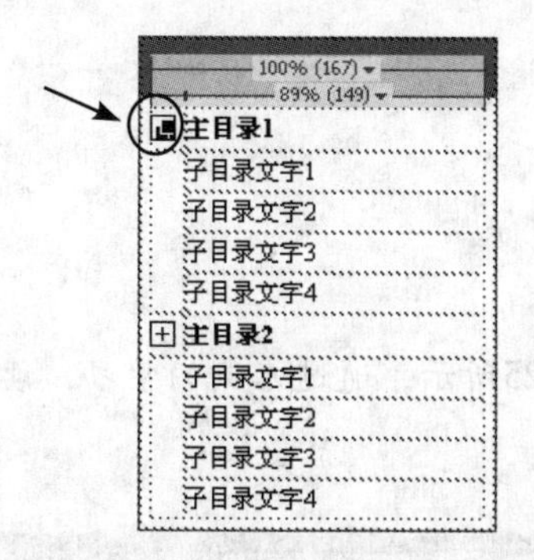

图 10-21　单击“主目录 1”前的⊞按钮

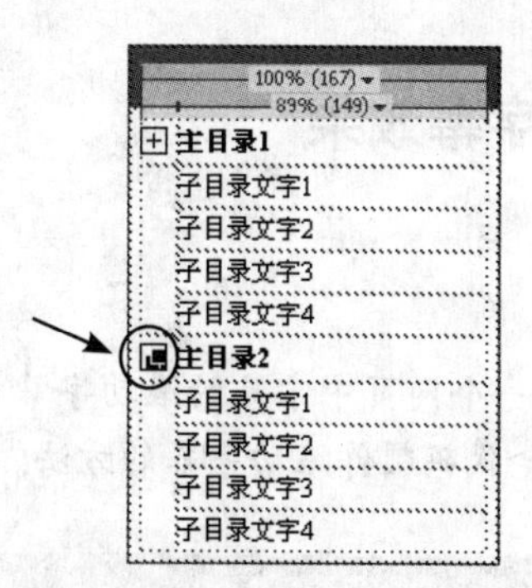

图 10-22　单击“主目录 2”前的⊞按钮

3）在代码视图中，将鼠标定位在如图 10-23 所示的位置，然后单击插入栏“常用”类别中的 （脚本）按钮，在弹出的对话框中单击“确定”按钮，插入脚本标记，如图 10-24 所示。

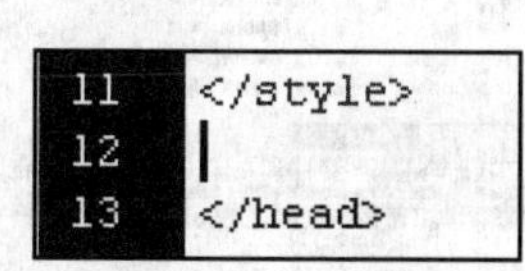

图 10-23　将鼠标定位在要插入脚本的位置

```
11  </style>
12  <script type="text/javascript">
13
14  </script>
15  </head>
```

图 10-24　插入脚本标记

4）在 <script type="text/javascript"> 和 </script> 之间输入以下代码：

```
function co(line,img)
{
if (line.style.display=="none")
  {
  line.style.display=""
  img.src="images/close.gif"
  }
  else
  {
  line.style.display="none"
  img.src="images/open.gif"
  }
}
```

提示：代码中的“==”表示将“==”前后内容进行比较。

5）至此，卷展菜单效果制作完毕。下面按快捷键〈Ctrl+S〉进行保存，再按快捷键〈F12〉进行预览，即可测试到当鼠标单击主目录前的⊞按钮时，卷展菜单展开，且⊞按钮变为⊟按钮；当鼠标再次单击主目录前的⊟按钮时，卷展菜单卷起，且⊟按钮变为⊞按钮的效果。

10.4 滚动字幕效果

要点：

本例将制作一个网页中常见的滚动字幕效果，如图10-25所示。通过本例的学习，读者应掌握利用 <marquee>代码制作滚动字幕的方法。

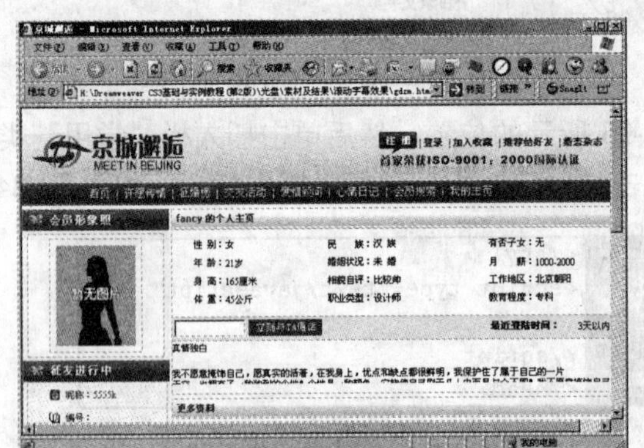

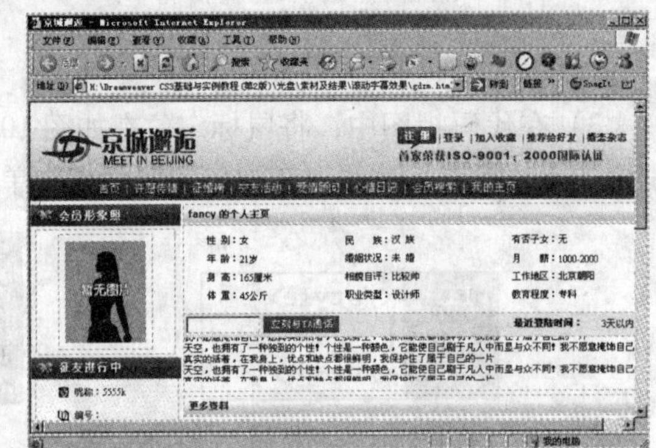

图 10-25　滚动字幕效果

操作步骤：

1）在本地硬盘中新建一个名称为“滚动字幕效果”的文件夹，然后将配套光盘中的“素材及结果\10.4 滚动字幕效果\images”文件夹和“index.html”文件复制到该文件夹中。

2）创建站点。方法：在 Dreamweaver 的“文件”面板中创建一个名称为“滚动字幕效果”的站点，然后将其本地根文件夹指定为“滚动字幕效果”文件夹，此时“文件”面板如图 10-26 所示。

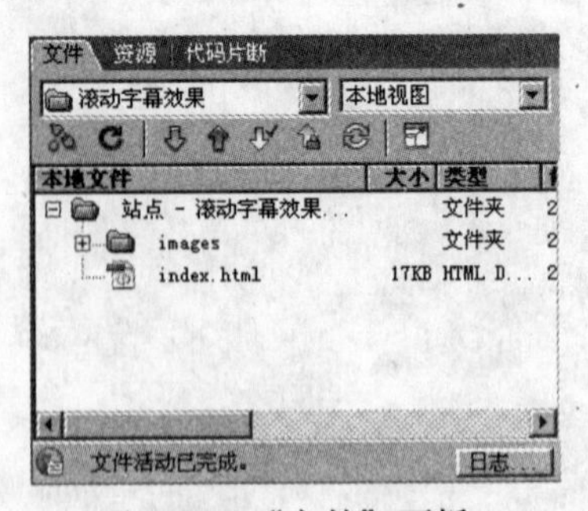

图 10-26　“文件”面板

3）在“文件”面板中双击 index.html，进入其编辑状态。然后执行菜单中的“文件 | 另存为”命令，将其另存为“gdzm.html”。

4）创建需要滚动的文字。方法：在设计视图中选中如图 10-27 所示的文字，按快捷键〈Ctrl+C〉进行复制，然后按 4 次快捷键〈Ctrl+V〉进行 4 次粘贴，结果如图 10-28 所示。

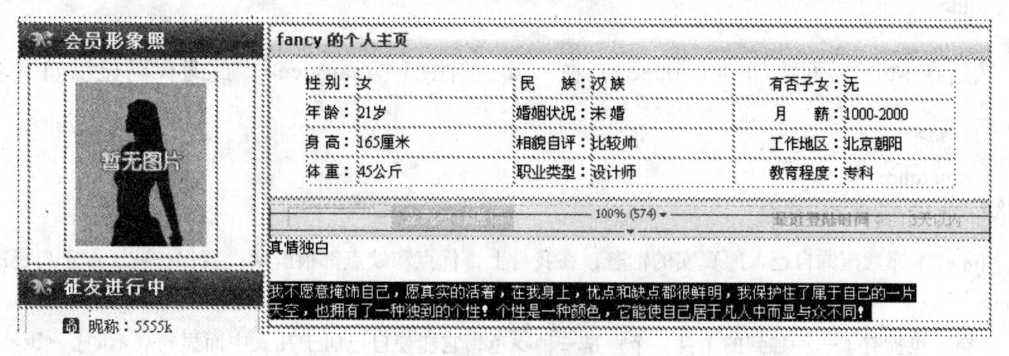

图 10-27 复制文本

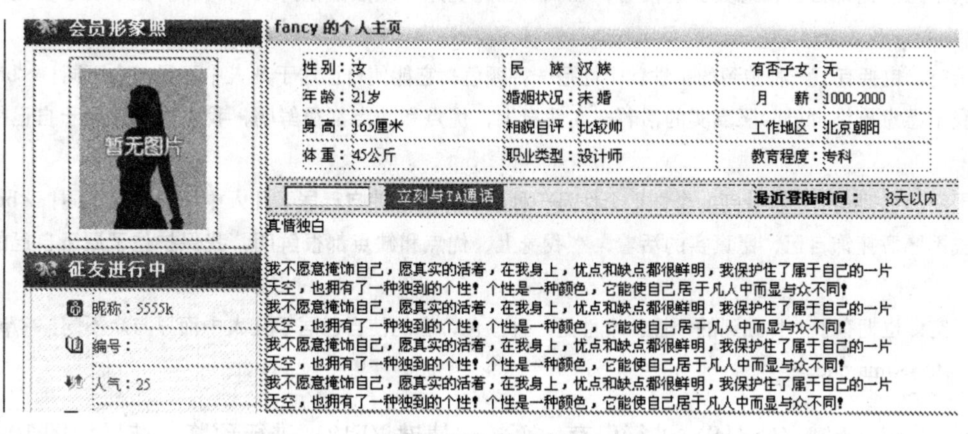

图 10-28 粘贴文本

5）制作文字从右往左滚动的字幕效果。方法：进入代码视图，找到以下代码：

```
<td>
<p> 真情独白 </p>
<p> 我不愿意掩饰自己，愿真实的活着，在我身上，优点和缺点都很鲜明，我保护住了属于自己的一片 <br>
天空，也拥有了一种独到的个性！个性是一种颜色，它能使自己就居于凡人中而显与众不同！ <br>
我不愿意掩饰自己，愿真实的活着，在我身上，优点和缺点都很鲜明，我保护住了属于自己的一片 <br>
天空，也拥有了一种独到的个性！个性是一种颜色，它能使自己居于凡人中而显与众不同！ <br>
我不愿意掩饰自己，愿真实的活着，在我身上，优点和缺点都很鲜明，我保护住了属于自己的一片 <br>
```

天空，也拥有了一种独到的个性！个性是一种颜色，它能使自己居于凡人中而显与众不同！

我不愿意掩饰自己，愿真实的活着，在我身上，优点和缺点都很鲜明，我保护住了属于自己的一片

天空，也拥有了一种独到的个性！个性是一种颜色，它能使自己居于凡人中而显与众不同！</p>

</td>

然后在 <td> 后面添加 <marquee>，在 </td> 前添加 </marquee>，此时代码显示如下：

<td>

<marquee>

<p> 真情独白 </p>

<p> 我不愿意掩饰自己，愿真实的活着，在我身上，优点和缺点都很鲜明，我保护住了属于自己的一片

天空，也拥有了一种独到的个性！个性是一种颜色，它能使自己居于凡人中而显与众不同！

我不愿意掩饰自己，愿真实的活着，在我身上，优点和缺点都很鲜明，我保护住了属于自己的一片

天空，也拥有了一种独到的个性！个性是一种颜色，它能使自己居于凡人中而显与众不同！

我不愿意掩饰自己，愿真实的活着，在我身上，优点和缺点都很鲜明，我保护住了属于自己的一片

天空，也拥有了一种独到的个性！个性是一种颜色，它能使自己居于凡人中而显与众不同！

我不愿意掩饰自己，愿真实的活着，在我身上，优点和缺点都很鲜明，我保护住了属于自己的一片

天空，也拥有了一种独到的个性！个性是一种颜色，它能使自己居于凡人中而显与众不同！</p>

</td> </marquee>

接着按快捷键〈Ctrl+S〉进行保存，再按快捷键〈F12〉进行预览，结果如图 10-29 所示。

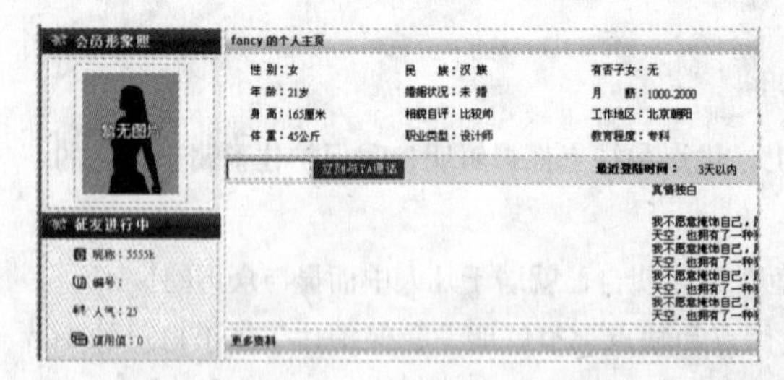

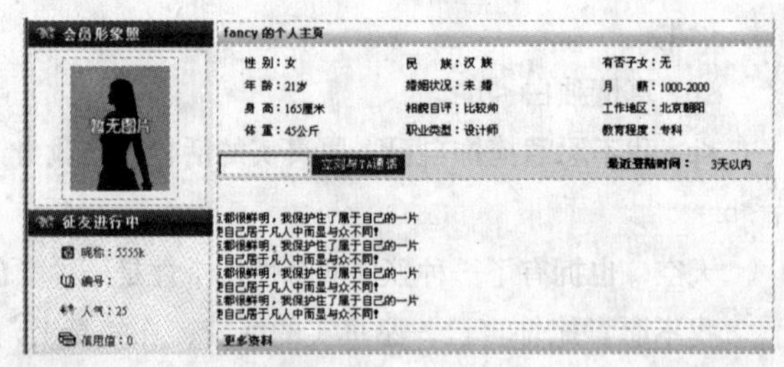

图 10-29　从右往左进行滚动的字幕效果

6）制作文字从下往上滚动的字幕效果。方法：将 <marquee> 代码修改为 <marquee direction="up">，然后按快捷键〈Ctrl+S〉进行保存，再按快捷键〈F12〉进行预览，即可看到文字从下往上滚动的字幕效果，如图 10-30 所示。

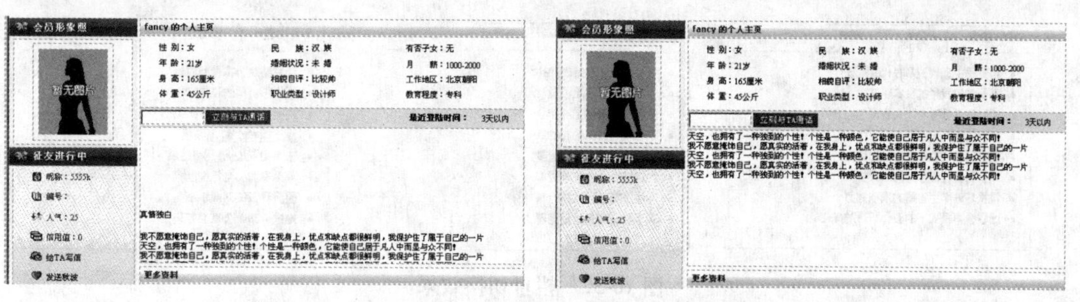

图 10-30　文字从下往上滚动的字幕效果

7）此时文字滚动的区域过大，下面制作文字在指定区域内滚动的效果。方法：将 <marquee direction="up"> 代码修改为 <marquee direction="up" width="600" height="55" >，然后按快捷键〈Ctrl+S〉进行保存，再按快捷键〈F12〉进行预览，即可看到文字在宽为 600 像素，高为 55 像素的范围内从下往上滚动的字幕效果，如图 10-31 所示。

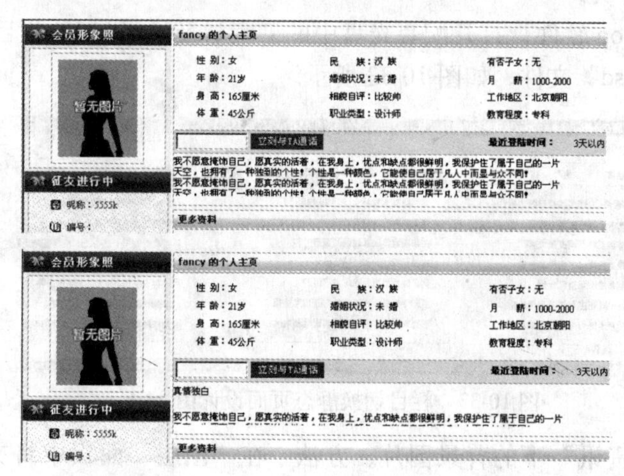

图 10-31　在宽为 600 像素，高为 55 像素的范围内从下往上滚动的字幕效果

8）此时文字滚动的速度太快，下面就来解决这个问题。方法：将 <marquee direction="up" width="600" height="55" > 代码修改为 <marquee direction="up" width="600" height="55" scrolldelay="100" scrollamount="1">，然后按快捷键〈Ctrl+S〉进行保存，再按快捷键〈F12〉进行预览，此时文字滚动的速度就正常了。

10.5　栏目切换效果

要点：

本例将制作一个目前网站中十分流行的栏目切换效果，如图10-32所示。通过本例的学习，读者应掌握利用Div创建栏目界面，以及利用代码制作鼠标滑过时的栏目切换、添加新的栏目和鼠标按下栏目标题后栏目切换的方法。

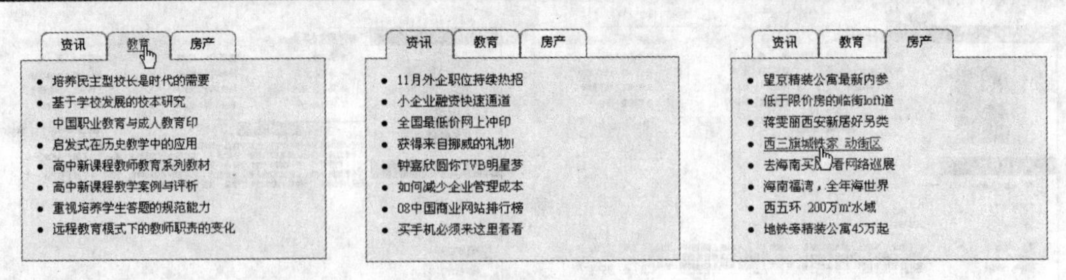

图 10-32　栏目切换效果

操作步骤：

1. 利用 Div 创建栏目界面

（1）利用（切片工具）制作所需素材图片

1）在硬盘中创建一个名称为“栏目切换效果”的文件夹，然后在该文件夹中创建一个名称为 images 的文件夹。

2）启动 Photoshop 软件，打开配套光盘中的“素材及结果 \10.5 栏目切换效果 \ 栏目切换静态页面设计图 .psd”文件，如图 10-33 所示。

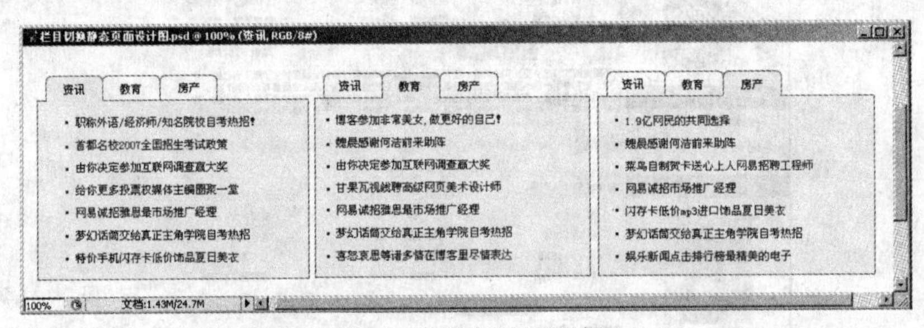

图 10-33　栏目切换静态页面设计图 .psd

3）创建文字“资讯”下的背景图片。方法：在“图层”面板中将文字“资讯”隐藏，然后利用工具箱中的（切片工具）绘制文字所在栏目的切片区域，如图 10-34 所示。接着执行菜单中的“文件 | 存储为 Web 和设备所用格式”命令，将其存储在 images 文件夹中，并命名为“b1.gif”，如图 10-35 所示，单击“保存”按钮。

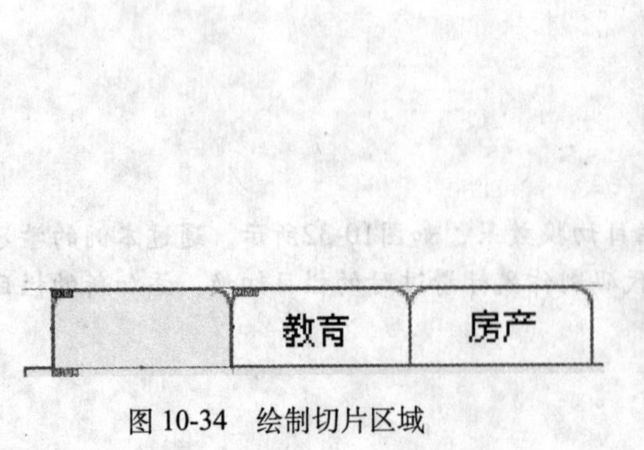

图 10-34　绘制切片区域

图 10-35　将文件存为“b1.gif”

提示：利用 （切片工具）右击绘制的切片，从弹出的快捷菜单中选择“编辑切片选项”命令。此时可以在弹出的“切片选项”对话框中查看切片大小为 64 像素 ×27 像素，如图 10-36 所示。

图 10-36　查看切片大小为 64 像素 ×27 像素

4）同理，创建文字“房产”下的背景图片。方法：隐藏文字“房产”层，然后利用 （切片工具）绘制出文字所在栏目的切片区域，如图 10-37 所示。接着执行菜单中的“文件 | 存储为 Web 和设备所用格式”命令，将其存储在 images 文件夹中，名称为“b2.gif”。

提示：其切片大小也同样为 64 像素 ×27 像素。

5）同理，利用 （切片工具）绘制出如图 10-38 所示的小色块区域，然后执行菜单中的“文件 | 存储为 Web 和设备所用格式”命令，将其存储在 images 文件夹中，名称为“line.gif”。

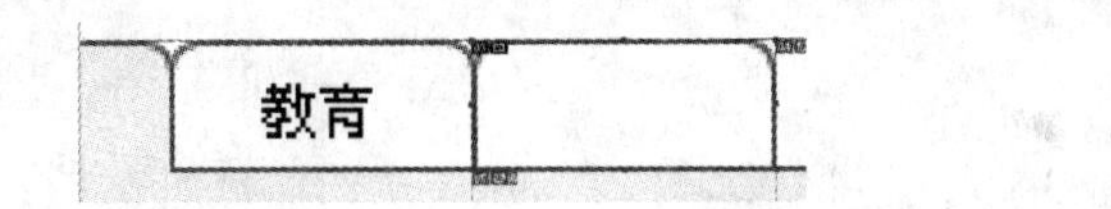

图 10-37　绘制出“房产”文字所在的切片区域

图 10-38　绘制切片

6）至此，所需素材图片制作完毕，在 images 文件夹中可以看到如图 10-39 所示的 3 张素材图片。

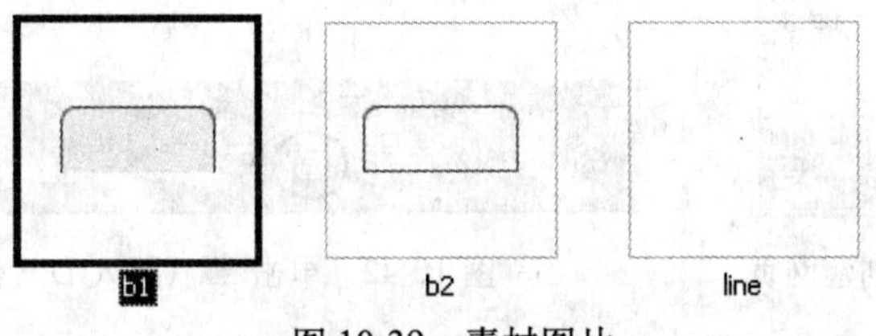

图 10-39　素材图片

（2）制作栏目页面

1）确定整个栏目的大小。方法：在 Photoshop 中利用 （切片工具）绘制出整个栏目的区域，然后利用 （切片工具）右击绘制的切片，从弹出的快捷菜单中选择“编辑切片选项”命令，接着在弹出的“切片选项”对话框中查看整个栏目的大小为 300 像素 ×217 像素，如图 10-40 所示。

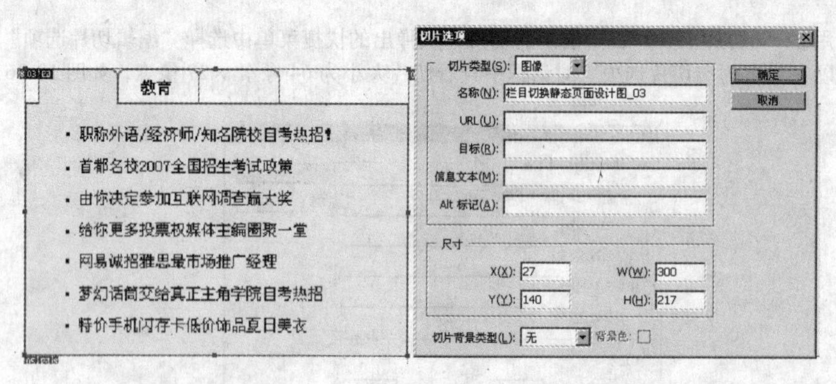

图10-40　通过绘制切片查看整个栏目的大小

2）创建站点。方法：在Dreamweaver的“文件”面板中创建一个名称为“栏目切换效果”的站点，然后将其本地根文件夹指定为“栏目切换效果”文件夹，接着在该文件夹中创建一个名称为index.html的网页文件，此时“文件”面板如图10-41所示。

3）创建整个栏目的区域。方法：在“文件”面板中双击index.html，进入其编辑状态。然后单击“常用”类别中的▤（插入Div标签）按钮，如图10-42所示。接着在弹出的“插入Div标签”对话框的“ID：”下拉列表框中输入“all”，如图10-43所示。再单击[新建CSS样式]按钮，在弹出的“新建CSS规则”对话框中设置参数，如图10-44所示，单击“确定”按钮。最后在弹出的“#all的CSS规则定义”对话框左侧选择“方框”，在右侧设置方框“宽”为300像素、“高”为217像素，如图10-45所示。单击“确定”按钮，回到“新建CSS规则”对话框，再单击“确定”按钮，即可创建出整个栏目的区域，如图10-46所示。

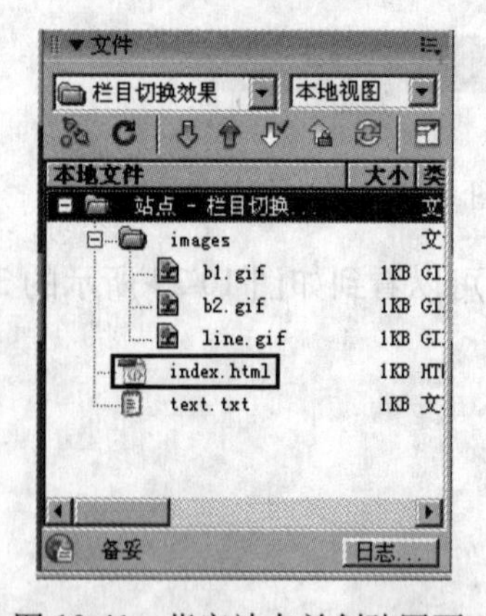

图10-41　指定站点并创建网页

图10-42　单击▤（插入Div标签）按钮

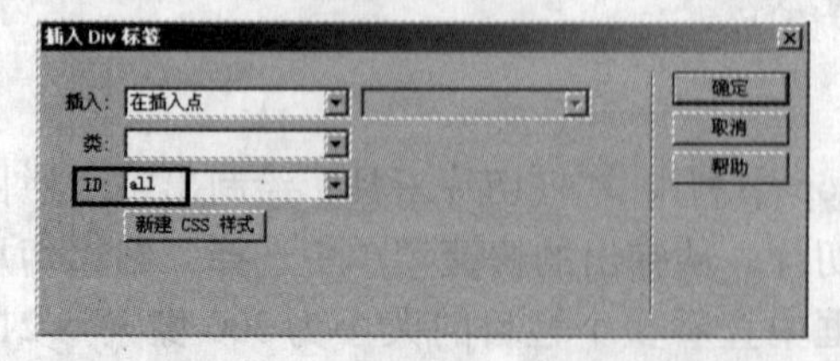

图10-43　输入“ID：”为“all”

图10-44　设置“新建CSS规则”参数

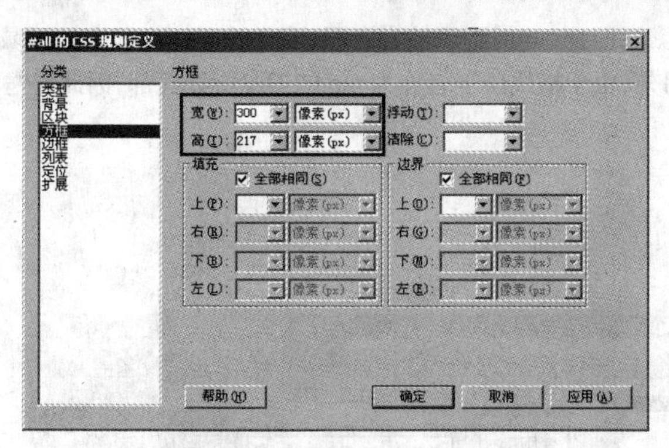

图 10-45　设置“方框”大小　　　　图 10-46　创建的整个栏目区域

4）创建顶部栏目选项的区域。方法：删除文字“此处显示 id“all”的内容”，然后单击“常用”类别中的（插入 Div 标签）按钮，在弹出的“插入 Div 标签”对话框的“ID：”下拉列表框中输入“top”，如图 10-47 所示。单击 新建 CSS 样式 按钮，在弹出的“新建 CSS 规则”对话框中设置参数，如图 10-48 所示，单击“确定”按钮。接着在弹出的“#top 的 CSS 规则定义”对话框左侧选择“方框”，在右侧设置方框“宽”为 300 像素、“高”为 27 像素，如图 10-49 所示。单击“确定”按钮，回到“新建 CSS 规则”对话框，再单击“确定”按钮，即可创建出顶部栏目选项的区域，如图 10-50 所示。

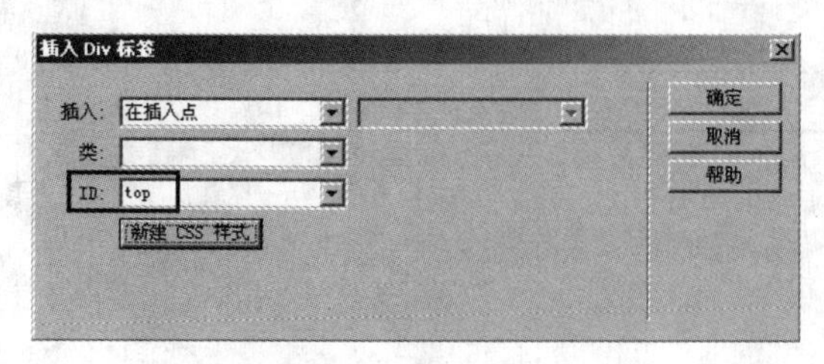

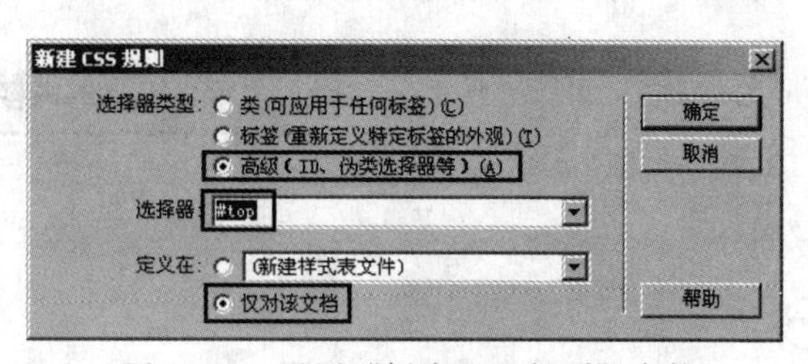

图 10-47　输入“ID：”为“top”　　　　图 10-48　设置“新建 CSS 规则”参数

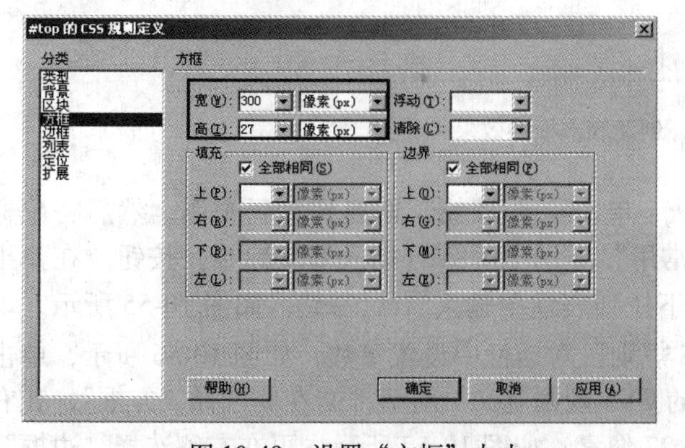

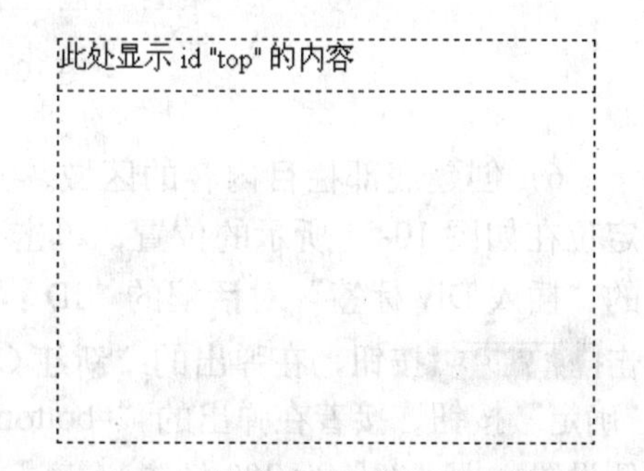

图 10-49　设置“方框”大小　　　　图 10-50　创建的顶部栏目选项的区域

5）创建顶部栏目区域中的底部横线效果。方法：在 CSS 面板中选择“#top”，然后单击右下方的（编辑样式）按钮，如图 10-51 所示。接着在弹出的“#top 的 CSS 规则定义”对话框左侧选择“背景”，在右侧设置参数，如图 10-52 所示。单击“确定”按钮，结果如图 10-53 所示。

提示："line.gif" 是前面在 Photoshop 中制作的素材图片，当时为了节省资源，只输出了一个很小的区域。此时需要将"重复"设为"横向重复"。另外，由于横线位于名称为 top 的 Div 标签底部，因此将"垂直位置"设为"底部"。

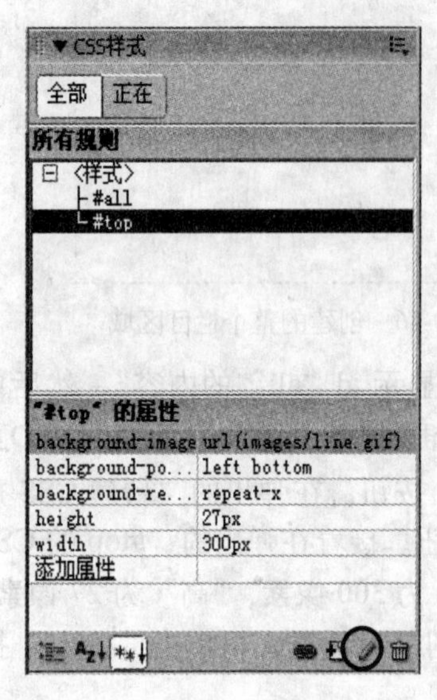

图 10-51　单击 （编辑样式）按钮

#top 的 CSS 规则定义

分类：类型、背景、区块、方框、边框、列表、定位、扩展

背景

背景颜色(C)：

背景图像(I)：images/line.gif　浏览...

重复(R)：横向重复

附件(T)：

水平位置(Z)：左对齐　像素(px)

垂直位置(V)：底部　像素(px)

帮助(H)　确定　取消　应用(A)

图 10-52　设置"背景"参数

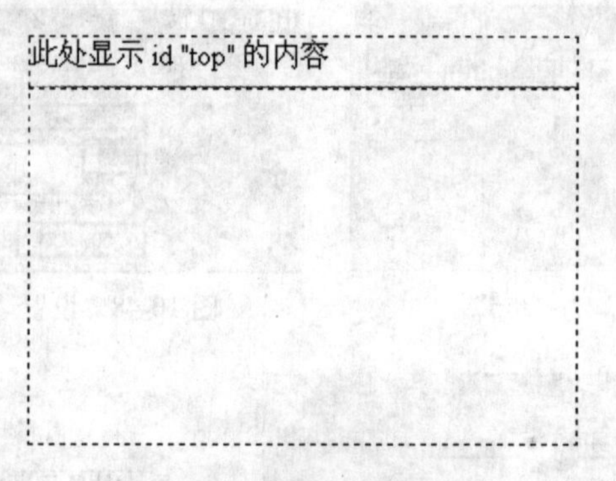

图 10-53　创建底部横的效果

6）创建底部栏目内容的区域。方法：单击代码按钮，切换到代码视图。然后将鼠标定位在如图 10-54 所示的位置，单击"常用"类别中的（插入 Div 标签）按钮，在弹出的"插入 Div 标签"对话框的"ID："下拉列表框中输入"bottom"，如图 10-55 所示。单击新建 CSS 样式按钮，在弹出的"新建 CSS 规则"对话框中设置参数，如图 10-56 所示，单击"确定"按钮。接着在弹出的"#bottom 的 CSS 规则定义"对话框的左侧选择"方框"，在右侧设置方框"宽"为 300 像素、"高"为 27 像素，如图 10-57 所示；再在左侧选择"边框"，在右侧设置边框参数，如图 10-58 所示。单击"确定"按钮，回到"新建 CSS 规则"对话框。最后单击"确定"按钮，创建出底部栏目内容的区域，如图 10-59 所示。

提示："bottom#div" 的方框在没有添加边框的情况下应为 300 像素 ×190 像素。由于在左、右和下各添加了 1 像素的边界，因此方框的"宽"变为 300−2=298 像素，"高"变为 190−1=189 像素。

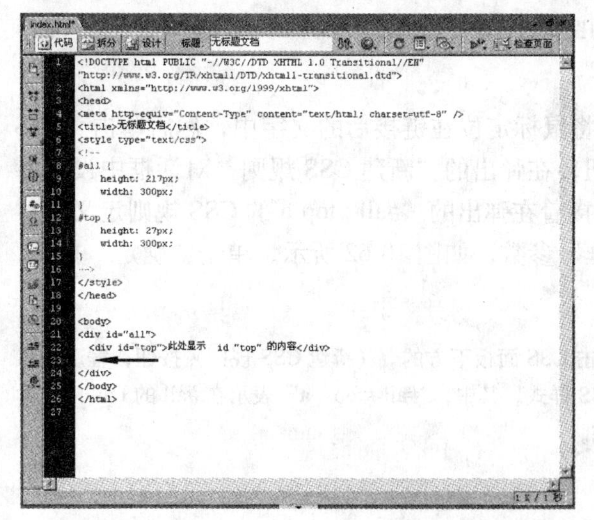

图 10-54　在代码视图中定位鼠标的位置

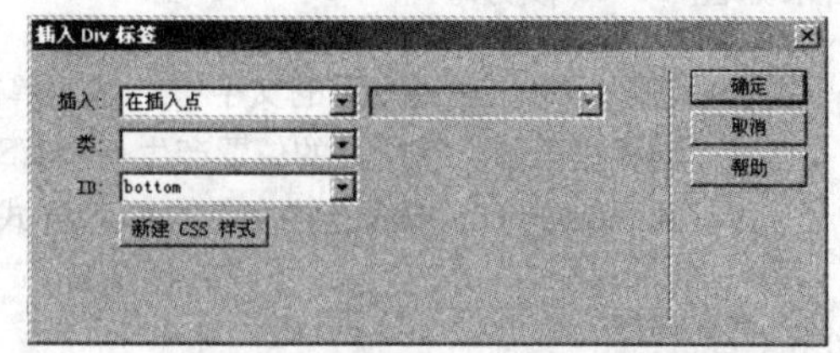

图 10-55　输入“ID：”为“bottom”

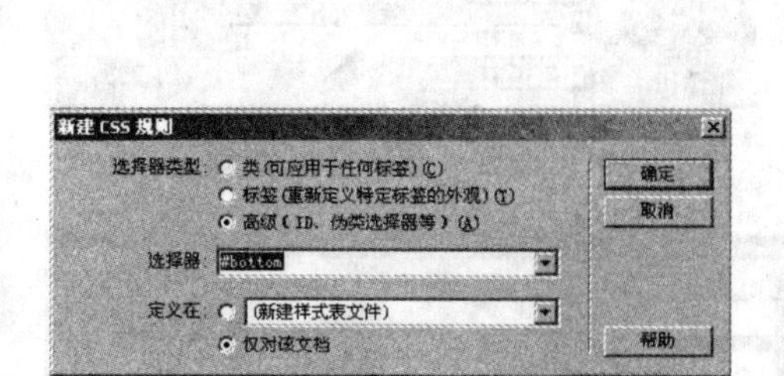

图 10-56　设置“新建 CSS 规则”参数

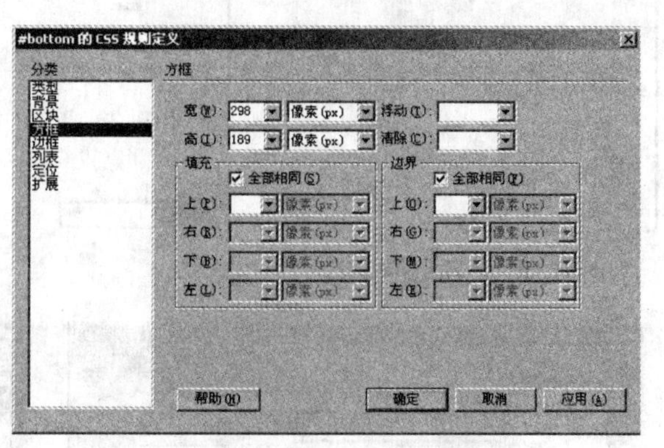

图 10-57　设置“方框”参数

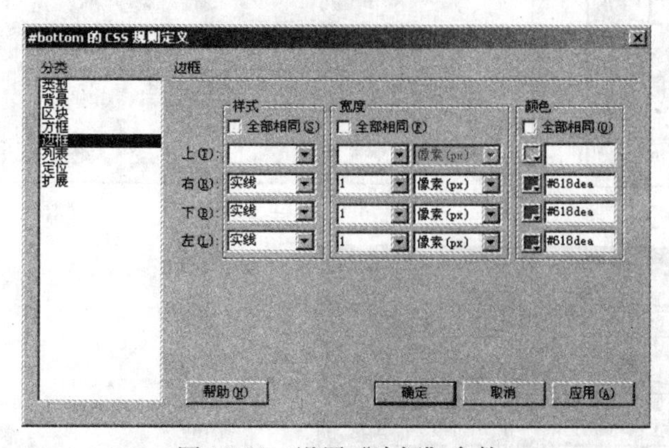

图 10-58　设置“边框”参数

图 10-59　创建底部栏目内容的区域

7）创建顶部栏目的链接文字。方法：在“div#top”中输入文字“资讯”、“教育”和“房产”，然后分别选择它们，在属性面板中的“链接”下拉列表框中输入“#”，进行假性链接，如图 10-60 所示。

提示："资讯"、"教育"和"房产"之间必须用空格进行隔开，这样才能产生 3 个文字块，否则只能产生 1 个文字块。

8）创建顶部栏目的块状结构。方法：将鼠标定位在链接后的文字中，然后单击"CSS 样式"面板下方的 （新建 CSS 规则）按钮，在弹出的"新建 CSS 规则"对话框中设置参数，如图 10-61 所示，单击"确定"按钮。接着在弹出的"#all #top a 的 CSS 规则定义"对话框中分别设置"类型"、"区块"和"方框"参数，如图 10-62 所示。单击"确定"按钮，结果如图 10-63 所示。

提示：将鼠标定位在链接后的文字中，然后单击 CSS 面板下方的 （新建 CSS 规则）按钮，程序会自动根据当前文字所处的位置产生一个 CSS 样式。其中，"#all #top　a"表示在 #all 的 Div 中包含的 #top 的 Div 中的链接文字的 CSS 样式。

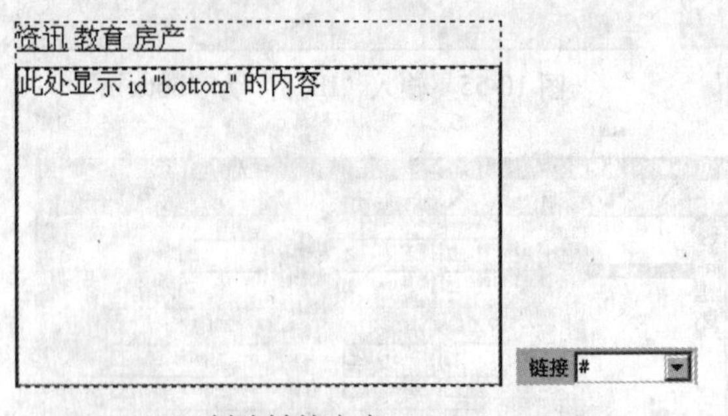

图 10-60　创建链接文字

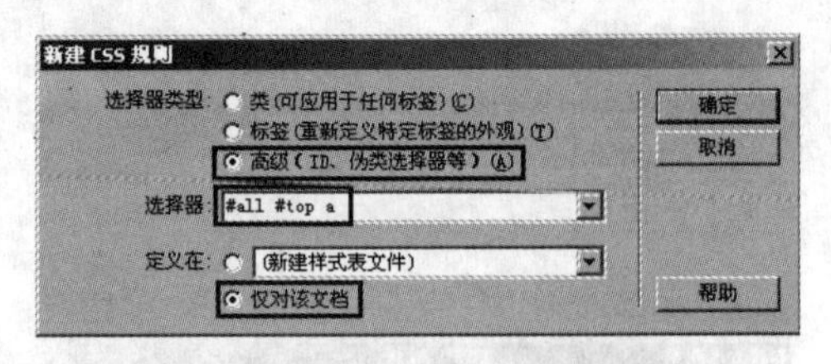

图 10-61　设置"新建 CSS 规则"参数

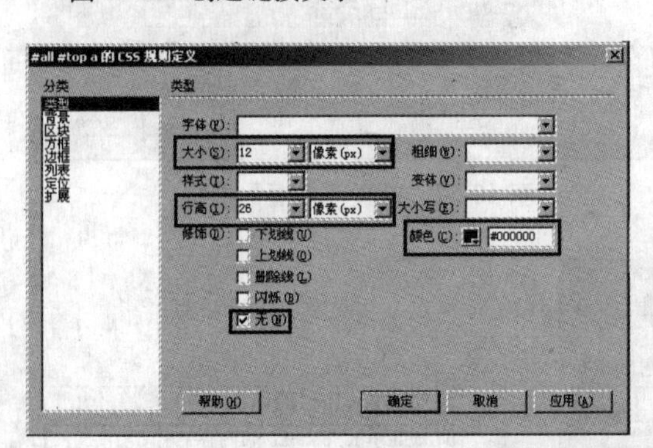

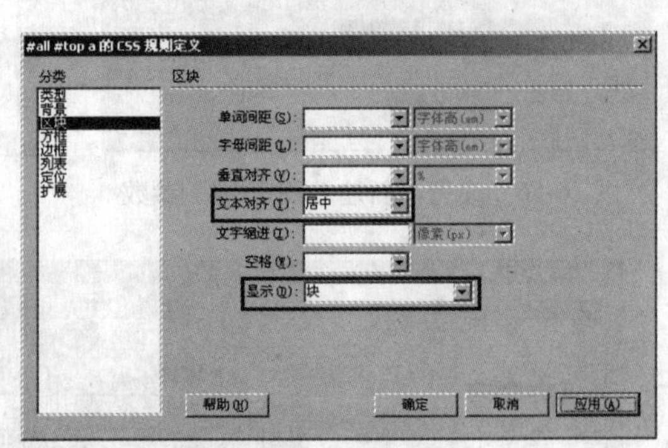

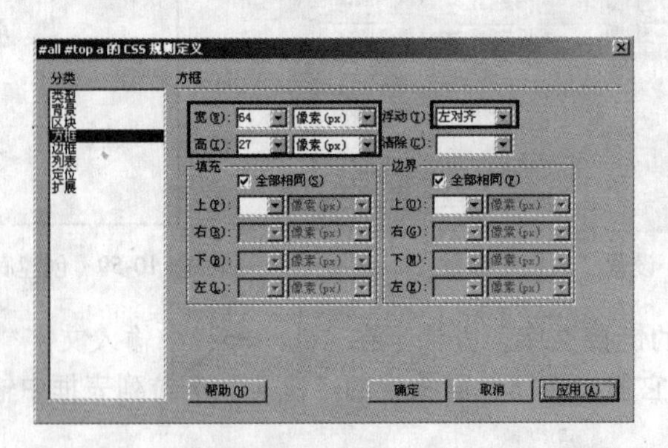

图 10-62　设置"类型"、"区块"和"方框"参数

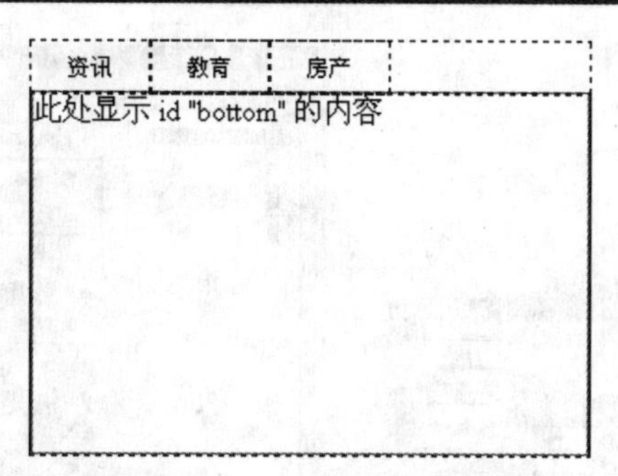

图 10-63　创建文字块

9）创建文字“资讯”的背景样式。方法：单击“CSS 样式”面板下方的（新建 CSS 规则）按钮，在弹出的“新建 CSS 规则”对话框中设置参数，如图 10-64 所示，单击“确定”按钮。接着在弹出的“.b1 的 CSS 规则定义”对话框左侧选择“背景”，在右侧“背景图像”中选择前面在 Photoshop 中输出的“b1.gif ”图片，并将“重复”设置为“不重复”，如图 10-65 所示，单击“确定”按钮。

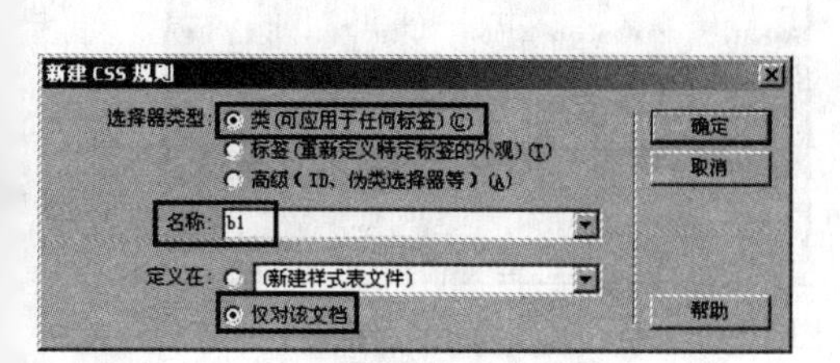

图 10-64　新建名称为“b1”的类

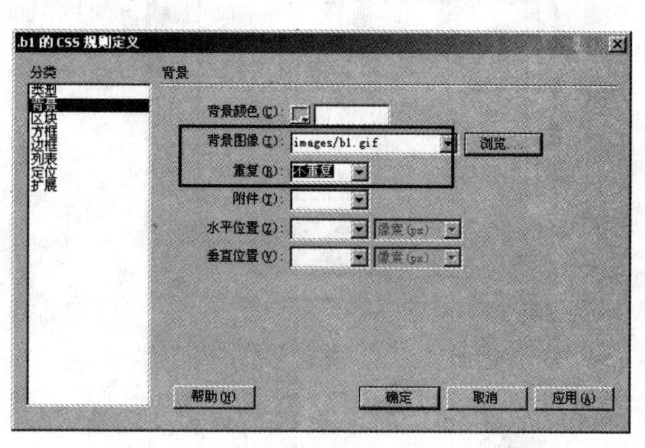

图 10-65　设置“b1”类的“背景”参数

10）创建文字“教育”和“房产”的背景样式。方法：单击“CSS 样式”面板下方的（新建 CSS 规则）按钮，在弹出的“新建 CSS 规则”对话框中设置参数，如图 10-66 所示，单击“确定”按钮。接着在弹出的“.b2 的 CSS 规则定义”对话框左侧选择“背景”，在右侧“背景图像”中选择前面在 Photoshop 中输出的“b2.gif”图片，并将“重复”设置为“不重复”，如图 10-67 所示，单击“确定”按钮。

11）将创建的文字背景样式指定给文字块。方法：将鼠标定位在文字“资讯”所在的文字块中，然后在属性面板的“样式”下拉列表中选择“b1”，如图 10-68 所示。接着分别将鼠标定位在文字“教育”和“房产”所在的块中，在属性面板的“样式”下拉列表中分别选择“b2”，如图 10-69 所示。

提示：将“b2”定义成“类”，是为了能够对多个不同对象（“教育”和“房产”）使用相同的样式。如果定义为“高级”，则只能对一个特定对象使用该样式。

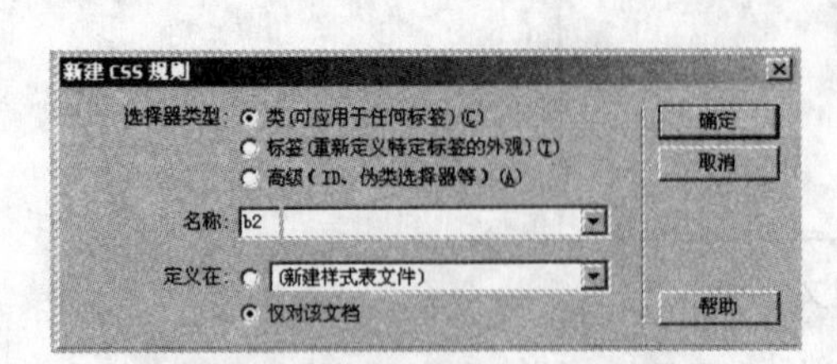

图 10-66　新建名称为“b1”的类

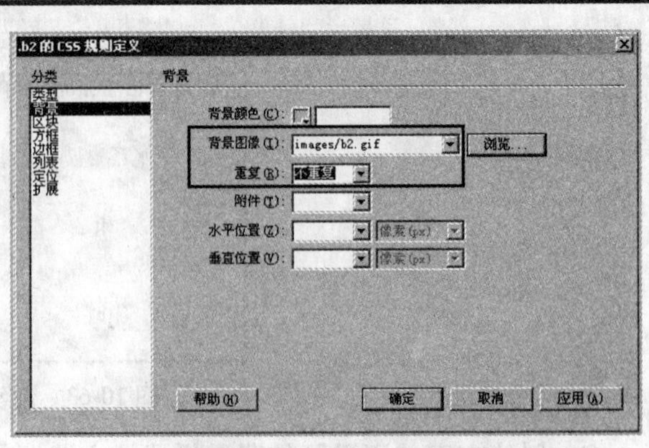

图 10-67　设置“b1”类的“背景”参数

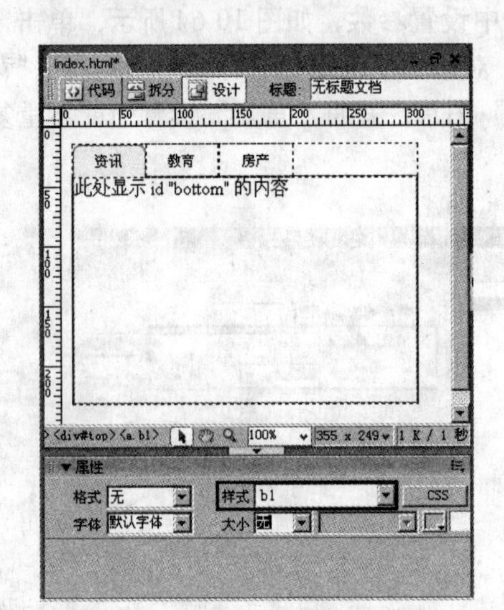

图 10-68　将“b1”类指定给文字“资讯”的背景

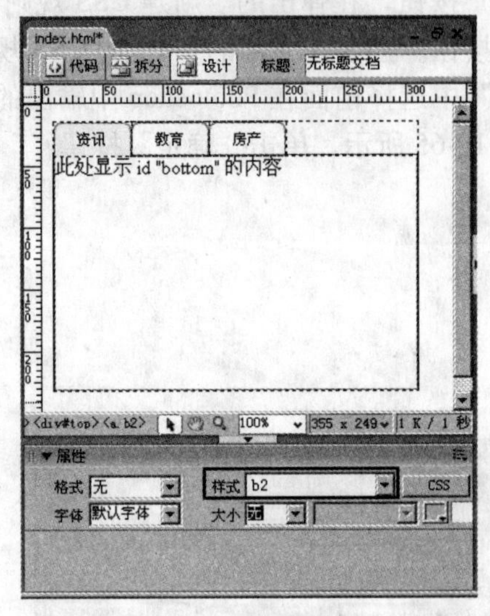

图 10-69　将“b2”类指定给文字“教育”和“房产”的背景

12）制作顶部栏目项目的缩进效果。方法：在“CSS 样式”面板中选择“#top”，然后单击右下方的（编辑样式）按钮，在弹出的“#top 的 CSS 规则定义”对话框的左侧选择“方框”，在右侧设置参数，如图 10-70 所示。单击“确定”按钮，结果如图 10-71 所示。

提示：“div#top”的原来宽度为 300 像素，将“左”填充设为 20 像素后，其宽度为 300−20=280 像素。

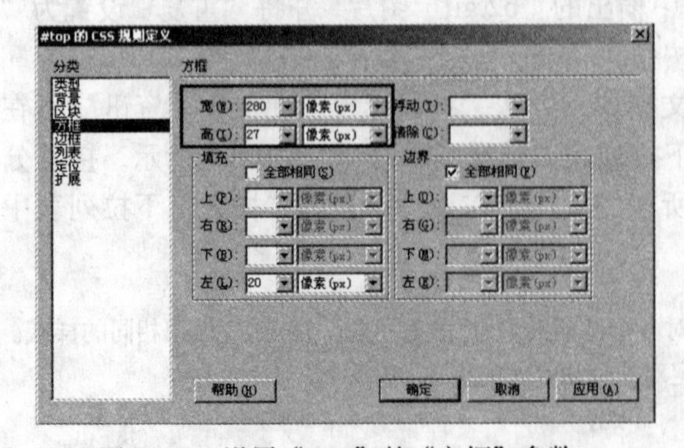

图 10-70　设置“#top”的“方框”参数

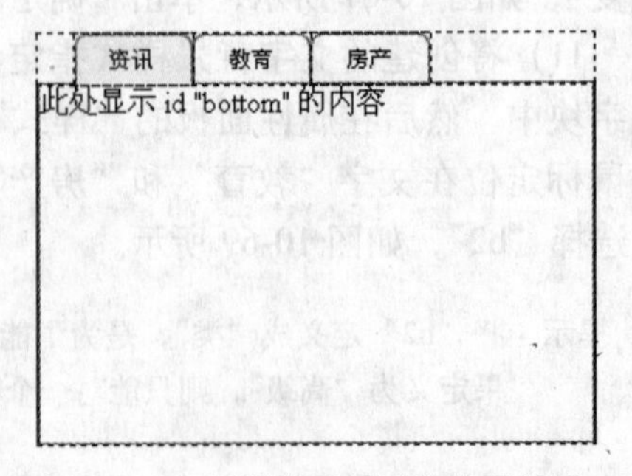

图 10-71　顶部栏目项目的缩进效果

13）将“div#bottom”的背景色改为文字“资讯”的背景色。方法：在“CSS 样式”面板中选择“#bottom”，然后单击右下方的 （编辑样式）按钮，在弹出的“#bottom 的 CSS 规则定义”对话框左侧选择“背景”，接着单击右侧“背景”旁的 按钮后吸取设计视图中“资讯”所处文字块的背景颜色，如图 10-72 所示。单击“确定”按钮，结果如图 10-73 所示。

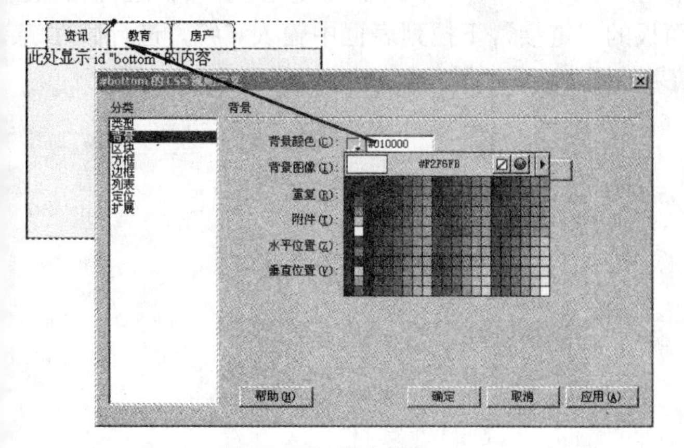

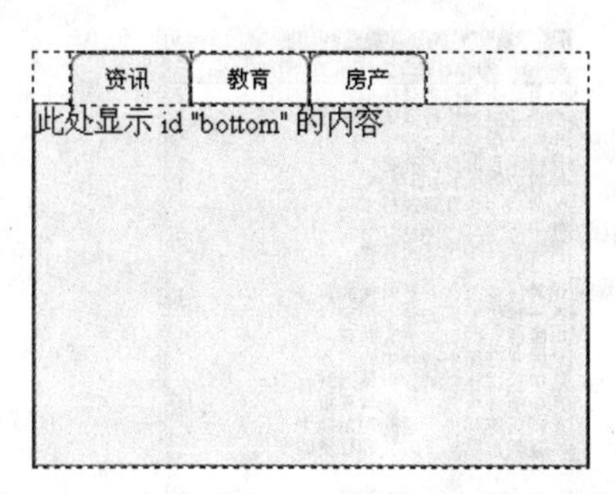

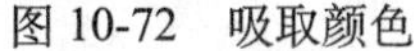
图 10-72　吸取颜色

图 10-73　改变“#bottom”的 Div 的背景色

14）设置“div#bottom”中的文字属性。方法：在“CSS 样式”面板中选择“#bottom”，单击右下方的 （编辑样式）按钮，在弹出的“#bottom 的 CSS 规则定义”对话框左侧选择“方框”，在右侧设置参数如图 10-74 所示。然后在左侧选择“类型”，在右侧设置参数，如图 10-75 所示，单击“确定”按钮。接着按快捷键〈F12〉进行预览，结果如图 10-76 所示。

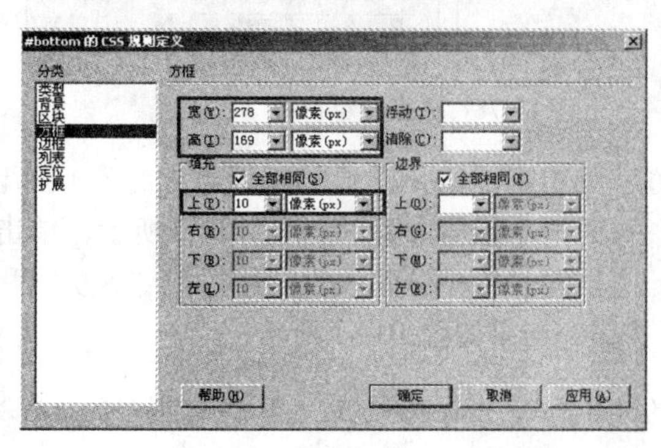

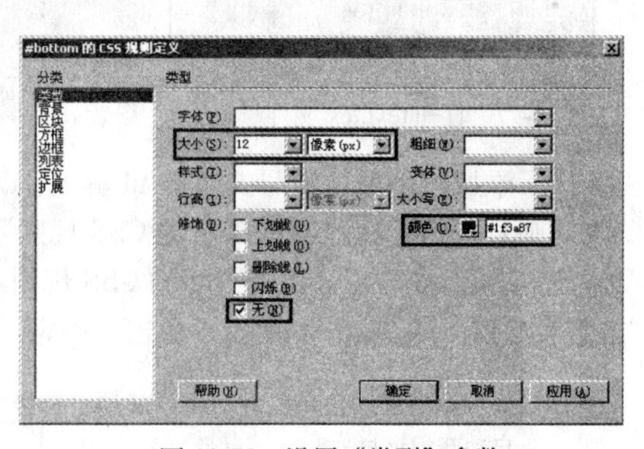

图 10-74　设置“方框”参数

图 10-75　设置“类型”参数

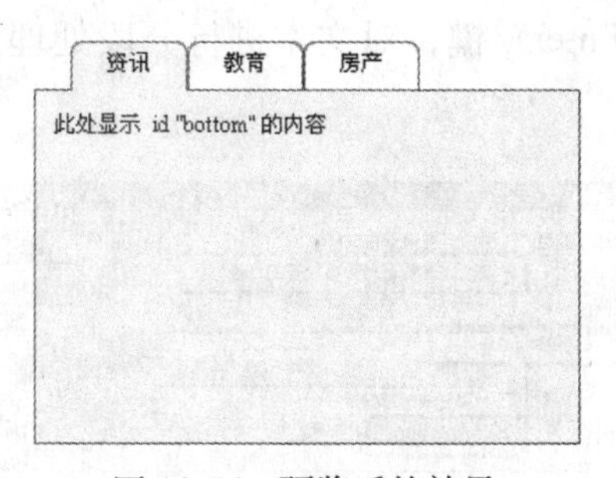

图 10-76　预览后的效果

提示：“div#bottom”的原来方框大小为 298 像素 ×189 像素，将“上”填充设为 10 像素后，方框的“宽”和“高”各减去了 20 像素，因此方框大小变为了 278 像素 ×169 像素。

15）添加“div#bottom”中的文字。方法：在资源管理器中打开配套光盘“素材及结果|栏目切换效果|text.txt”文件，如图 10-77 所示。然后选择第一段文字按快捷键〈Ctrl+C〉进行复制，接着回到 Dreamweaver 中，在“div#bottom”中按快捷键〈Ctrl+V〉进行粘贴。最后选中所有粘贴后的文字，在属性面板的“链接”下拉列表框中输入“#”，进行假性链接，再单击按钮，添加项目符号，结果如图 10-78 所示。

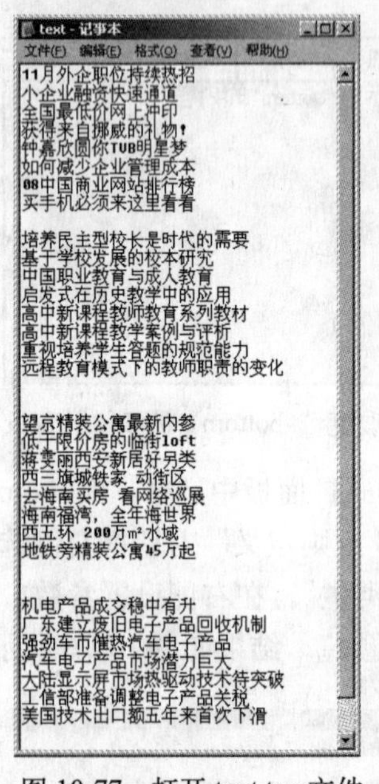

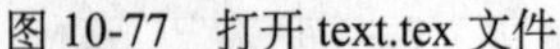

图 10-77 打开 text.tex 文件

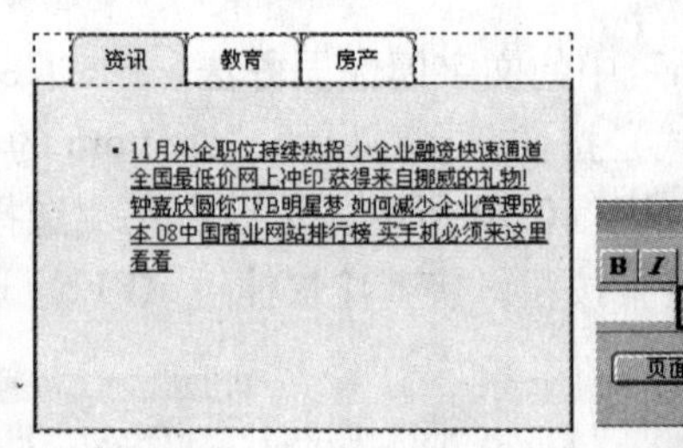

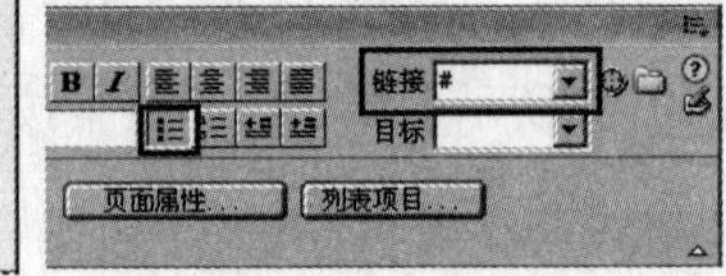

图 10-78 添加项目符号

16）添加控制项目符号文本的 ul 样式。方法：单击“CSS 样式”面板下方的（新建 CSS 规则）按钮，在弹出的“新建 CSS 规则”对话框中设置参数，如图 10-79 所示，单击“确定”按钮。接着在弹出的“ul 的 CSS 规则定义”对话框中分别设置“背景”、“区块”和“方框”参数，如图 10-80 所示，单击“确定”按钮，结果如图 10-81 所示。

提示：ul 标签是程序自带的针对于添加项目符号的文本样式，设置该标签后，添加项目符号的文本会自动套用该样式。

17）通过按键盘上的〈Enter〉键，对文本进行分段处理。然后按〈F12〉键进行预览，结果如图 10-82 所示。

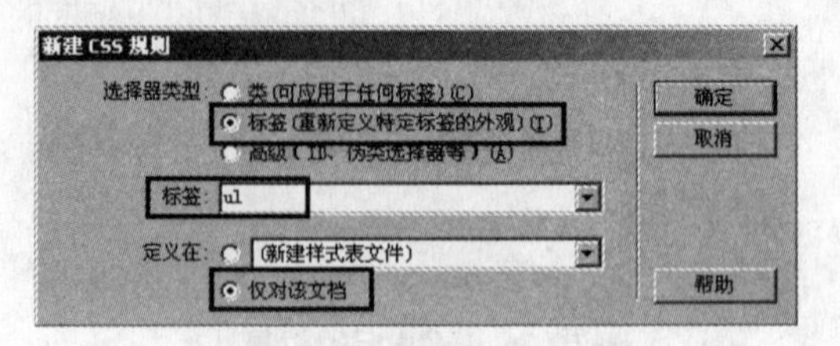

图 10-79 新建 ul 标签

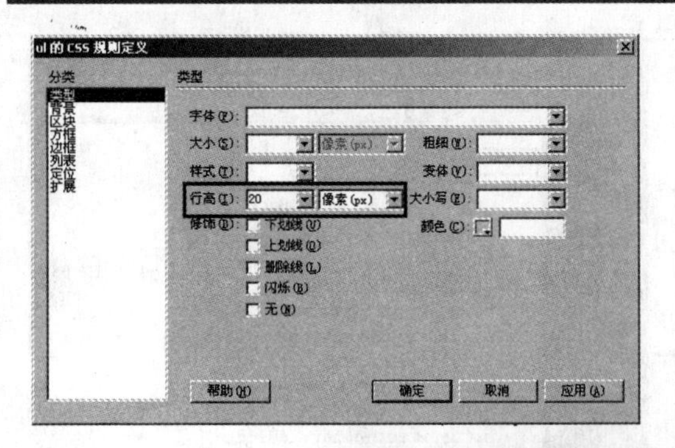

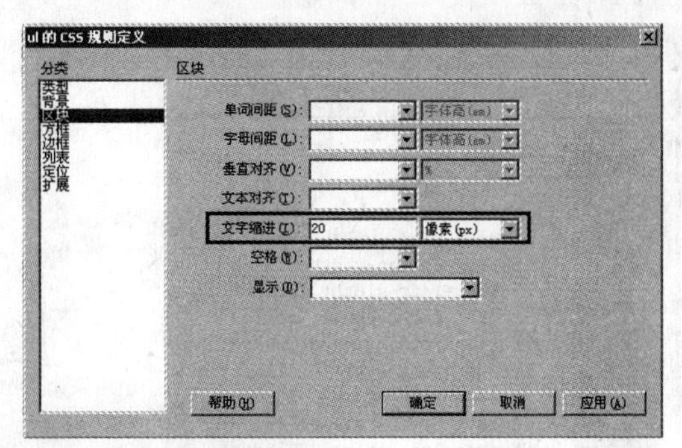

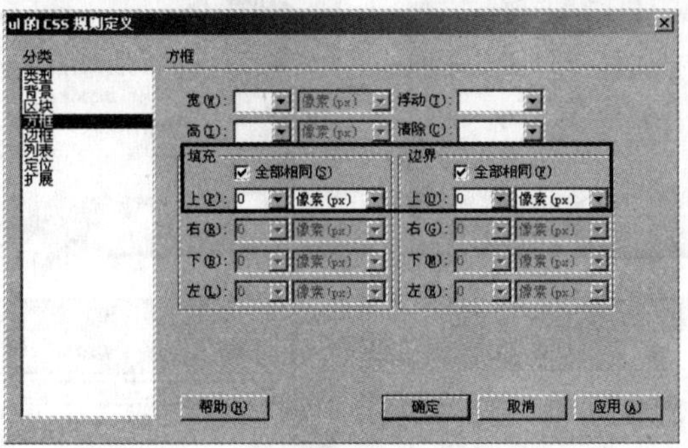

图 10-80　设置 ul 标签样式的参数

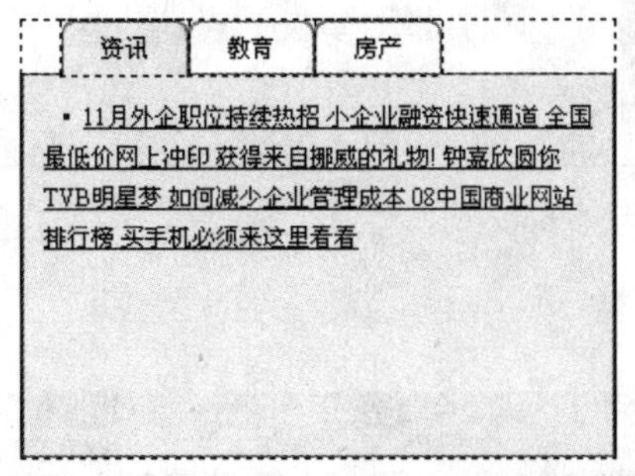

图 10-81　套用 ul 标签样式的效果

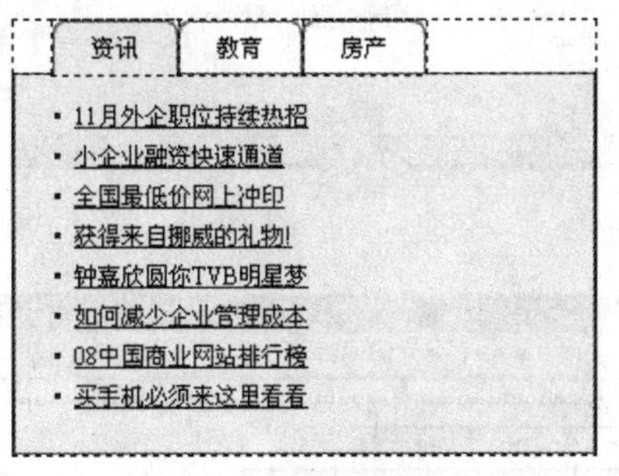

图 10-82　预览后的效果

2. 利用代码制作鼠标滑过时的栏目切换效果

（1）添加“教育”和“房产”栏目

1）单击[代码]按钮，切换到代码视图。然后将“#bottom”替换为“#bottom1”，如图 10-83 所示。

2）单击[设计]按钮，切换到设计视图，然后单击下方的<div#bottom>，从而选中“div#bottom”的内容，如图 10-84 所示。接着单击[代码]按钮，切换到代码视图，此时“div#bottom”的相关代码处于高亮选中状态，如图 10-85 所示。最后在其下方按快捷键〈Ctrl+V〉进行粘贴，并将粘贴后文本中的 <div id="bottom1"> 分别改为 <div id="bottom2"> 和 <div id="bottom3">，再替换相应栏目的文本。

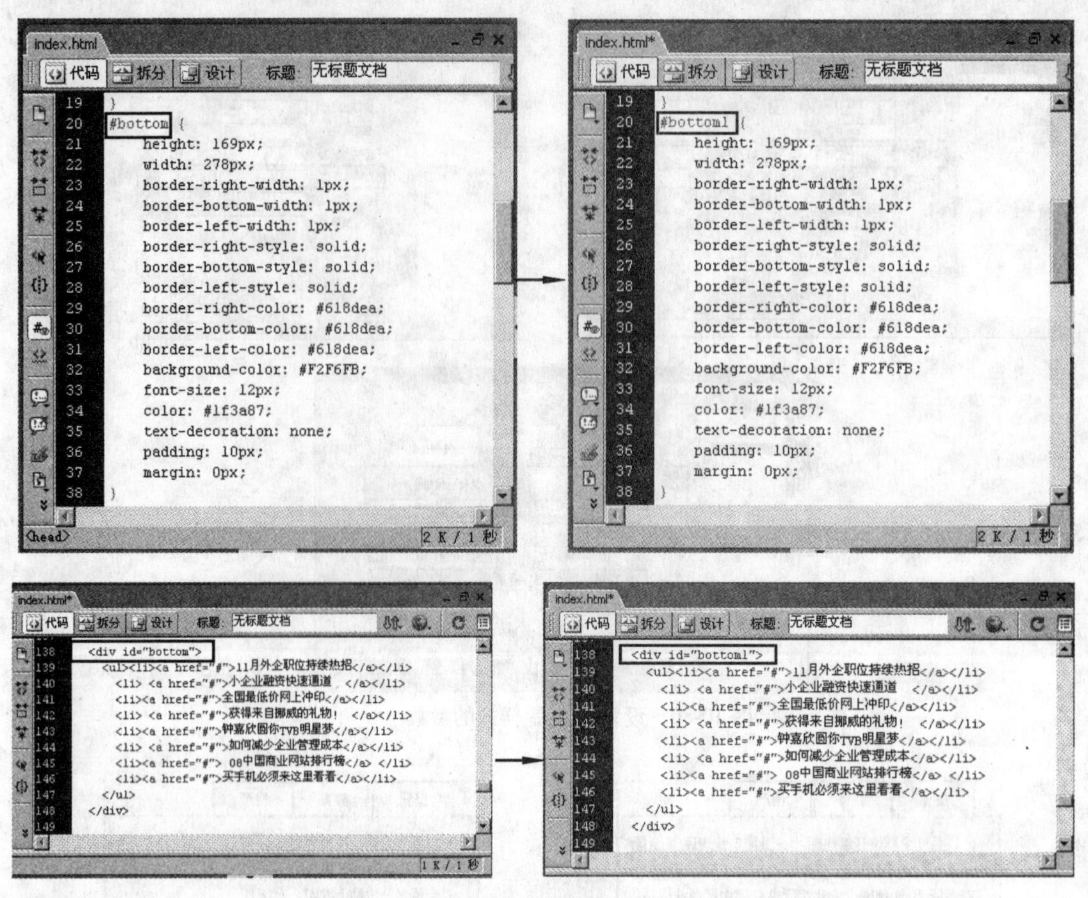

图 10-83 将“#bottom”替换为“#bottom1”

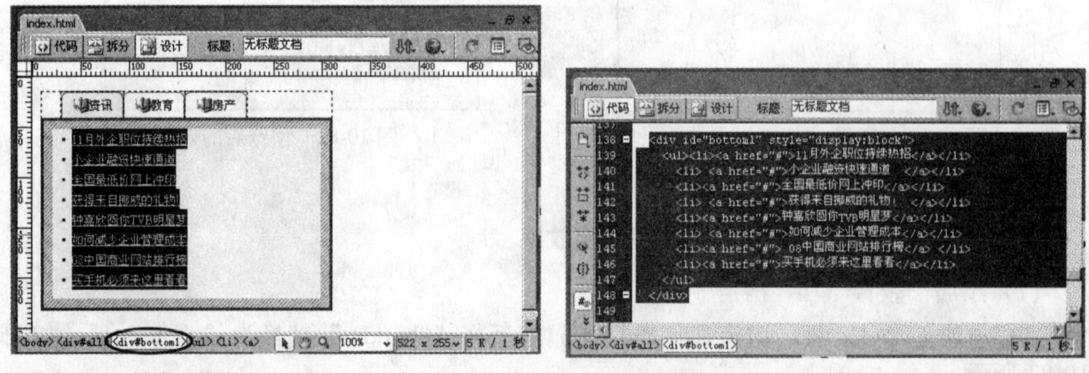

图 10-84 单击下方的<div#bottom>选中相关内容 图 10-85 “div#bottom”的相关代码处于高亮选中状态

此时相关代码显示如下：

```
<div id="bottom1" style="display:block">
<ul><li><a href="#">11 月外企职位持续热招 </a></li>
  <li> <a href="#"> 小企业融资快速通道  </a></li>
  <li><a href="#"> 全国最低价网上冲印 </a></li>
```

```
    <li> <a href="#"> 获得来自挪威的礼物！</a></li>
    <li><a href="#"> 钟嘉欣圆你 TVB 明星梦 </a></li>
    <li> <a href="#"> 如何减少企业管理成本 </a></li>
    <li><a href="#"> 08 中国商业网站排行榜 </a> </li>
    <li><a href="#"> 买手机必须来这里看看 </a></li>
  </ul>
</div>
<div id="bottom2"  style="display:none">
  <ul><li><a href="#"> 培养民主型校长是时代的需要 </a></li>
    <li><a href="#"> 基于学校发展的校本研究 </a> </li>
    <li><a href="#"> 中国职业教育与成人教育 </a></li>
    <li> <a href="#"> 启发式在历史教学中的应用 </a></li>
    <li><a href="#"> 高中新课程教师教育系列教材 </a></li>
    <li> <a href="#"> 高中新课程教学案例与评析 </a></li>
    <li><a href="#"> 重视培养学生答题的规范能力 </a></li>
    <li><a href="#"> 远程教育模式下的教师职责的变化 </a></li>
  </ul>
</div>
<div id="bottom3"  style="display:none">
  <ul><li><a href="#"> 望京精装公寓最新内参 </a></li>
    <li> <a href="#"> 低于限价房的临街 loft  </a></li>
    <li><a href="#"> 蒋雯丽西安新居好另类 </a></li>
    <li> <a href="#"> 西三旗城铁家 动街区 </a></li>
    <li><a href="#"> 去海南买房 看网络巡展 </a></li>
    <li><a href="#"> 海南福湾，全年海世界 </a></li>
    <li> <a href="#"> 西五环 200 万水域  </a></li>
    <li><a href="#"> 地铁旁精装公寓 45 万起 </a></li>
  </ul>
</div>
```

3）按快捷键〈Ctrl+S〉进行保存，然后按快捷键〈F12〉进行预览，效果如图 10-86 所示。此时“教育”和“房产”栏目内容的文字已经显示出来了，但是由于缺少相关的 CSS 样式，其相关结构没有正常显示。下面通过添加“#bottom2”和“#bottom3”两个 CSS 样式来解决这个问题。方法：在“CSS 样式”面板中选择“#bottom1”，如图 10-87 所示，然后右击，从弹出的快捷菜单中选择“复制”命令，接着在弹出的“复制 CSS 规则”对话框中输入“#bottom2”，如图 10-88 所示，再单击“确定”按钮。同理，复制出“#bottom3”的 CSS 样式，此时“CSS 样式”面板如图 10-89 所示。

4）按快捷键〈Ctrl+S〉，进行保存。然后按快捷键〈F12〉，进行预览，效果如图 10-90 所示。

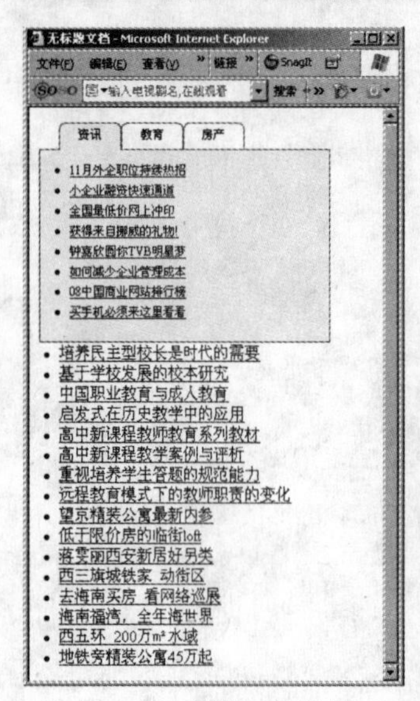

图 10-86　预览后的效果

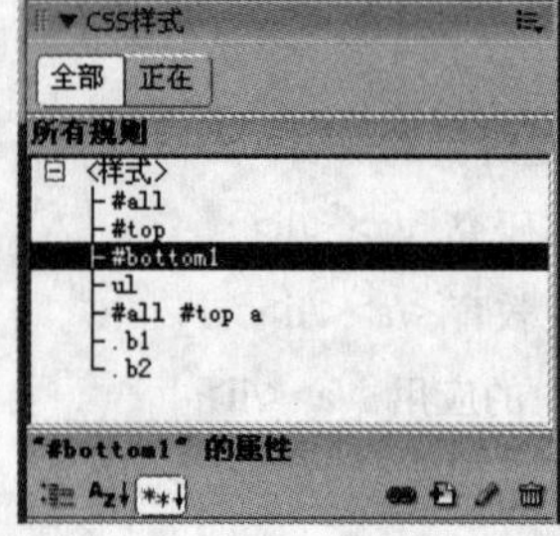

图 10-87　选择“#bottom1”

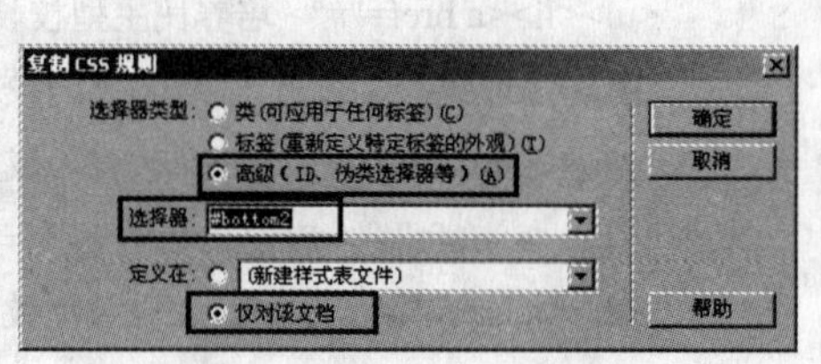

图 10-88　输入“#bottom2”

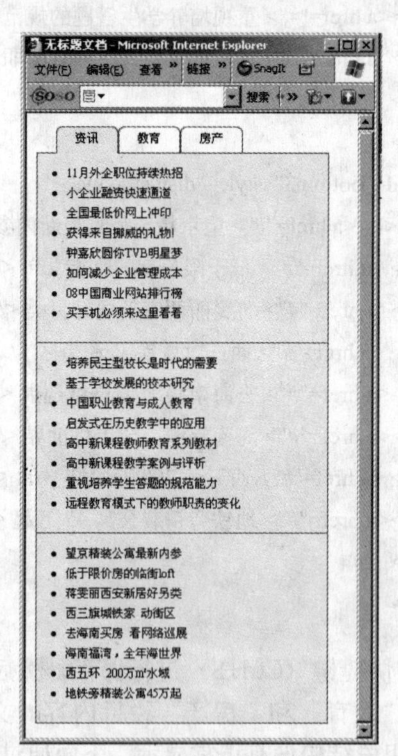

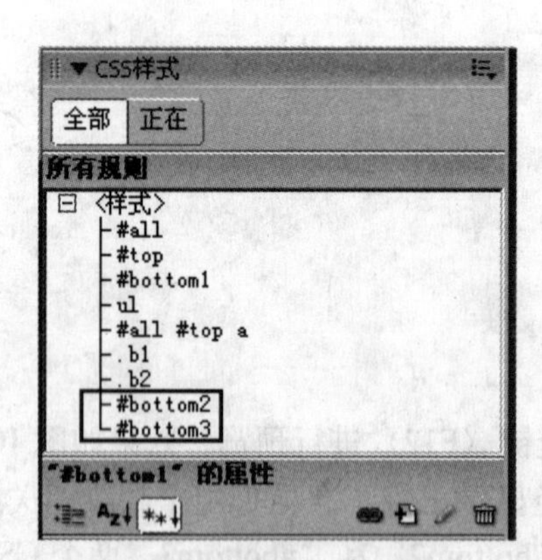

图 10-89　“CSS 样式”面板

图 10-90　预览后的效果

（2）制作默认只显示“资讯”内容而隐藏“教育”和“房产”的效果

1）在代码视图中修改 <div id="bottom1"> 为 <div id="bottom1"　style="display:block">。

提示：这段代码表示将 bottom1 的内容进行显示。

2）将 <div id="bottom2"> 修改为 <div id="bottom2"　style="display:none">。

提示：这段代码表示不显示 bottom2 的内容。

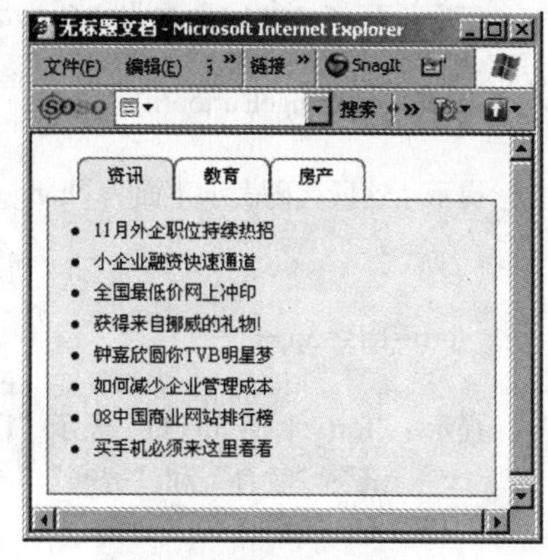

图 10-91　预览后的效果

3）将 <div id="bottom2"> 修改为 <div id="bottom2" style="display:none">。

4）此时按〈F12〉键，进行预览，效果如图 10-91 所示。

(3）制作栏目切换效果

1）在代码视图中找到以下代码：

```
<div id="all">
<div id="top">
<a href="#" class="b1"> 资讯 </a>
<a href="#" class="b2"> 教育 </a>
<a href="#" class="b2"> 房产 </a>
</div>
```

然后修改代码为：

```
<div id="all">
<div id="top">
<a href="#" class="b1" id="L1" onmouseover="changeButton(1)"> 资讯 </a>
<a href="#" class="b2" id="L2" onmouseover="changeButton(2)"> 教育 </a>
<a href="#" class="b2" id="L3" onmouseover="changeButton(3)"> 房产 </a>
</div>
```

提示：这段代码表示分别赋予“资讯”、“教育”和“房产”3 个栏目选项的 id 为“L1”、“L2”和“L3”，当鼠标滑过不同的栏目时，通过“changeButton（）”进行栏目间的切换。

2）在代码视图中将鼠标定位在 </style> 的下面，如图 10-92 所示，然后单击工具栏中的（脚本）按钮，在弹出的对话框中单击“确定”按钮，插入脚本标记，如图 10-93 所示。

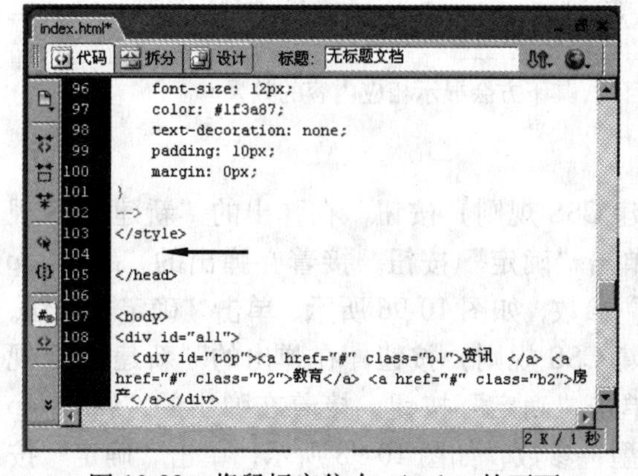

图 10-92　将鼠标定位在 </style> 的下面

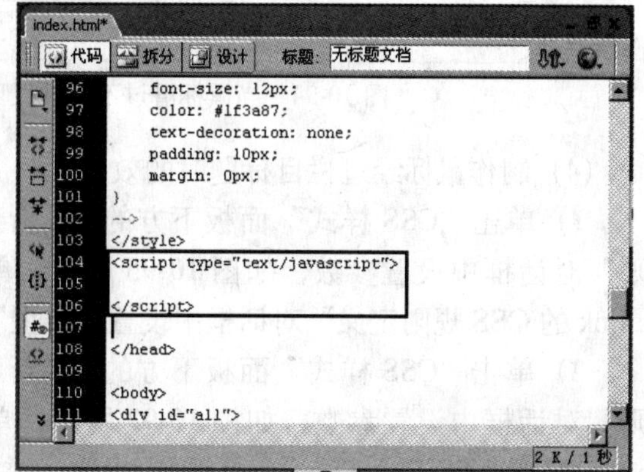

图 10-93　插入脚本标记

接着在 <script type="text/javascript"> 和 </script> 之间输入以下代码：

```
function changeButton(n)
```

提示：这段代码表示下面为 changeButton(n) 的函数。

```
{
for(i=1;i<=3;i++)
```

提示："for(i=1;i<=3;i++)" 表示 "i" 的初始值为 1，当 "i<=3" 时进行循环。"i<=3" 是因为一共有 "资讯"、"教育" 和 "房产" 3 个栏目。

```
  {
  document.getElementById("L"+i).className="b2";
  document.getElementById("bottom"+i).style.display="none";
  }
document.getElementById("L"+n).className="b1";
document.getElementById("bottom"+n).style.display="block";
}
```

提示：在输入代码时要注意 getElementById 中的 "E"、"B" 和 "I" 是大写，className 中的 "N" 是大写。这段代码表示当栏目显示为 "b2" 时，栏目内容不进行显示；当栏目显示为 "b1" 时，栏目内容才进行显示。

3）按快捷键〈Ctrl+S〉，进行保存。然后按快捷键〈F12〉，进行预览，即可测试当鼠标滑过不同的栏目时，其下方会显示相应内容的效果，如图 10-94 所示。

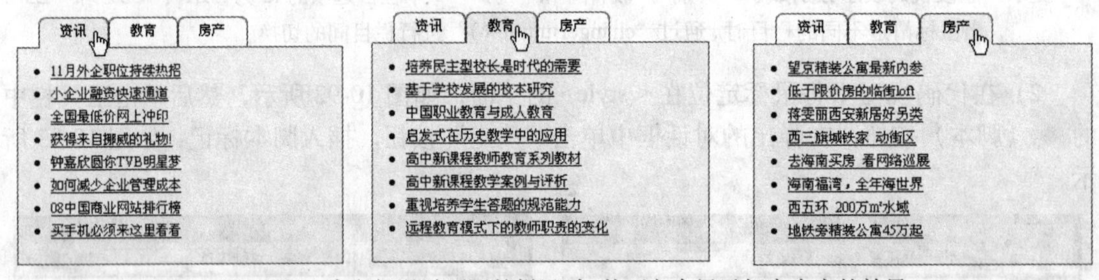

图 10-94　当鼠标滑过不同的栏目时，其下方会显示相应内容的效果

（4）制作鼠标经过栏目标题时的效果

1）单击 "CSS 样式" 面板下方的（新建 CSS 规则）按钮，在弹出的 "新建 CSS 规则" 对话框中设置参数，如图 10-95 所示，单击 "确定" 按钮。接着在弹出的 "#all #top a:link 的 CSS 规则定义" 对话框中设置 "类型" 参数，如图 10-96 所示，单击 "确定" 按钮。

2）单击 "CSS 样式" 面板下方的（新建 CSS 规则）按钮，在弹出的 "新建 CSS 规则" 对话框中设置参数，如图 10-97 所示，单击 "确定" 按钮。接着在弹出的 "#all #top a:visited 的 CSS 规则定义" 对话框中设置 "类型" 参数，如图 10-98 所示，单击 "确定" 按钮。

3）单击“CSS 样式”面板下方的（新建 CSS 规则）按钮，在弹出的“新建 CSS 规则”对话框中设置参数，如图 10-99 所示，单击“确定”按钮。接着在弹出的“#all #top a:hover 的 CSS 规则定义”对话框中设置“类型”参数，如图 10-100 所示，单击“确定”按钮。

提示：在创建链接 CSS 样式时，一定要按照程序默认的 a:link、a:visited、a:hover、a:active 的顺序进行创建，否则在预览时会出现错误。

图 10-95　新建“#all #top a:link”CSS 样式

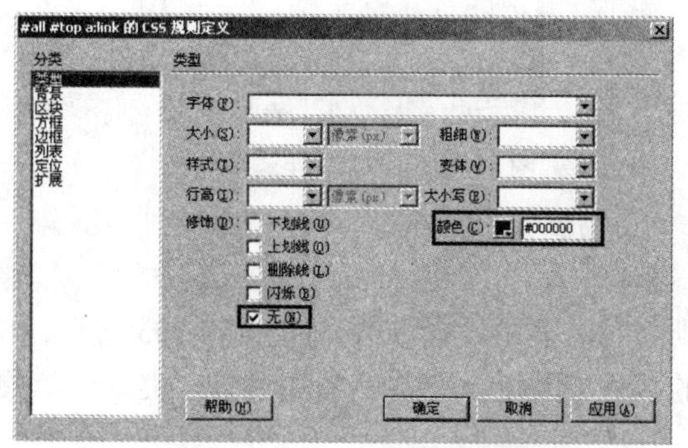

图 10-96　设置“#all #top a:link”的参数

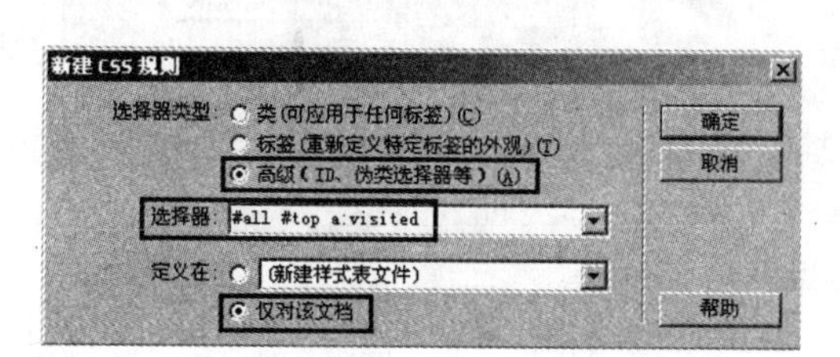

图 10-97　新建“#all #top a:visited”CSS 样式

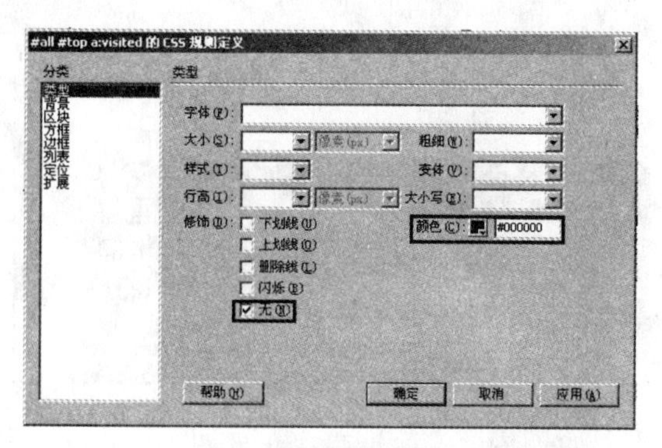

图 10-98　设置“#all #top a:visited”的参数

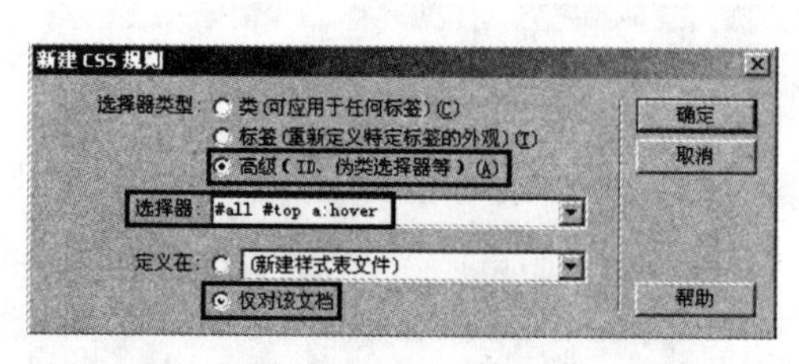

图 10-99　新建“#all #top a:hover”CSS 样式

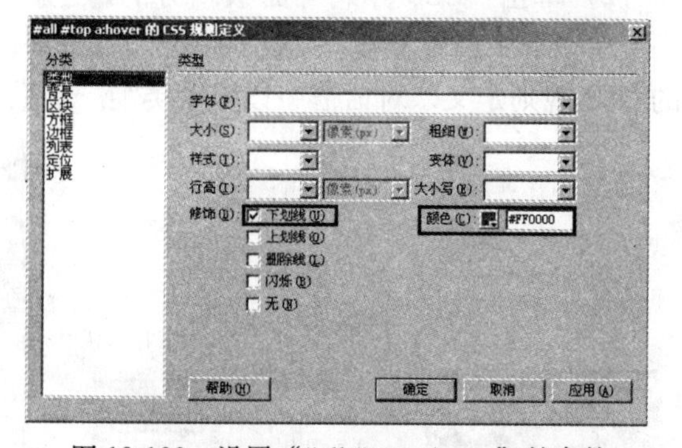

图 10-100　设置“#all #top a:hover”的参数

4）此时“CSS 样式”面板如图 10-101 所示。下面按快捷键〈F12〉，进行预览，即可测试到当鼠标滑过栏目标题时，标题文字显示为红色并有下画线的效果，在其余情况下标题文字显示为黑色无下画线的效果，如图 10-102 所示。

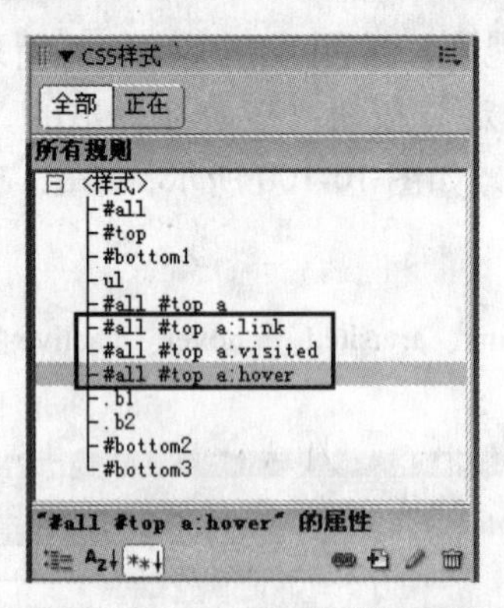

图 10-101 “CSS 样式”面板

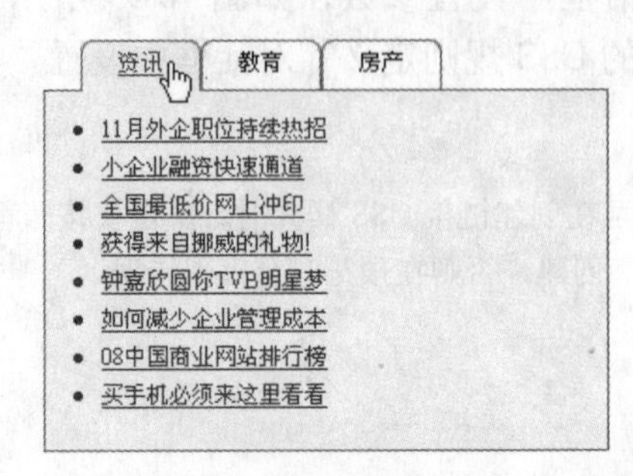

图 10-102 预览效果

(5) 制作鼠标经过栏目内容时的效果

1) 单击“CSS 样式”面板下方的 (新建 CSS 规则) 按钮，在弹出的“新建 CSS 规则”对话框中设置参数，如图 10-103 所示，单击“确定”按钮。接着在弹出的“#all a:link 的 CSS 规则定义”对话框中设置“类型”参数，如图 10-104 所示，单击“确定”按钮。

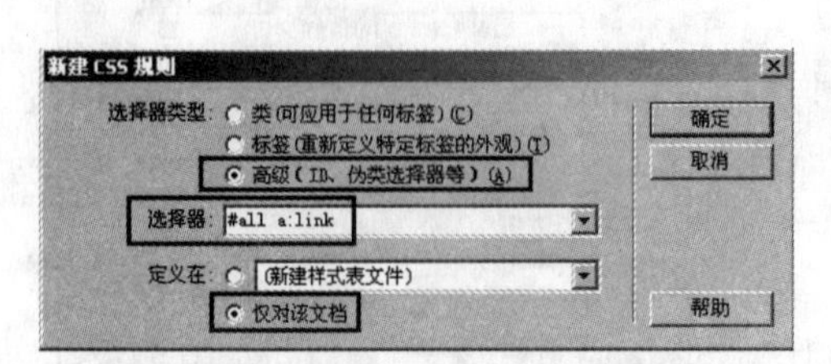

图 10-103 新建“#all a:link” CSS 样式

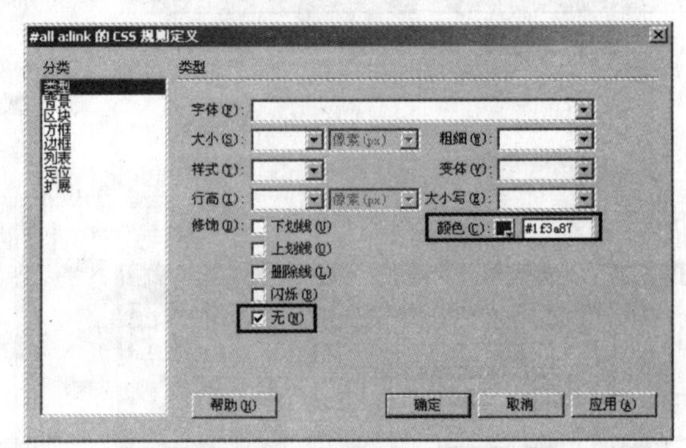

图 10-104 设置“#all a:link”的参数

2) 单击“CSS 样式”面板下方的 (新建 CSS 规则) 按钮，在弹出的“新建 CSS 规则”对话框中设置参数，如图 10-105 所示，单击“确定”按钮。接着在弹出的“#all a:visited 的 CSS 规则定义”对话框中设置“类型”参数，如图 10-106 所示，单击“确定”按钮。

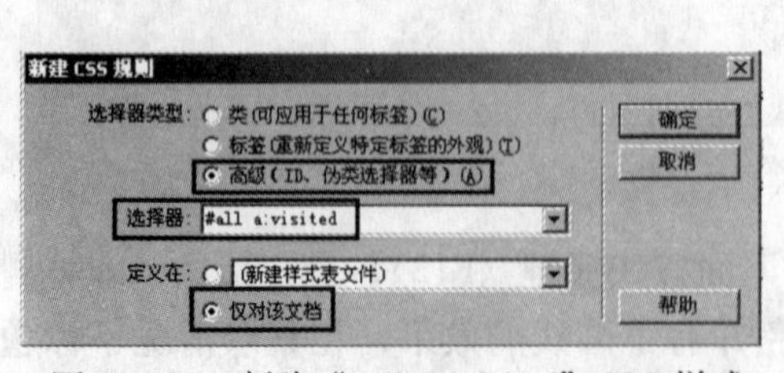

图 10-105 新建“#all a:lvisited” CSS 样式

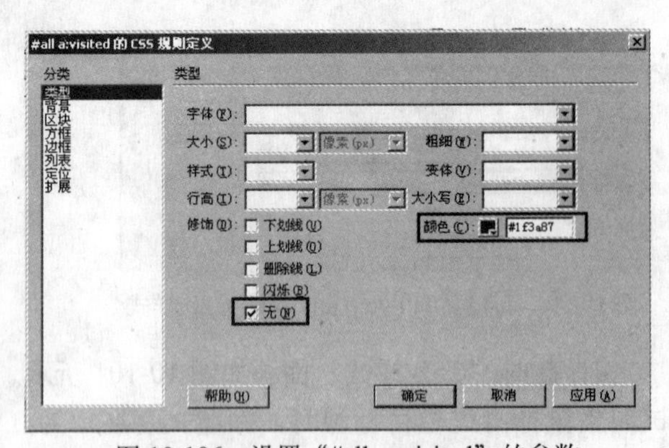

图 10-106 设置“#all a:visited”的参数

3）单击“CSS 样式”面板下方的（新建 CSS 规则）按钮，在弹出的“新建 CSS 规则”对话框中设置参数，如图 10-107 所示，单击“确定”按钮。接着在弹出的“#all a:visited 的 CSS 规则定义”对话框中设置“类型”参数，如图 10-108 所示，单击“确定”按钮。

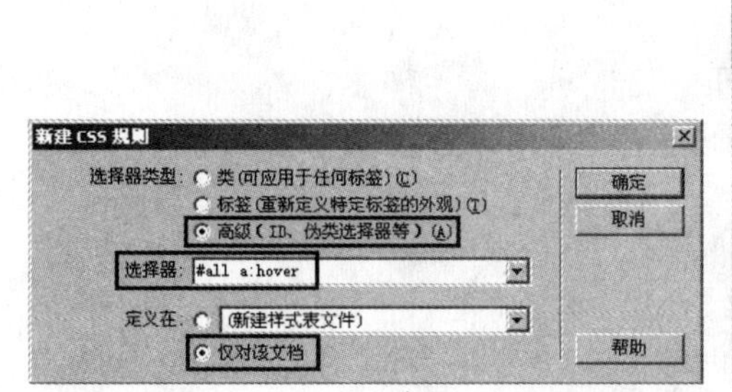

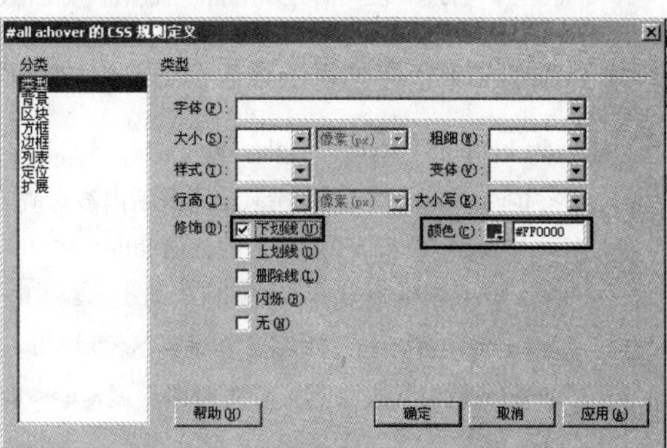

图 10-107　新建“#all a:hover”CSS 样式　　　　图 10-108　设置“#al a:hover”的参数

4）至此，鼠标滑过时的栏目切换效果制作完毕，“CSS 样式”面板如图 10-109 所示。下面按快捷键〈F12〉，进行预览，即可测试到当鼠标滑过项目文字时，项目文字显示为红色并有下画线的效果，在其余情况下文字为黑色无下画线的效果，如图 10-110 所示。

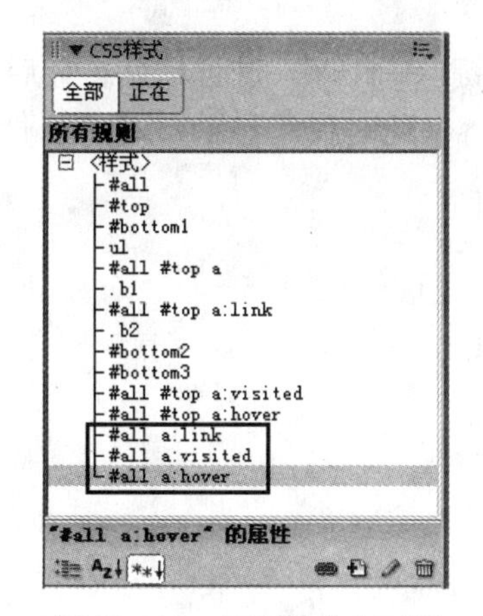

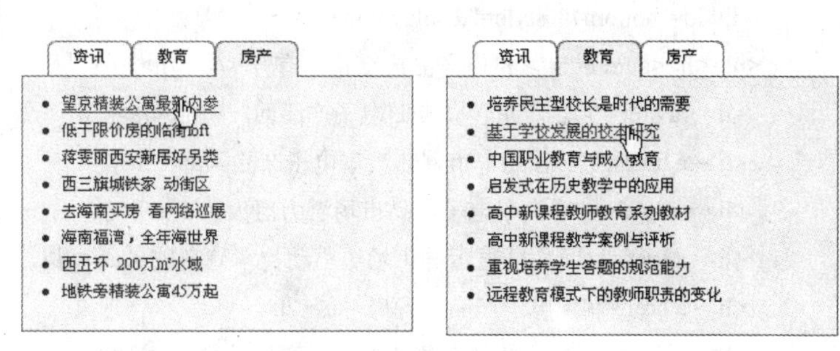

图 10-109　CSS 样式 ”面板　　　　图 10-110　预览后的效果

3. 添加栏目

在网页中栏目标题不一定是 3 个，下面通过添加一个“电子”栏目来讲解添加栏目的方法。

1）添加“电子”栏目标题。方法：单击代码按钮，切换到代码视图，显示出以下代码：

```
<div id="top">
<a href="#" class="b1" id="L1" onmouseover="changeButton(1)"> 资讯 </a>
<a href="#" class="b2" id="L2" onmouseover="changeButton(2)"> 教育 </a>
<a href="#" class="b2" id="L3" onmouseover="changeButton(3)"> 房产 </a>
```

```
</div>
```

然后在倒数第二行添加以下代码：

```
<a href="#" class="b2" id="L4" onmouseover="changeButton(4)"> 电子 </a>
```

2）添加“电子”栏目的内容。方法：在代码视图中显示出以下代码：

```
<div id="bottom3"  style="display:none">
  <ul><li><a href="#"> 望京精装公寓最新内参 </a></li>
   <li> <a href="#"> 低于限价房的临街 loft  </a></li>
   <li><a href="#"> 蒋雯丽西安新居好另类 </a></li>
   <li> <a href="#"> 西三旗城铁家 动街区 </a></li>
   <li><a href="#"> 去海南买房 看网络巡展 </a></li>
   <li><a href="#"> 海南福湾，全年海世界 </a></li>
   <li> <a href="#"> 西五环 200 万水域  </a></li>
   <li><a href="#"> 地铁旁精装公寓 45 万起 </a></li>
  </ul>
 </div>
```

然后按快捷键〈Ctrl+C〉进行复制，接着在其下方按快捷键〈Ctrl+V〉进行粘贴。最后将粘贴代码中的“bottom3”改为“bottom 4”，并替换相关内容，此时代码显示如下：

```
  <div id="bottom4"  style="display:none">
  <ul><li><a href="#"> 机电产品成交稳中有升 </a></li>
   <li> <a href="#"> 广东建立废旧电子产品回收机制 </a></li>
   <li><a href="#"> 强劲车市催热汽车电子产品 </a></li>
   <li> <a href="#"> 汽车电子产品市场潜力巨大 </a></li>
   <li><a href="#"> 大陆显示屏市场热驱动技术待突破 </a></li>
   <li><a href="#"> 电子产品排行榜 </a></li>
   <li> <a href="#"> 工信部准备调整电子产品关税 </a></li>
   <li><a href="#"> 美国技术出口额五年来首次下滑 </a></li>
  </ul>
 </div>
```

3）为了让“电子”标题下的栏目内容能够正确显示，下面创建“#bottom4”CSS 样式。方法：在“CSS 样式”面板中选择“#bottom1”，如图 10-111 所示，然后右击，从弹出的快捷菜单中选择“复制”命令，接着在弹出的“复制 CSS 规则”对话框中输入“#bottom4”，如图 10-112 所示，单击“确定”按钮，此时“CSS 样式”面板如图 10-113 所示。

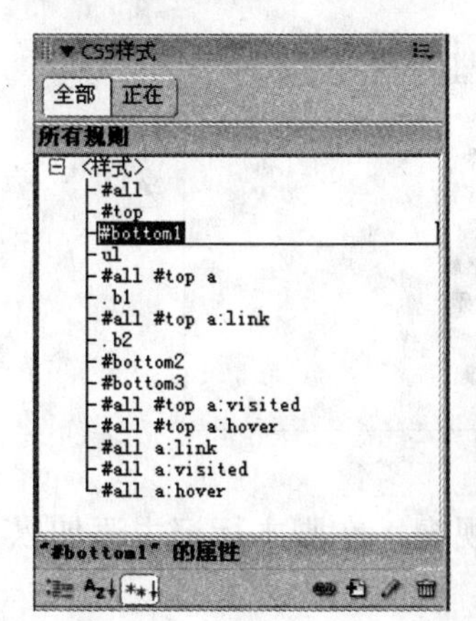

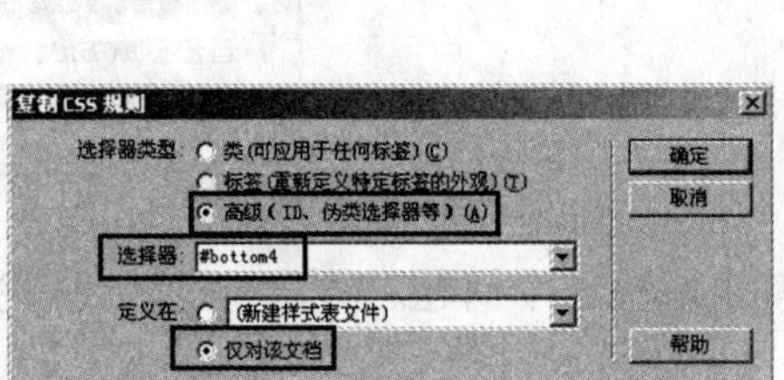

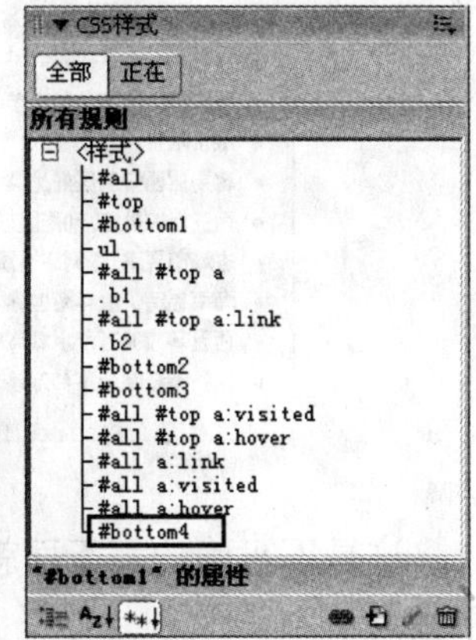

图 10-111　选择“#bottom1”　图 10-112　新建“bottom 4 ”CSS 样式　图 10-113　“CSS 样式”面板

4）将代码中的“for(i=1;i<=3;i++)”更改为“for（i=1;i<=4;i++)”。

5）至此，“电子”栏目添加完毕。按快捷键〈F12〉进行预览，即可看到添加到的“电子”栏目效果，如图 10-114 所示。

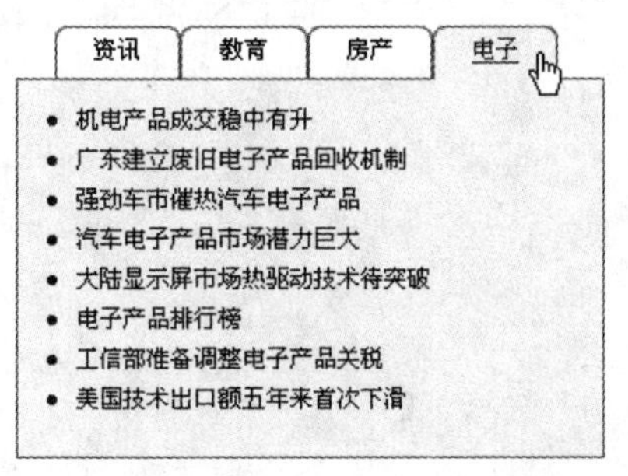

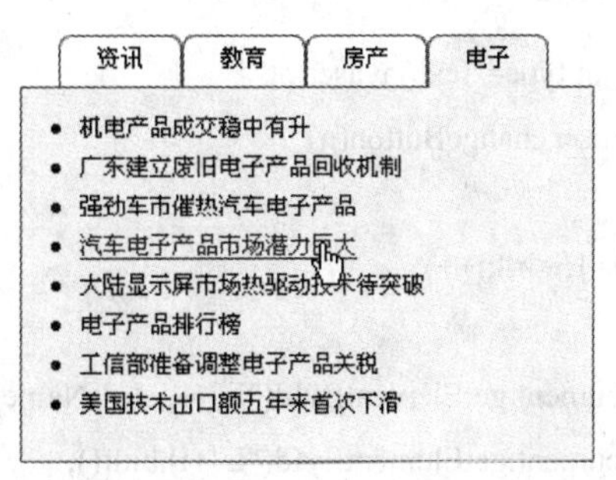

图 10-114　添加“电子”栏目后的预览效果

4. 利用代码制作鼠标按下栏目标题后的栏目切换效果

前面制作的是鼠标滑过栏目标题时，其下方显示相应的栏目内容。下面制作当鼠标按下栏目标题时，其下方显示相关内容的效果。

1) 在代码视窗中找到以下代码：

```
<div id="top">
<a href="#" class="b1" id="L1" onmouseover="changeButton(1)"> 资讯 </a>
<a href="#" class="b2" id="L2" onmouseover="changeButton(2)"> 教育 </a>
<a href="#" class="b2" id="L3" onmouseover="changeButton(3)"> 房产 </a>
<a href="#" class="b2" id="L4" onmouseover="changeButton(4)"> 电子 </a>
</div>
```

然后将“onmouseover”全部更改为“onclick”。

2）按快捷键〈F12〉键进行预览，此时会发现当鼠标按下栏目标题时，栏目标题会显示出虚线框，而且当鼠标移出后虚线框仍然存在，如图 10-115 所示。

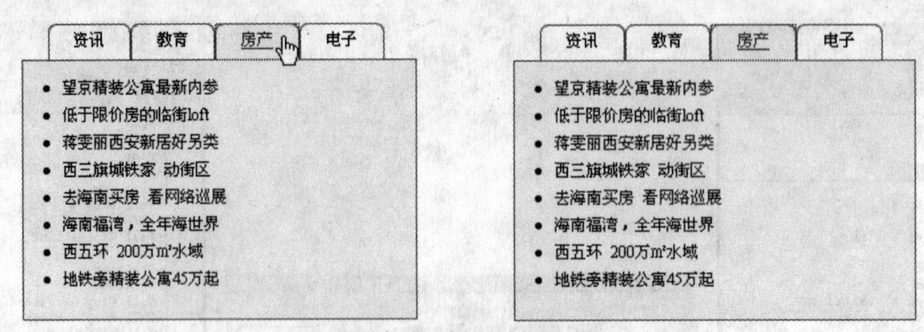

图 10-115 虚线框效果

这是不正确的，下面就来解决这个问题。方法：进入代码视窗，在脚本标记中添加以下代码：

```
document.getElementById("L"+i).blur(    );
```

提示：这段代码用于取消虚线框。

此时代码显示如下：

```
<script type="text/javascript">
function changeButton(n)
{
for(i=1;i<=4;i++)
  {
   document.getElementById("L"+i).className="b2";
   document.getElementById("L"+i).blur();
   document.getElementById("bottom"+i).style.display="none";
  }
document.getElementById("L"+n).className="b1";
document.getElementById("bottom"+n).style.display="block";
}
</script>
```

3）至此，鼠标按下栏目标题后的栏目切换效果制作完毕。按快捷键〈F12〉进行预览，即可看到当鼠标按下栏目标题时，栏目标题变红且出现下画线的效果。

10.6 课后练习

制作网页中两侧滑动的广告效果，如图 10-116 所示。参数可参考配套光盘中的“课后练习\10.6 课后练习\index.htm”文件。

图 10-116　网页种两侧滑动的广告效果

第 3 部分　综合实例演练

第 11 章　制作“教育网”网站主页

本章重点

本章将利用表格制作一个名称为“设计软件教师协会教育网”的网站主页，如图 11-1 所示。由于此网站属于教育类网站，所以在设计上选用了传统风格，没有使用 Flash 动画，在结构上布局清晰，颜色稳重，突出了教育网站的特点。通过本例的学习，读者应掌握网页布局、表格嵌套、通过 CSS 样式改变链接文字的颜色，以及图像映射链接和滚动文字的综合应用。

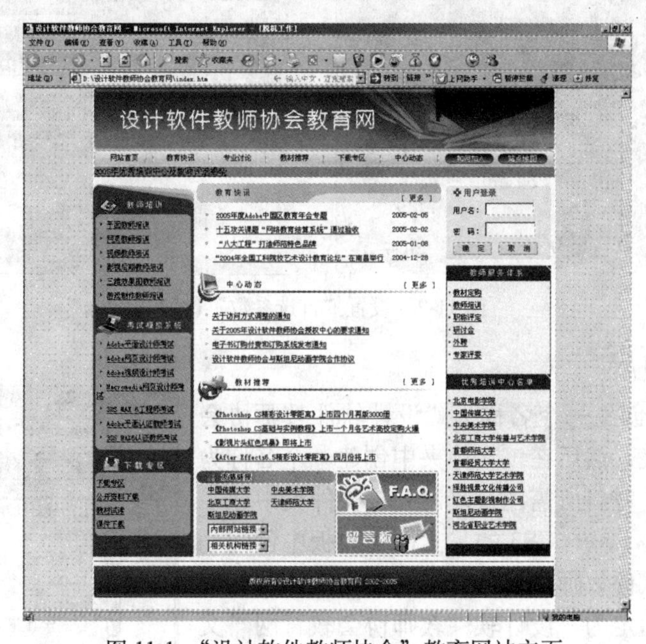

图 11-1　“设计软件教师协会”教育网站主页

11.1　设置首选参数

为了便于下面的制作，首先对首选参数进行设置。执行菜单中的“编辑 | 首选参数”命令，在弹出的“首选参数”对话框中设置参数，如图 11-2 所示，单击“确定”按钮。

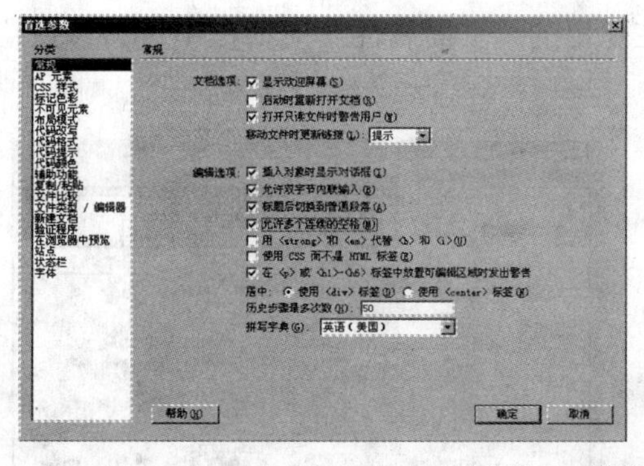

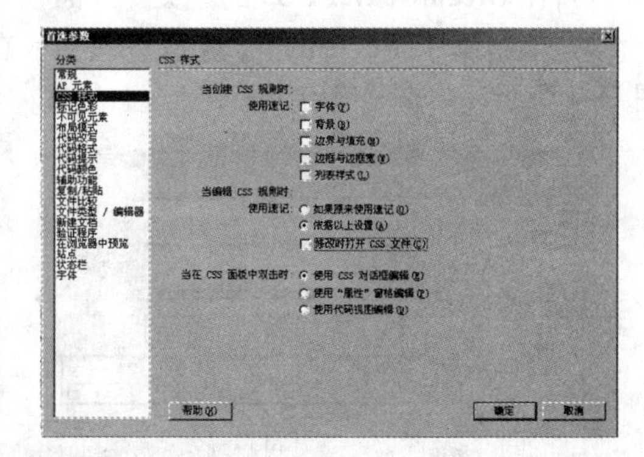

图 11-2　设置“首选参数”

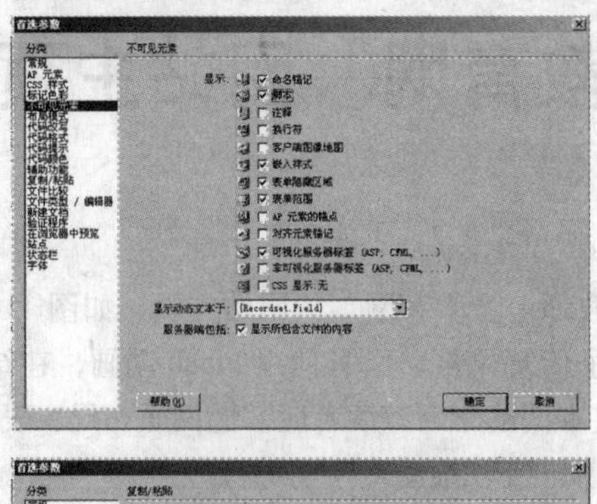

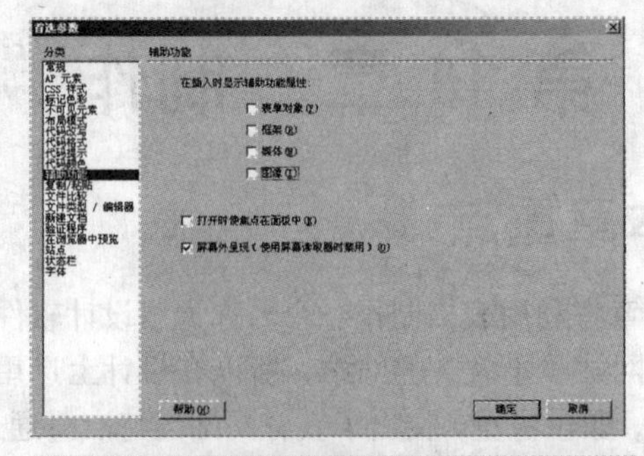

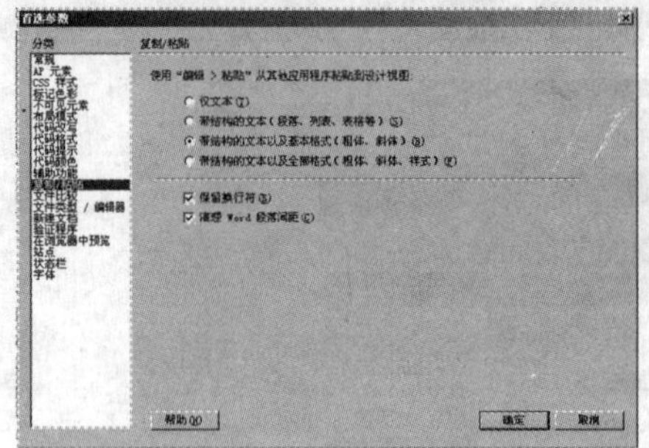

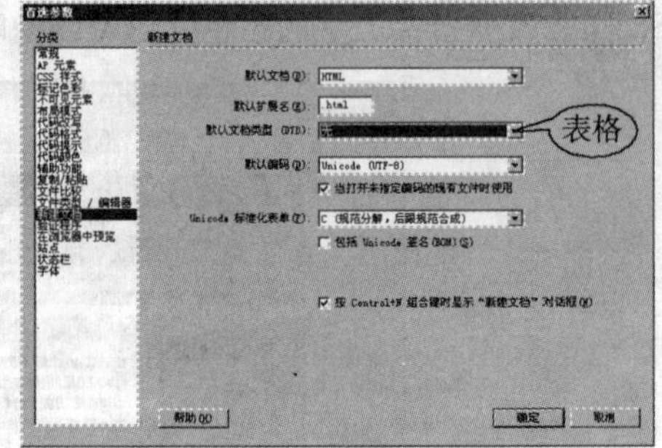

图 11-2　设置“首选参数”(续)

11.2　创建站点

1）在硬盘中创建一个名称为“设计软件教师协会教育网”的文件夹，然后在该文件夹中创建一个名称为 images 的文件夹，并将所需图片复制到该文件夹中。

2）在 Dreamweaver　CS3 的“文件”面板中创建一个名称为“设计软件教师协会教育网”的站点，然后将其本地根文件夹指定为“设计软件教师协会教育网”文件夹，接着在该文件夹中创建一个名称为 index 的网页文件，此时“文件”面板如图 11-3 所示。

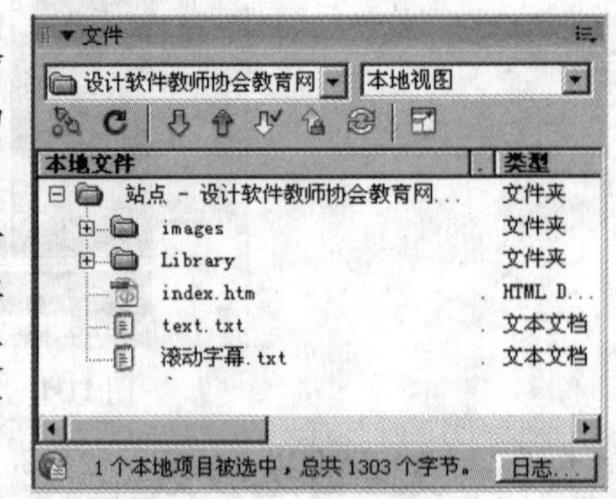

图 11-3　“文件”面板

11.3　设置页面属性

1）在 Dreamweaver CS3 的“文件”面板中双击 index.htm 的文件，进入其编辑状态。

2）单击属性面板中的 页面属性... 按钮，在弹出的“页面属性”对话框中设置参数，如图 11-4 所示，单击“确定”按钮。

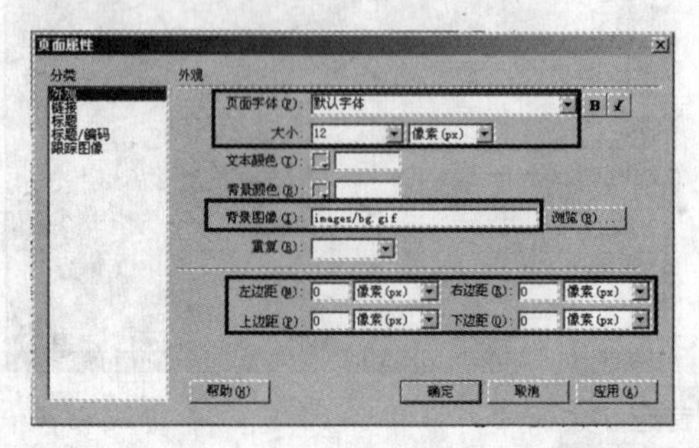

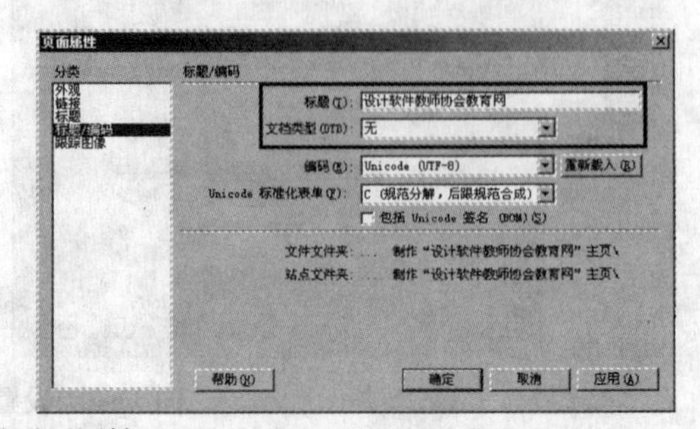

图 11-4　设置页面属性

3）按快捷键〈Ctrl+S〉进行保存，然后按快捷键〈F12〉进行预览，效果如图 11-5 所示。

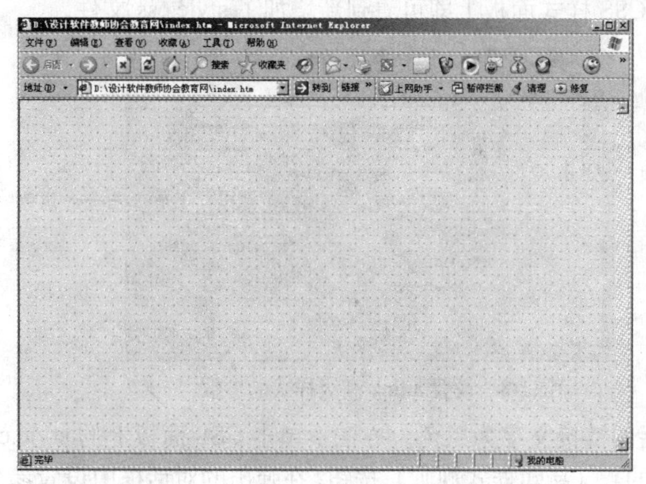

图 11-5　预览效果

11.4　设置 CSS 样式

CSS 样式可以控制网站的整体风格，是网页制作中不可缺少的重要部分。设置 CSS 样式可以在制作网页前进行，也可以在制作网页过程中或完成网页后进行。但通常推荐在制作网页前设置基本的 CSS 样式，在制作网页过程中随时根据需要添加 CSS 样式。

本例将制作默认的链接文字和访问后的链接文字为黑色，鼠标经过时的链接文字为红色的 CSS 样式，具体操作步骤如下。

1）执行菜单中的“窗口 | CSS 样式”命令，打开 CSS 样式面板。

2）设置默认的链接文字为黑色。方法：单击 CSS 样式面板下方的 (新建样式规则)按钮，在弹出的对话框中设置参数，如图 11-6 所示。然后单击“确定”按钮，在弹出的“保存样式表文件为”对话框中选择 CSS 样式保存路径，并输入名称，如图 11-7 所示。

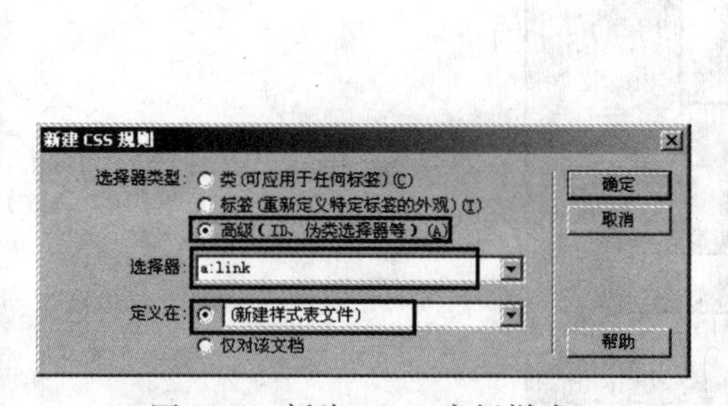

图 11-6　新建 a:link 高级样式

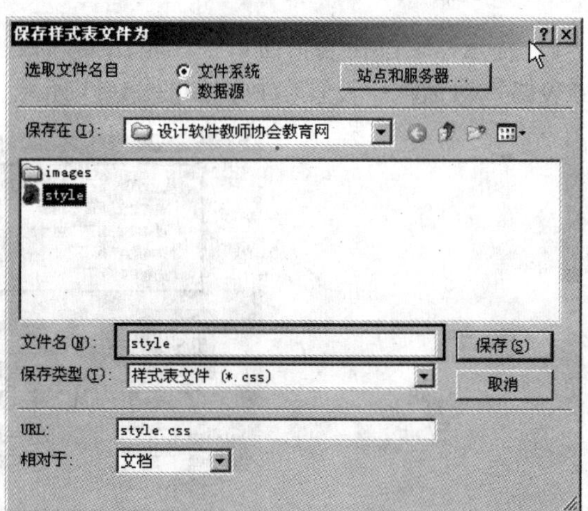

图 11-7　保存 style 样式表

3)单击“保存”按钮,在弹出的 CSS 规则定义对话框中设置参数,如图 11-8 所示,单击“确定”按钮，此时在 CSS 样式面板上即可看到新增加了 style.css 文件。

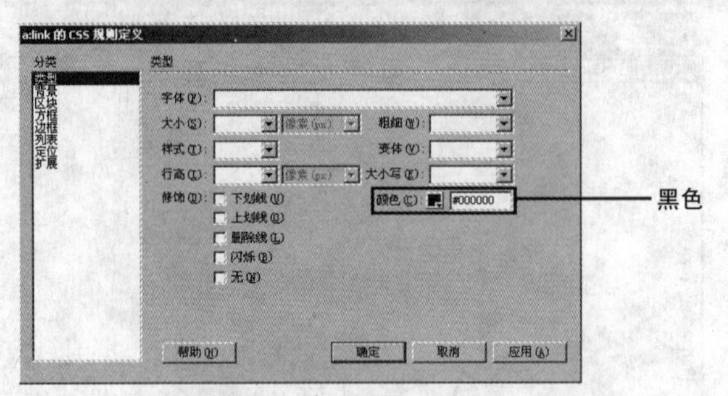

图 11-8　设置 a:link 高级样式的参数

4）设置访问后的链接文字为黑色。方法：单击 CSS 面板上的 style.css 文件，然后单击 CSS 样式面板下方的 （新建样式规则）按钮,在弹出的对话框中设置参数,如图 11-9 所示,单击“确定”按钮。

5）同理，制作鼠标经过时链接文字为红色的样式，完成后的 CSS 样式面板如图 11-10 所示。

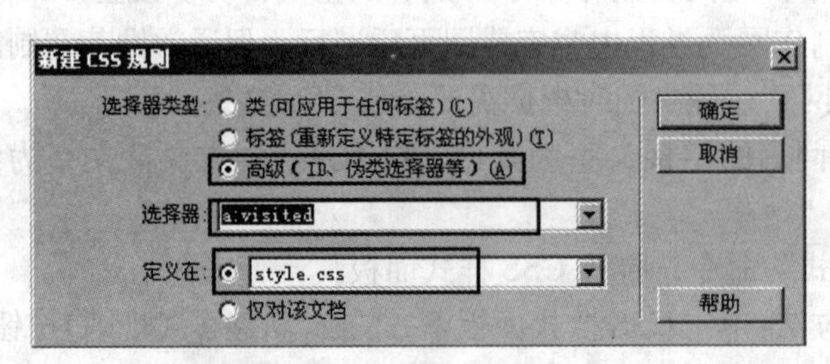

图 11-9　新建 a:visited 高级样式

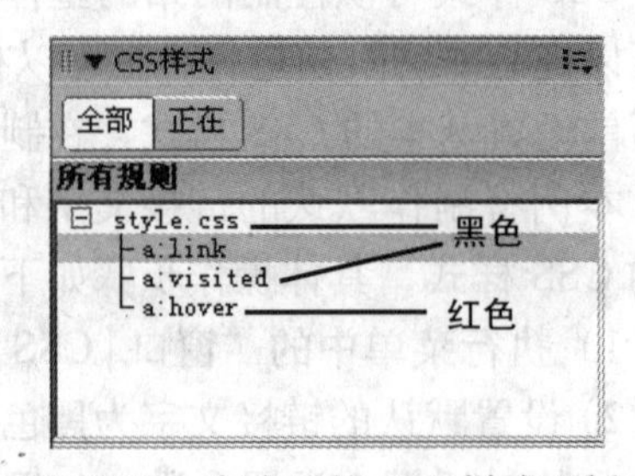

图 11-10　完成后的 CSS 样式面板

11.5　创建网页顶部区域

1）将光标定位在编辑窗口中，单击插入栏“常用”类别中的 （表格）按钮，在弹出的“表格”对话框中设置参数，如图 11-11 所示，单击“确定”按钮。

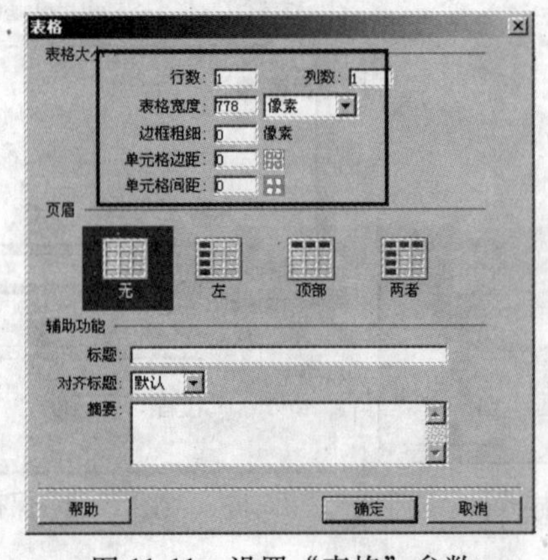

图 11-11　设置“表格”参数

2）在属性面板中设定表格的对齐方式为“居中对齐”，背景颜色为“#FFFFFF”，如图 11-12 所示。

图 11-12　设置表格属性

3）将鼠标定位在表格内，在属性面板中设定“垂直”对齐方式为“顶端”，此时光标将被定位在单元格左上角。然后插入一个 3 行 16 列、宽度为 774 像素、其他设置均为 0 的嵌套表格。

4）分别选择第 1 行和第 3 行中的所有单元格，单击属性面板中的▣（合并所选单元格）按钮，将它们进行合并，效果如图 11-13 所示。

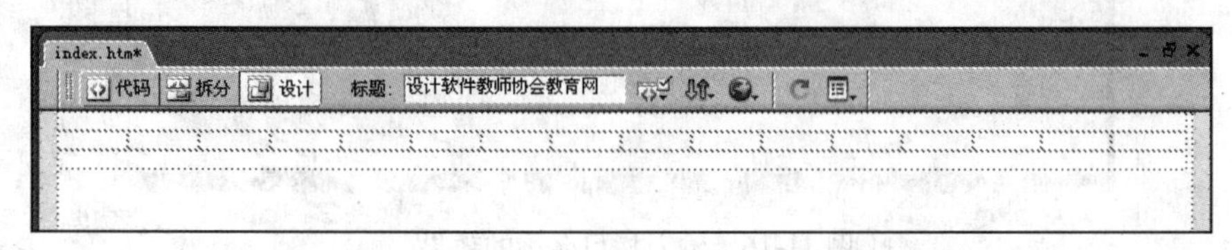

图 11-13　合并表格后的效果

5）在属性面板中设置嵌套表格的对齐方式设为“居中对齐”，然后将光标定位在嵌套表格的第 1 行中，单击插入栏“常用”类别中的▣（图像）按钮，在弹出的“选择图像源文件”对话框中选择配套光盘中的“素材及结果 \ 第 11 章 制作‘教育网’网站主页 \ images\ title.gif”文件，如图 11-14 所示，单击“确定”按钮，结果如图 11-15 所示。

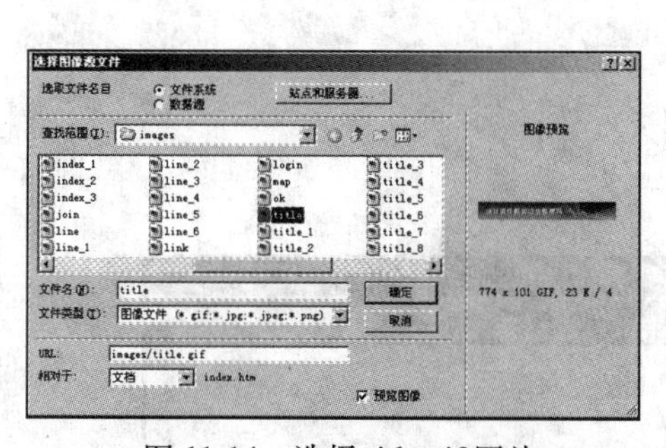

图 11-14　选择 title.gif 图片

图 11-15　插入图像后的效果

6）选择第 2 行的所有单元格，在属性面板中指定背景图像为配套光盘中的“素材及结果 \ 第 11 章 制作‘教育网’网站主页 \ images\ bg_title.gif”文件。

7）在第 2 行第 1 个单元格中插入配套光盘中的“素材及结果 \ 第 11 章 制作‘教育网’网站主页 \ images\ index_1.gif”图片；在第 2 行第 16 个（最右侧）单元格中插入配套光盘中的“素材及结果 \ 第 11 章 制作‘教育网’网站主页 \ images\ index_2.gif”图片；在第 3、5、7、9、11、13 个单元格中插入配套光盘中的“第 11 章 制作‘教育网’网站主页 \ images\ line.gif”

图片作为分割线；在第 2 行第 14 个单元格中插入配套光盘中的“素材及结果 \ 第 11 章 制作‘教育网’网站主页 \ images\ join.gif ”图片；在第 2 行第 15 个单元格中插入配套光盘中的“素材及结果 \ 第 11 章 制作‘教育网’网站主页 \ images\ map.gif ”图片。然后在其他空白处输入栏目名称，效果如图 11-16 所示。

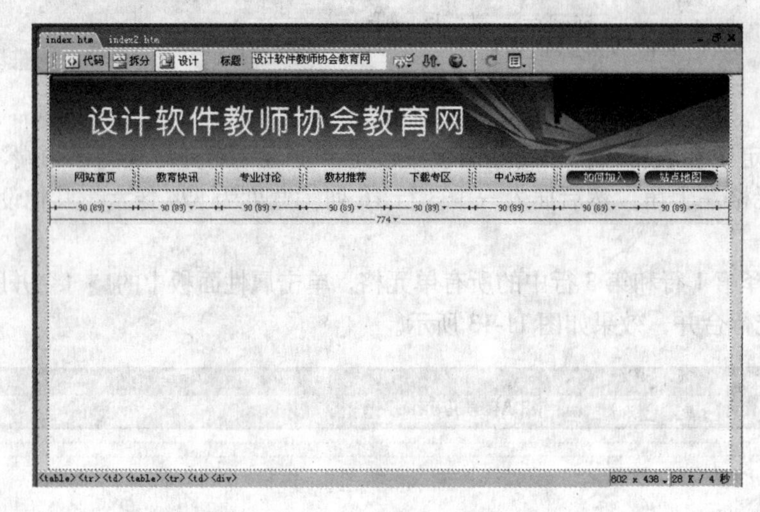

图 11-16　输入栏目名称的效果

8）插入滚动字幕。方法：将光标定位在第 3 行中，然后单击代码按钮，进入代码视图，接着在如图 11-17 所示的位置输入以下代码。

```
<p> <a href="#">
<marquee bgcolor="#F49090" border="0" align="middle" scrollamount="2"  scrolldelay="90" behavior="scroll" width="100%" height="15" style="color: #ffffff; font-size: 14">
  <span class="style1"> 设计软件教师协会 2005 年优秀培训中心及教师评选揭晓 </span>
  </marquee>
  </a></p>
```

输入后的效果如图 11-18 所示。

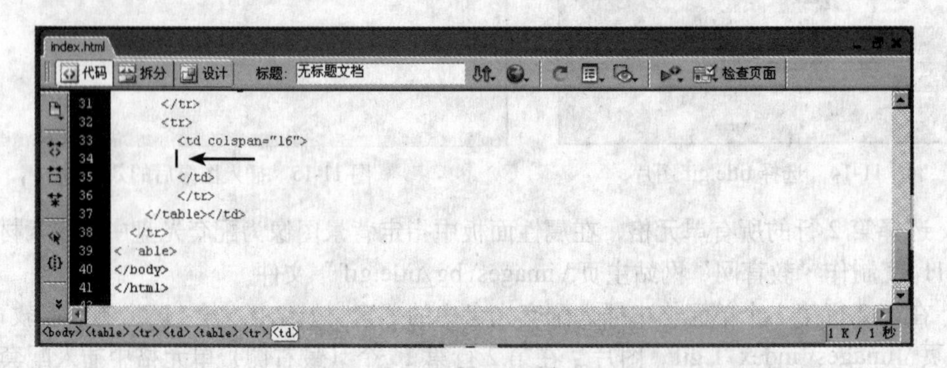

图 11-17　定位插入代码的位置

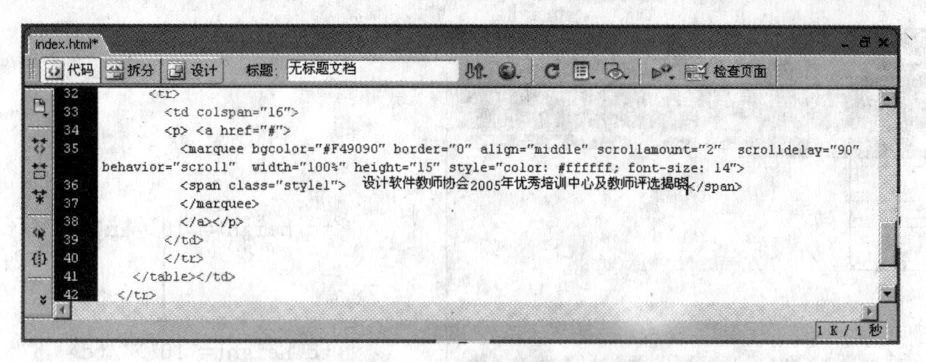

图 11-18　输入代码

9）按快捷键〈Ctrl+S〉进行保存，然后按快捷键〈F12〉进行预览，效果如图 11-19 所示。

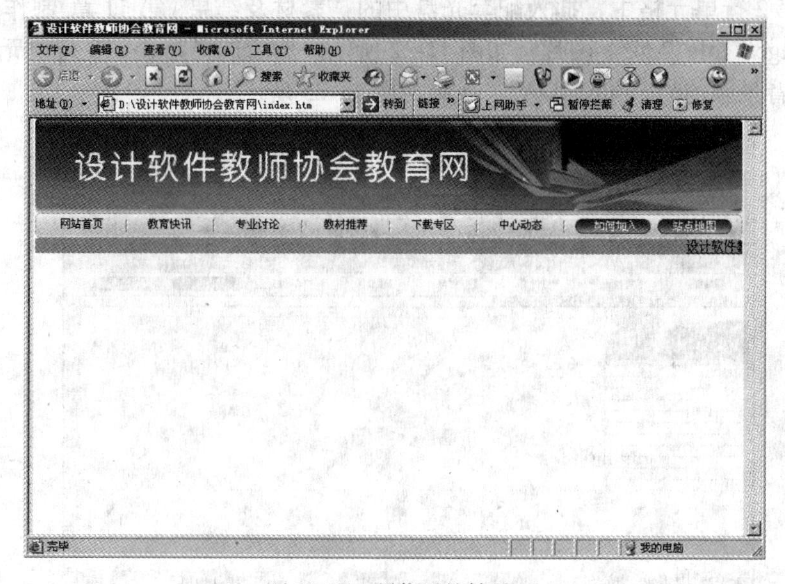

图 11-19　预览后的效果

11.6　创建网页主体区域

网页主体分为左、中、右 3 个部分，在此通过插入一个 1 行 3 列的表格来划分这 3 个区域，然后在每个单元格内分别制作不同区域的内容。

1）在导航栏表格下方插入一个 1 行 3 列、宽度为 774 像素、其他设置均为 0 的嵌套表格，然后在属性面板中将其中心对齐。

2）将光标定位在第 1 个单元格中，将宽度设置为 170。然后插入一个 13 行 1 列、宽度为 100% 的嵌套表格，效果如图 11-20 所示。

3）按住〈Ctrl〉键，单击第 1 行单元格，在属性面板中设置其高度为 10。

提示：由于10像素小于文字大小12像素，此时要想看到效果，需进入代码视窗删除“ ”代码，如图11-21所示。

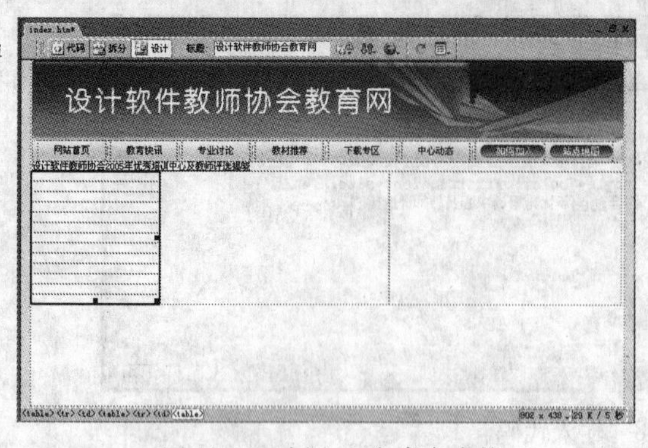

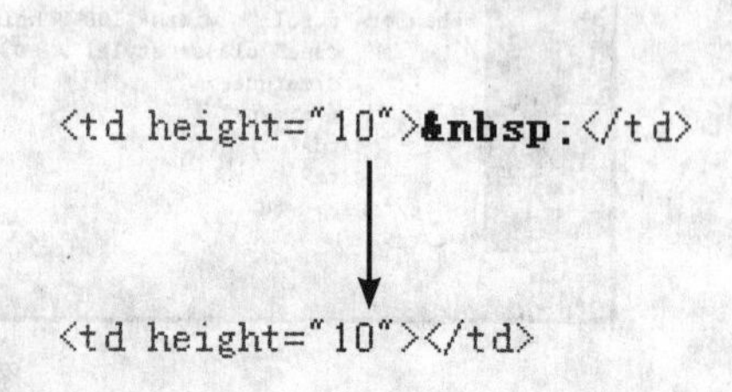

图 11-20　插入一个嵌套表格　　　　图 11-21　删除“ ”代码前后的比较

4）在第 2 行单元格中，插入配套光盘中的“素材及结果 \ 第 11 章 制作‘教育网’网站主页 \ images\ title_2.gif”图片，如图 11-22 所示。然后选择第 3～13 行单元格，在属性面板中设定其背景颜色为“#0684DA”，效果如图 11-23 所示。

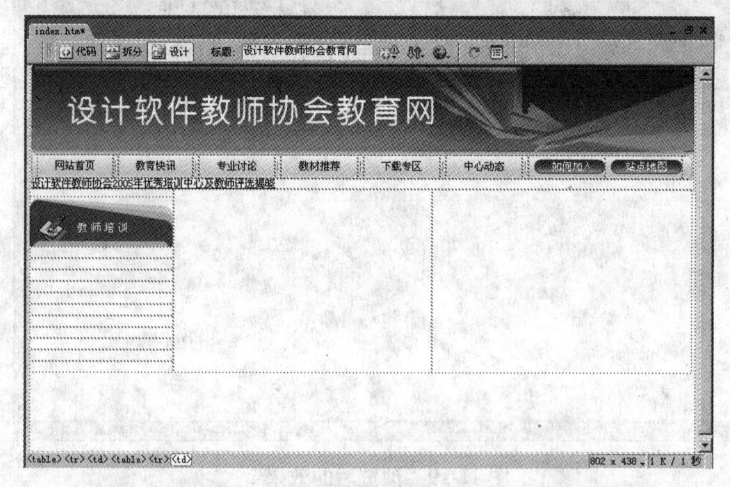

图 11-22　插入“title_2.gif”图片的效果

图 11-23　设定背景颜色为“#0684DA”的效果

5）将光标定位在第 3 行单元格中，在属性面板中指定背景图像为配套光盘中的“素材及结果 \ 第 11 章 制作‘教育网’网站主页 \ images\ bg_left.gif”图片。然后在此单元格中插入一个 6 行 1 列、宽度为 165 像素、单元格边距为 4 像素的嵌套表格。接着在每个单元格中分别插入配套光盘中的“素材及结果 \ 第 11 章 制作‘教育网’网站主页 \ images\ dot_3.gif”图片，再输入相应的栏目标题，效果如图 11-24 所示。

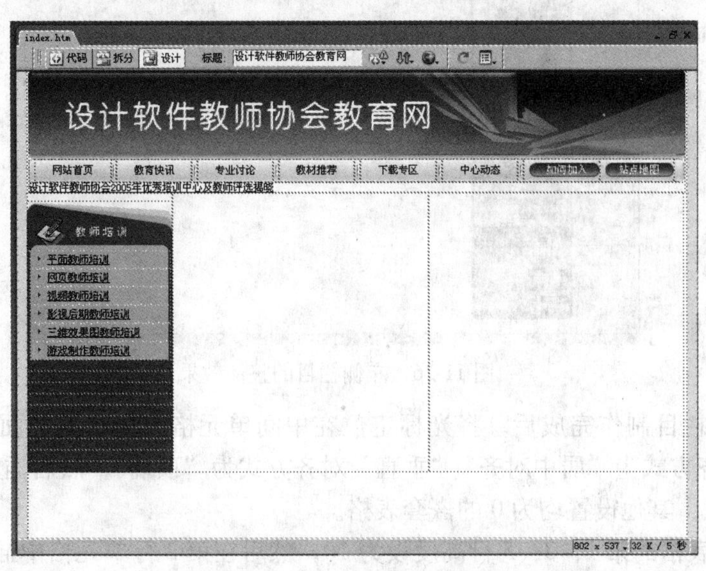

图 11-24　输入相应的栏目标题

6）将光标定位在第 4 行单元格中，插入配套光盘中的“素材及结果 \ 第 11 章 制作‘教育网’网站主页 \ images\ line_1.gif”图片，效果如图 11-25 所示。

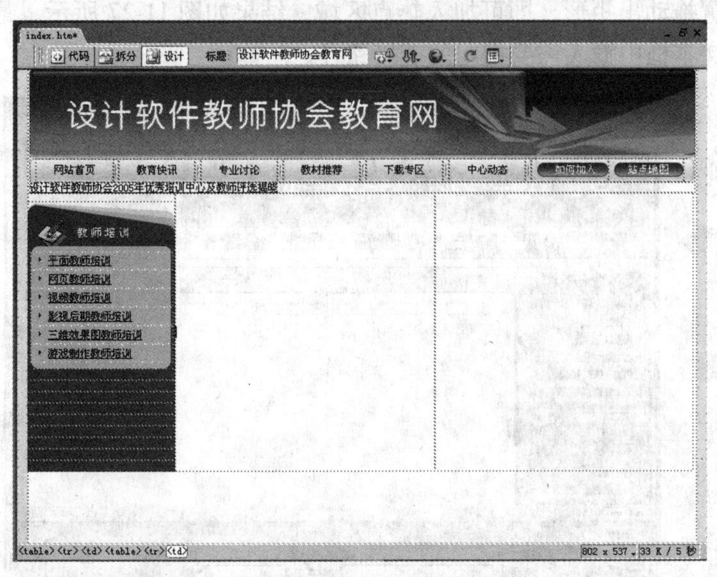

图 11-25　插入“line_1.gif”图片的效果

7）同理，制作左侧栏目的其余效果，如图 11-26 所示。

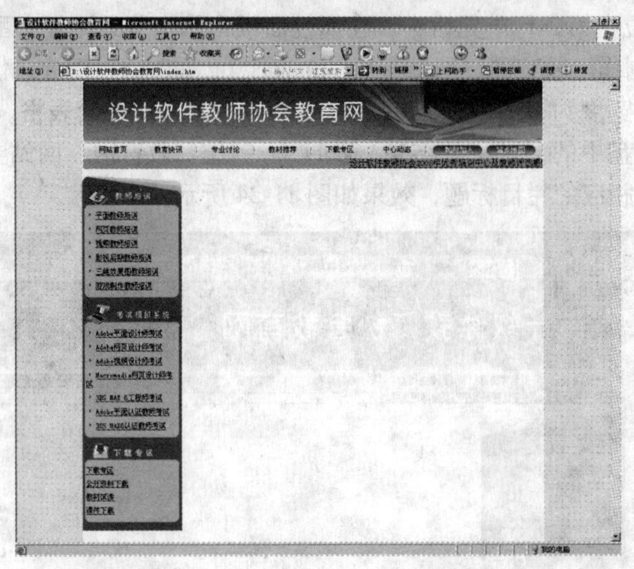

图 11-26　左侧栏目的整体效果

8）在左侧栏目制作完成后，将光标定位在中间单元格内，在属性面板中设定宽度为 42、“水平”对齐方式为“居中对齐”、“垂直”对齐方式为“顶端”。然后插入一个 5 行 1 列、宽度为 410 像素、其他设置均为 0 的嵌套表格。

9）将嵌套表格的第 1、3、5 行高度设为 10，然后在第 2 行单元格中插入配套光盘中的“素材及结果 \ 第 11 章 制作‘教育网’网站主页 \ images\ title_5.gif”图片。

10）制作图片右下角“更多”文字的热点链接。方法：选中标题图片，在属性面板中单击▢（矩形热点工具）按钮，然后将鼠标移动到图像上，此时鼠标指针变成十字，接着在“更多”文字的位置拖动出矩形，即可加入热点区域，结果如图 11-27 所示。最后在热点属性面板的“链接”文本框中输入需要指向的链接路径。

图 11-27　加入文字“更多”的热点区域

11）在第 4 行插入一个 4 行 2 列、宽度为 390 像素、单元格边距为 4 的嵌套表格。然后选中表格，在属性面板中设置表格居中对齐。接着在左列单元格内均插入配套光盘中的“素材及结果 \ 第 11 章 制作‘教育网’网站主页 \ images\ dot_4.gif ”小图标，并输入相应的内容。接着在右列单元格中分别输入快讯时间，效果如图 11-28 所示。

12）同理，制作“中心动态”和“教材推荐”两个栏目，效果如图 11-29 所示。

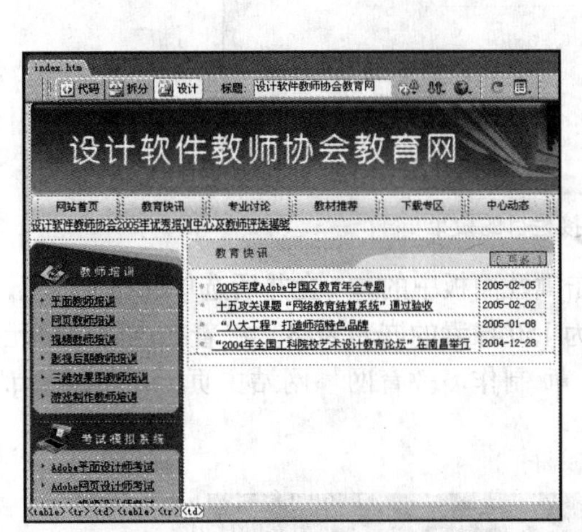

图 11-28　插入图片并输入相关信息

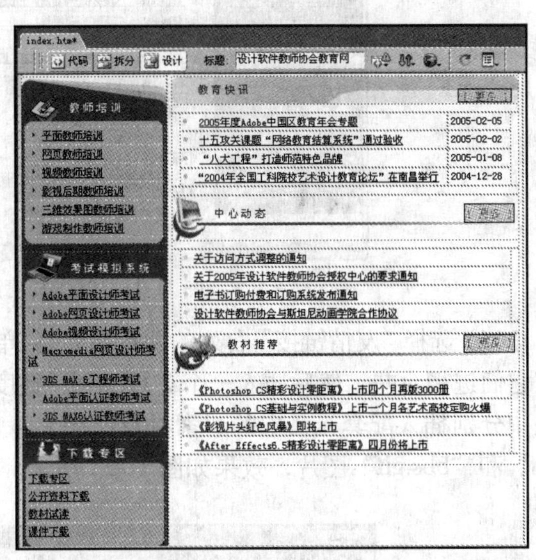

图 11-29　制作“中心动态”和“教材推荐”两个栏目的效果

13）在“教材推荐”下方插入一个 2 行 2 列、宽度为 410 像素的表格。然后选中表格，在属性面板中设置表格居中对齐。接着在左列第 1 行单元格中插入配套光盘中的“素材及结果 \ 第 11 章 制作‘教育网’网站主页 \ images\ link.gif”图片，效果如图 11-30 所示。最后设置左列第 2 行的背景颜色为“#DBF0FF”，并插入一个 5 行 2 列、宽度为 200 像素、单元格边距为 3 的嵌套表格，然后分别在单元格中输入友情链接的地址，效果如图 11-31 所示。

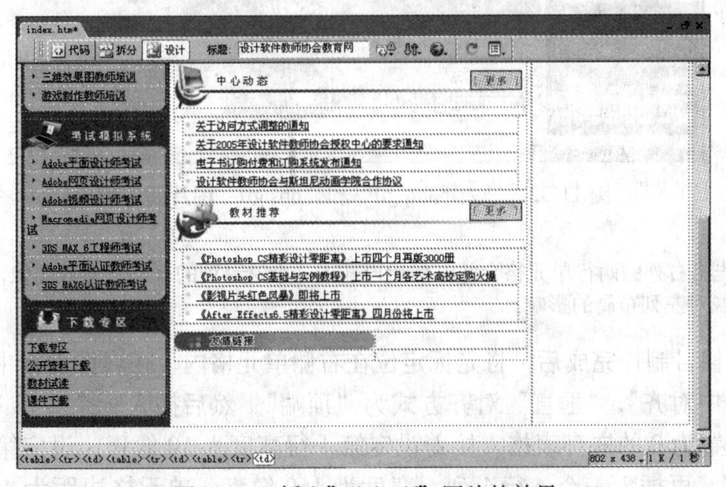

图 11-30　插入”link.gif”图片的效果

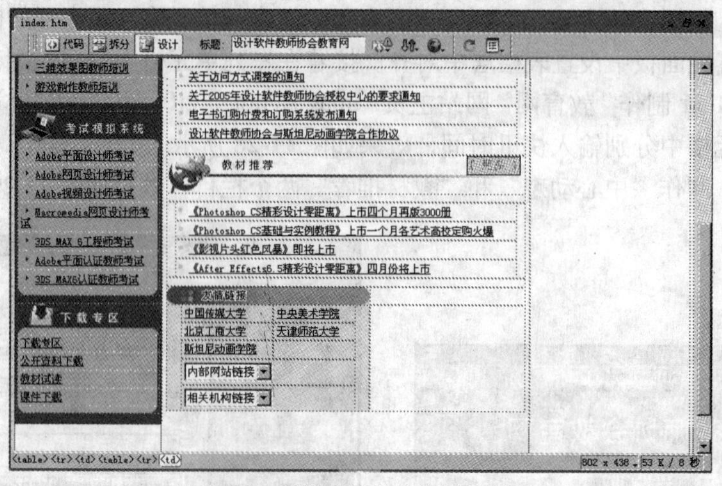

图 11-31　制作友情链接栏目的效果

14）选择“友情链接”右列的两行单元格，单击属性面板中的▭（合并所选单元格）按钮，将它们进行合并。然后插入一个 2 行 1 列、宽度为 150 像素的嵌套表格。接着在这两个单元格中分别插入配套光盘中的“素材及结果 \ 第 11 章 制作‘教育网’网站主页 \ images\ faq.gif”和“bbs.gif”图片，效果如图 11-32 所示。

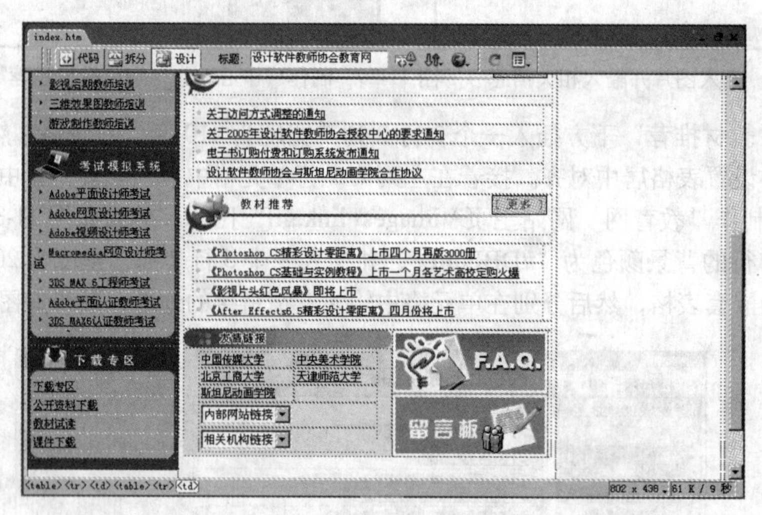

图 11-32　插入“faq.gif”和“bbs.gif”图片后的效果

提示：此步先将右列的两行单元格合并，然后再插入一个2行1列的表格并插入图像，可以有效地避免右列图像对左列布局的影响。

15）中间栏目制作完成后，将光标定位在右侧单元格内，在属性面板中设定“水平”对齐方式为“居中对齐”，“垂直”对齐方式为“顶端”。然后插入一个 2 行 1 列、宽度为 176 像素、其他设置为 0 的嵌套表格。接着设定第 1 行高度为 10 像素，设定第 2 行的背景颜色为“#F1F1F1”，再插入一个 4 行 1 列、宽度为 160 像素、单元格边距为 4 的嵌套表格，并将其对齐方式设为居中对齐，效果如图 11-33 所示。

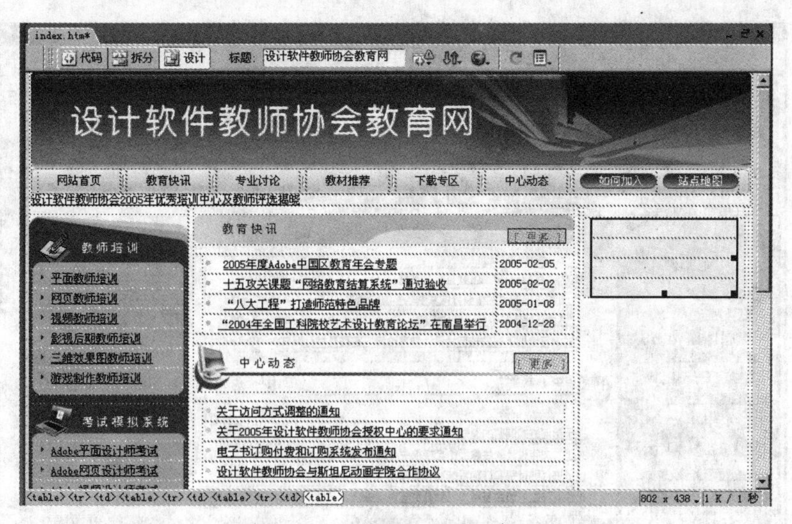

图 11-33　在右侧插入嵌套表格

16）在嵌套表格第 1 行插入配套光盘中的“素材及结果 \ 第 11 章 制作‘教育网’网站主页 \images\ login.gif”图片，在第 2、3 行单元格中分别输入“用户名”和“密码”，并在文字后面分别插入宽度为 10 的（文本字段）。接着选中“密码”后面的文本字段，在属性面板中单击“密码”单选按钮，如图 11-34 所示。这样，在浏览网页的过程中，所输入的密码将以星号显示。

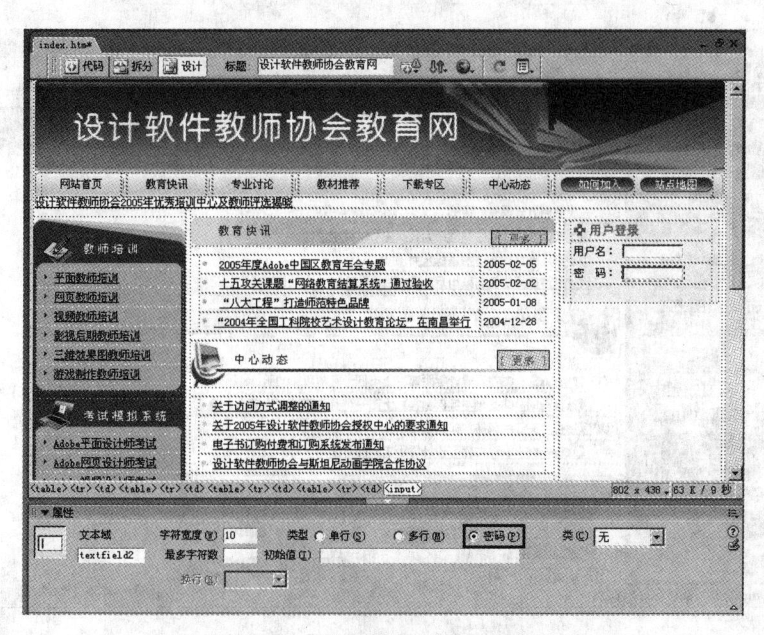

图 11-34　单击“密码”单选按钮

17）在第 4 行单元格中，分别插入配套光盘中的“素材及结果 \ 第 11 章 制作‘教育网’网站主页 \ images\ ok.gif ”和“cacel.gif ”，作为“确定”和“取消”按钮，结果如图 12-35 所示。

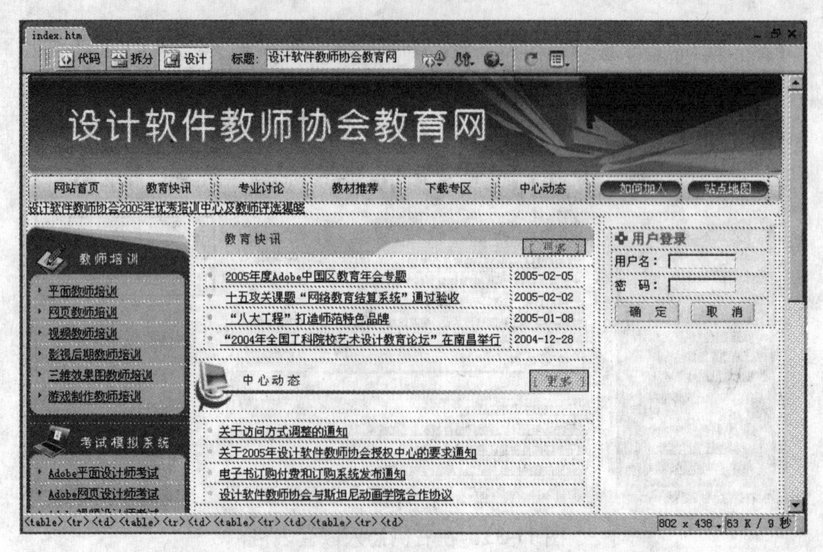

图 11-35 插入“ok.gif”和“cacel.gif”图片的效果

18）在“用户登录”表格下方插入一个 3 行 1 列、宽度为 176 像素的表格。然后设置第 1 行高度为 10，接着在第 2 行插入配套光盘中的“素材及结果 \ 第 11 章 制作‘教育网’网站主页 \ images\ title_1.gif”图片，最后设置第 3 行的背景颜色为“#FF0000”，效果如图 11-36 所示。

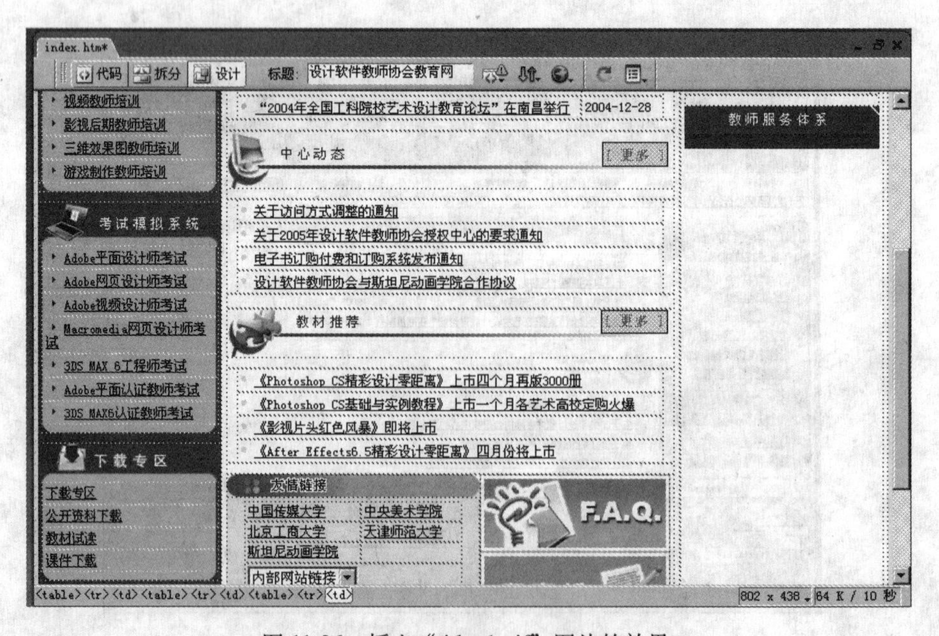

图 11-36 插入“title_1.gif”图片的效果

19）将光标置于第 3 行，插入一个 7 行 1 列、宽度为 174 像素、单元格边距为 4 的嵌套表格，然后选中整个表格，设定其对齐方式为居中对齐。接着在属性面板中设置表格背景色为“#FFF3F3”，结果如图 11-37 所示。

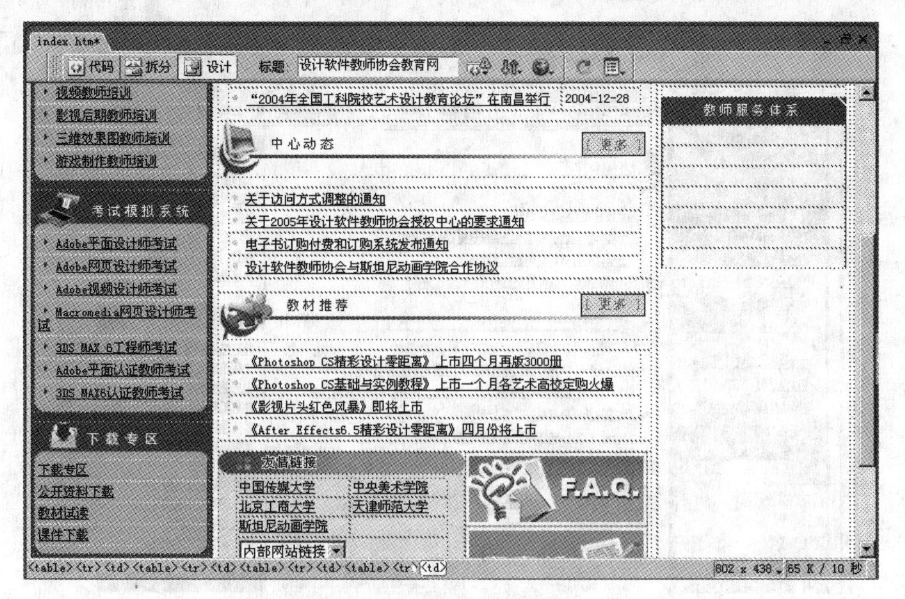

图 11-37　将表格背景色设为“#FFF3F3”的效果

提示：在宽度为176像素的表格内插入宽度为174像素的嵌套表格，并居中对齐，是为了产生左右各1像素的红色边界。

20）将嵌套表格中第 1 行的高度设为 10，然后分别在第 2~7 行输入文字，效果如图 11-38 所示。

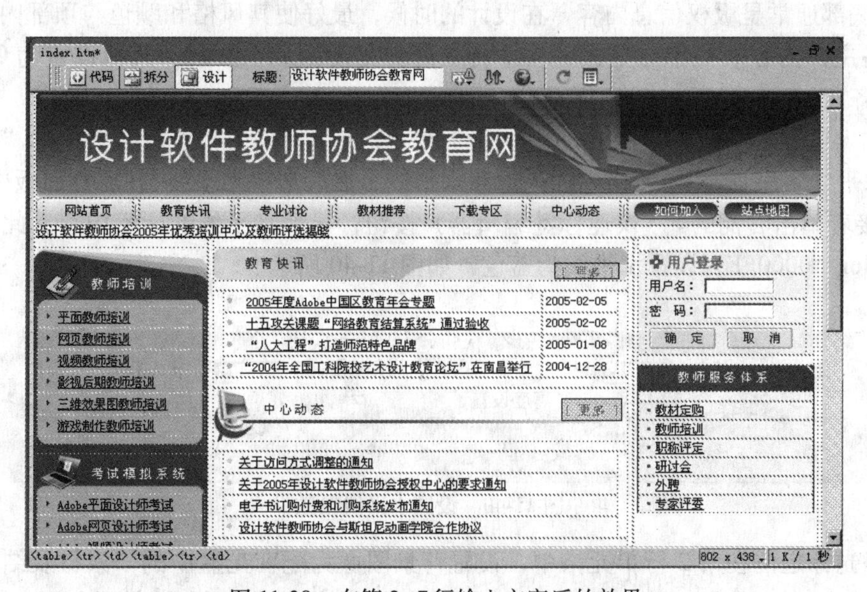

图 11-38　在第 2~7 行输入文字后的效果

21）同理，制作“优秀培训中心名单”栏目。然后按快捷键〈Ctrl+S〉进行保存，再按快捷键〈F12〉进行预览，效果如图 11-39 所示。

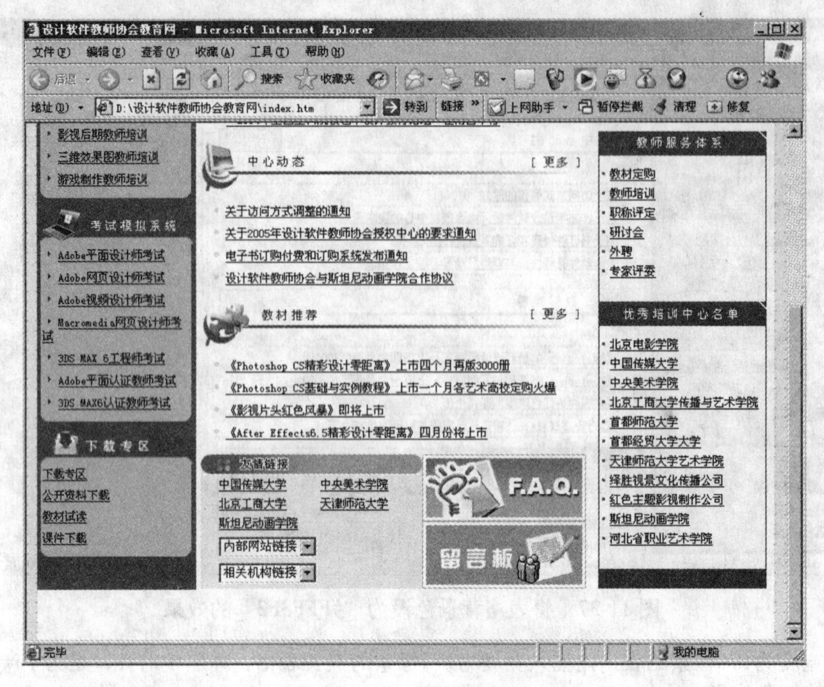

图 11-39 预览后的效果

11.7 创建网页底部区域

网页底部通常是版权信息内容，在设计的时候，最好使其风格和颜色与顶部内容呼应。

1）在主体内容表格下方插入一个 2 行 1 列、宽度为 774 像素、其他设置为 0 的表格，并居中对齐。

2）插入蓝色水平线。方法：将光标定位在第 1 行单元格中，执行菜单中的“插入记录|HTML|水平线”命令，在单元格中插入一条水平线。然后选中水平线，在属性面板中将“高”设为 1。接着单击右侧的（快速标签编辑器）按钮，显示水平线的标签内容。此时在标签内输入 color=#0000FF，设置水平线为蓝色，如图 11-40 所示。

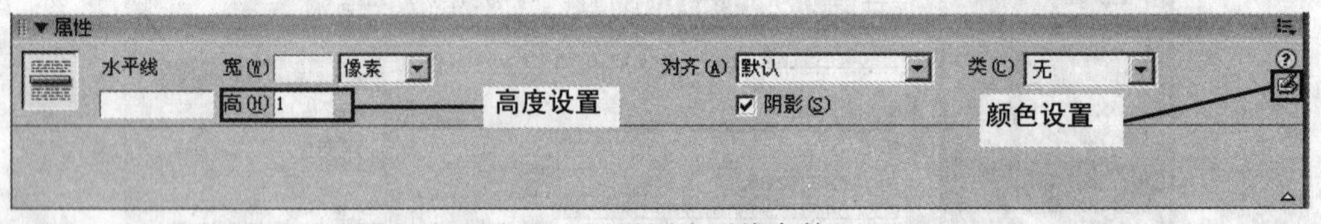

图 11-40 设置水平线参数

3）将光标定位在第 2 行单元格中，设置背景图像为配套光盘中的“素材及结果\第 11 章 制作‘教育网’网站主页\images\bottom.gif”，然后按〈F12〉预览，效果如图 11-41 所示。接着输入版权信息文字，将文本颜色设为白色，并居中对齐。

4）按快捷键〈Ctrl+S〉进行保存，再按快捷键〈F12〉进行预览，最终效果如图 11-42 所示。

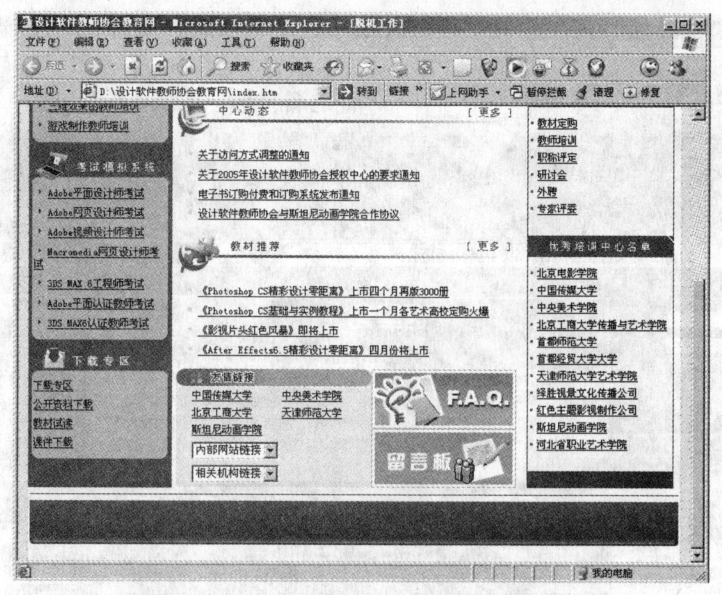

图 11-41　插入“bottom.gif”图片后的效果

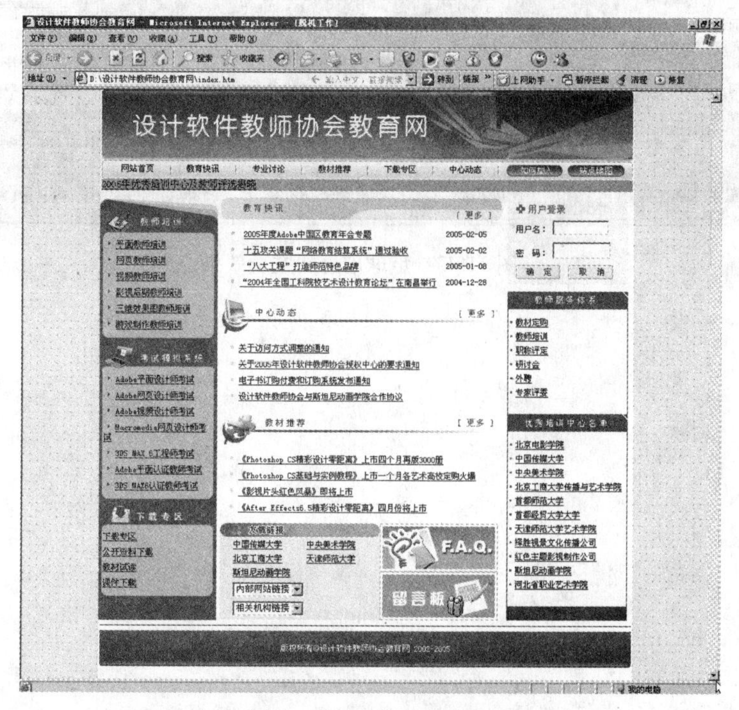

图 11-42　最终预览效果

11.8　课后练习

制作一个足球信息网，如图 11-43 所示。参数可参考配套光盘中的“课后练习 \ 11.8 课后练习 \ index.html”文件。

图 11-43　足球信息网主页效果

第 12 章　制作“亿诺网”网站主页

本章重点

本章将利用 Div 制作一个名称为“亿诺网”的网站主页，如图 12-1 所示。通过本例的学习，读者应掌握如何利用 Div 创建界面，以及利用代码制作实时更新的时间和动态菜单效果。

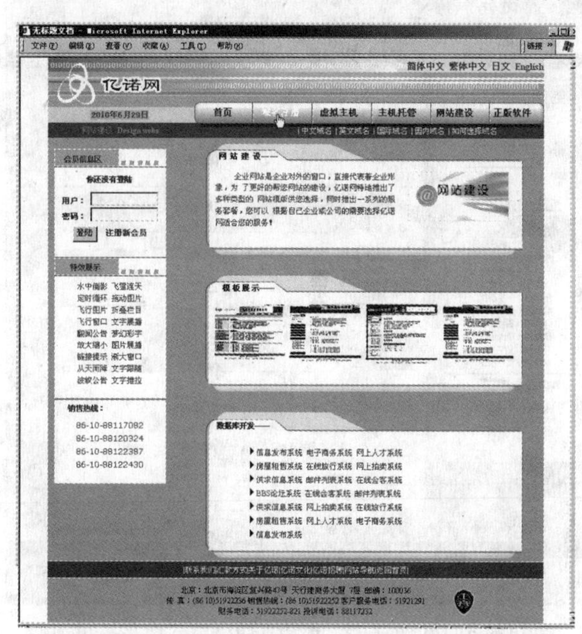

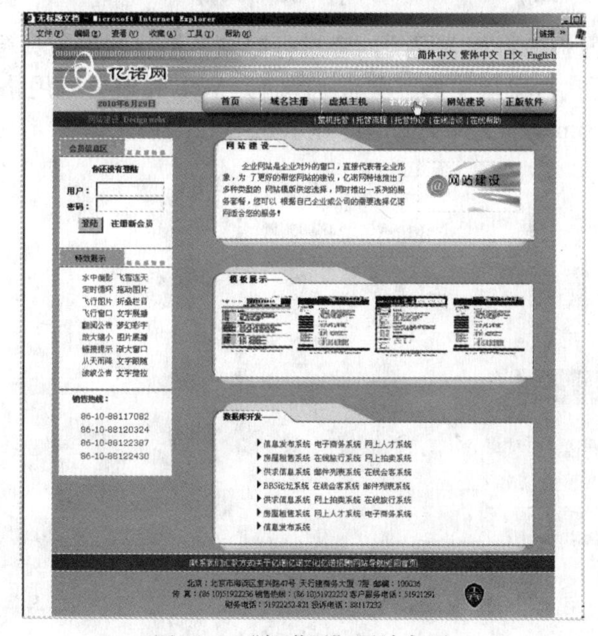

图 12-1　“亿诺网”网站主页

12.1 利用“切片工具”制作所需素材图片

1）在硬盘中创建一个名称为“亿诺网”的文件夹，然后在该文件夹中创建一个名称为 images 的文件夹。

2）启动 Photoshop 软件，打开配套光盘中的“素材及结果 \ 第 12 章 制作‘亿诺网’网站主页 \ 静态页面设计图 .psd”文件，如图 12-2 所示。

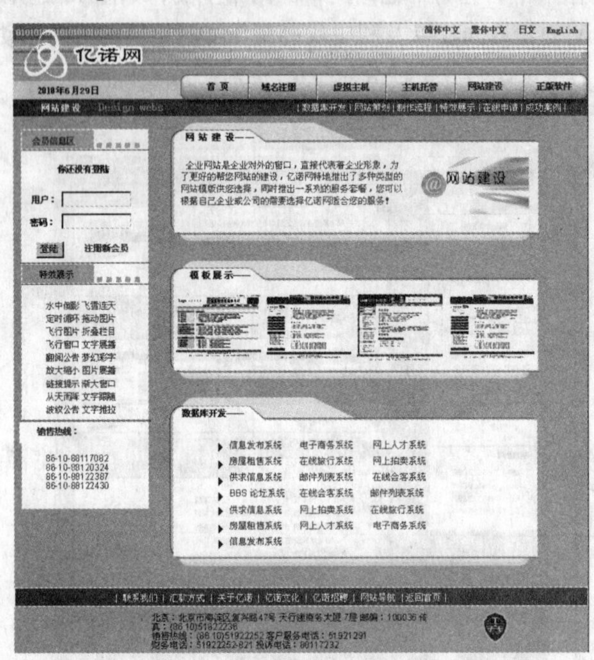

图 12-2 “静态页面设计图 .psd”文件

3）在“图层”面板中将相关层的内容进行隐藏，然后利用工具箱中的（切片工具）绘制出所需区域，再执行菜单中的“文件 | 存储为 Web 和设备所用格式”命令，将其存储在 images 文件夹中。images 文件夹的最终显示如图 12-3 所示。

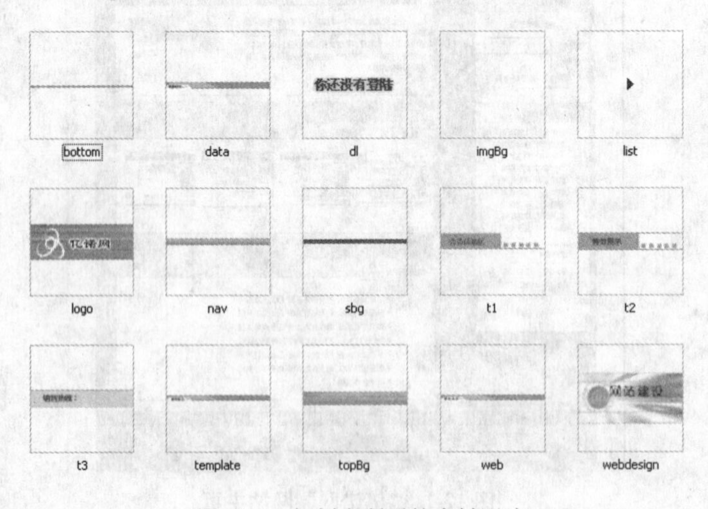

图 12-3 切割出所需的素材图片

12.2　设置首选参数

为了便于下面的制作，首先对首选参数进行设置。执行菜单中的“编辑 | 首选参数”命令，在弹出的“首选参数”对话框中设置参数，如图 12-4 所示，单击“确定”按钮。

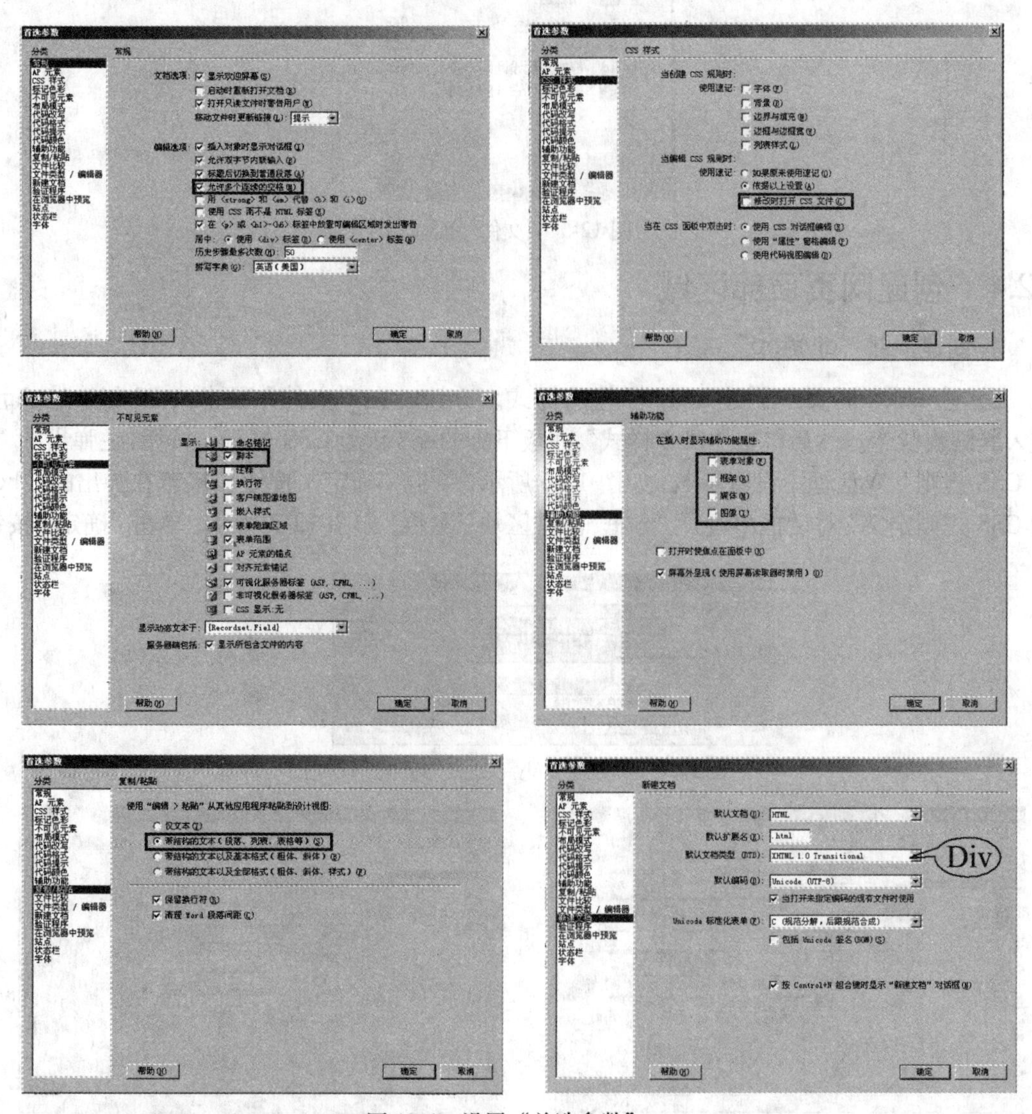

图 12-4　设置“首选参数”

12.3　创建站点

在 Dreamweaver CS3 的“文件”面板中创建一个名称为“亿诺网”的站点，然后将其本地根文件夹指定为“亿诺网”文件夹，接着在该文件夹中创建一个名称为 index 的网页文件，此时“文件”面板如图 12-5 所示。

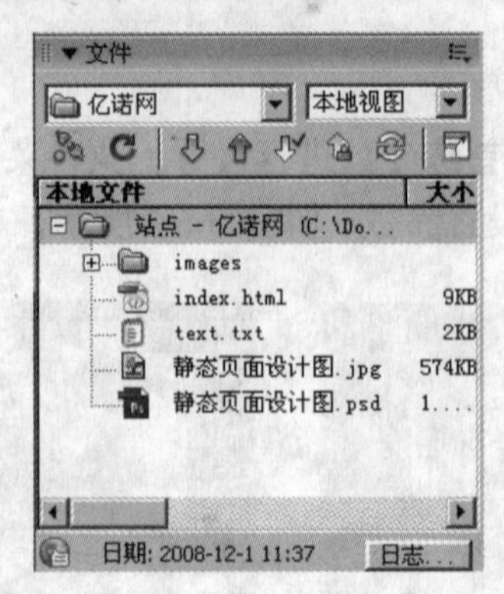

图 12-5 “文件”面板

12.4 创建网页顶部区域

1. 创建顶部“div#top”

1）在 index 网页中创建 body 标签的样式。方法：在“文件”面板中双击 index.html，进入其编辑状态。然后单击“CSS 样式”面板下方的 （新建 CSS 规则）按钮，在弹出的“新建 CSS 规则”对话框中设置参数，如图 12-6 所示，单击“确定”按钮。接着在弹出的“body 的 CSS 规则定义”对话框中设置“方框”和“区块”参数，如图 12-7 所示，单击“确定”按钮。

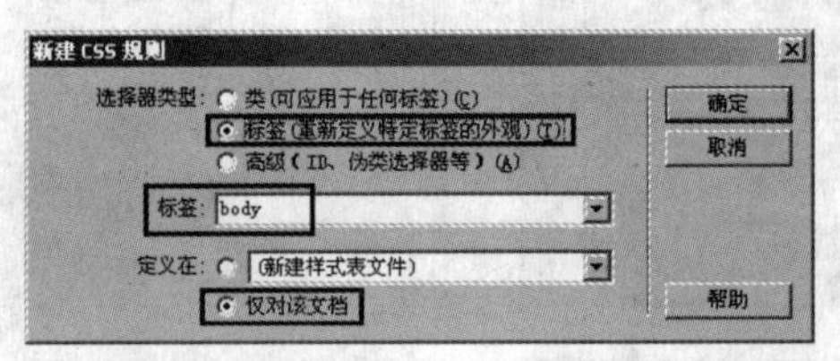

图 12-6 新建“body”标签的样式

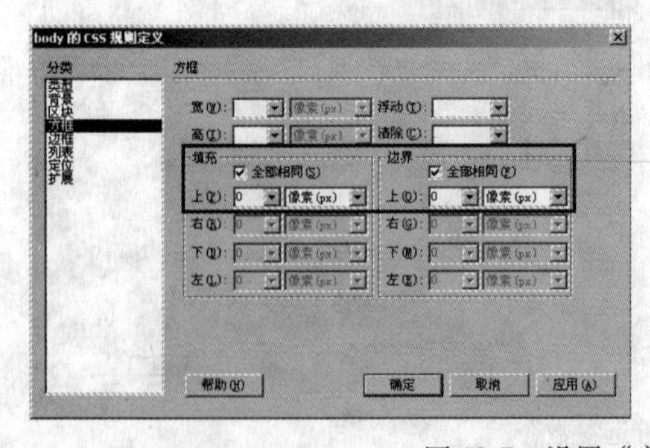

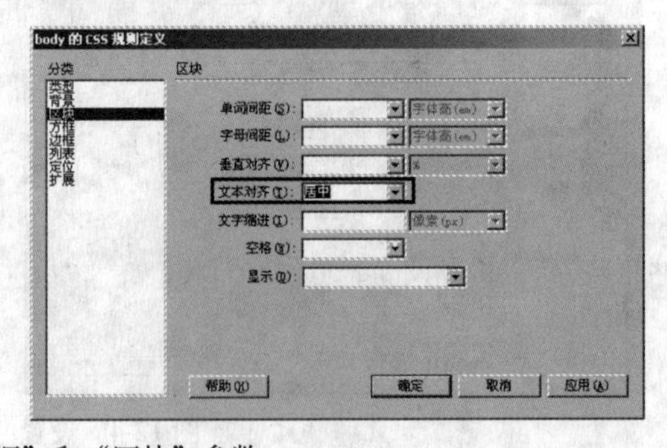

图 12-7 设置“方框”和“区块”参数

提示：在body标签的样式中将“方框”中的“填充”和“边界”均设为0，是为了保证网页左边和顶部的边缘不留空隙；将“区块”中的“文本对齐”设为“居中”，是为了保证网页中的内容全部居中对齐。

2）确定“div#top”的大小。方法：在 Photoshop 中利用 （切片工具）绘制出作为 div#top 的区域，如图 12-8 所示，然后右击，从弹出的快捷菜单中选择“编辑切片”命令，接着在弹出的“切片选项”对话框中查看切片大小为 778 像素 ×100 像素，如图 12-9 所示，单击“确定”按钮。

图 12-8　绘制出“div#top”的区域

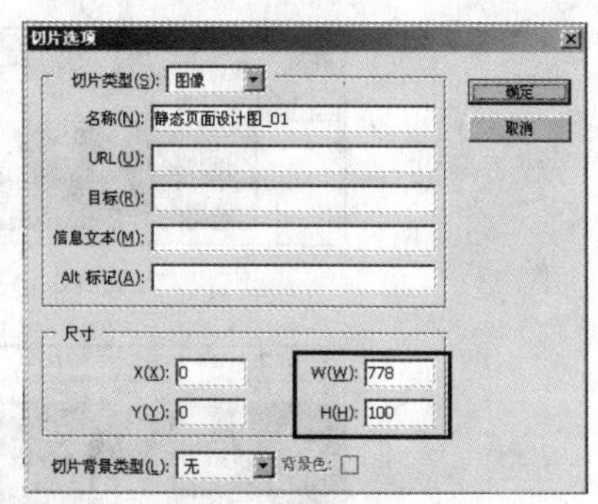

图 12-9　查看切片大小

3)插入“div#top”。方法:在 Dreamweaver CS3 中单击“常用”类别中的(插入 Div 标签)按钮，在弹出的“插入 Div 标签”对话框中设置参数，如图 12-10 所示。单击 新建 CSS 样式 按钮，然后在弹出的“新建 CSS 规则”对话框设置参数，如图 12-11 所示，单击“确定”按钮。接着在弹出的“#top 的 CSS 规则定义”对话框左侧选择“方框”，在右侧设置方框的“宽”为 778 像素、“高”为 100 像素（也就是前面测量的大小)，如图 12-12 所示。单击“确定”按钮回到“新建 CSS 规则”对话框，再单击“确定”按钮，即可插入“div#top”。

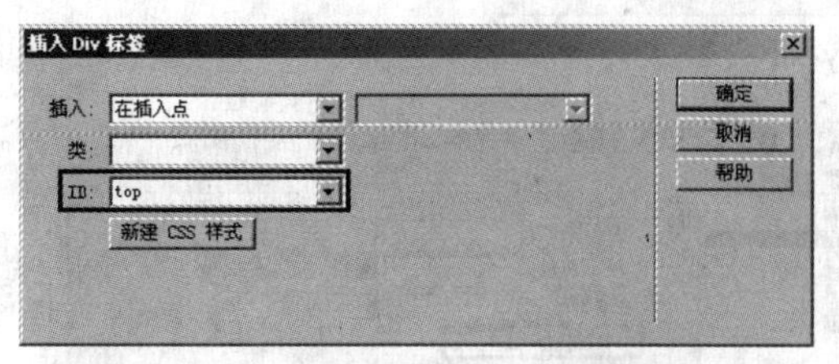

图 12-10　输入“ID：”为“top”

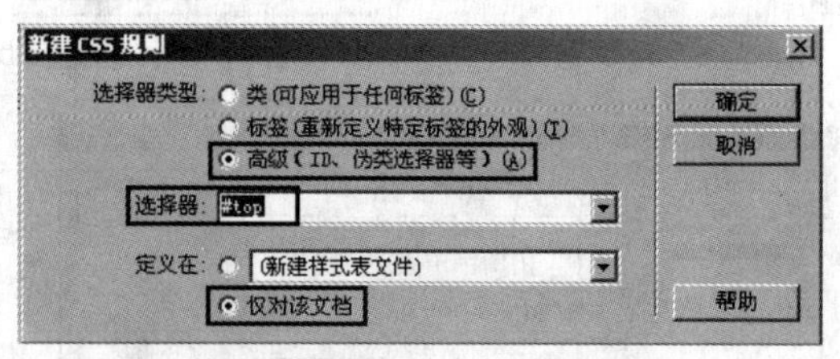

图 12-11　新建“#top”高级样式

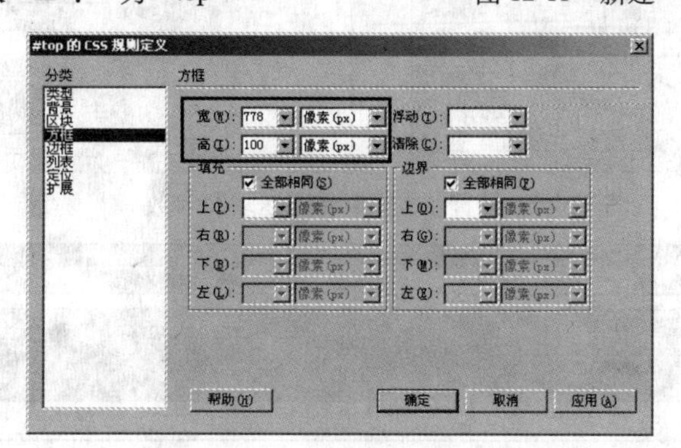

图 12-12　设置“方框”大小

4）此时如果将“div#top”的背景改为红色，然后按快捷键〈F12〉进行预览，会看到其处于居中状态,如图 12-13 所示。而在设计视图中“div#top”为居左状态,如图 12-14 所示。为了使设计视图中“div#top”与预览时均处于居中状态,下面需要新建一个名称为“body>div”的高级样式。方法：单击“CSS 样式”面板下方的（新建 CSS 规则）按钮，在弹出的“新建 CSS 规则”对话框中设置参数,如图 12-15 所示,单击“确定”按钮。接着在弹出的“body>div 的 CSS 规则定义”对话框中设置“方框”和“区块”参数，如图 12-16 所示。单击“确定”按钮，此时“div#top”在页面视图中也显示为居中状态，如图 12-17 所示。

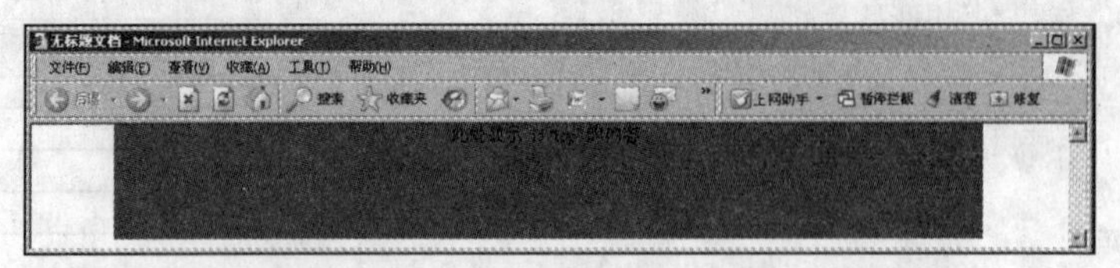

图 12-13　预览时处于居中状态

图 12-14　设计视图中处于居左状态

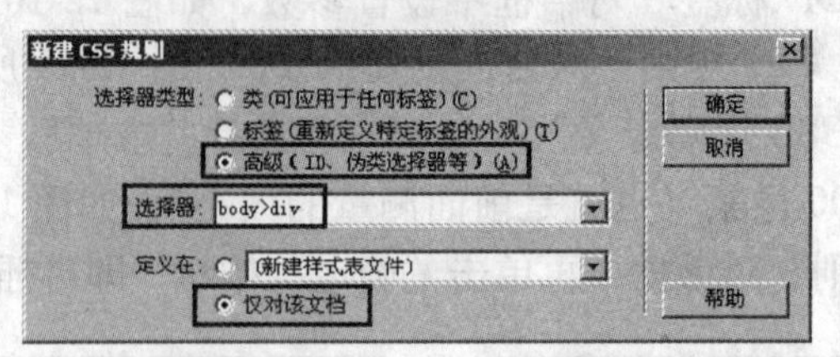

图 12-15　新建“body>div”高级样式

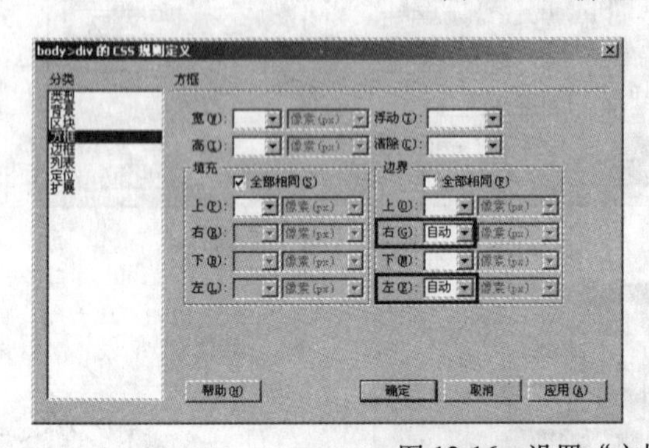

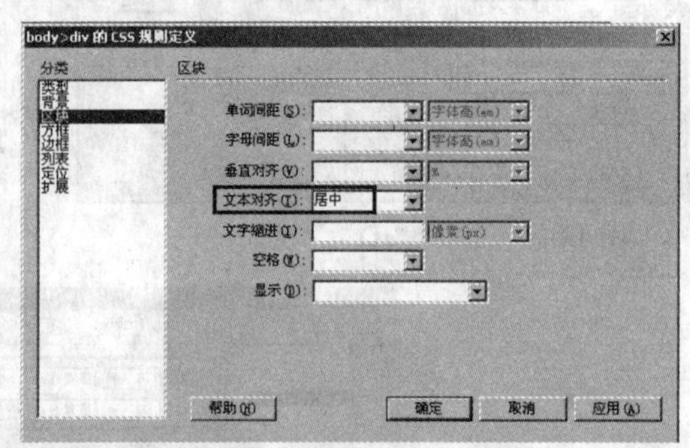

图 12-16　设置“方框”和“区块”参数

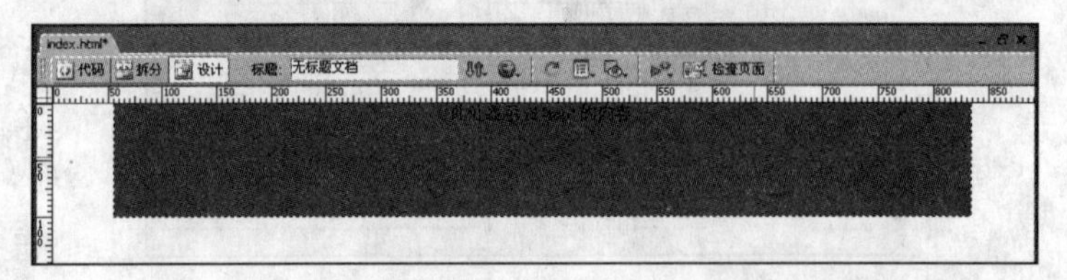

图 12-17　在页面视图中“div#top”也处于居中状态

提示：在body>div高级样式中将“边界”的“左”和“右”设为“自动”，是为了保证网页中的Div可以左右移动；将“区块”中的“文本对齐”设为“居中”，是为了保证Div中的内容居中对齐。

5）将“div#top”的背景色重新设为无色，并删除其中的文字。

2. 在“div#top”中插入放置左侧内容的“div#topLeft”

1）在代码视图中将鼠标定位在 <div id="top"> 和 </div> 之间的位置，然后在“常用”

类别中单击（插入 Div 标签）按钮，在弹出的“插入 Div 标签”对话框中设置参数，如图 12-18 所示，单击［新建 CSS 样式］按钮。在弹出的“新建 CSS 规则”对话框中设置参数，如图 12-19 所示，单击“确定”按钮。接着在弹出的“#topLeft 的 CSS 规则定义”对话框中设置“方框”参数，如图 12-20 所示，单击“确定”按钮后回到“新建 CSS 规则”对话框，再单击“确定”按钮，即可插入“div#topLeft”。

2）在“div#topLeft”中插入“div#Logo”。方法：在 Photoshop 中利用（切片工具）测量出作为“div#Logo”的区域大小为 229 像素 ×76 像素。然后回到 Dreamweaver CS3 删除“div#topLeft”中的文字，单击“常用”类别中的（插入 Div 标签）按钮插入“div#Logo”，并设置“方框”参数，如图 12-21 所示，单击“确定”按钮。接着删除“div#Logo”中的文字，单击“常用”类别中的（图像）按钮，从弹出的“选择图像源文件”对话框中选择前面在 Photoshop 中输出的“logo.gif”图片（也可以选择配套光盘中的“素材及结果 \ 第 12 章　制作‘亿诺网’网站主页 \ images\ logo.gif”图片），单击“确定”按钮，即可将“logo.gif”插入到“div#topLeft”中，效果如图 12-22 所示。

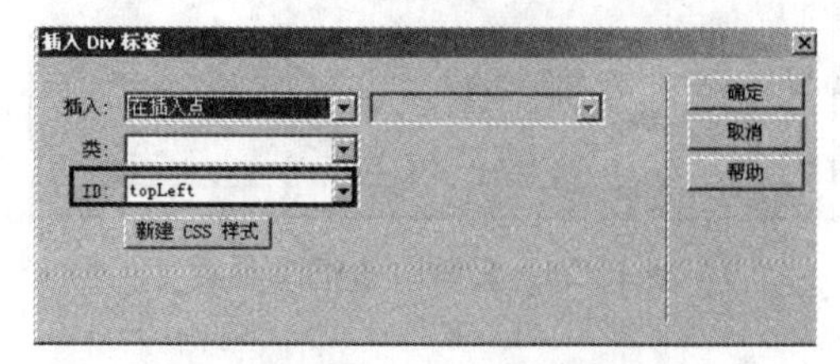

图 12-18　输入“ID：”为“topLeft”

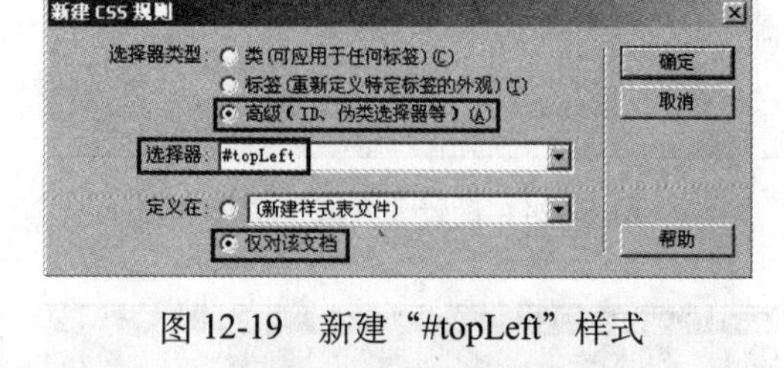

图 12-19　新建“#topLeft”样式

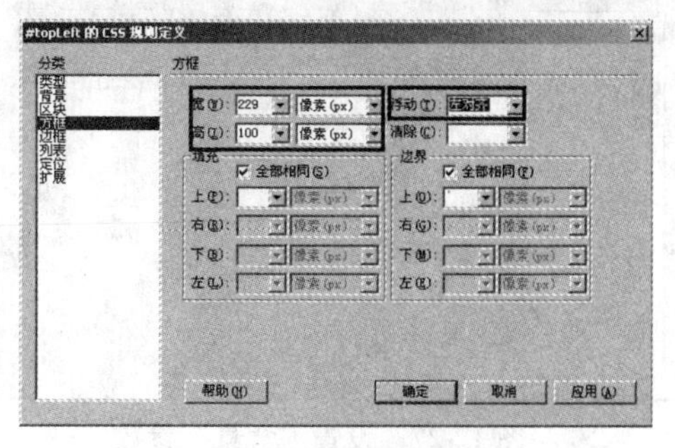

图 12-20　设置“方框”参数

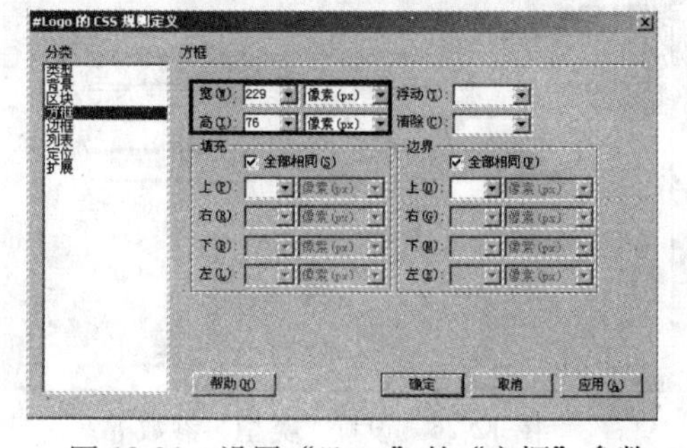

图 12-21　设置“#logo”的“方框”参数

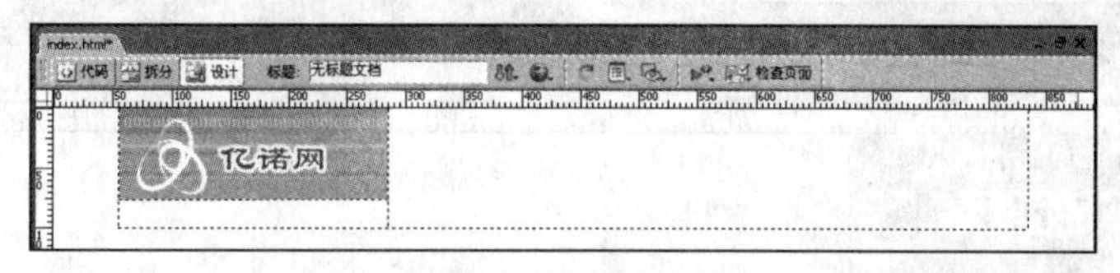

图 12-22　插入“div#Logo”的效果

3）在“div#topLeft”中插入“div#Date”。方法：在 Photoshop 中利用（切片工具）测量出作为“div#Date”的区域大小为 229 像素 ×24 像素。然后回到 Dreamweaver CS3 进入代码视图，将鼠标定位在如图 12-23 所示的位置，单击“常用”类别中的（插入 Div 标签）按钮，插入“div#Date”。并设置“方框”参数如图 12-24 所示，设置“边框”参数如图

12-25 所示，设置“类型”参数如图 12-26 所示，设置“背景”参数如图 12-27 所示，单击“确定”按钮，效果如图 12-28 所示。

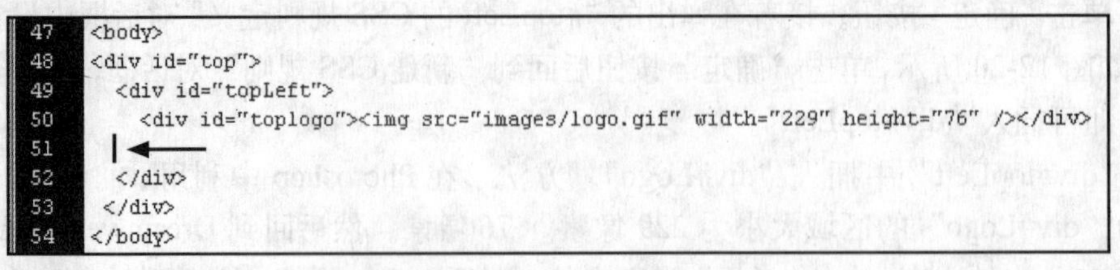

```
47 <body>
48 <div id="top">
49   <div id="topLeft">
50     <div id="toplogo"><img src="images/logo.gif" width="229" height="76" /></div>
51   |
52   </div>
53 </div>
54 </body>
```

图 12-23　定位鼠标的位置

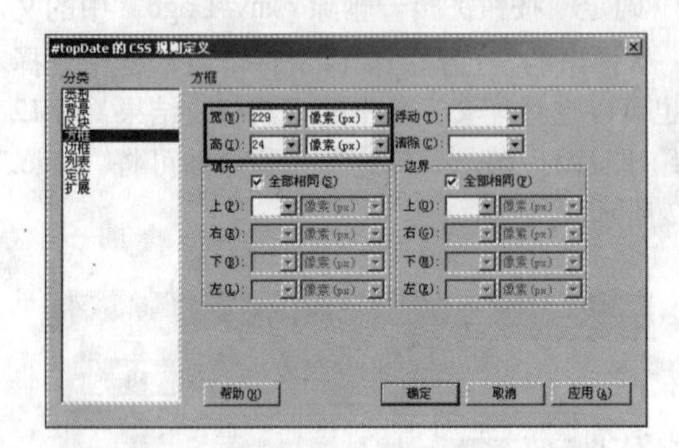

图 12-24　设置“方框”参数

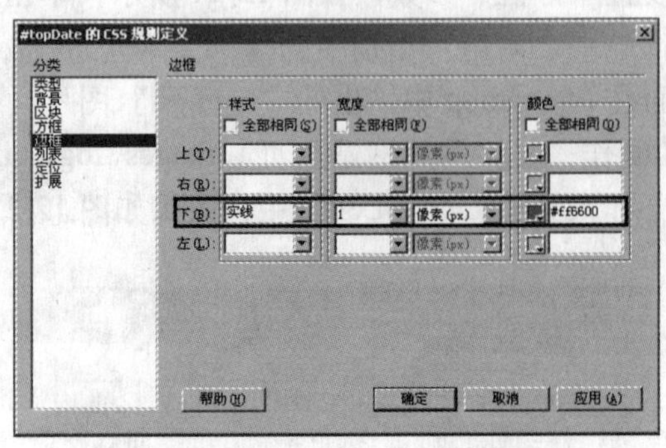

图 12-25　设置“边框”参数

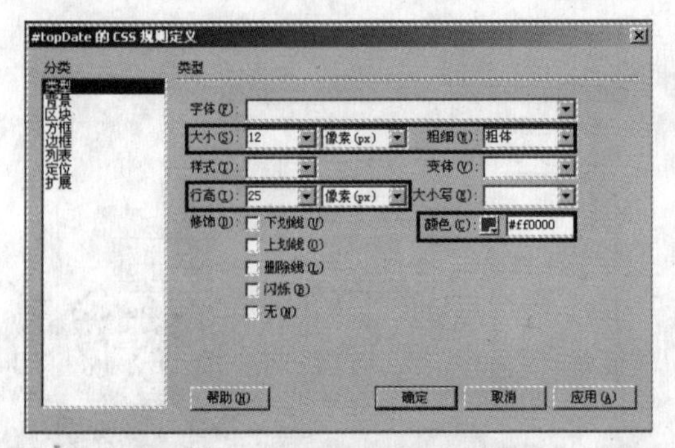

图 12-26　设置“类型”参数

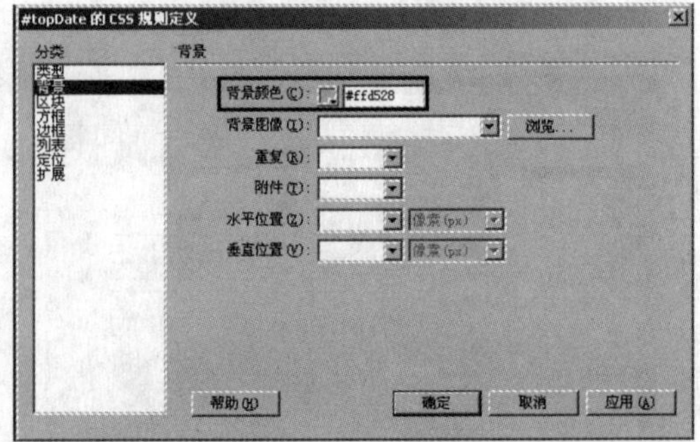

图 12-27　设置“背景”参数

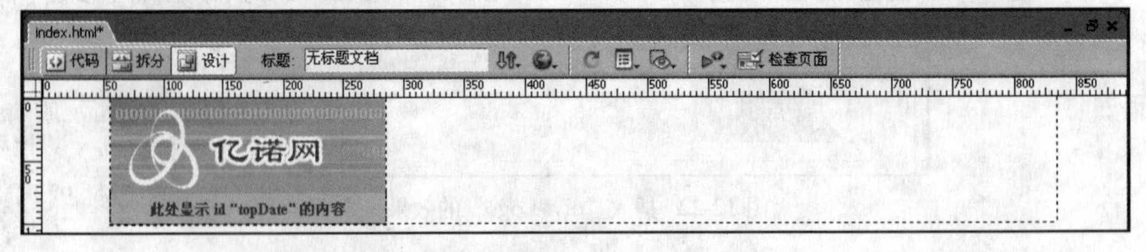

图 12-28　插入“div#Date”的效果

3. 在“div#top”中插入放置右侧内容的“div#topRight”

1）在代码视图中将鼠标定位在如图 12-29 所示的位置，单击“常用”类别中的▣（插入 Div 标签）按钮，在弹出的“插入 Div 标签”对话框中设置参数，如图 12-30 所示，单击新建 CSS 样式 按钮。然后在弹出的“新建 CSS 规则”对话框中设置参数，如图 12-31 所示，单击“确定”按钮。接着在弹出的“#topLeft 的 CSS 规则定义”对话框中设置“方框”参数，如图 12-32 所示，单击“确定”按钮回到“新建 CSS 规则”对话框，再单击“确定”按钮，即可插入“div#topLeft”。

```
47  <body>
48  <div id="top">
49    <div id="topLeft">
50      <div id="toplogo"><img src="images/logo.gif" width="229" height="76" /></div>
51      <div id="topDate">此处显示  id "topDate" 的内容</div>
52    </div>
53    |  ←
54   </div>
55  </body>
```

图 12-29　定位鼠标的位置

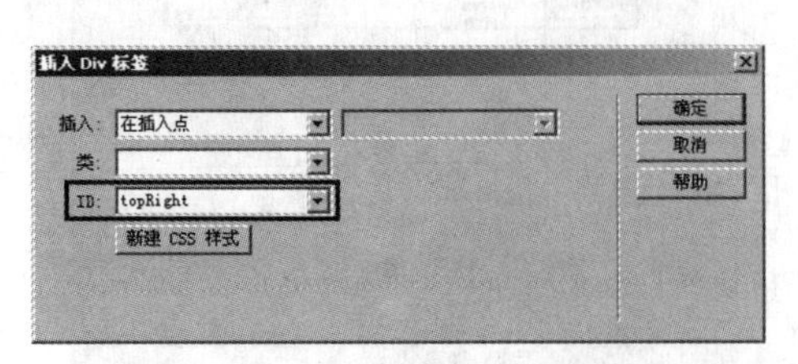

图 12-30　输入“ID：”为“topRight”

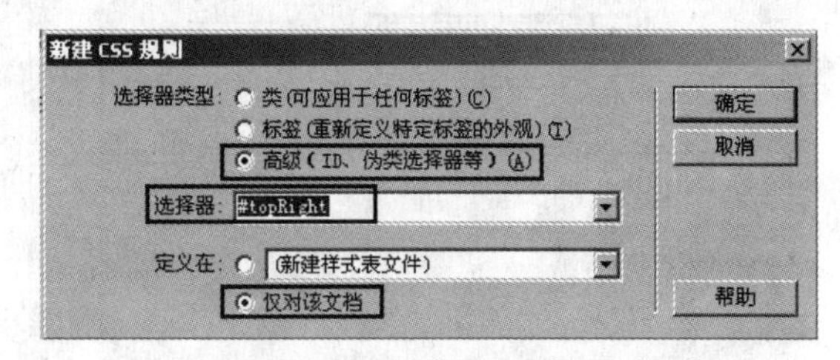

图 12-31　新建“#topRight”样式

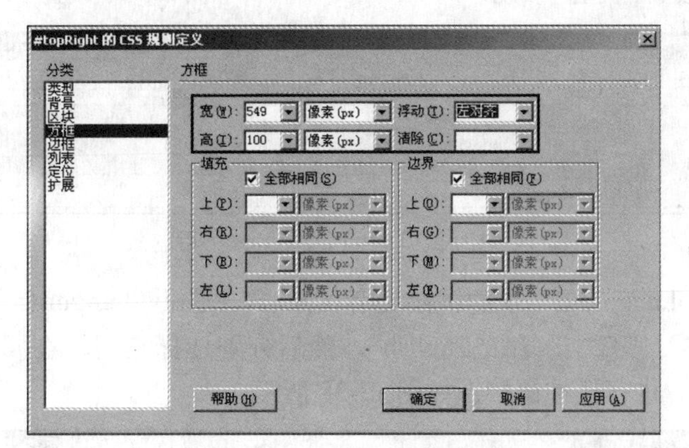

图 12-32　设置“方框”参数

2）在“div#topRight”中插入“div#topLangurage”。方法：在 Photoshop CS3 中利用 （切片工具）测量出作为“div#Logo”的区域大小为 549 像素 ×68 像素。然后回到 Dreamweaver CS3 删除“div#topRight”中的文字，单击“常用”类别中的 （插入 Div 标签）按钮，插入“div#Langurage”。并设置“方框”参数，如图 12-33 所示；设置“区块”参数，如图 12-34 所示；设置“类型”参数，如图 12-35 所示；设置“背景”参数中的“背景图像”为前面在 Photoshop 中输出的“topBg.gif”图片（也可以选择配套光盘中的“素材及结果 \ 第 12 章　制作‘亿诺网’网站主页 \ images\ topBg.gif”图片），如图 12-36 所示，单击“确定”按钮，结果如图 12-37 所示。

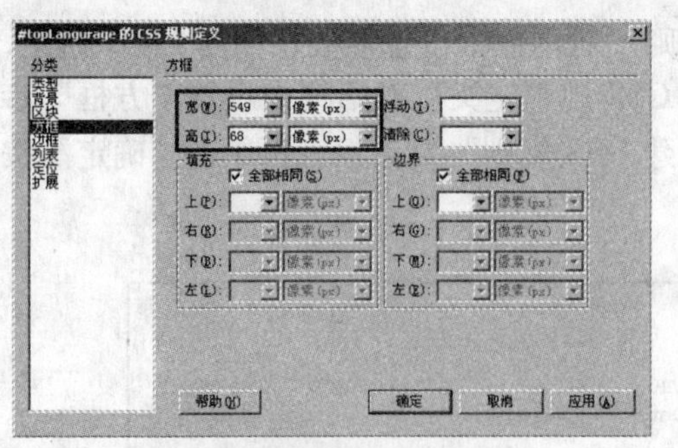

图 12-33 设置“方框”参数

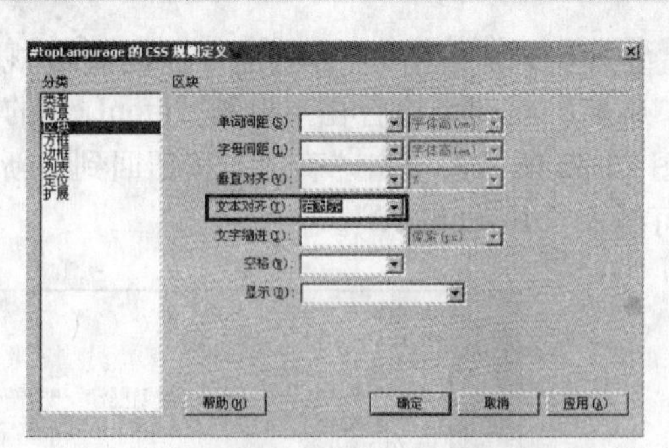

图 12-34 设置“区块”参数

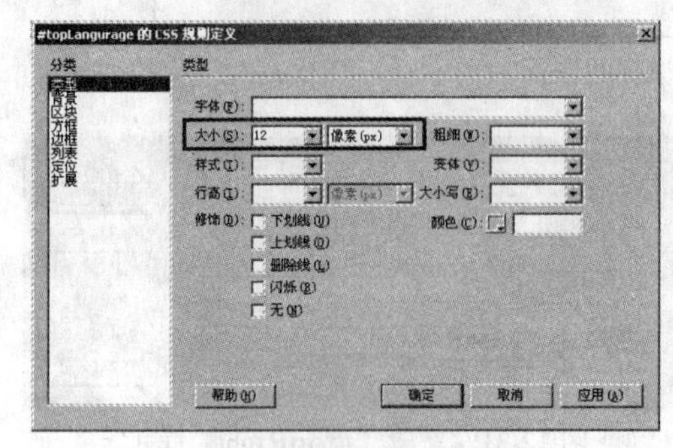

图 12-35 设置“类型”参数

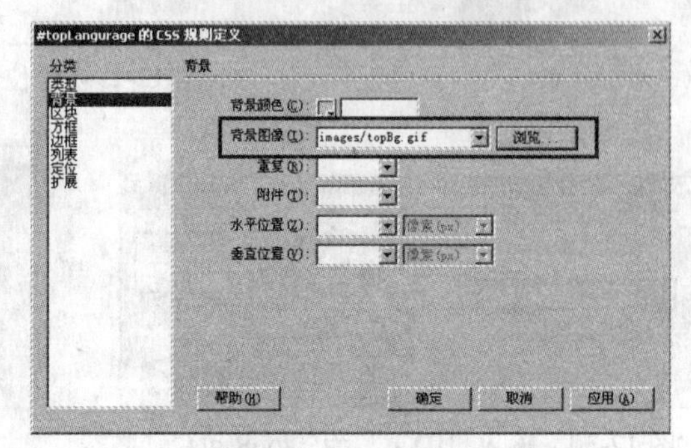

图 12-36 设置“背景”参数

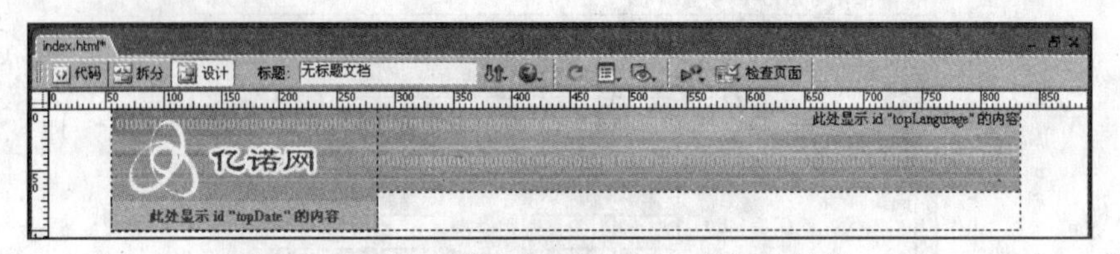

图 12-37 插入“div#topLangurage”后的效果

3）插入“div#topLangurage”中的链接文字。方法：在“div#Langurage”中输入文字“简体中文”、“繁体中文”、“日文”和“English”，然后分别选择它们，在属性面板的“链接”文本框右侧输入“#”，进行假性链接，如图 12-38 所示。

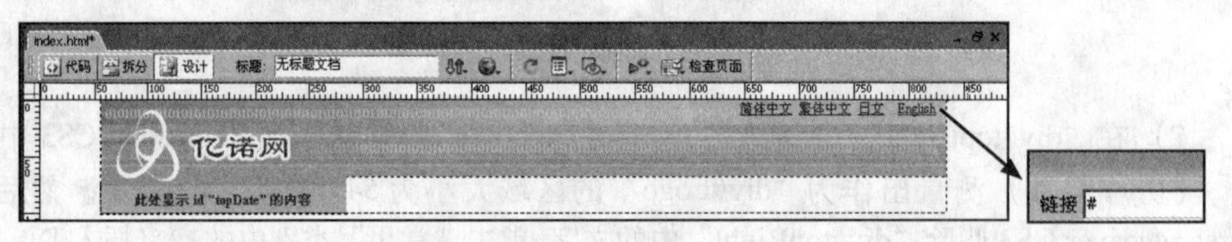

图 12-38 输入文字并进行假性链接

4）定义“div#topLangurage”中链接文字的CSS样式。方法：单击“CSS样式”面板下方的（新建CSS规则）按钮，在弹出的“新建CSS规则”对话框中设置参数，如图 12-39 所示，单击“确定”按钮。然后在弹出的“a.top:link 的CSS规则定义”对话框中分别设置参数，如图 12-40 所示，单击“确定”按钮。同理，新建“a.top:visited”高级样式，如图 12-41 所示，并设置参数如图 12-42 所示；新建“a.top:hover”高级样式，如图 12-43 所示，并设置参数如图 12-44 所示。此时，“CSS样式”面板如图 12-45 所示。

提示：在定义样式时一定要按照link、visited、hover的顺序进行依次定义，否则将样式应用到文字后会出现问题。

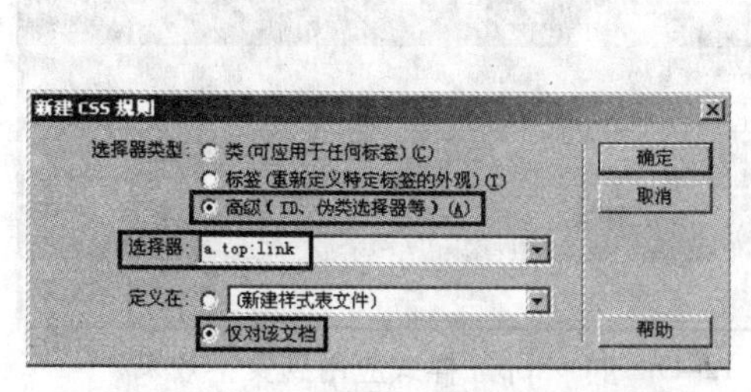

图 12-39　新建“a.top:link”高级样式

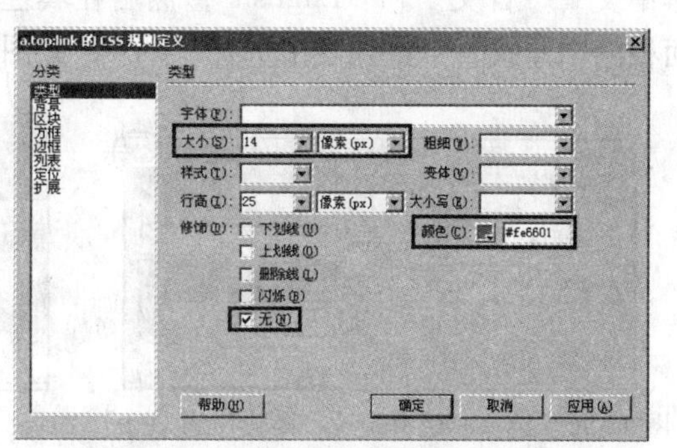

图 12-40　设置“a.top:link”样式

图 12-41　新建“a.top:visited”高级样式

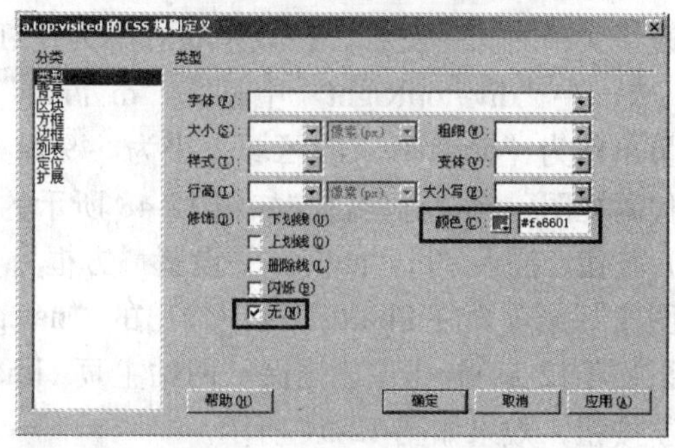

图 12-42　设置“a.top:visited”样式

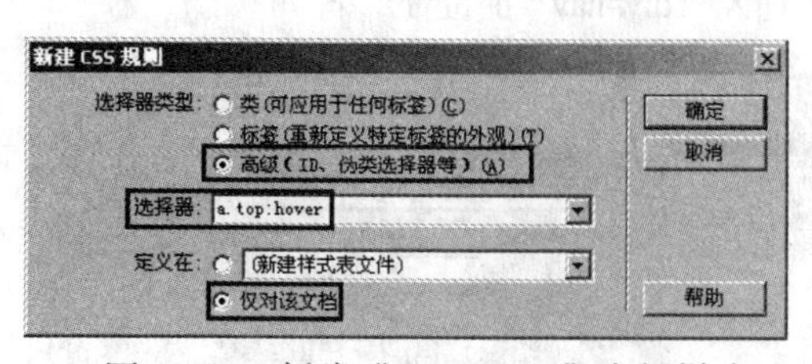

图 12-43　新建“a.top:hover”高级样式

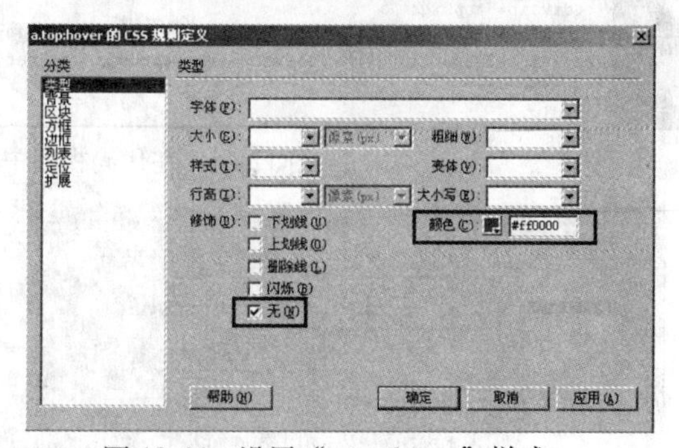

图 12-44　设置“a.top:hover”样式

▼ CSS样式
全部　正在
所有规则
<样式>
body
#top
#topLeft
#Logo
#topRight
#topLangurage
#topDate
body>div
a.top:link
a.top:visited
a.top:hover
属性

图 12-45　“CSS 样式”面板

5）将定义好的 top 样式应用到链接文字。方法：在页面视图中分别选择“简体中文”、“繁体中文”、“日文”和“English”，然后在属性面板上方的代码提示中选择 <a>，接着在属性面板的“样式”下拉列表中选择“top”，如图 12-46 所示，结果如图 12-47 所示。

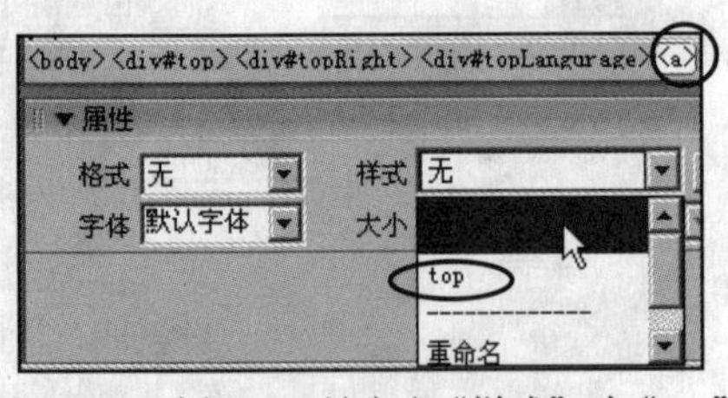

图 12-46　选择 <a> 并定义“样式”为“top”

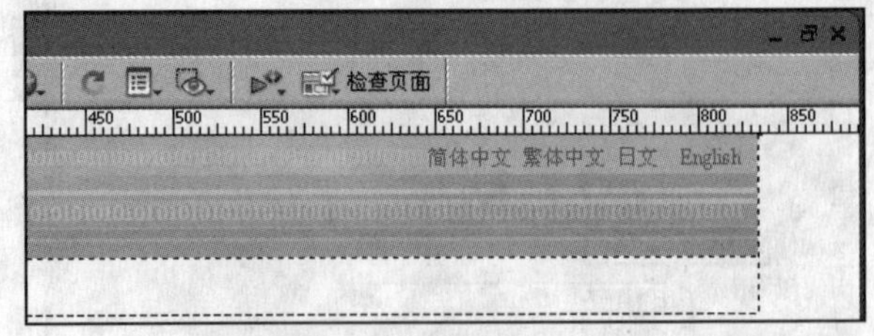

图 12-47　将“top”样式应用到文字效果

6）按快捷键〈Ctrl+S〉进行保存，然后按快捷键〈F12〉进行预览，即可看到当鼠标经过链接文字时文字变红，在其余状态下为橘红色的效果。

7）在“div#topRight”中插入“div#nav”。方法：在 Photoshop 中利用（切片工具）测量出作为“div#nav”的区域大小为 549 像素 ×32 像素。然后回到 Dreamweaver CS3，进入代码视图，将鼠标定位在如图 12-48 所示的位置，单击“常用”类别中的（插入 Div 标签）按钮，插入“div#nav”。并设置“方框”参数如图 12-49 所示；设置“背景”右侧的“背景图像”为前面在 Photoshop 中输出的“nav.gif”图片（也可以选择配套光盘中的“素材及结果 \ 第 12 章 制作‘亿诺网’网站主页 \ images\ nav.gif”图片），如图 12-50 所示，单击“确定”按钮，效果如图 12-51 所示。

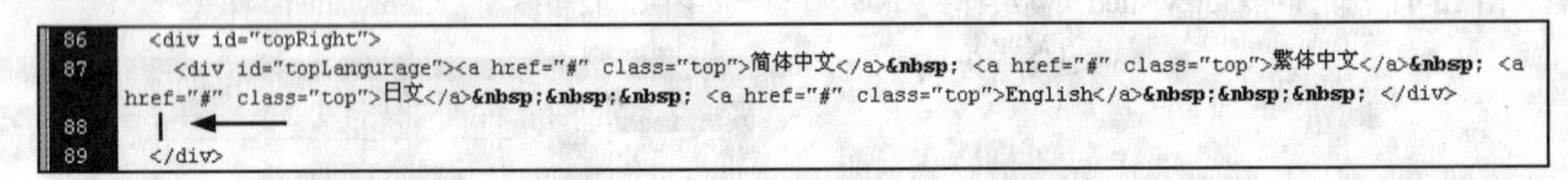

图 12-48　在代码视图中定位插入“div#nav”的位置

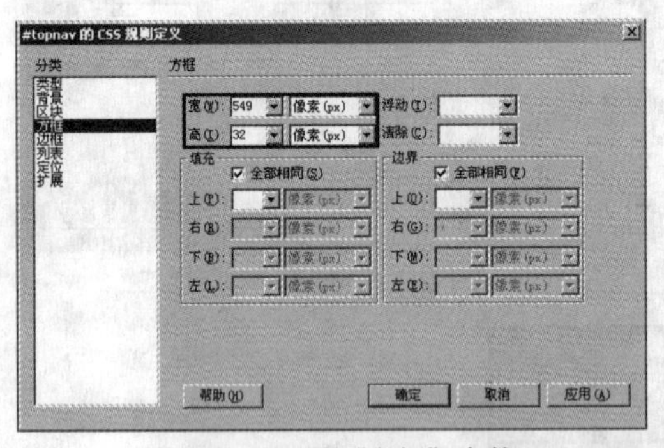

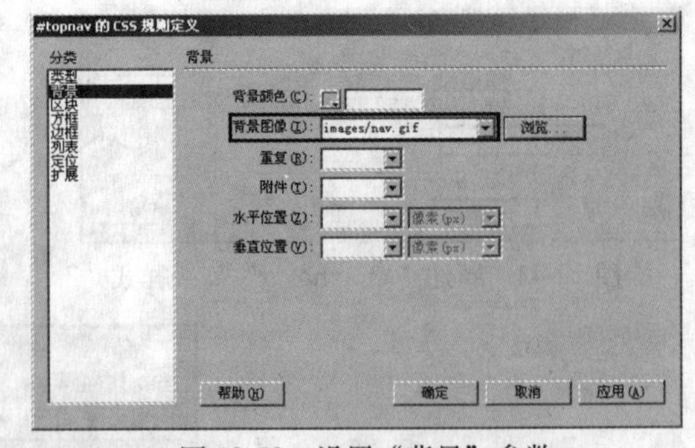

图 12-49　设置“方框”参数　　　　图 12-50　设置“背景”参数

图 12-51　插入“div#topnav”的效果

8）输入导航中的链接文字。方法：删除“div#topnav”中的文字，在资源管理器中打开配套光盘中的“素材及结果\第 12 章 制作‘亿诺网’网站主页\text.txt”文件，然后选择相应文字，按快捷键〈Ctrl+C〉进行复制，接着回到 Dreamweaver 中，在“div#topnav”中按快捷键〈Ctrl+V〉进行粘贴。最后分别选中粘贴后的文字，在属性面板的“链接”文本框右侧输入“#”，进行假性链接，结果如图 12-52 所示。

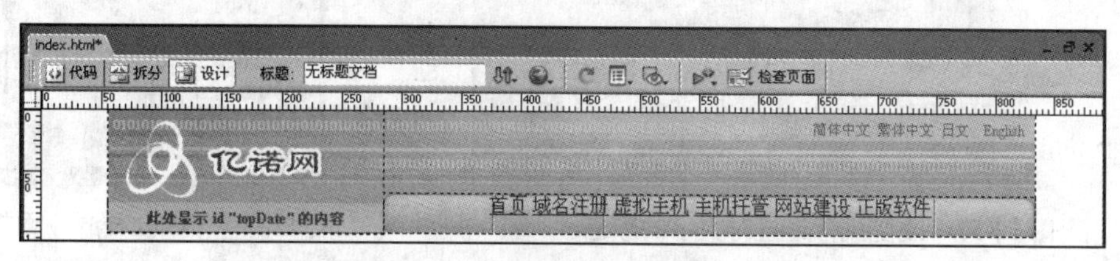

图 12-52 输入导航条中的链接文字

9）定义导航条链接文字的 CSS 样式。方法：单击“CSS 样式”面板下方的（新建 CSS 规则）按钮，在弹出的“新建 CSS 规则”对话框中设置参数，如图 12-53 所示，单击“确定”按钮。然后在弹出的“a.nav:link 的 CSS 规则定义”对话框中设置“方框”参数，如图 12-54 所示；设置“区块”参数，如图 12-55 所示；设置“背景”参数，如图 12-56 所示，单击“确定”按钮。同理，新建“a.nav:visited”和“a.nav:hover”高级样式，设置参数与“a.nav:link”相同，只需将“a.nav:hover”的字体颜色改为“#ffff9b”即可，如图 12-57 所示。此时，“CSS 样式”面板如图 12-58 所示。

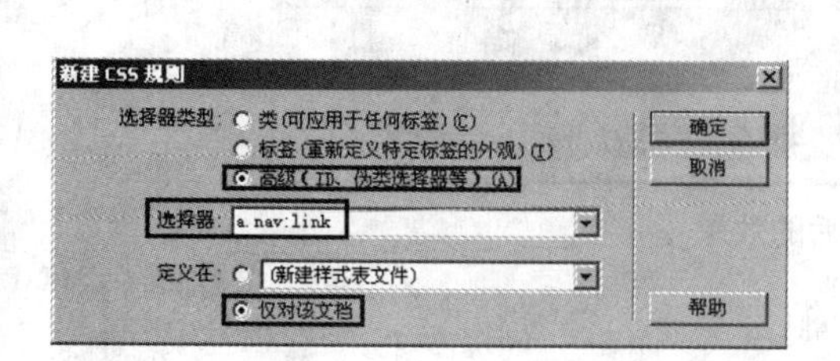

图 12-53 新建“a.nav:link”高级样式

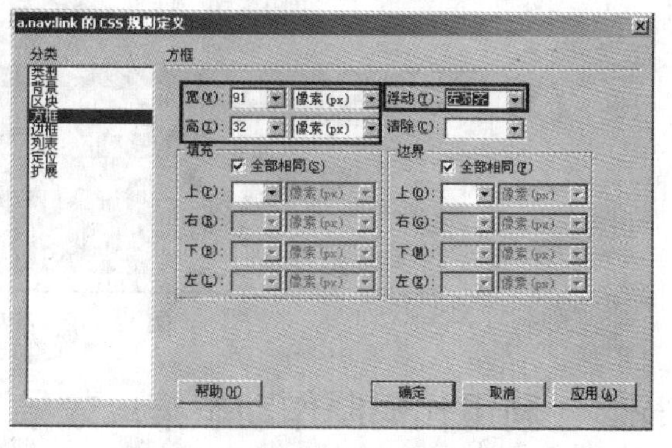

图 12-54 设置“方框”参数

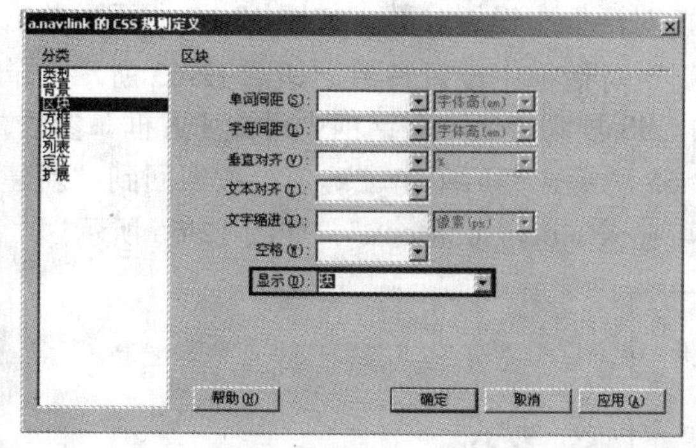

图 12-55 设置“区块”参数

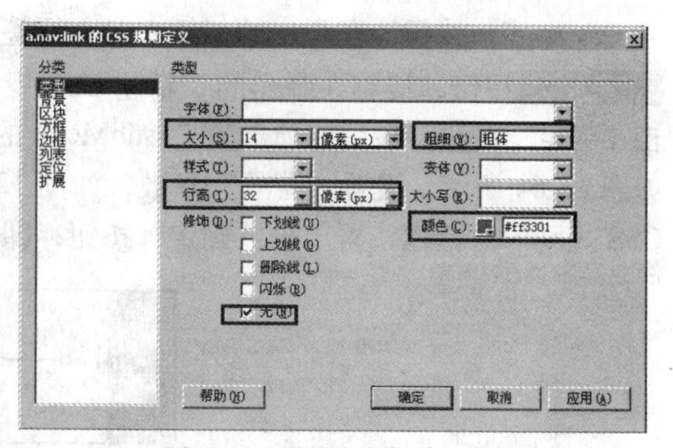

图 12-56 设置“类型”参数

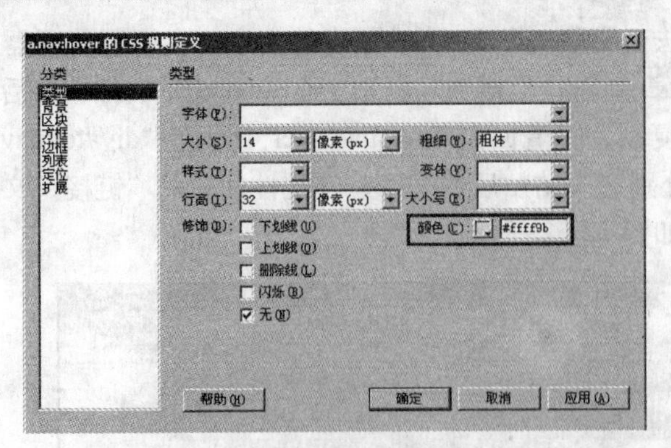

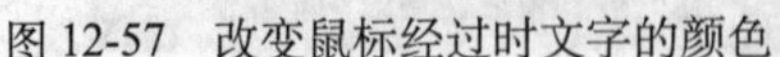
图 12-57　改变鼠标经过时文字的颜色

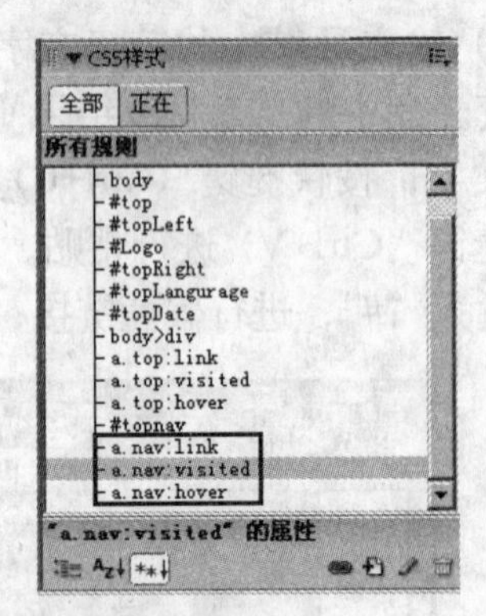

图 12-58　“CSS 样式”面板

10）在页面视图中分别选择导航条中的链接文字，然后在属性面板上方的代码提示中选择 <a>，接着在属性面板的“样式”下拉列表中选择“nav”，如图 12-59 所示。最后按快捷键〈Ctrl+S〉进行保存，按快捷键〈F12〉进行预览，效果如图 12-60 所示。

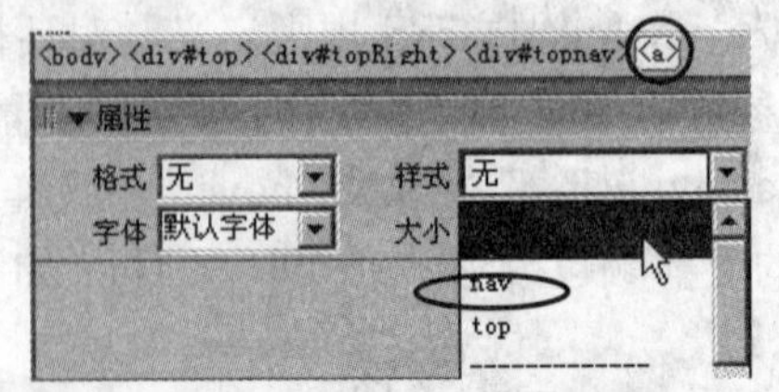

图 12-59　选择 <a> 并定义“样式”为“nav”

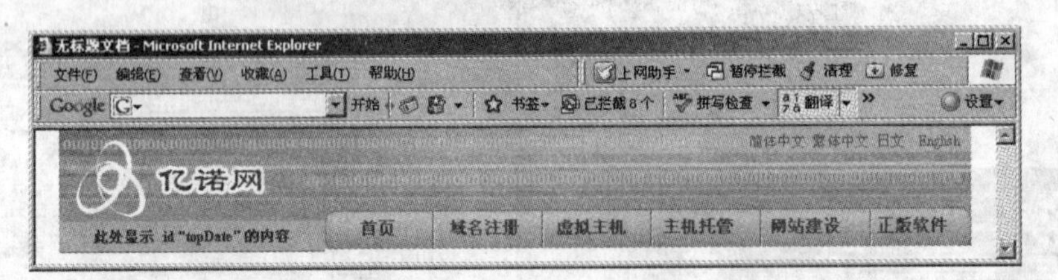

图 12-60　预览后的效果

12.5　利用代码制作动态菜单效果

1) 在代码视图中将鼠标定位在如图 12-61 所示的位置，然后单击“常用”类别中的（插入 Div 标签）按钮，在弹出的“插入 Div 标签”对话框中设置参数，如图 12-62 所示，单击 新建 CSS 样式 按钮。接着在弹出的“新建 CSS 规则”对话框中设置参数，如图 12-63 所示，单击“确定”按钮。最后在弹出的“#subMenu 的 CSS 规则定义”对话框中设置“方框”参数，如图 12-64 所示；设置“背景”参数，如图 12-65 所示，然后单击“确定”按钮回到“新建 CSS 规则”对话框，再单击“确定”按钮，即可插入“div#subMenu”，如图 12-66 所示。

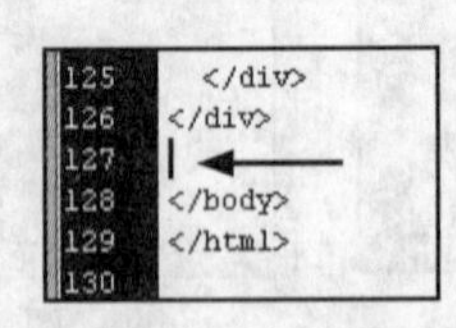

图 12-61　在代码视图中定位插入“div#subMenu”的位置

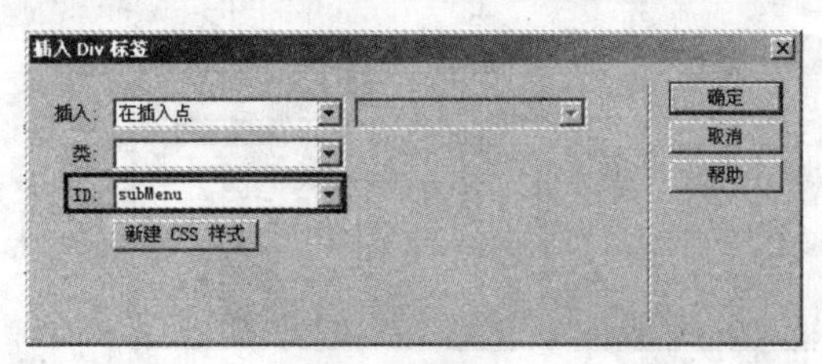

图 12-62　输入“ID：”为“subMenu”

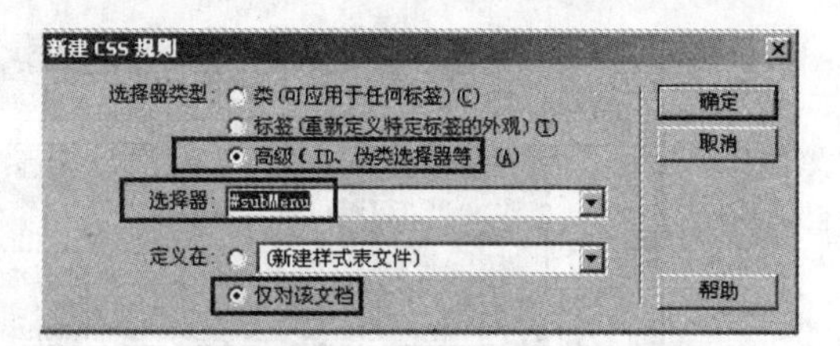

图 12-63　新建“#subMenu”高级样式

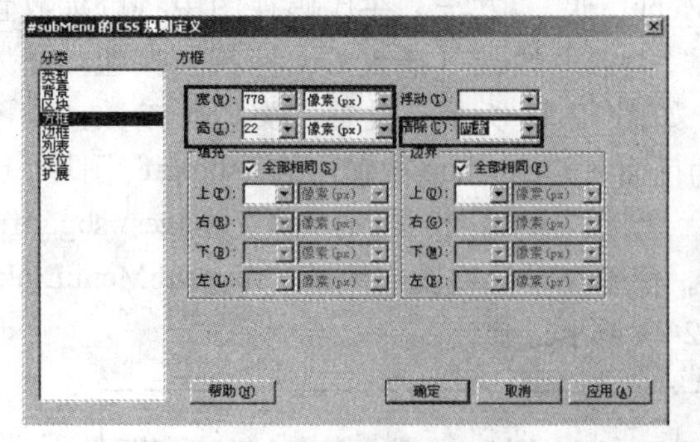

图 12-64　设置“方框”参数

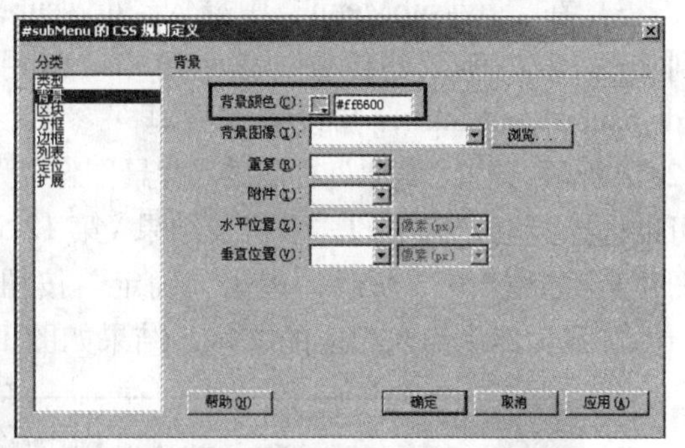

图 12-65　设置“背景”参数

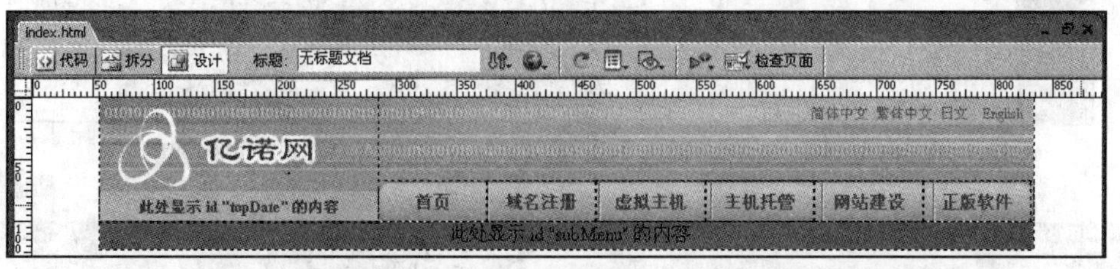

图 12-66　插入“div#subMenu”的效果

2）在“div#subMenu”中插入“div#subMenuLeft”。方法：删除“div#subMenu”中的文字，然后将鼠标放置在“div#subMenu”中，单击“常用”类别中的 （插入 Div 标签）按钮，插入“div#subMenuLeft”，并设置“方框”参数，如图 12-67 所示；设置“类型”参数，如图 12-68 所示，单击“确定”按钮。接着在“div#subMenuLeft”中删除默认文字，再输入“网站建设”和“Design webs”，结果如图 12-69 所示。

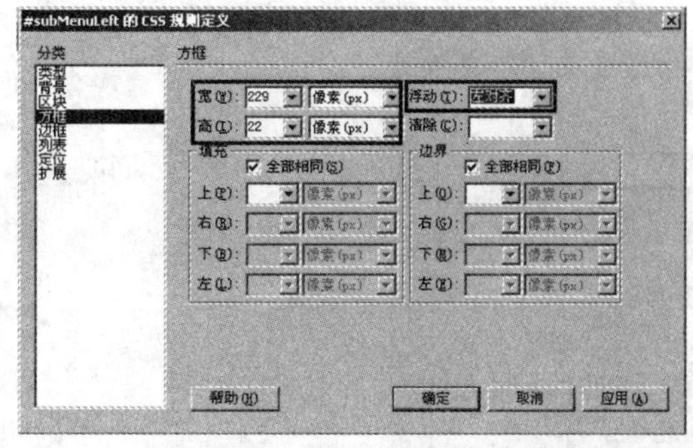

图 12-67　设置“方框”参数

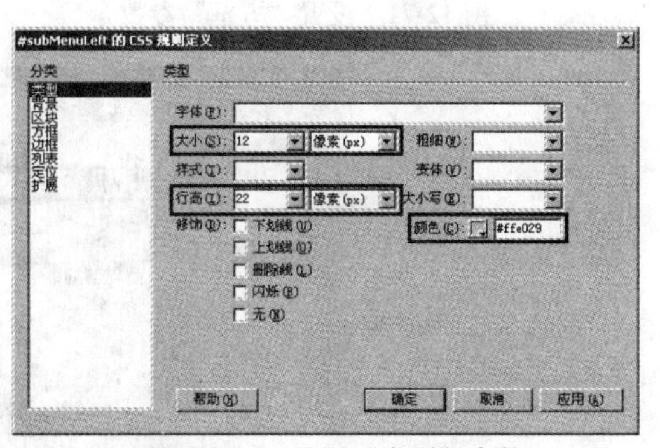

图 12-68　设置“类型”参数

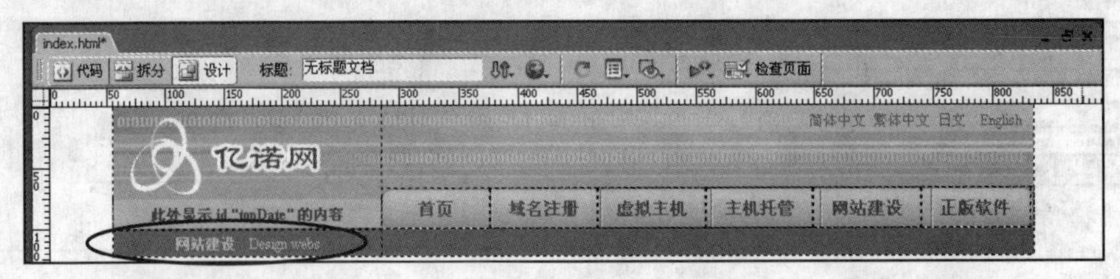

图 12-69 在“div#subMenu”中插入“div#subMenuLeft”的效果

3）在“div#subMenu”中插入“div#subMenuLink”。方法：在代码视图中将鼠标放置到如图 12-70 所示的位置，然后单击“常用”类别中的（插入 Div 标签）按钮，插入“div#subMenuLink”，并设置“方框”参数，如图 12-71 所示；设置“类型”参数，如图 12-72 所示；设置“背景”右侧的“背景图像”为前面在 Photoshop 中输出的“sbg.gif”图片（也可以选择配套光盘中的“素材及结果\第 12 章 制作‘亿诺网’网站主页\images\sbg.gif”图片），如图 12-73 所示，单击“确定”按钮。接着在设计视图中删除“div#subMenuLink”中的文字，然后输入相应的文字，结果如图 12-74 所示。

```
142  <div id="subMenu">
143    <div id="subMenuLeft"><b>网站建设    </b>  Design webs</div>
144    |
145  </div>
146  </body>
147  </html>
148
```

图 12-70 在代码视图中定位插入“div#subMenuLink”的位置

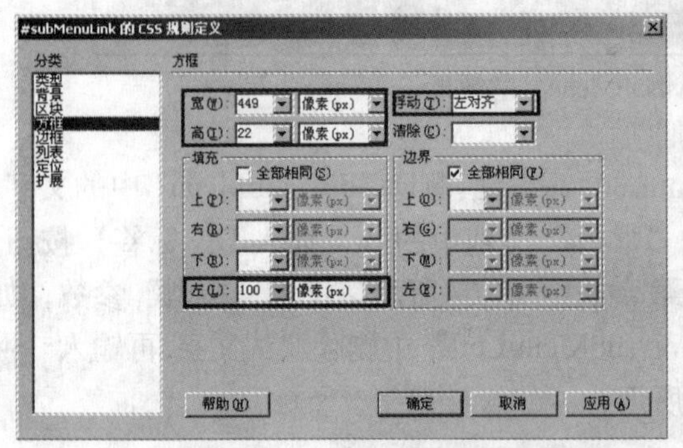

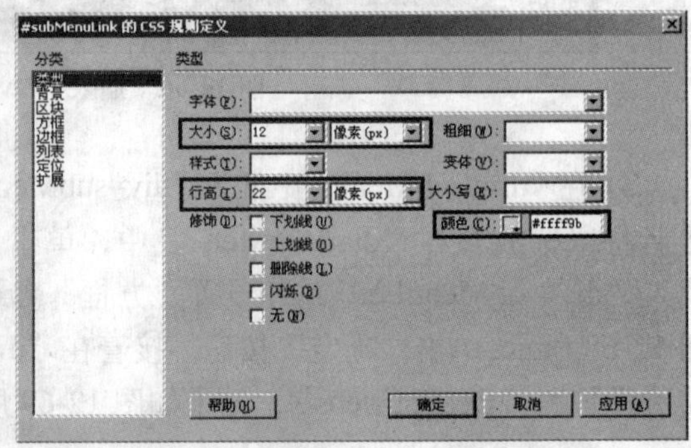

图 12-71 设置“方框”参数　　图 12-72 设置“类型”参数

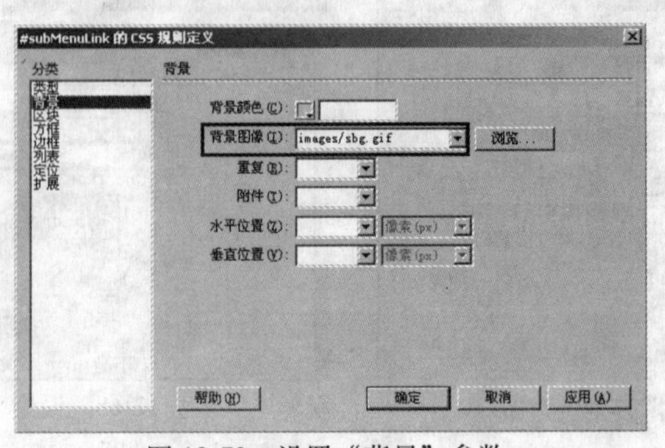

图 12-73 设置“背景”参数

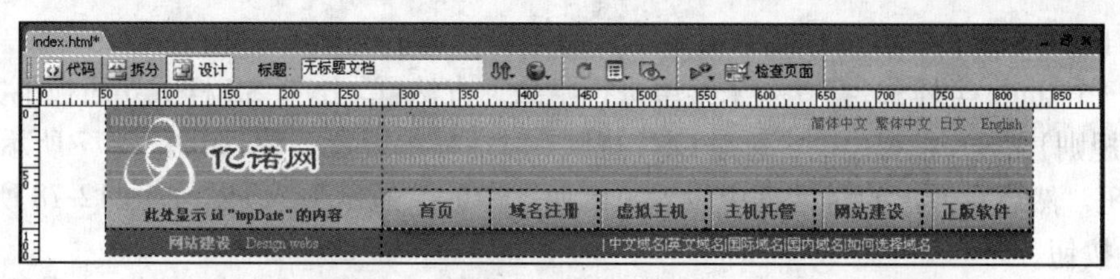

图 12-74　在“div#subMenuLink”中输入文字

4）为了使其余子菜单应用同样的 CSS 样式，下面在 CSS 样式面板中将“#subMenuLink”高级样式改为“.sub”类样式，如图 12-75 所示。

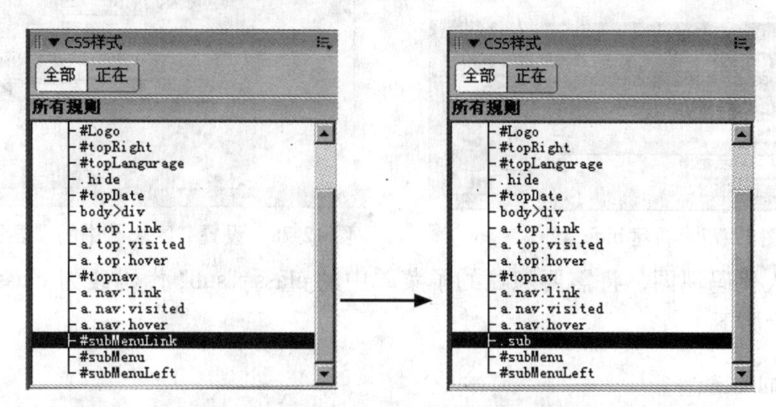

图 12-75　将“#subMenuLink”高级样式改为“.sub”类样式

提示：高级样式只能对一个对象使用样式，而类样式可以对多个对象使用同一样式。

5）制作其余子菜单。方法：进入代码视图，修改代码如下：

```
<div id="submenu">
 <div id="submenuLeft"> 网站建设 <strong> Design webs</strong></div>
 <div id="sub1" class="sub">| 中文域名 | 英文域名 | 国际域名 | 国内域名 | 如何选择域名 </div>
 <div id="sub2" class="hide">| 学生主机 | 标准企业主机 | 高速主机 | java 主机 </div>
 <div id="sub3" class="hide">| 整机托管 | 托管流程 | 托管协议 | 在线洽谈 | 在线帮助 </div>
 <div id="sub4" class="hide">| 数据库开发 | 网站策划 | 制作流程 | 特效展示 </div>
</div>
</body>
</html>
```

然后回到设计视图，效果如图 12-76 所示。

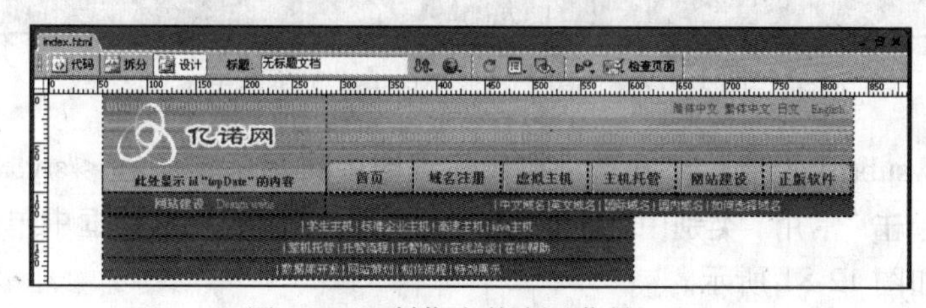

图 12-76　制作出其余子菜单

6）此时所有子菜单同时显示出来了，而本例需要的只是显示相关的一条菜单，为此需要新建一个 .hide 类样式，将其余子菜单进行隐藏。方法：单击“CSS 样式”面板下方的（新建 CSS 规则）按钮，在弹出的“新建 CSS 规则”对话框中设置参数，如图 12-77 所示，单击“确定”按钮，然后在弹出的对话框中设置“区块”中的“显示”为无，如图 12-78 所示，单击“确定”按钮。

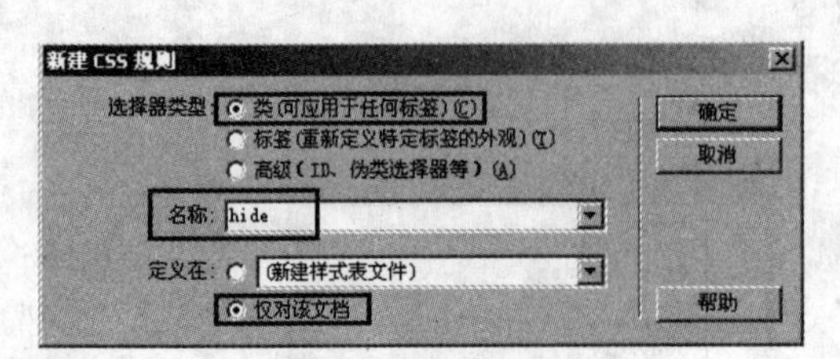

图 12-77　新建 hide 类

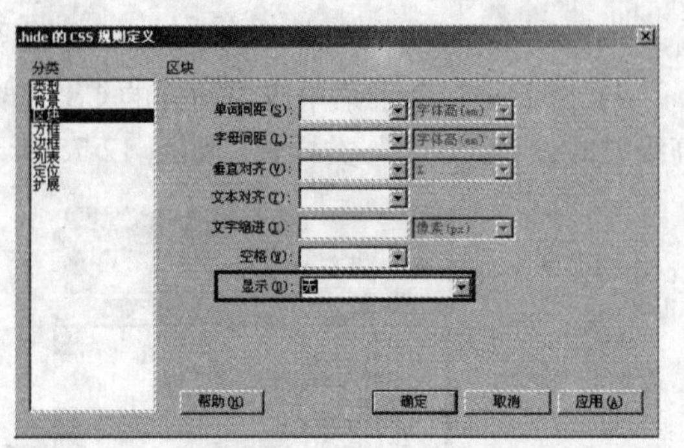

图 12-78　设置“区块”中的“显示”为无

接着进入代码视图，将需要隐藏的子菜单中的 class="sub" 代码改为 class="hide" 代码，此时代码显示如下：

```
<div id="subMenu">
  <div id="subMenuLeft"><b> 网站建设     </b>  Design webs</div>
  <div id="sub1" class="sub">| 中文域名 | 英文域名 | 国际域名 | 国内域名 | 如何选择域名 </div>
  <div id="sub2" class="hide">| 学生主机 | 标准企业主机 | 高速主机 | java 主机 </div>
  <div id="sub3" class="hide">| 整机托管 | 托管流程 | 托管协议 | 在线洽谈 | 在线帮助 </div>
  <div id="sub4" class="hide">| 数据库开发 | 网站策划 | 制作流程 | 特效展示 | 成功案例 </div>
</div>
</body>
</html>
```

最后回到设计视图，此时视图中只显示出了一个子菜单，如图 12-79 所示。

图 12-79　视图中只显示出了一个子菜单

7）定义 showsub(n) 的函数。方法：在代码视图中将鼠标定位在 </style> 的下面，如图 12-80 所示，然后单击“常用”类别中的（脚本）按钮，在弹出的对话框中单击“确定”按钮，插入脚本标记，如图 12-81 所示。

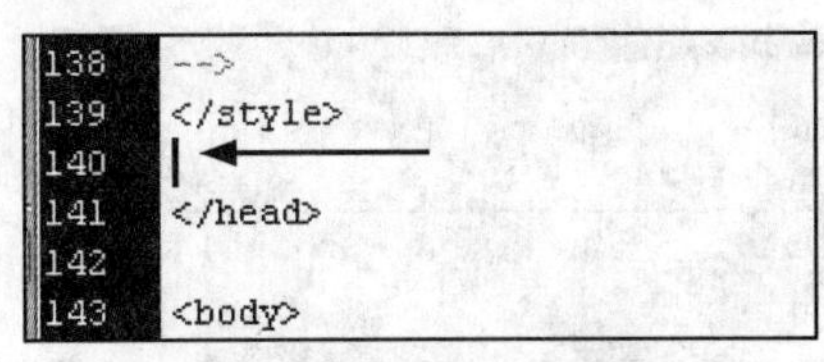
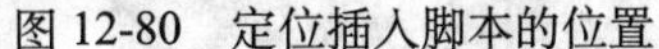

图 12-80　定位插入脚本的位置

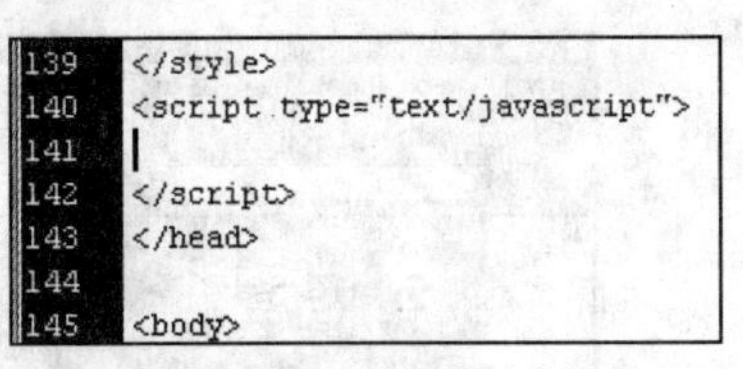

图 12-81　插入脚本标记

接着在 <script type="text/javascript"> 和 </script> 之间输入以下代码：

```
function showsub(n)
{
for(i=1;i<=4;i++)
  {
  document.getElementById("sub"+i).className="hide"
  }
document.getElementById("sub"+n).className="sub"
}
```

8）制作鼠标经过导航条相应文字的时候，其下方显示相应子菜单的效果。方法：在代码视图中找到以下代码：

```
<div class="nav" id="topnav">
   <a href="#" class="nav"> 首页 </a>
   <a href="#" class="nav" > 域名注册 </a>
   <a href="#" class="nav"> 虚拟主机 </a>
   <a href="#" class="nav"> 主机托管 </a>
   <a href="#" class="nav" > 网站建设 </a>
   <a href="#" class="nav"> 正版软件 </a></div>
</div>
```

然后在 class="nav" 代码后面添加 onmouseover="showsub(n) 代码，此时代码显示如下：

```
<div class="nav" id="topnav">
   <a href="#" class="nav"> 首页 </a>
   <a href="#" class="nav" onmouseover="showsub(1)"> 域名注册 </a>
   <a href="#" class="nav" onmouseover="showsub(2)"> 虚拟主机 </a>
   <a href="#" class="nav" onmouseover="showsub(3)"> 主机托管 </a>
   <a href="#" class="nav" onmouseover="showsub(4)"> 网站建设 </a>
   <a href="#" class="nav" onmouseover="showsub(5)"> 正版软件 </a></div>
</div>
```

9）按快捷键〈Ctrl+S〉进行保存，再按快捷键〈F12〉进行预览，即可测试到当鼠标经过导航条相应文字的时候，其下方显示相应子菜单的效果，如图 12-82 所示。

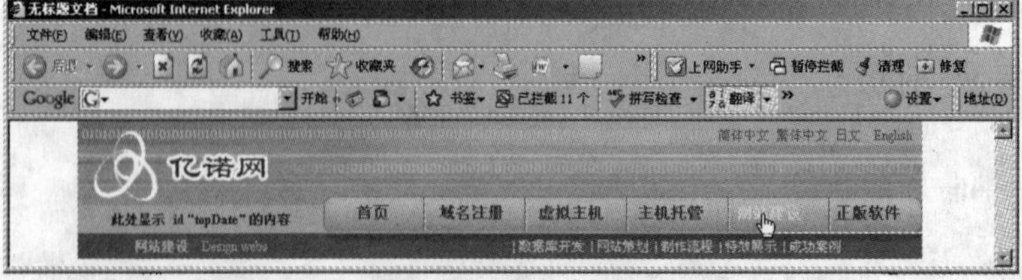

图 12-82　经过导航条相应文字的时候，其下方显示相应子菜单的效果

12.6　利用代码制作实时更新的时间效果

1）删除“div#topDate”中的文字，然后单击“常用”类别中的（脚本）按钮，在弹出的如图 12-83 所示的对话框中单击“确定”按钮。

2）在设计视图中选择，如图 12-84 所示，然后单击代码按钮，进入代码视图。

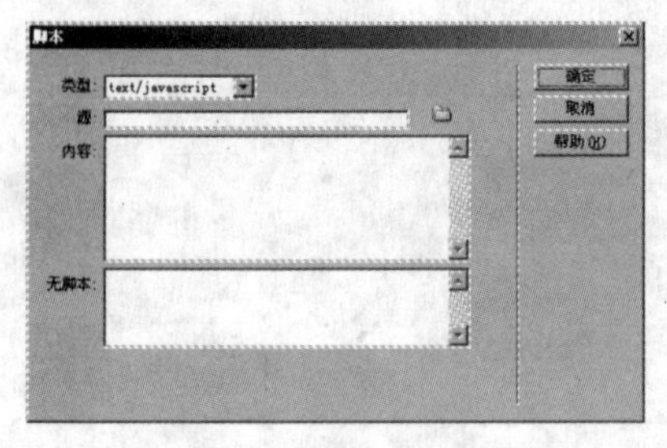

图 12-83　“脚本”对话框

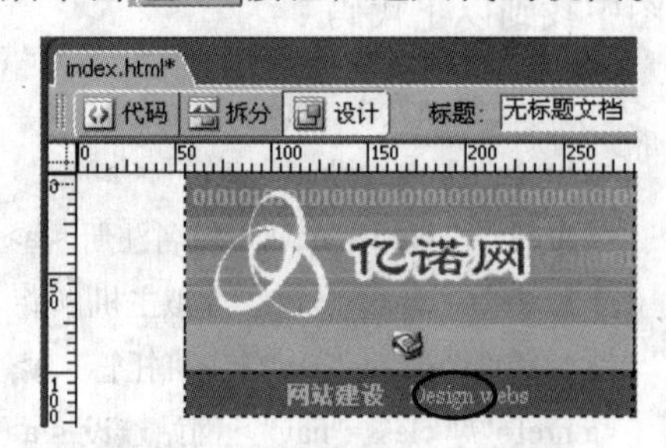

图 12-84　在设计视图中选择

接着在 <script type="text/javascript"> 和 </script> 之间输入以下代码：

```
function showdate()
{
var dateObj,year,month,day
dateObj=new Date()
year=dateObj.getFullYear()
month=dateObj.getMonth()+1
day=dateObj.getDate()
document.write(year+" 年 "+month+" 月 "+day+" 日 ")
}
showdate( )
```

3）按快捷键〈Ctrl+S〉进行保存，再按快捷键〈F12〉进行预览，即可看到实时更新的时间效果，如图 12-85 所示。

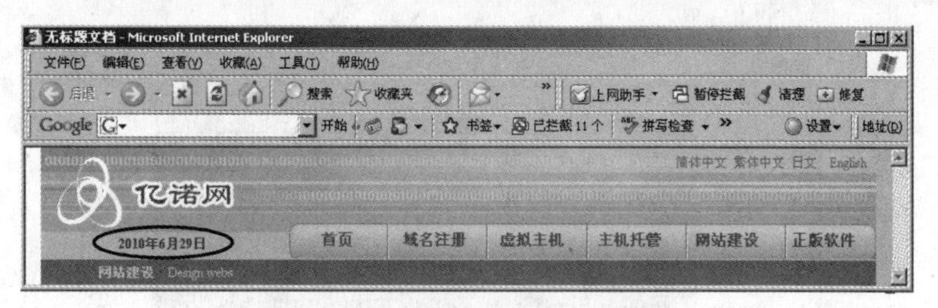

图 12-85　实时更新的时间效果

12.7　创建网页主体区域

1. 创建　div#mainBody

1）在代码视图中将鼠标定位在如图 12-86 所示的位置，然后单击　常用　类别中的（插入 Div 标签）按钮，在弹出的　插入 Div 标签　对话框中设置参数，如图 12-87 所示，单击新建 CSS 样式按钮。

2）在弹出的　新建 CSS 规则　对话框中设置参数，如图 12-88 所示，单击　确定　按钮。然后在弹出的　#mainBody 的 CSS 规则定义　对话框中设置　背景　参数，如图 12-89 所示；设置　方框　参数，如图 12-90 所示，接着单击　确定　按钮回到　新建 CSS 规则　对话框，再单击　确定　按钮，即可插入　div#mainBody　，如图 12-91 所示。

```
316  <div id="submenu">
317    <div id="submenuLeft">网站建设<strong> Design webs</strong></div>
318    <div id="sub1" class="sub">| 中文域名 | 英文域名 | 国际域名 | 国内域名 | 如何选择域名</div>
319    <div id="sub2" class="hide">| 学生主机 | 标准企业主机 | 高速主机 | java主机</div>
320    <div id="sub3" class="hide">| 整机托管 | 托管流程 | 托管协议 | 在线洽谈 | 在线帮助</div>
321    <div id="sub4" class="hide">| 数据库开发 | 网站策划 | 制作流程 | 特效展示</div>
322  </div>
323  |
324  </body>
325  </html>
```

图 12-86　在代码视图中定位插入　div#mainBody　的位置

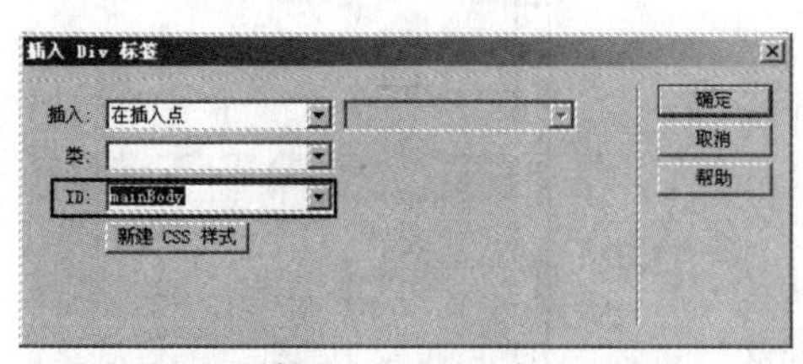

图 12-87　输入　ID：　为　mainBody

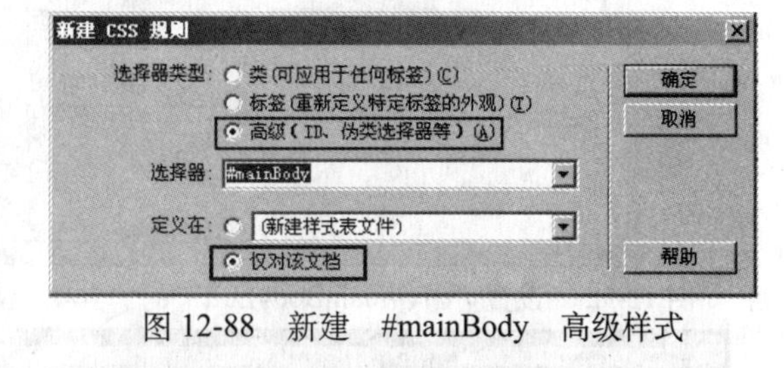

图 12-88　新建　#mainBody　高级样式

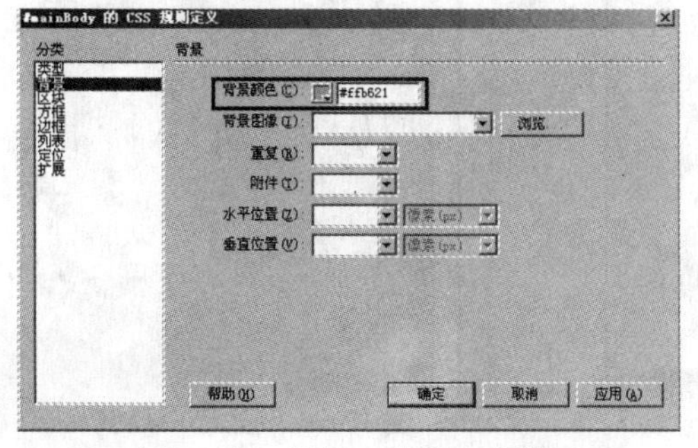

图 12-89　设置　背景　参数

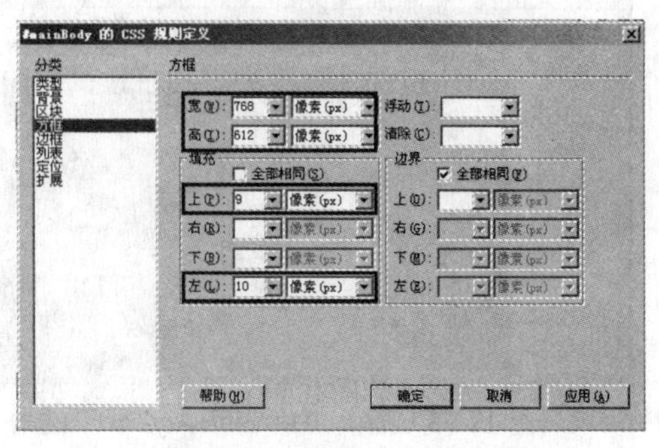

图 12-90　设置　方框　参数

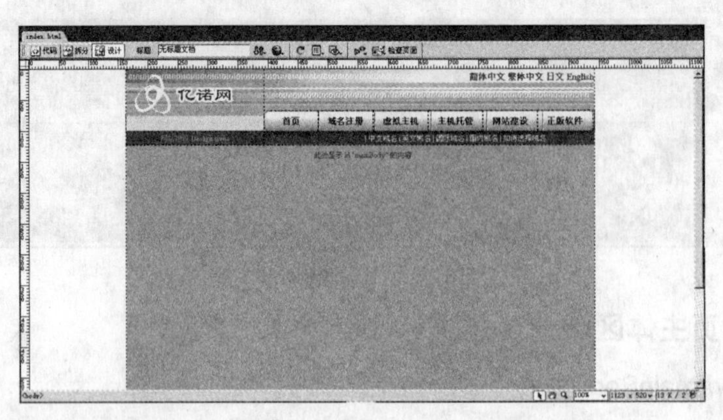

图 12-91　插入“div#mainBody”的效果

2. 在“div#mainBody”左侧创建“div#mainBodyLeft”

1）删除“div#mainBody”中的文字，然后将鼠标定位在“div#mainBody”中，单击“常用”类别中的 （插入 Div 标签）按钮，插入“div#mainBodyLeft”，并设置“方框”参数，如图 12-92 所示。单击“确定”按钮，结果如图 12-93 所示。

2）删除“div#mainBodyLeft”中的文字，然后将鼠标放置在“div#mainBodyLeft”中，单击“常用”类别中的 （图像）按钮，从弹出的“选择图像源文件”对话框中选择前面在 Photoshop 中输出的“t1.gif”图片（也可以选择配套光盘中的“素材及结果\第 12 章　制作‘亿诺网’网站主页\images\t1.gif”图片），单击“确定”按钮，即可将“t1.gif”插入到“div#mainBodyLeft”中，效果如图 12-94 所示。

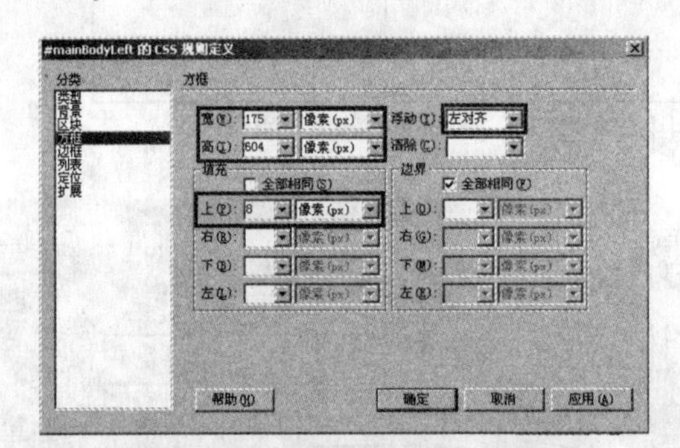

图 12-92　设置“div#mainBodyLeft”的“方框”参数

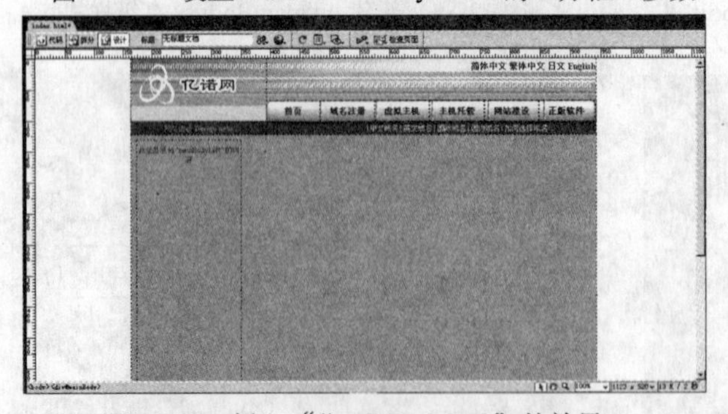

图 12-93　插入“#mainBodyLeft”的效果

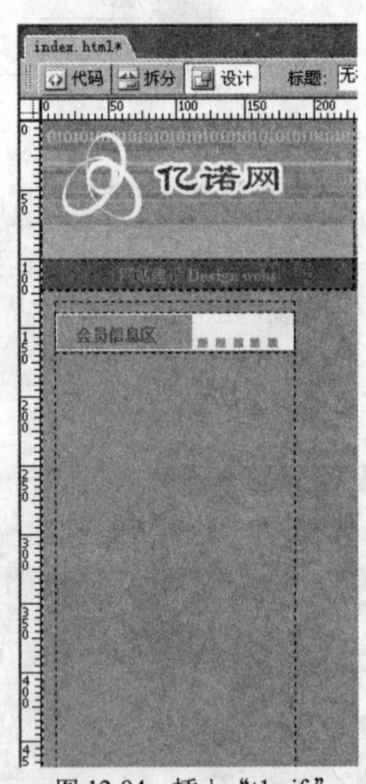

图 12-94　插入“t1.gif”

3）在“t1.gif”下方插入“div#login”。方法：删除“div#mainBodyLeft”中的文字，然后进入代码视窗，将鼠标定位在如图 12-95 所示的位置，单击“常用”类别中的▣（插入 Div 标签）按钮，插入“div#login”，并设置“方框”和“背景”参数，如图 12-96 所示，单击“确定”按钮，结果如图 12-97 所示。

4）删除“div#login”中的文字，单击“表单”类别中的▢（表单）按钮，插入表单域，如图 12-98 所示。然后单击“常用”类别中的▣（图像）按钮，插入前面在 Photoshop 中输出的“dl.gif ”图片（也可以选择配套光盘中的“素材及结果 \ 第 12 章　制作‘亿诺网’网站主页 \ images\ dl.gif”图片），如图 12-99 所示。接着在图片下方输入文字“用户：”，再将鼠标定位在文字右侧，单击“表单”类别中的▭（文本字段）按钮，插入文本字段，并在属性面板中将“字符宽度”设为 16。同理，创建文字“密码：”，并在右侧插入文本字段，结果如图 12-100 所示。

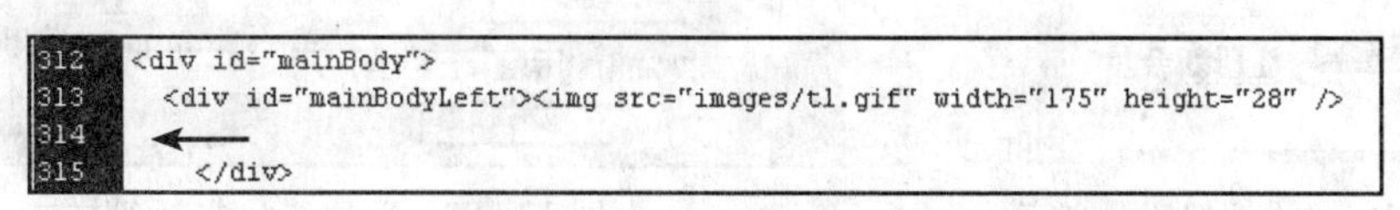

图 12-95　在代码视图中定位插入 div#login”的位置

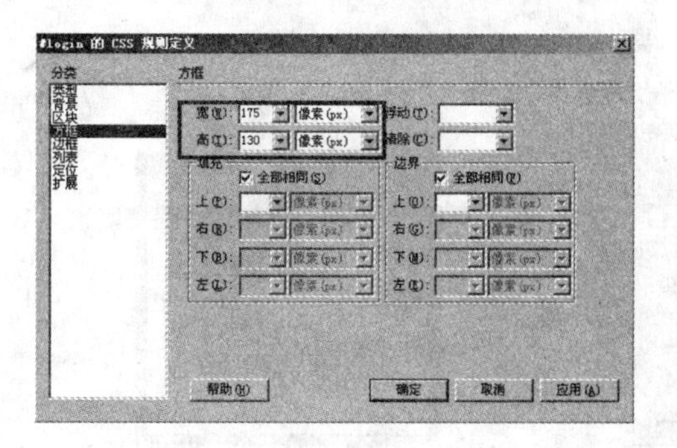

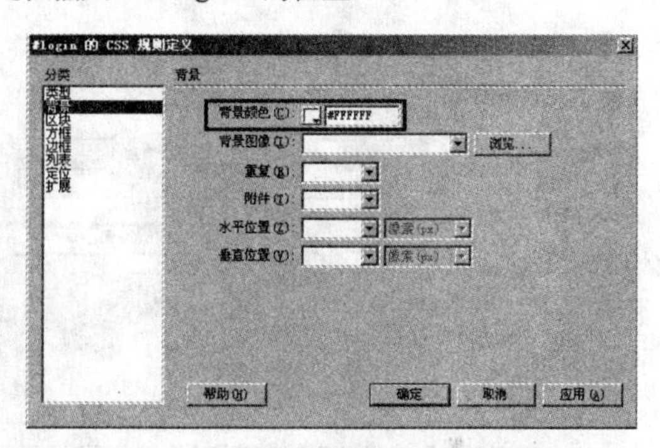

图 12-96　设置“方框”和“背景”参数

图 12-97　插入“div#login”的效果

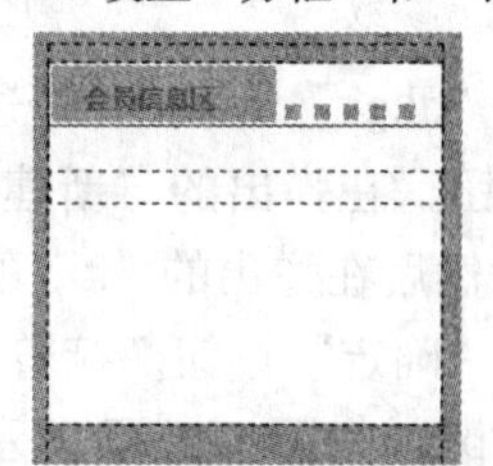

图 12-98　插入表单域

图 12-99　插入“dl.gif”图片

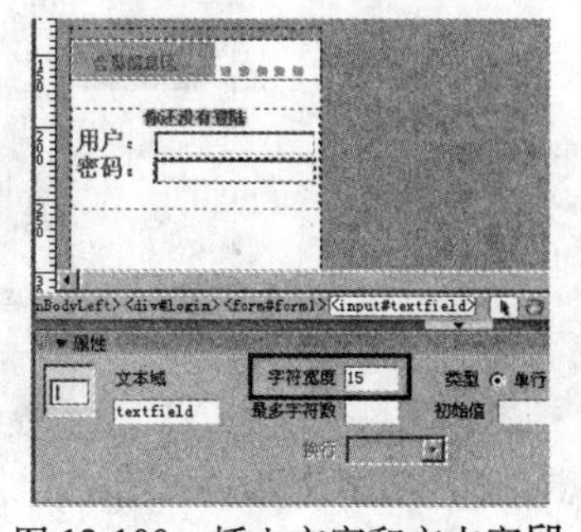

图 12-100　插入文字和文本字段

5）按〈Shift+Enter〉组合键，切换到下一行，然后单击“表单”类别中的（按钮）按钮，插入一个按钮，并在属性面板中将按钮上的文字改为“登陆”，再在右侧输入文字“注册新会员”，如图 12-101 所示。

6）此时“div#login”中的文字样式不统一，下面通过添加 div 标签样式来解决这个问题。方法：单击“CSS 样式”面板下方的（新建 CSS 规则）按钮，在弹出的“新建 CSS 规则”对话框中设置参数，如图 12-102 所示，单击“确定”按钮。然后在弹出的“div 的 CSS 规则定义”对话框中设置“类型”参数，如图 12-103 所示，单击“确定”按钮，结果如图 12-104 所示。

图 12-101　添加按钮及文字

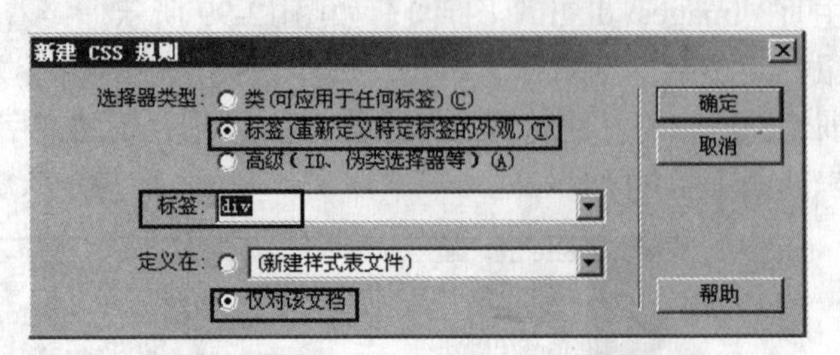

图 12-102　新建“div”标签样式

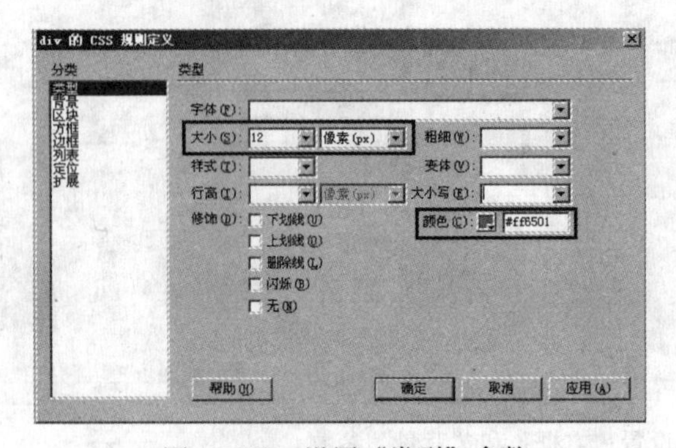

图 12-103　设置“类型”参数

图 12-104　添加“div”标签样式后的效果

7）通过添加 .tip 类样式来调整“dl.gif”距离上、下边界的距离。方法：单击“CSS 样式”面板下方的（新建 CSS 规则）按钮，在弹出的“新建 CSS 规则”对话框中设置参数，如图 12-105 所示，单击“确定”按钮。然后在弹出的“.tip 的 CSS 规则定义”对话框中设置“方框”参数，如图 12-106 所示，单击“确定”按钮。接着在设计视图中选择“dl.gif”，再在属性面板的“类”下拉列表中选择“tip”，如图 12-107 所示。

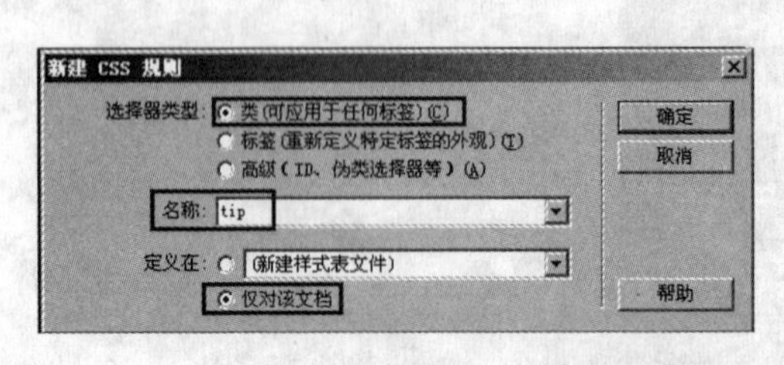

图 12-105　新建 tip 类样式

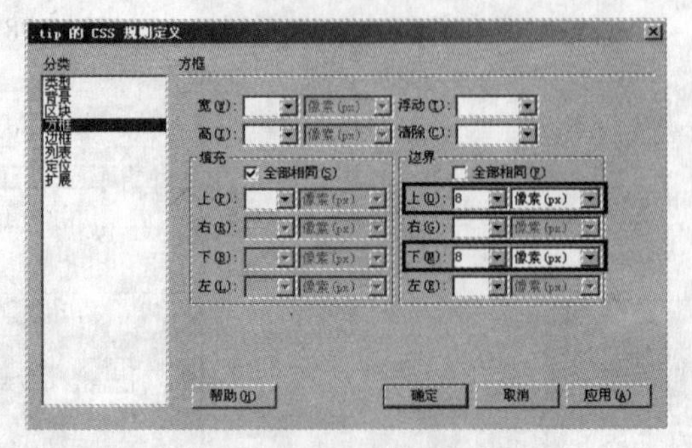

图 12-106　设置“方框”参数

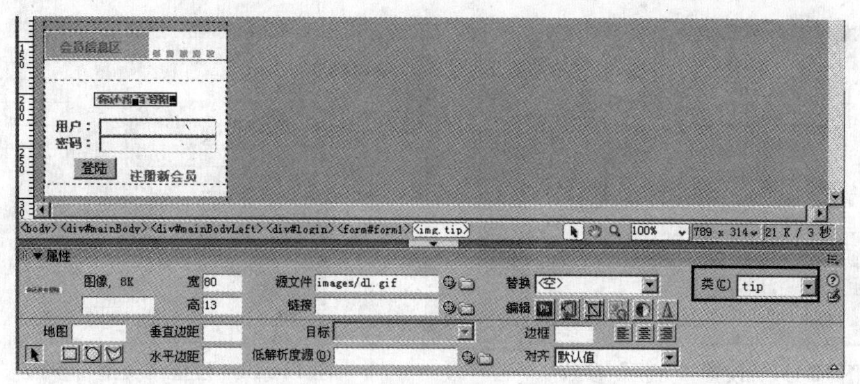

图 12-107　在属性面板的“类”右侧选择“tip”

8）通过添加 .box 类样式来调整文本域的大小。方法：单击“CSS 样式”面板下方的（新建 CSS 规则）按钮，在弹出的“新建 CSS 规则”对话框中设置参数，如图 12-108 所示，单击“确定”按钮。然后在弹出的“.box 的 CSS 规则定义”对话框中设置“方框”参数，如图 12-109 所示，单击“确定”按钮。接着在设计视图中选择插入的文本域，再在属性面板的“类”右侧选择“box”。

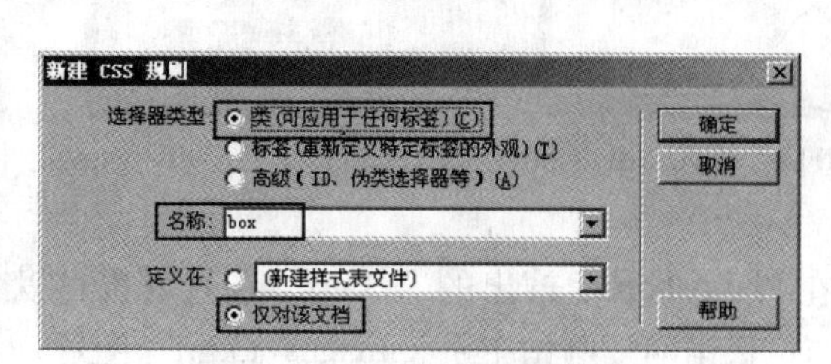

图 12-108　新建 box 类样式

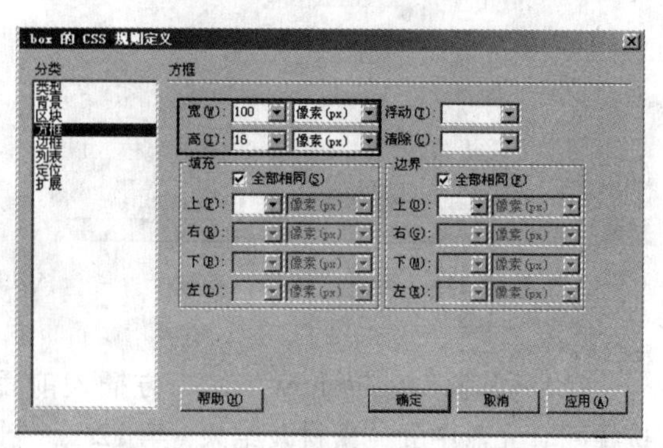

图 12-109　设置“方框”参数

9）按快捷键〈Ctrl+S〉进行保存，再按快捷键〈F12〉进行预览，结果如图 12-110 所示。

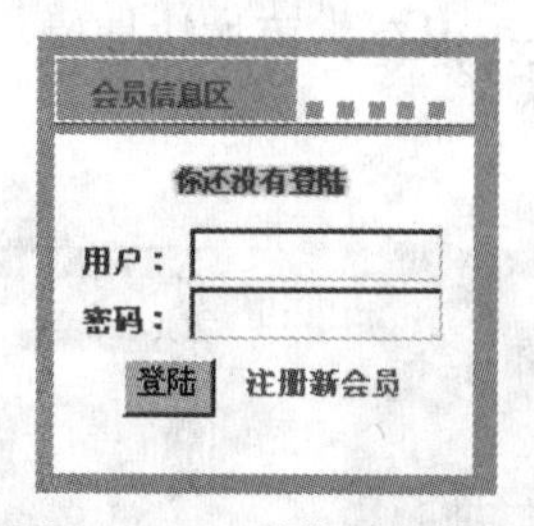

图 12-110　预览后的效果

10）同理，在“#login”的下方插入前面在 Photoshop 中输出的“t2.gif”图片（也可以选择配套光盘中的“素材及结果 \ 第 12 章 制作‘亿诺网’网站主页 \ images\ t2.gif”图片）。然后在其下方插入“div#show”，并设置“方框”参数如图 12-111 所示，设置“类型”参数如图 12-112 所示，设置“背景”参数如图 12-113 所示，单击“确定”按钮，结果如图 12-114 所示。接着在“div#show”中输入文字，如图 12-115 所示。

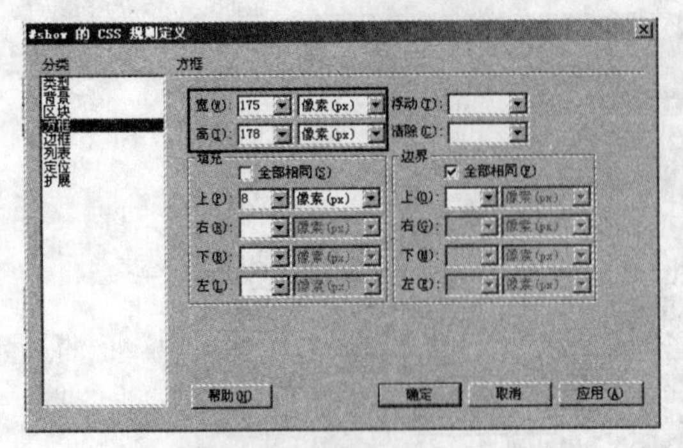

图 12-111　设置“方框”参数

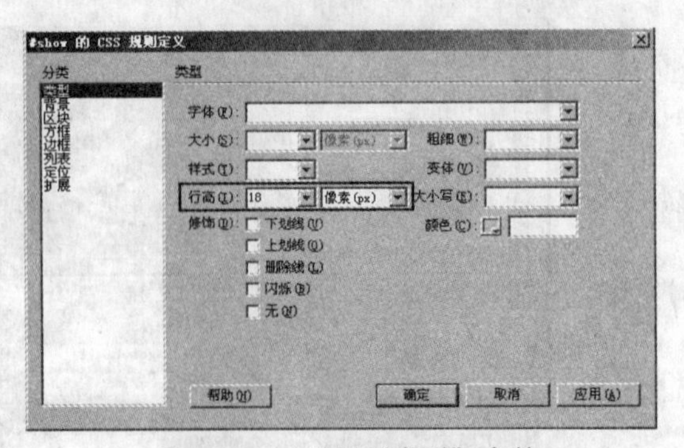

图 12-112　设置“类型”参数

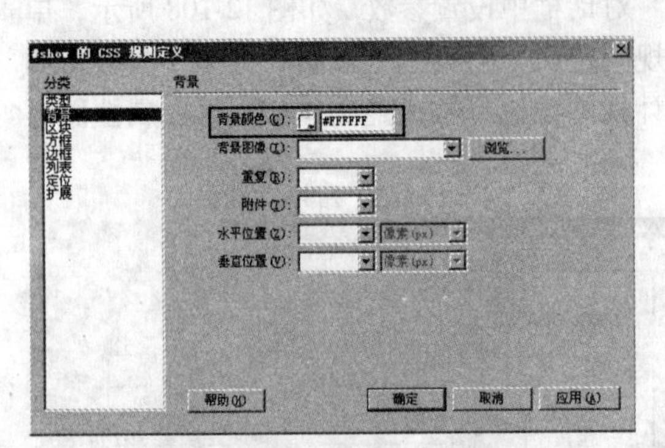

图 12-113　设置“背景”参数

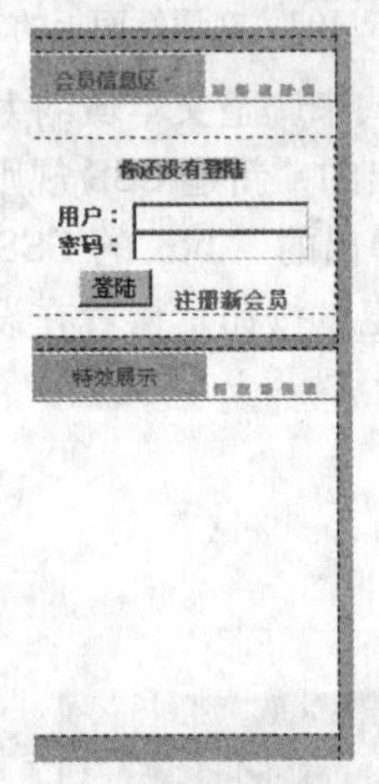

图 12-114　插入“div#show”的效果

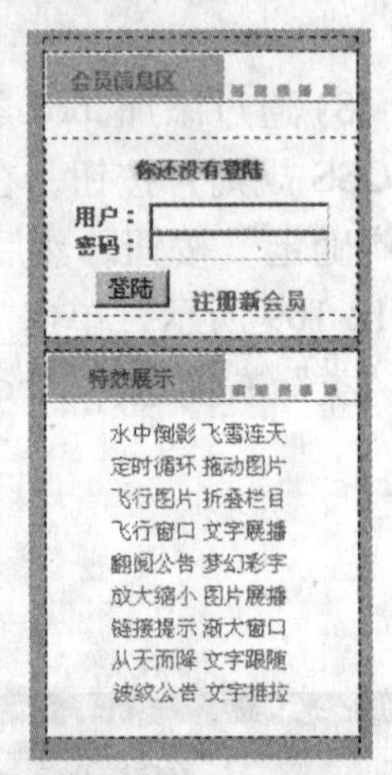

图 12-115　在“div#show”中输入文字的效果

11）同理，在“#show”的下方插入前面在 Photoshop 中输出的“t3.gif”图片（也可以选择配套光盘中的“素材及结果 \ 第 12 章　制作‘亿诺网’网站主页 \ images\ t3.gif”图片）。然后在其下方插入“div#tel”，并设置“方框”参数如图 12-116 所示，设置“类型”参数如图 12-117 所示，设置“背景”参数如图 12-118 所示，单击“确定”按钮。接着在“div#tel”中输入文字，按快捷键〈Ctrl+S〉进行保存，再按快捷键〈F12〉进行预览，结果如图 12-119 所示。

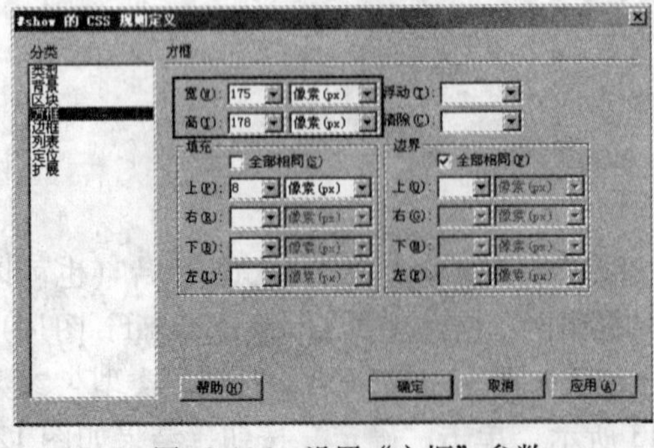

图 12-116　设置“方框”参数

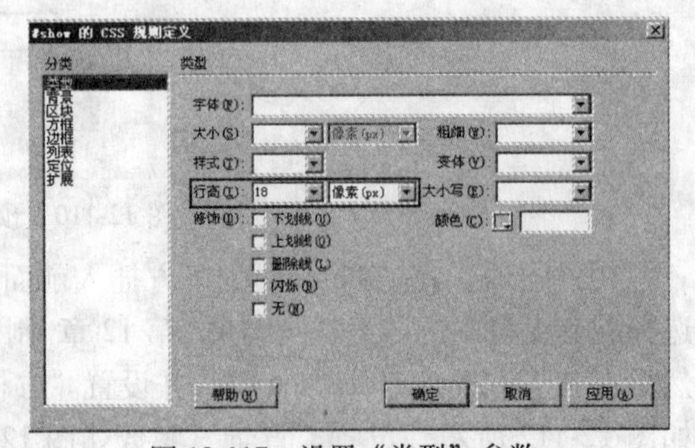

图 12-117　设置“类型”参数

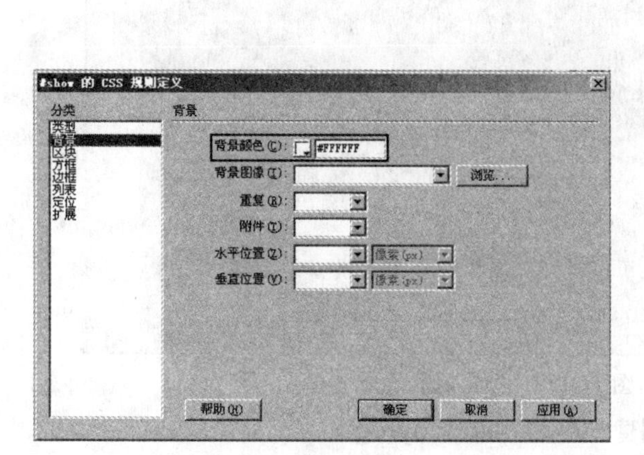

图 12-118　设置“背景”参数

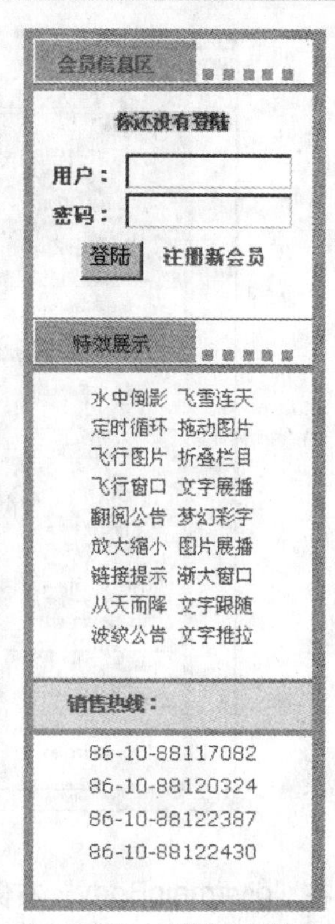

图 12-119　预览后的效果

12）此时“t1.gif”与“div#login”之间、“t2.gif”与“div#show”之间、“t3.gif”与“div#tel”之间有一定间距，下面通过定义 imgBlock 类样式来取消这些间距。方法：单击“CSS 样式”面板下方的 （新建 CSS 规则）按钮，在弹出的“新建 CSS 规则”对话框中设置参数，如图 12-120 所示，单击“确定”按钮。然后在弹出的“.imgBlock 的 CSS 规则定义”对话框中设置“区块”中的“显示”为“块”，如图 12-121 所示，单击“确定”按钮。接着在设计视图中分别选择插入的“t1.gif”、“t2.gif”和“t3.gif”，再在属性面板的“类”右侧选择“imgBlock”。

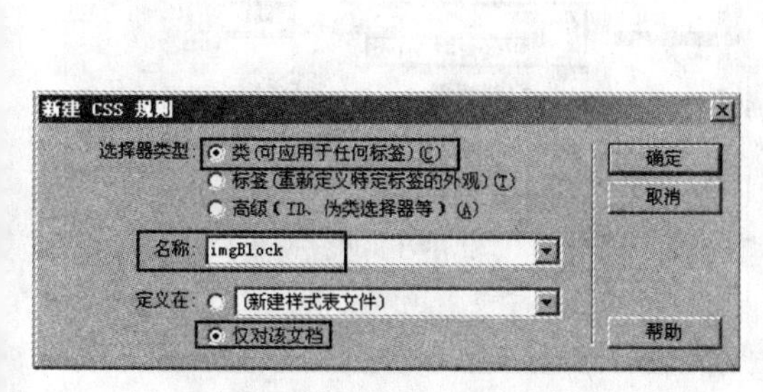

图 12-120　新建 imgBlock 类样式

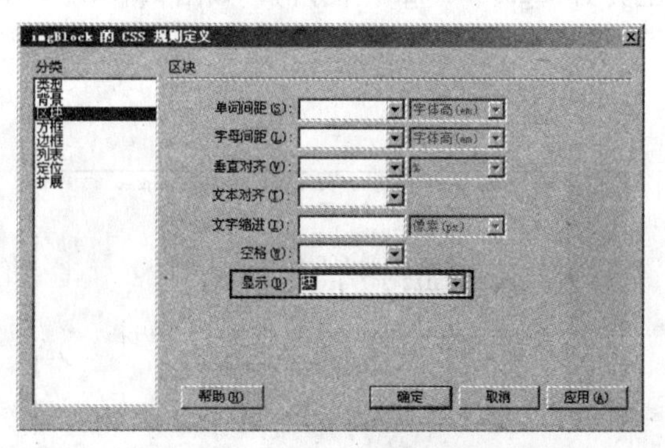

图 12-121　设置“区块”中的“显示”为“块”

13）按快捷键〈Ctrl+S〉进行保存，再按快捷键〈F12〉进行预览，结果如图 12-122 所示。

图 12-122　预览后的效果

3. 在“div#mainBody”右侧创建“div#mainBodyRight”

1) 在代码视图中将鼠标定位在如图 12-123 所示的位置，然后单击“常用”类别中的（插入 Div 标签）按钮，插入“div#mainBodyRight”，并设置“方框”参数如图 12-124 所示，单击“确定”按钮，结果如图 12-125 所示。

2）在“div#mainBodyRight”中插入“div#webdesign”。方法：删除“div#mainBodyRight”中的文字，然后单击“常用”类别中的（插入 Div 标签）按钮，插入“div#webdesign”，并设置“方框”参数如图 12-126 所示；设置“背景”中的“背景图像”为前面在 Photoshop 中输出的“web.gif”图片（也可以选择配套光盘中的“素材及结果 \ 第 12 章 制作‘亿诺网’网站主页 \ images\ web.gif”图片），如图 12-127 所示，单击“确定”按钮，结果如图 12-128 所示。

```
354      <img src="images/t3.gif" class="imgBlock" />
355      <div id="tel">86-10-88117082<br />
356        86-10-88120324<br />
357        86-10-88122387<br />
358      86-10-88122430</div>
359    </div>
360    |
361    </div>
362  </body>
363  </html>
```

图 12-123　定位要插入“div#mainBodyRight”的位置

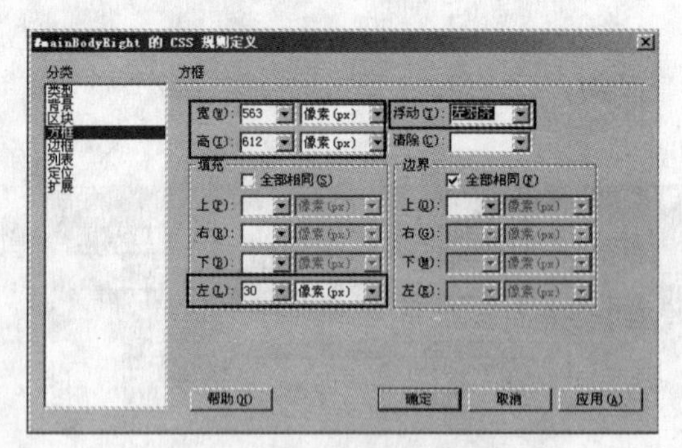

图 12-124　设置“方框”参数

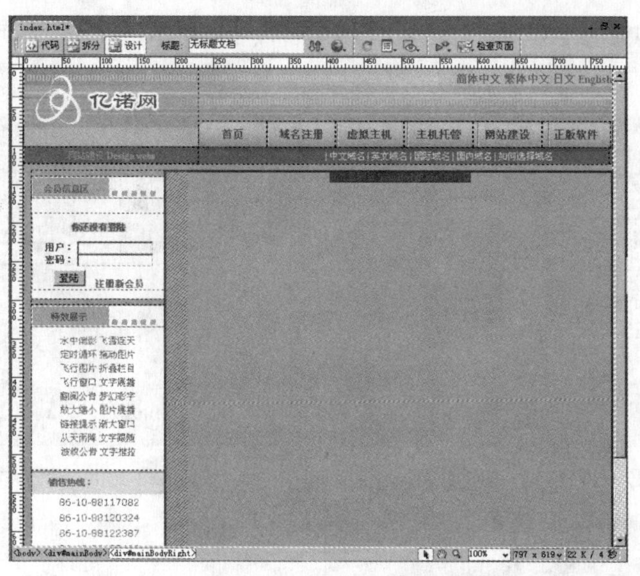

图 12-125　插入“div#mainBodyRight”的效果

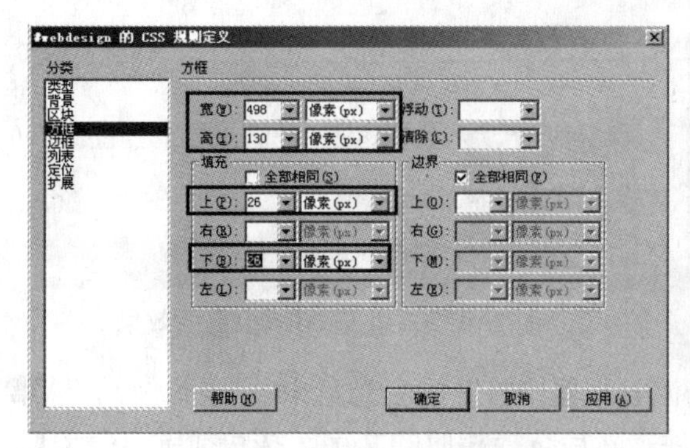

图 12-126　设置“方框”参数

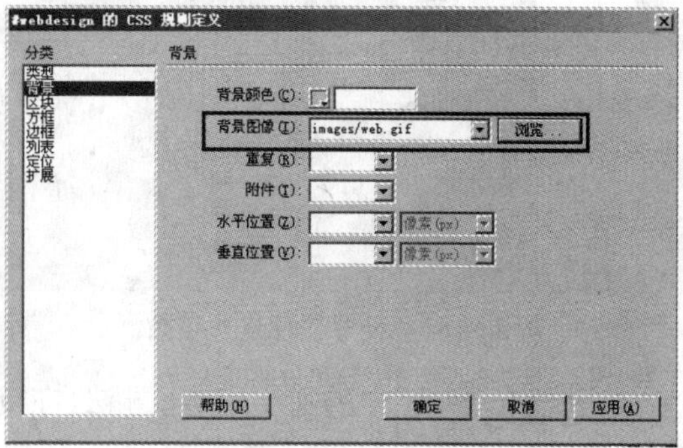

图 12-127　设置“背景”参数

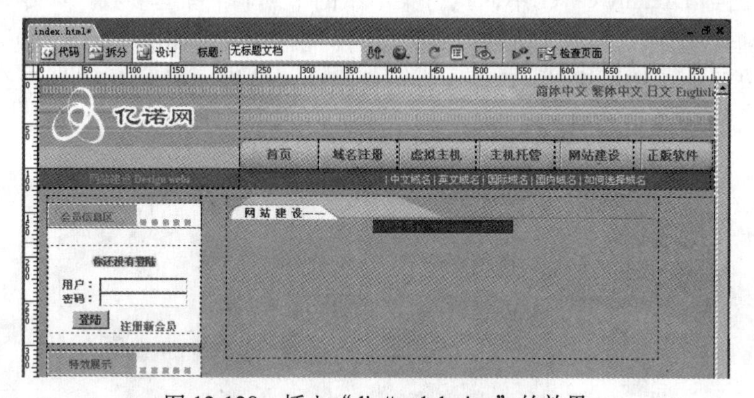

图 12-128　插入“div#webdesign”的效果

3）在“div#design”中插入“div#c1”。方法：删除“div#design”中的文字，然后单击“常用”类别中的 （插入 Div 标签）按钮，插入“div#c1”，并设置“方框”参数如图 12-129 所示，设置“类型”参数如图 12-130 所示，设置“背景”中的“背景图像”为前面在 Photoshop 中输出的“imgBg.gif”图片（也可以选择配套光盘中的“素材及结果 \ 第 12 章　制作‘亿诺网’

网站主页 \ images\ imgBg.gif”图片)，如图 12-131 所示，单击“确定”按钮，结果如图 12-132 所示。

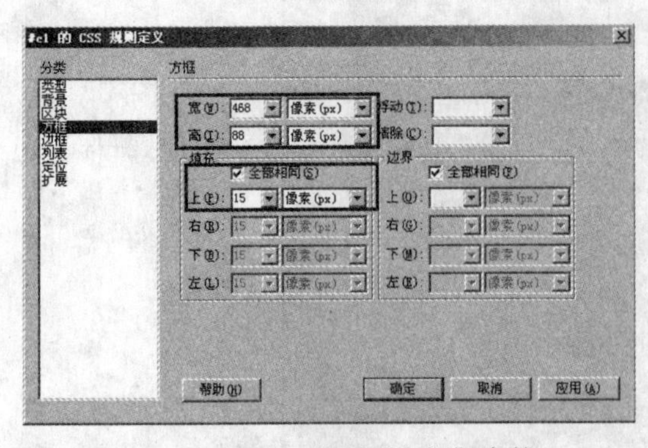

图 12-129　设置“方框”参数

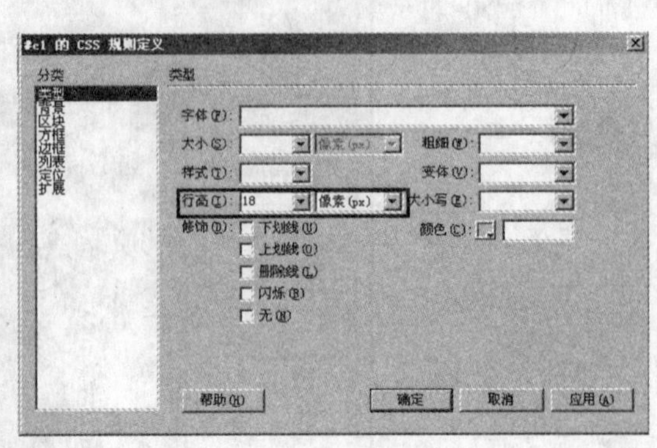

图 12-130　设置“类型”参数

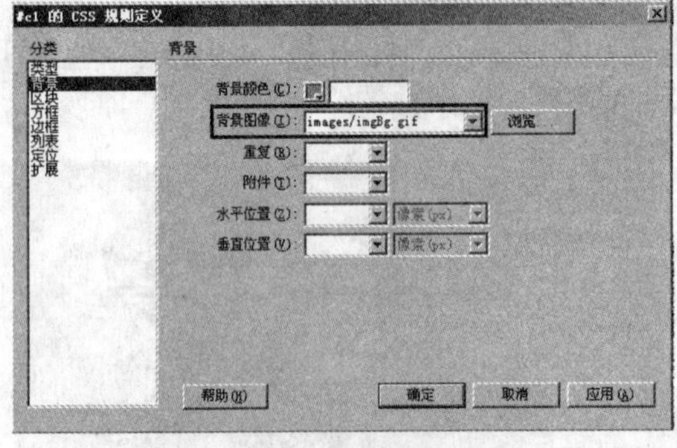

图 12-131　设置“背景”参数

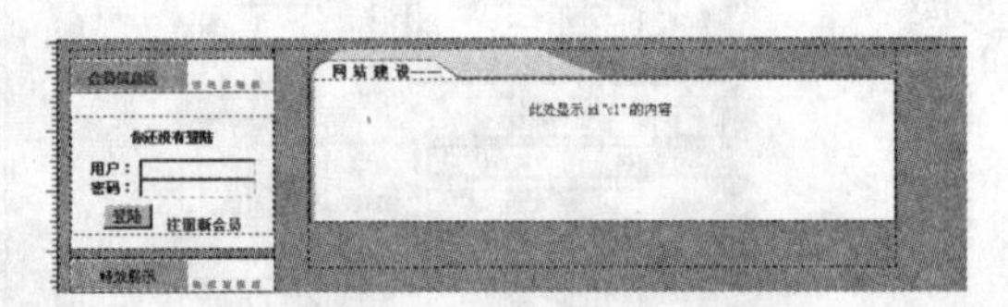

图 12-132　插入“div#c1”的效果

4)创建“div#c1”中的文字内容。方法:在资源管理器中打开配套光盘中的“素材及结果\第 12 章 制作‘亿诺网’网站主页 \ text.txt”文件，然后选择相应的文字，按快捷键〈Ctrl+C〉进行复制，再回到 Dreamweaver 中，执行菜单中的“编辑 | 首选参数”命令，在弹出的“首选参数”对话框中选择“复制 / 粘贴”的类型为“仅文本”，如图 12-133 所示。接着将鼠标放置到“div#c1”中，按快捷键〈Ctrl+V〉进行粘贴，结果如图 12-134 所示。

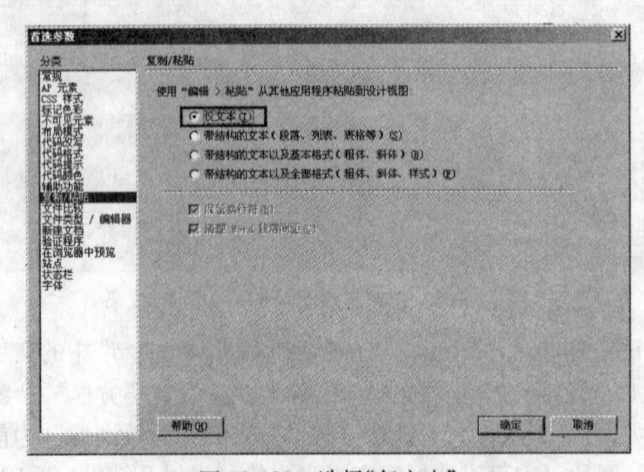

图 12-133　选择“仅文本”

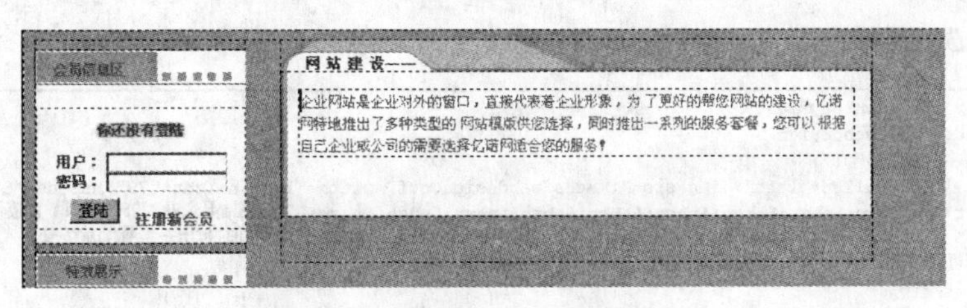

图 12-134　粘贴文本后的效果

5）在“div#c1”中插入图片并调整位置。方法：将鼠标定位在所粘贴文字的左侧，单击“常用”类别中的 (图像）按钮，插入前面在 Photoshop 中输出的“webdesign.gif ”图片（也可以选择配套光盘中的“素材及结果 \ 第 12 章　制作‘亿诺网’网站主页 \ images\ webdesign.gif ”图片），然后按快捷键〈Ctrl+S〉进行保存，再按快捷键〈F12〉进行预览，结果如图 12-135 所示。接着在设计视图中选择插入的“webdesign.gif”图片，在属性面板中将“对齐”设为“右对齐”，将“水平边距”设为 5，结果如图 12-136 所示。

图 12-135　预览效果

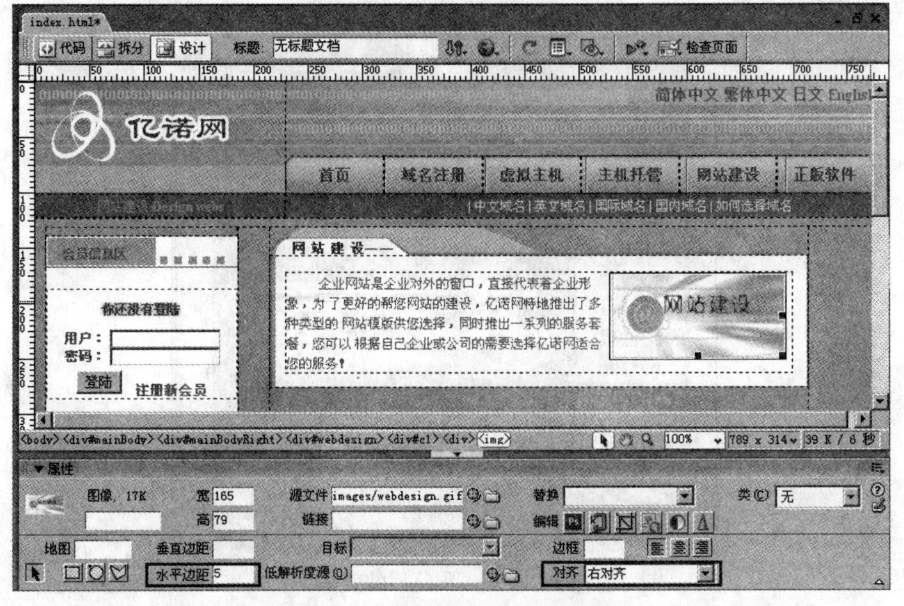

图 12-136　调整图片的位置和间距

6）在“div#c1”的下方插入图片。方法：进入代码视图，将鼠标定位在如图 12-137 所示的位置，然后单击“常用”类别中的 (图像）按钮，插入前面在 Photoshop 中输出的“bottom. gif”图片（也可以选择配套光盘中的“素材及结果 \ 第 12 章　制作‘亿诺网’网站主页 \ images\ bottom.gif”图片），然后按快捷键〈Ctrl+S〉进行保存，再按快捷键〈F12〉进行预览，结果如图 12-138 所示。

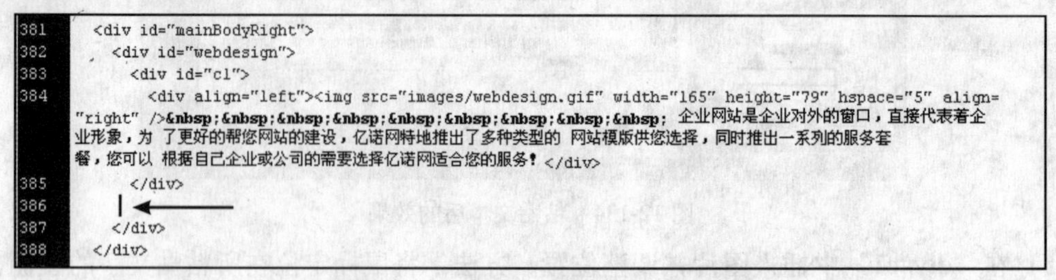

图 12-137　将鼠标定位在要插入图片的位置

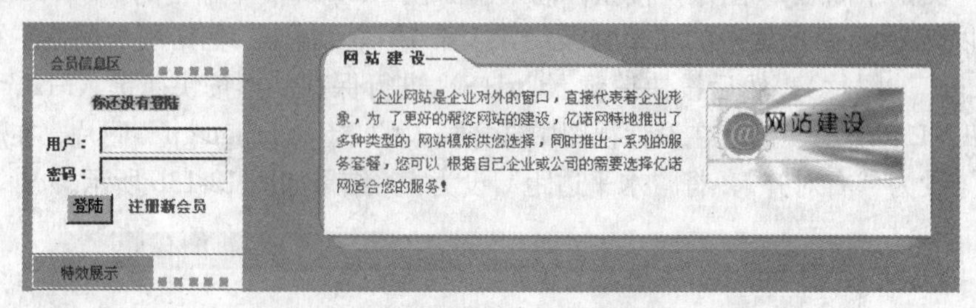

图 12-138　预览效果

7）同理，创建“div#mainBodyRight”中的“模板展示”和“数据库开发”两个部分，具体操作步骤可参考配套光盘中的“多媒体视频文件 \ 第 12 章 制作‘亿诺网’网站主页 .rar”中的相关视频。然后按快捷键〈Ctrl+S〉进行保存，再按快捷键〈F12〉进行预览，结果如图 12-139 所示。

图 12-139　预览后的效果

12.8　创建网页底部区域

1）在“div#mainBody”下方插入“div#bottomlink”。方法：进入代码视图，然后将鼠标定位在如图 12-140 所示的位置，单击“常用”类别中的▣（插入 Div 标签）按钮，在弹出的“插入 Div 标签”对话框中设置参数，如图 12-141 所示，单击[新建 CSS 样式]按钮。接着在弹出的“新建 CSS 规则”对话框中设置参数，如图 12-142 所示，单击“确定”按钮。最后在弹出的“#bottomlink 的 CSS 规则定义”对话框中设置“方框”参数，如图 12-143 所示，设置“类型”参数如图 12-144 所示，设置“背景”参数如图 12-145 所示，设置“边框”参数如图 12-146 所示，单击“确定”按钮回到“新建 CSS 规则”对话框，再单击“确定”按钮，即可插入“div#bottomlink”，结果如图 12-147 所示。

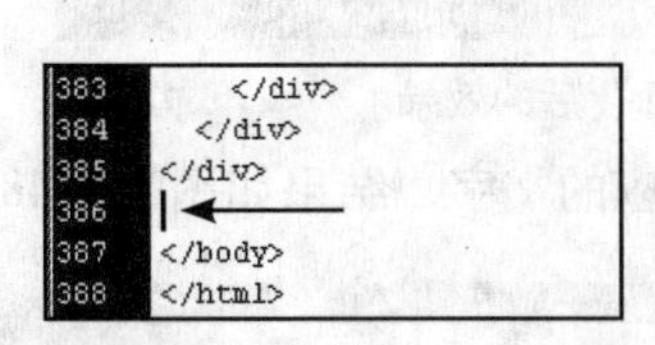

图 12-140　定位在要插入“div#bottomlink”的位置

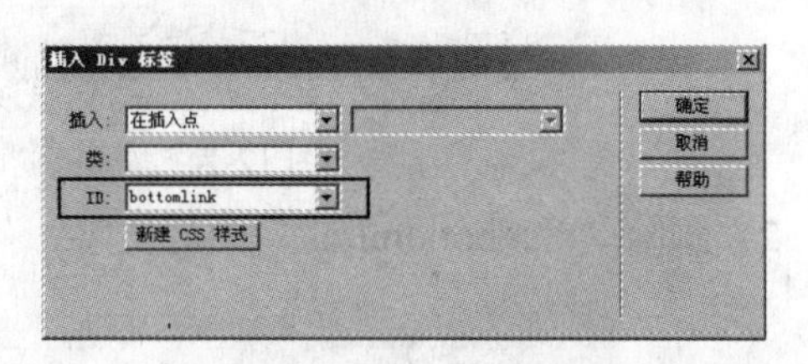

图 12-141　输入“ID：”为“bottomlink”

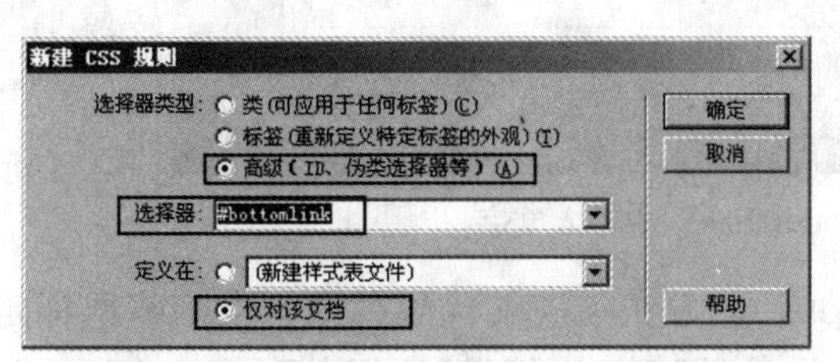

图 12-142　新建“#bottomlink”高级样式

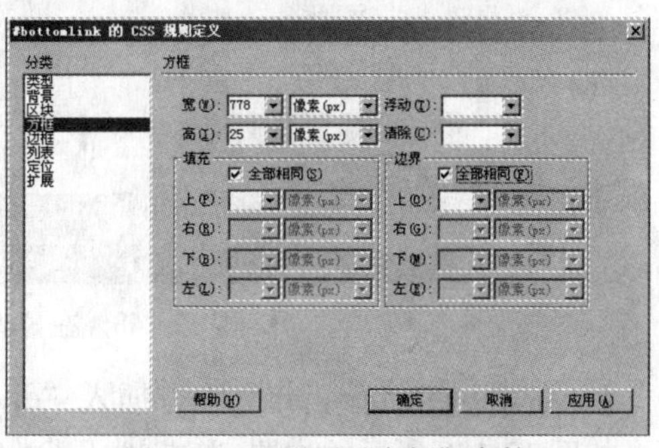

图 12-143　设置“方框”参数

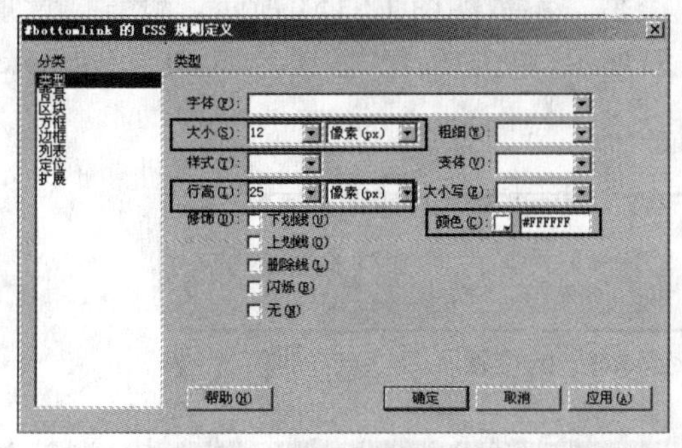

图 12-144　设置“类型”参数

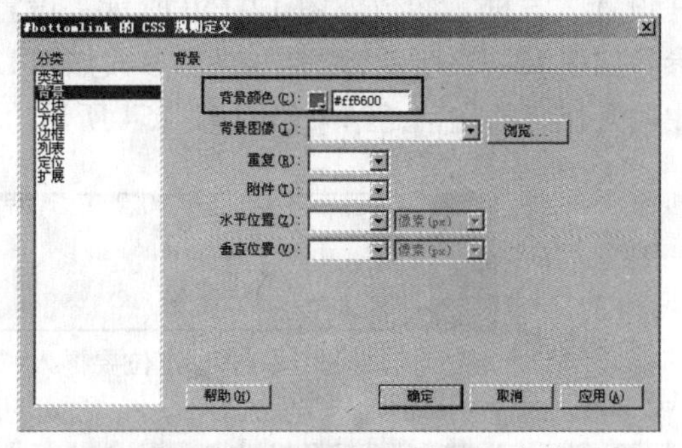

图 12-145　设置“背景”参数

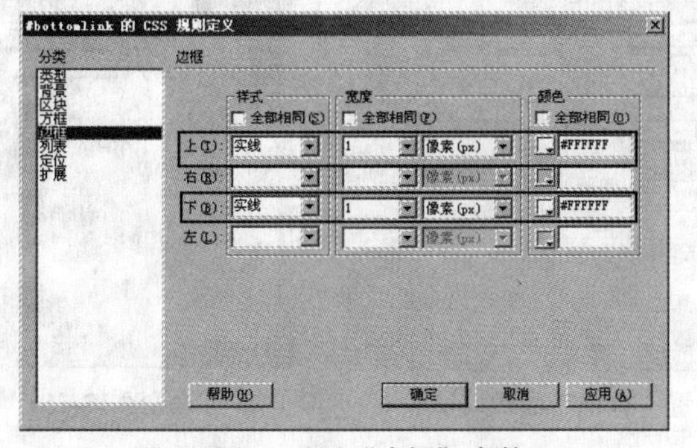

图 12-146　设置“边框”参数

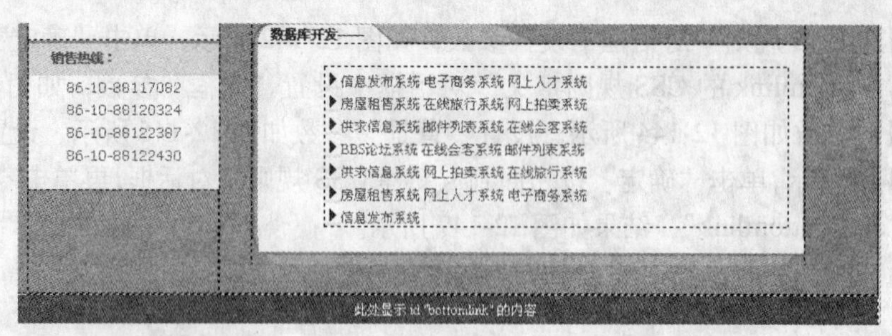

图 12-147　插入“div#bottomlink”后的效果

2）删除“div#bottomlink”中的文字，然后输入相应的文字，结果如图 12-148 所示。

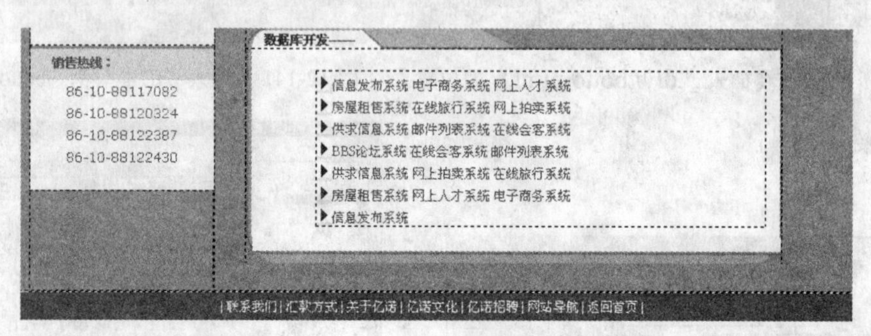

图 12-148　在“div#bottomlink”中输入文字

3）在“div#bottomlink”下方插入“div#footer”。方法：进入代码视图，然后将鼠标定位在如图 12-149 所示的位置，单击“常用”类别中的（插入 Div 标签）按钮，插入“div#footer”，并设置“方框”参数如图 12-150 所示，设置“类型”参数如图 12-151 所示，设置“背景”参数如图 12-152 所示，设置“定位”参数如图 12-153 所示，单击“确定”按钮。接着在“div#footer”中输入相应的文字，结果如图 12-154 所示。

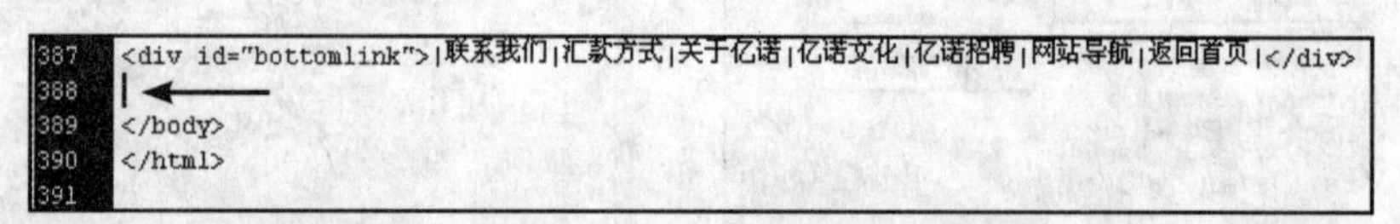

图 12-149　定位要插入“div#footer”的位置

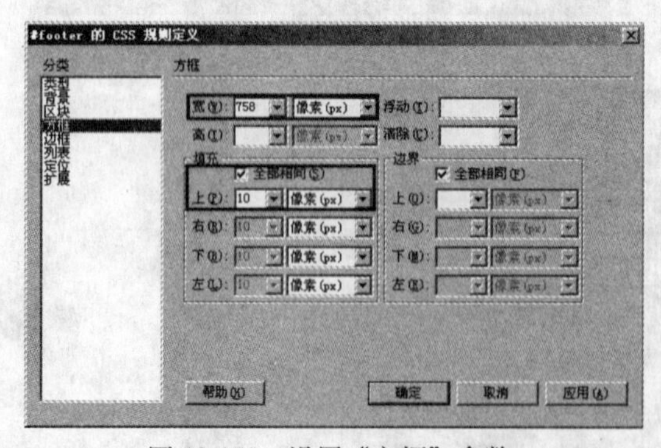

图 12-150　设置“方框”参数

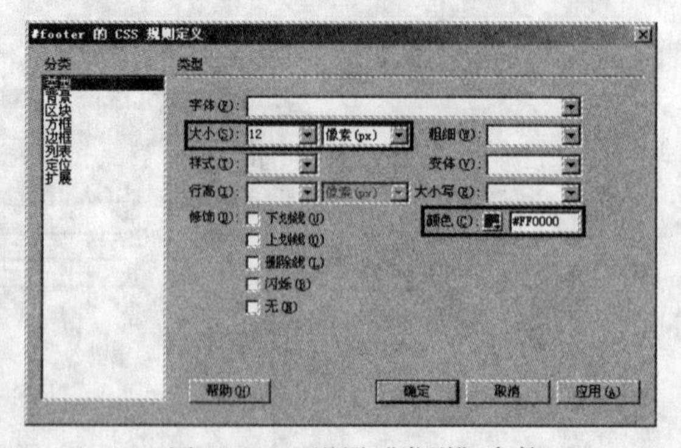

图 12-151　设置“类型”参数

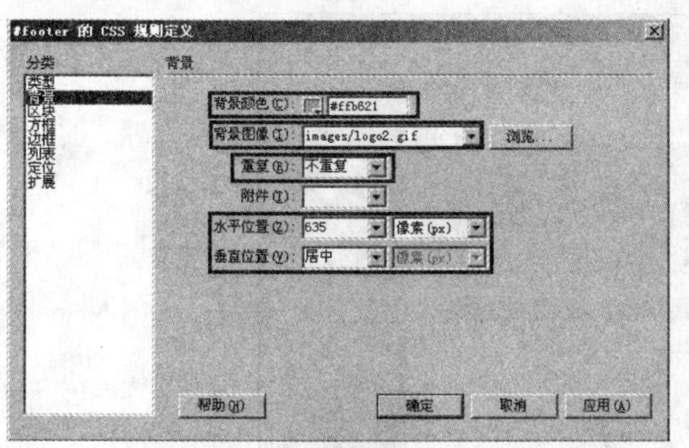

图 12-152　设置“背景”参数

图 12-153　设置“定位”参数

图 12-154　插入“div#footer”后的效果

4）至此，整个“亿诺网”网站主页制作完毕。下面按快捷键〈Ctrl+S〉进行保存，再按快捷键〈F12〉进行预览，效果如图 12-155 所示。

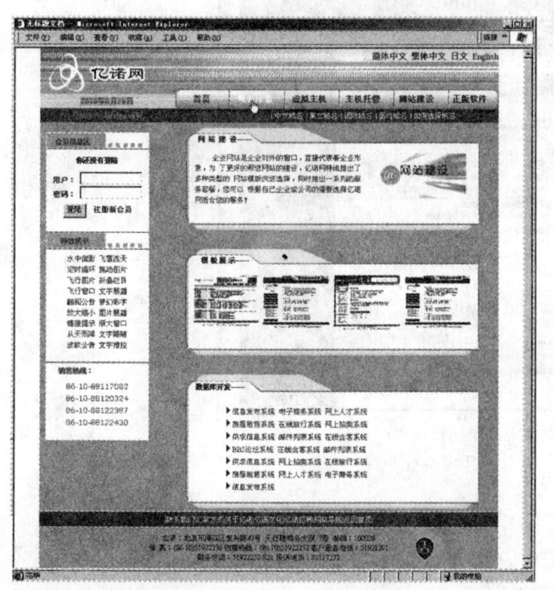

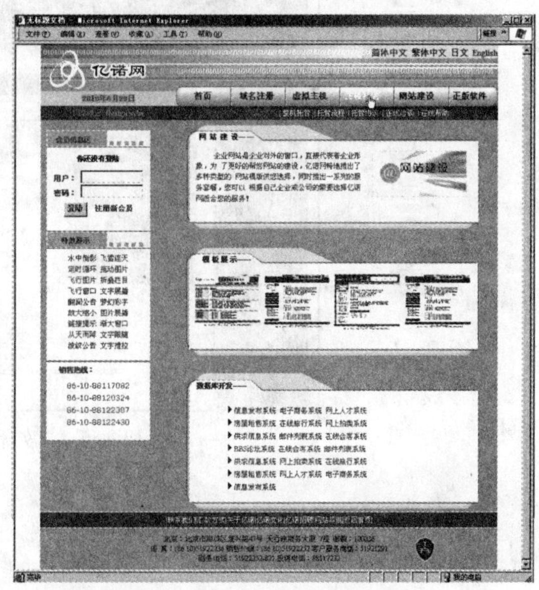

图 12-155　“亿诺网”网站主页

12.9　课后练习

制作一个带有动态菜单和卷展菜单教育资源网，如图 12-156 所示。参数可参考配套光盘中的“课后练习 \12.9 课后练习 \ index.html”文件。

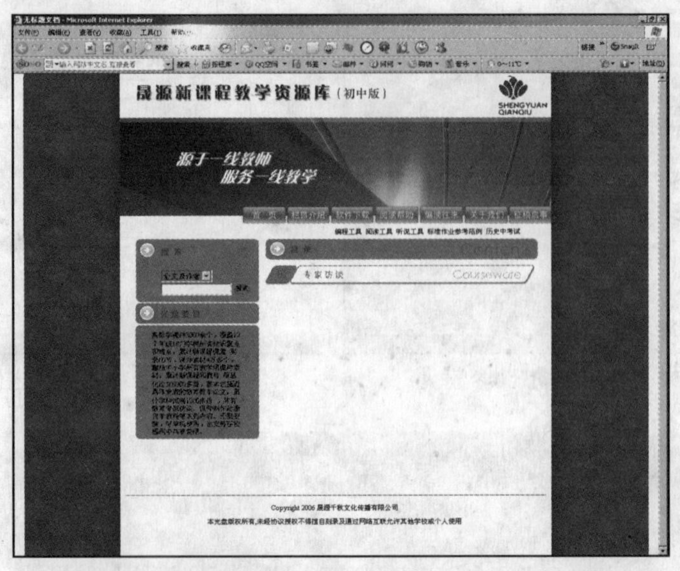

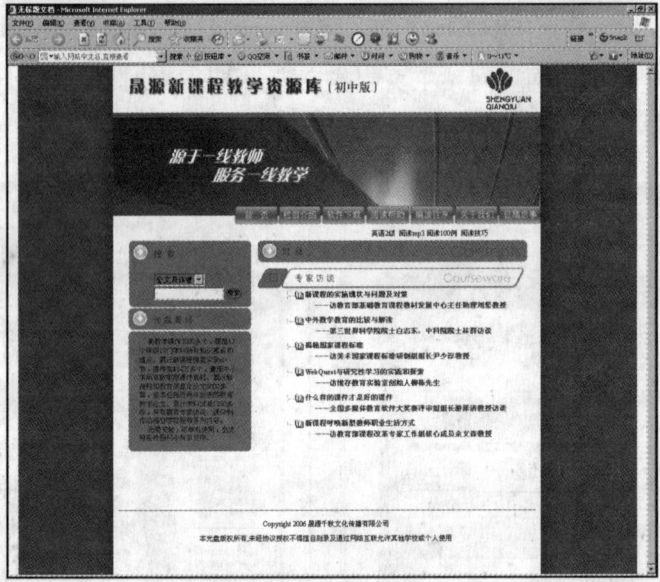

图 12-156 “教育资源网”主页效果